国家出版基金项目
NATIONAL PUBLICATION FOUNDATION

现代农业高新技术成果丛书

天然活性物质在饲料中的应用研究及策略

Applied Research and Strategy of the Natural Bioactive Substances in the Feedstuff

朴香淑　主编

中国农业大学出版社
·北京·

内容简介

本书较为系统地介绍了近年来天然活性物质（主要包括功能性植物和动物提取物等）的筛选、提取分离及其药理活性，对动物免疫增强、抗菌消炎、促生长、抗氧化等方面的作用机理，分析了国内外最新研究热点和发展趋势，力求理论联系实践，使本书具有科学性、应用性和前瞻性。本书可作为药物分析、药理及动物营养等专业相关人员及从业者的参考书。

图书在版编目（CIP）数据

天然活性物质在饲料中的应用研究及策略/朴香淑主编．--北京：中国农业大学出版社，2012.9

ISBN 978-7-5655-0592-8

Ⅰ.①天…　Ⅱ.①朴…　Ⅲ.①生物活性-物质-应用-饲料-研究　Ⅳ.①S816.3

中国版本图书馆 CIP 数据核字（2012）第 208264 号

书　名　天然活性物质在饲料中的应用研究及策略
作　者　朴香淑　主编

责任编辑　梁爱荣　　**责任校对**　陈　莹　王晓凤
封面设计　郑　川
出版发行　中国农业大学出版社
社　址　北京市海淀区圆明园西路 2 号　　**邮政编码**　100193
电　话　发行部 010-62731190，2620　　读者服务部　010-26732336
　　　　编辑部 010-62732627，2618　　出　版　部　010-62733440
网　址　http：//www.cau.edu.cn/caup　　**e-mail** cbsszs@cau.edu.en
经　销　新华书店
印　刷　涿州市星河印刷有限公司
版　次　2012 年 11 月第 1 版　　2012 年 11 月第 1 次印刷
规　格　787×1092　16 开　17.25 印张　426 千字
定　价　78.00 元

现代农业高新技术成果丛书
编审指导委员会

编 写 人 员

主　编　朴香淑

参　编　（以姓氏拼音为序）

毕忠臣　董　冰　韩　旭　郝　月　金立志

李慧英　李鹏飞　李　平　刘　利　刘　派

朴香兰　申雁滨　史彬林　王　丁　裔家庆

袁书林　臧建军　曾志凯　张宏宇　张　茜

张　强

出版说明

瞄准世界农业科技前沿，围绕我国农业发展需求，努力突破关键核心技术，提升我国农业科研实力，加快现代农业发展，是胡锦涛总书记在2009年五四青年节视察中国农业大学时向广大农业科技工作者提出的要求。党和国家一贯高度重视农业领域科技创新和基础理论研究，特别是863计划和973计划实施以来，农业科技投入大幅增长。国家科技支撑计划、863计划和973计划等主体科技计划向农业领域倾斜，极大地促进了农业科技创新发展和现代农业科技进步。

中国农业大学出版社以973计划、863计划和科技支撑计划中农业领域重大研究项目成果为主体，以服务我国农业产业提升的重大需求为目标，在“国家重大出版工程”项目基础上，筛选确定了农业生物技术、良种培育、丰产栽培、疫病防治、防灾减灾、农业资源利用和农业信息化等领域50个重大科技创新成果，作为“现代农业高新技术成果丛书”项目申报了2009年度国家出版基金项目，经国家出版基金管理委员会审批立项。

国家出版基金是我国继自然科学基金、哲学社会科学基金之后设立的第三大基金项目。国家出版基金由国家设立、国家主导，资助体现国家意志、传承中华文明、促进文化繁荣、提高文化软实力的国家级重大项目；受助项目应能够发挥示范引导作用，为国家、为当代、为子孙后代创造先进文化；受助项目应能够成为站在时代前沿、弘扬民族文化、体现国家水准、传之久远的国家级精品力作。

为确保“现代农业高新技术成果丛书”编写出版质量，在教育部、农业部和中国农业大学的指导和支持下，成立了以石元春院士为主任的编审指导委员会；出版社成立了以社长为组长的项目协调组并专门设立了项目运行管理办公室。

“现代农业高新技术成果丛书”始于“十一五”，跨入“十二五”，是中国农业大学出版社“十二五”开局的献礼之作，她的立项和出版标志着我社学术出版进入了一个新的高度，各项工作迈上了新的台阶。出版社将以此为新的起点，为我国现代农业的发展，为出版文化事业的繁荣做出新的更大贡献。

中国农业大学出版社

2010年12月

前　言

过去的60年来，抗生素为人类和养殖业防病治病做出了巨大贡献，但随着抗生素的大量滥用，其耐药性和残留严重危害人类的生命健康和安全。欧盟已全面禁止饲用抗生素，美国也拟在2013年禁止饲用抗生素。2011年10月12日我国颁布的《饲料工业“十二五”发展规划》中明确提出“利用植物提取物减少抗生素等药物饲料添加剂使用”。从2012年8月1日起，被业界称为“史上最严”的“限抗令”——《抗菌药物临床应用管理办法》在我国正式执行。“限抗令”的实施，对传统抗生素企业产生了一定的冲击，抗菌药市场版图正在重构，不少企业正在谋求转型。在此背景下，天然活性物质迎来发展的黄金时期，最近越来越受到人们的青睐。很多的研究证实，功能性天然活性物质如植物精油、连翘提取物、黄连素、壳寡糖、壳聚糖、黄芪多糖等，具有很好的抗菌、抗病毒、抗炎症、抗内毒素等药理活性及抗氧化作用。

近年来，植物功能成分的研究开发越来越受到国际重视，国外主要集中于肉桂、丁香、迷迭香等香料植物精油的开发利用，对于植物活性成分的研究主要以精油为主，功能开发主要集中于促生长、抗氧化、免疫调节、肠道疾病预防方面，体外试验开展得较多，而体内试验和动物试验开展得很少。国内已有不少黄芪、连翘、壳寡糖、壳聚糖、苜蓿草粉、海带粉、芦荟粉在饲料中应用效果的研究论文报道，肯定了其在畜禽免疫、抗氧化、脂肪代谢、改善肉品质、抗热应激等方面的调节作用。但由于成分复杂、质量和组成成分的标准化和可控性差、试验结果缺乏一致性、作用机理不明确、动物应用效果试验较少、产品的安全性评价等关键技术瓶颈问题，阻碍了产品市场化和产业化进程。

本书结合“替代饲用抗生素的迫切需要”和我国“植物资源有待高效开发利用”的需求，综述了近年来天然活性物质饲料添加剂的研究进展，将已有的研究应用和优势进行总结，将对功能性天然活性物质的创制与应用具有很好的指导和参考价值。本书可作为相关应用技术领域研究人员的专业参考用书以及药物分析、动物营养相关专业的研究生、本科生教材，也可为政府的导向以及产、学、研、商的和谐科学利用提供科学依据。

全书共分 10 章:第 1 章综述了植物提取物在动物生产中的应用与作用机制研究(金立志等);第 2 章总结了连翘的活性成分及其对畜禽药理活性研究(朴香淑等);第 3 章综述了植物活性物质的抗过敏作用(郝月等);第 4 章综述了植物精油与肠道健康(张茜等);第 5 章综述了黄连及小檗碱对畜禽的作用及应用(李鹏飞等);第 6 章为天然生物活性多糖对畜禽免疫功能的影响及其作用机制(袁书林等);第 7 章介绍了壳聚糖生产及其对畜禽的生物学作用(史彬林等);第 8 章介绍了壳寡糖研究现状及其在畜牧业中的应用前景(王丁等);第 9 章综述了天然药物有效成分及分离技术研究(朴香兰等);第 10 章介绍了药品注册要求。

由于时间仓促和水平所限,书中难免会出现一些疏漏,敬请读者谅解并提出宝贵的建议,以便今后有机会再加以完善。

朴香淑

2012 年 10 月

目　　录

第1章

植物提取物在动物生产中的应用与作用机制研究

近 20 年来，由于抗生素耐药性和残留问题日益凸显，作为抗生素重要替代物之一的植物提取物饲料添加剂，在动物饲料生产和畜禽养殖中越来越受到重 9 视。尤其 2000 年以来，欧洲、美国、日本等发达国家在科技杂志上发表的有关植物提取物饲料添加剂的论文数量显著增多，在这几百篇科技论文中，不仅在作用机制方面给予了深入的研究，而且对植物提取物如何在动物营养和饲料领域的应用研究也有越来越多的报道。

植物提取物添加剂在动物饲料与养殖中的主要作用表现为：改善适口性提高采食量，促进唾液和消化液的分泌，提高动物自身免疫机能，抗菌杀菌，抗氧化活性等。本章将主要对植物提取物的定义、发展历程、抗菌、抗氧化、免疫增强等方面进行阐述，并对其在畜禽（尤其猪、鸡）生产中的应用研究进展进行综述和评估。

1.1 植物提取物饲料添加剂的定义和研究历史

植物有种类丰富的低分子质量的次生代谢产物，有些可作为防御系统来抵御生理、环境、食物链上游和病原体的应激压力，使植物与周围的环境保持和谐共存。人们发现，除了少数有毒的化合物以外，几类主要存在于药用植物的次生代谢产物对畜禽也具有有益作用。这些次生代谢产物，就是植物提取物饲料添加剂的主要有效成分。

目前，有关植物提取物添加剂的名称和定义非常混乱，本文采用"植物提取物饲料添加剂（plant extract feed additive）"一词，定义为：从植物中提取（非化工合成），活性成分明确、含量稳定并且可以测定，对动物和人类没有任何毒副作用，并已通过动物试验证明可以提高动物生产性能的饲料添加剂。其他常见的名称还有：草药（herbs），药用植物/植物性药物（phytoceuticles），中草药添加剂（Chinese traditional medicine，Chinese herb feed additives），阳生素（phytobiotics），植物添加剂（phytogenic feed additive）等。

人类对药用植物的使用与探索的历史源远流长，药用植物（中草药）在人和动物上的应用在中国有着悠久的历史(如《本草纲目》、《元亨疗马集》等),西方使用植物作为香料和药物(称为草药,herb)始于 2 000 多年前的罗马和希腊时期(Bauer 等,2001)。通常认为使用植物提取物相对较晚,古罗马和古希腊也只有松节油的文字记载(Guenther,1948)。使用蒸馏法生产植物提取物源于 2 000 多年前的东方国家(如埃及、印度、波斯等国)(Guenther,1948);公元 9 世纪时阿拉伯人改进了传统的蒸馏方法(Bauer 等,2001)。真正有可靠文字记载的通过蒸馏法提取植物提取物是由维拉诺瓦(Villanova,1235—1311)医生完成的(Guenther,1948)。到了 13 世纪,植物提取物开始被用于药物(Bauer 等,2001),但直到 16 世纪才开始在欧洲普遍作为药物使用。第一个测定植物提取物抗菌杀菌效果的实验是 De la Croix 在 1881 年完成的(Burt, 2004)。从此以后,科学界进行了很多研究并发表了大量的科技论文,来探讨植物提取物的活性成分及其抗菌杀菌机制等。

随着近 40 年来化学分析手段和分析仪器的发展和改进,对植物提取物及其活性成分准确分析成为现实。植物提取物的主要活性成分是通过气相或液相色谱仪和质谱仪的分析而得到(Burt,2004)。研究发现,植物提取物可以包含 60 多种化学成分。有趣的是,尽管植物名称相同,但其主要活性成分的含量可以从高达整个提取物的 85%到接近于零(Bauer 等,2001;金立志,2007),见表 1.1。其主要原因是植物品种不同、产地不同、收获时间不同,从而导致其活性物质含量差异很大(Burt,2004)。举例来说,希腊亚里士多德大学从 1986 年得到欧盟资助立项,经过 10 年的杂交育种和分子育种,最后培育成功的止痢草(*Origanum heracleoticum* L. 过去也称 *Origanum vulgare* L. ssp. *hirtum*),其活性物质的产量就是普通品种的 20～30 倍;并且可以适应恶劣的气候,保持相对一致的活性物质产量(Gill,1999)。表 1.1 列出了一些在商业上有应用前途的植物及其活性成分(Bauer 等,2001)。

植物提取物抗菌的主要活性成分是酚类物质(Burt,2004)。但提取物中的一些少量物质在抗菌中也起到非常重要的作用,并可能与主要活性物质起协同作用。这种协同作用已经在鼠尾草(Marino 等,2001)、百里香的一些品种(Marino 等,1999)和止痢草/牛至草(作者注:如果英文原文中使用 oregano 一词,文中翻译为牛至草;如果使用 *Origanum heracleoticum* L. 或 *Origanum vulgare* L. ssp. *hirtum*,作者翻译为止痢草)(Paster 等,1995)等植物提取物中被证明。

表 1.1 主要研究的植物提取物及其主要抗菌活性成分

植物名称	植物拉丁学名	主要有效成分	含量	参考文献
芫荽(叶子)	*Coriandrum sativum*	芳樟醇	26%	Delaquis 等,2002
		E-2-癸醛	20%	
芫荽(种子)	*Coriandrum sativum*	芳樟醇	70%	Delaquis 等,2002
肉桂	*Cinnamomum zeylandicum*	肉桂醛	65%	Lens-Lisbonne 等,1987
止痢草/牛至草	*Origanum vulgare*	香芹酚	微量至 80%	Lawrence,1984;Prudent 等,1995
		百里香酚	微量至 64%	Charai 等,1996;Sivropoulou 等,1996
		g-萜品烯	2%～52%	Kokkini 等,1997;Russo 等,1998
		p-百里香素	微量至 52%	Daferera 等,2000;Demetzos and Perdetzoglou,2001;Marino 等,2001

续表 1.1

植物名称	植物拉丁学名	主要有效成分	含量	参考文献
迷迭香	*Rosmarinus officinalis*	*a*-蒎烯	2%～25%	Daferera 等，2000，2003；Pintore 等，2002
		乙酸龙脑酯	0%～17%	
		樟脑	2%～14%	
		1,8-桉树脑	3%～89%	
鼠尾草	*Salvia officinalis*	樟脑	6%～15%	Marino 等，2001
		a-蒎烯	4%～5%	
		h-蒎烯	2%～10%	
		1,8-桉树脑	6%～14%	
		a-tujone	20%～42%	
丁香(花蕾)	*Syzygium aromaticum*	丁子香酚	75%～85%	Bauer 等，2001
		乙酸丁子香酚	8%～15%	
百里香	*Thymus vulgaris*	百里香酚	10%～64%	Lens-Lisbonne 等，1987
		香芹酚	2%～11%	McGimpsey 等，1994
		g-萜品烯	2%～31%	Cosentino 等，1999；Marino 等，1999
		p-百里香素	10%～56%	Daferera 等，2000；Juliano 等，2000

来源：Burt，2004。

1.2 植物提取物的抗菌作用及其作用机制的研究

1.2.1 植物提取物添加剂抗菌作用研究

迄今为止，已经研究的植物提取物的种类包括绿茶、洋葱、大蒜、丁香、槐树叶、刺柏、麦芽、万寿菊、桃类、熊霉叶、蓟草、黄连、鼠尾草、肉豆蔻、月桂、止痢草/牛至草、海藻、蘑菇及其他类植物的提取物或精油等。澳大利亚科学家 Hammer 等(1999)比较了茶树、柠檬、百里香、生姜、芫荽、马郁兰、艾灌、三叶草、止痢草/牛至草等 10 种植物提取物对大肠杆菌、沙门氏菌和金黄色葡萄球菌的抑菌效果。结果表明，茶树、芫荽、马郁兰和止痢草/牛至草的提取物对 3 种致病性细菌表现出较强的抑菌能力，尤其是止痢草/牛至草提取物的抑菌性最强。表 1.2 列出了几种常见植物提取物的最小抑菌浓度(minimum inhibitory concentration，MIC)，在所列出的所有植物种类中，止痢草/牛至草和百里香草的提取物对大肠杆菌、金黄色葡萄球菌、沙门氏菌和李氏杆菌的最小抑菌浓度最小，即止痢草/牛至草和百里香草提取物的抗菌抑菌能力最强。近年来，止痢草提取物对真菌的杀灭作用的研究表明，止痢草提取物可以有效抑制白色念珠菌的生长(Manohar 等,2001),该项研究结果发表在著名科学杂志 *Molecular and cellular biochemistry* 上。Adams(2008)也研究了止痢草提取物对几种抑制动物和人类免疫能力真菌的杀菌效果,发现止痢草提取物对新生隐球菌、红色青霉菌和白色念珠菌有很强的抗菌杀菌能力。

表 1.2 几种常见植物提取物的活性成分及其最小抑菌浓度(MIC)

植物名称	病菌名称	MIC/(μL/mL)	参考文献
迷迭香	大肠杆菌	4.5~10	Farag 等,1989;Smith-Palmer 等,1998;Hammer 等,1999;Pintore 等,2002
	沙门氏菌	>20	Hammer 等,1999
	蜡状芽孢杆菌	0.2	Chaibi 等,1997
	金黄色葡萄球菌	0.4~10	Farag 等,1989;Smith-Palmer 等,1998;Hammer 等,1999;Pintore 等,2002
	李斯特菌	0.2	Smith-Palmer 等,1998
止痢草/牛至草	大肠杆菌	0.5~1.2	Prudent 等,1995;Hammer 等,1999;Burt 和 Reinders,2003
	沙门氏菌	1.2	Hammer 等,1999
	金黄色葡萄球菌	0.5~1.2	Prudent 等,1995;Hammer 等,1999
柠檬香茅草	大肠杆菌	0.6	Hammer 等,1999
	沙门氏菌	2.5	Hammer 等,1999
	金黄色葡萄球菌	0.6	Hammer 等,1999
鼠尾草	大肠杆菌	3.5~5	Farag 等,1989;Smith-Palmer 等,1998;Hammer 等,1999
	沙门氏菌	10~20	Shelef 等,1984;Hammer 等,1999
	金黄色葡萄球菌	0.75~10	Shelef 等,1984;Farag 等,1989;Smith-Palmer 等,1998;Hammer 等,1999
	李斯特菌	0.2	Smith-Palmer 等,1998
丁香	大肠杆菌	0.4~2.5	Farag 等,1989;Smith-Palmer 等,1998;Hammer 等,1999
	沙门氏菌	>20	Hammer 等,1999
	金黄色葡萄球菌	0.4~2.5	Farag 等,1989;Smith-Palmer 等,1998;Hammer 等,1999
	李斯特菌	0.3	Smith-Palmer 等,1998
百里香	大肠杆菌	0.45~1.25	Farag 等,1989;Smith-Palmer 等,1998;Cosentino 等,1999;Hammer 等,1999;Burt 和 Reinders,2003
	沙门氏菌	0.450~20	Cosentino 等,1999;Hammer 等,1999

续表 1.2

植物名称	病菌名称	MIC/(μL/mL)	参考文献
	金黄色葡萄球菌	0.2～2.5	Farag 等,1989;Smith-Palmer 等,1998;Cosentino 等,1999;Hammer 等,1999
	李斯特菌	0.156～0.45	Firouzi 等,1998;Smith-Palmer 等,1998;Cosentino 等,1999
姜黄	大肠杆菌	>0.2	Negi 等,1999
	蜡状芽孢杆菌	0.2	Negi 等,1999
茶树	大肠杆菌	2.5～80	Bassole 等,2003
	痢疾志贺氏菌	5～80	Bassole 等,2003
	金黄色葡萄球菌	0.6～40	Bassole 等,2003
	蜡状芽孢杆菌	5～10	Bassole 等,2003

来源:Hammer,1999;金立志,2007。

1.2.2 植物提取物添加剂抗菌作用机制的研究

尽管植物提取物添加剂抗菌作用机制已经进行了很多研究,但是其详尽的作用机制仍没彻底阐明。由于植物提取物所用的植物种类繁多,其活性成分也有很多,因此,植物提取物添加剂抗菌机制可能有多种(Burt,2004)。图 1.1 总结了植物提取物在细胞上可能作用的位点和作用方式,这些作用机制包括:破坏和降解细胞壁、破坏细胞质膜、破坏细胞膜蛋白质结构、使细胞内容物泄露、使细胞质凝聚、减弱质子运动力(proton-motive force,PMF)。需要说明的是,所提出的几种作用机制并非都是独立的,可能会相互影响。一种机制的反应可能受到另一种反应物或生成物的影响。

植物提取物及其活性成分一个重要的特点是其疏水性(hydrophobicity),这使得植物提取物及其有效成分可以让细胞膜和线粒体上的磷脂结构分开,破坏细胞结构,增强细胞膜通透性,使细胞内离子和其他物质泄露,从而导致细胞死亡(Helander 等,1998;Ultee 等,2002)。然而也有研究发现,利用茶叶提取物对大肠杆菌的抑菌实验中,细菌在裂解之前就已经死亡(Bert,2004)。另外,有研究发现,肉桂提取精油及其活性成分可以抑制产气肠杆菌的氨基酸脱羧酶的活性(Wendakoon 和 Sakaguchi,1995)。

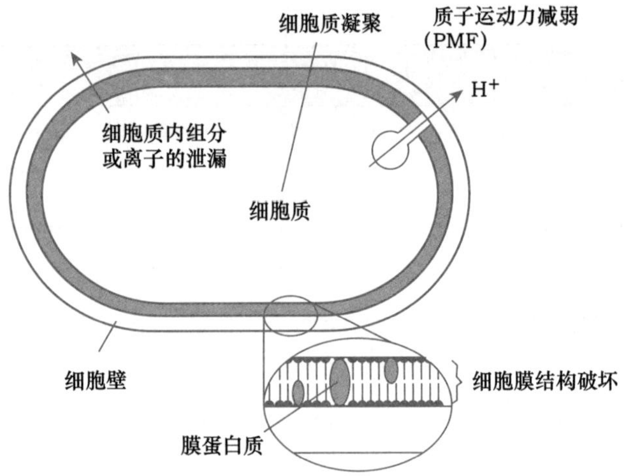

图 1.1　植物提取物抗菌作用机制示意图(Burt,2004)

1.2.3　香芹酚和百里香酚的作用机制研究

1.2.3.1　增强细胞膜通透性

研究发现,凡是抗菌性强的植物提取物中都含有比较高的酚类化合物,如香芹酚、百里香酚和丁子香酚等(Farag 等,1989;Dorman 和 Deans,2000)。这些酚类化合物尽管单个组分的化学结构不同,其准确的抗菌作用机制也略有不同,但它们的抗菌机制可能是相似的(Dorman 和 Deans,2000)。研究者对止痢草/牛至草中的两个主要成分:香芹酚和百里香酚的作用机制研究报道最多。香芹酚和百里香酚化学结构相似,但羟基在苯环上的位置不同。膜穿孔和膜黏合被认为是香芹酚和百里香酚的首要作用模式(Stiles,1995),这将导致细菌细胞膜渗透性提高及胞内生命物质外泄,从而损害细菌酶系统,最终导致微生物死亡(Farag 等,1989)。一致的研究结果表明,香芹酚可以通过挤压开磷脂的脂肪酸链,在细菌细胞膜上形成很多小管道,从而让细胞质中的离子从细胞质流出细胞外(Ultee,2000)。已经证实,止痢草/牛至中的主要成分香芹酚可以使金黄色葡萄球菌和绿脓杆菌细胞中的磷酸分子泄漏(Lamburt 等,2001)。Helander 等(1998)研究了止痢草/牛至中的香芹酚和百里香酚如何对大肠杆菌 O157 和沙门氏菌产生杀灭作用,发现这些酚类活性物质可以使细胞膜破裂,胞内物质外溢。这表明萜类和苯丙素类能因它们的亲脂特性而穿透细胞膜进入细胞(Helander 等,1998)。另外有研究发现,止痢草/牛至中的抑制或杀灭微生物的特性与其亲脂性质和具有芳香族的化学结构有关(Farag 等,1989)。

1.2.3.2　抑制细菌内毒素的分泌

除抑制细菌自身细胞的生长之外,香芹酚也可以抑制细菌内毒素的分泌。体外试验结果表明,香芹酚可以抑制蜡状芽孢杆菌(*Bacillus cereus*)分泌导致腹泻的内毒素。香芹酚抑制细菌内毒素分泌的机制可能有两种:一是如果内毒素分泌是一个主动过程,那么香芹酚有可能导致细胞没有足够的 ATP 或 PMF 把内毒素转运到体外；二是香芹酚可抑制细菌生长，细菌细胞为了存活，使用了所有可利用的能量，而没有能力再产生内毒素（Ultee 和 Smid，2001）。

1.2.3.3 多成分协同叠加作用

研究表明，使用完整的植物提取物，其抗菌功能要比用主要成分的混合物大得多（Gill 等，2002；Mourey 和 Canillac，2002）。这种结果也说明非主要活性成分可能起到重要的作用，并可能与主要活性成分有叠加效应。研究证实止痢草提取物中的两种主要活性成分——香芹酚和百里香酚在杀灭金黄色葡萄球菌和绿脓杆菌方面有叠加效应（Burt，2003）。另有研究证明，香芹酚和它的合成前体 *p*-百里香素在抗菌方面也有协同作用。提纯的 *p*-百里香素抗菌作用很微弱，但是它比香芹酚更能够让细菌的细胞膜膨胀，通过这种机制，*p*-百里香素能够帮助香芹酚更容易地进入细菌体内，所以香芹酚和它的合成前体 *p*-百里香素在抗菌方面通过这种机制达到协同叠加作用（Ultee 等，2000）。

1.3 植物提取物的抗氧化作用及其抗氧化机制

1.3.1 自由基简介

动物机体在代谢中不断产生自由基，自由基在机体维持正常生理功能上扮演着重要的角色，如白细胞产生的自由基对机体具有防御作用，参与细胞正常凋亡，及调控细胞内的信息传递等。正常情况下，动物机体内自由基生成量较小，但动物在患病、应激或特殊生理条件下，机体内会产生大量自由基，而由自由基引发的连锁反应会对动物机体造成剧烈的伤害。研究表明，自由基会与机体内的脂质、DNA 等进行反应，其对动物的氧化损伤会导致动物疾病的发生、免疫力减弱、生产力下降、产品质量降低等。

自由基又称游离基，是含有一个或多个不成对电子或原子团而独立存在的化学物质，具有强烈的氧化能力。自由基主要有活性氧 ROS（reactive oxygen species）和活性氮 RNS（reactive nitrogen species）两类。其中 ROS 所占比例较高，分为超氧阴离子自由基（$O_2^{-\cdot}$）、羟自由基（·OH）、过氧化物自由基（$ROO_2^{-\cdot}$）、过氧化氢（H_2O_2）和单线态氧（$^1O_2$）。嗜中性白细胞受到细菌或病毒的刺激时，经由 NAD(P)H 产生超氧化物；羟自由基主要是过氧化氢经亚铁离子催化产生的，可产生细胞毒性；过氧化物自由基会导致脂肪过氧化反应。自由基作用于脂质发生过氧化反应，对生物膜具有强烈的破坏作用，产生有毒的丙二醛（malondialdehyde，MDA），MDA 能引起突变及致癌的危险。自由基攻击氨基酸的侧链，会引起生命大分子蛋白质、核酸的交联聚合，具有细胞毒性，导致细胞结构改变和功能破坏。羟自由基可破坏 DNA 结构，造成 DNA 链的断裂，导致 DNA 永久性损伤，动物机体可能因无法正常修复而致使 DNA 产生突变，这也是导致细胞癌变的关键因素。

1.3.2 机体自身抗自由基机制

动物机体对不同来源的自由基有一系列的防御机制，如预防性机制、修复机制、物理性防御和抗氧化剂防御等。抗氧化剂通过抑制或减缓自由基的生成来减小机体的氧化损伤。

动物体内自由基清除体系包括酶类和非酶类体系。其中酶类抗氧化剂又称为内源性抗氧化剂，是动物体消除自由基最重要的机制之一，主要包括超氧化物歧化酶（superoxide dismutase，SOD）、谷胱甘肽过氧化物酶（glutathione peroxidase，GSH-Px）、过氧化氢酶（catalase，CAT）和过氧化物酶（peroxidase，POX）等；非酶防御体系包括维生素抗氧化剂（维生素C、维生素E、β-胡萝卜素等），微量元素抗氧化物（Se、Zn、Fe、Cu 等），谷胱甘肽，天然植物及其有效成分等。目前发现有 3 种不同形式的 SOD，即 CuZn-SOD，Mn-SOD 和 Fe-SOD。它们的主要功能是清除超氧化物自由基，在细胞的过氧化体中，酶反应所产生的 H_2O_2 可被过氧化氢酶清除，在线粒体及胞浆中所产生的 H_2O_2，常靠 GSH-Px 来清除；维生素 E 的主要作用是防止脂类过氧化，能使在脂类过氧化过程中起连锁反应关键作用的 ROO· 转变为化学性质较不活泼的 ROOH，从而使脂类过氧化的链式反应中断，终止脂类过氧化的作用，维生素 E 还可淬灭单线态氧（$^1O_2$），或与单线态氧发生反应，从而有效清除单线态氧。以上体系抗氧化作用的本质不是这些物质具有抗氧化作用，而是能把能量代谢产生的电子传递给活性氧，实际上是发挥电子传递的作用。在这些反应中，酶抗氧化系统发挥促进传递速度的作用，非酶抗氧化系统发挥的是底物作用，从电子传递的角度，这两种系统发挥同样的作用。

内源性抗氧化剂——酶类 SOD、GSH-Px、CAT 先将自由基代谢为毒性较低的 H_2O_2，再代谢成无毒的 H_2O。具体反应式如下：

$$2O_2^{\cdot} + 2H^+ \xrightarrow{\text{SOD}} H_2O_2 + O_2$$

$$2H_2O_2 \xrightarrow{\text{GSH-Px or CAT}} 2H_2O + O_2$$

$$ROOH + AH_2 \xrightarrow{\text{CAT}} H_2O + ROH + A$$

$$2GSH + ROOH \xrightarrow{\text{GSH-Px}} GSSG + ROH + H_2O$$

$$2GSH + H_2O_2 \xrightarrow{\text{GSH-Px}} GSSG + 2H_2O$$

$$2O_2^{-\cdot} + 2H^+ \xrightarrow{\text{CAT}} H_2O + O_2$$

上述反应中 SOD 需要与 Cu^{2+}、Zn^{2+} 或 Mn^{2+} 结合才能发挥作用；CAT 反应需要 Fe^{3+} 或 Mn^{2+} 催化进行；GSH-Px 需要 Se 催化。虽然抗氧化酶由于胃酸的破坏很难由口服方式获取，但动物可从饲料中获取这些抗氧化酶的辅助因子，从而提高抗氧化酶的抗氧化功效。

1.3.3 唇形科植物提取物的抗氧化作用及作用机制

唇形科植物如止痢草/牛至草、百里香、迷迭香、丁香和肉桂等植物提取物均有较强的抗氧化性，被广泛用做饲料添加剂。下面我们以唇形科植物提取物为例来介绍植物提取物的抗氧化作用及作用机制。

1.3.3.1 唇形科植物提取物的抗氧化作用

1. 唇形科植物提取物体外抗氧化作用

用酸败试验或微粒过氧化作用试验可以检测植物提取物的抗氧化活性，酸败试验中用抗氧化因子（antioxidative factors，AF）值来表示抗氧化能力，值越高表明抗氧化能力越强。Scheeder(2000)以猪油作为载体，对迷迭香及其提取物（Oxyless U）、橄榄油及橄榄叶提取物，以及不同质量茶叶样本的抗氧化能力进行了酸败试验。结果如图 1.2 所示，迷迭香提取物显示出最强的抗氧化能力。

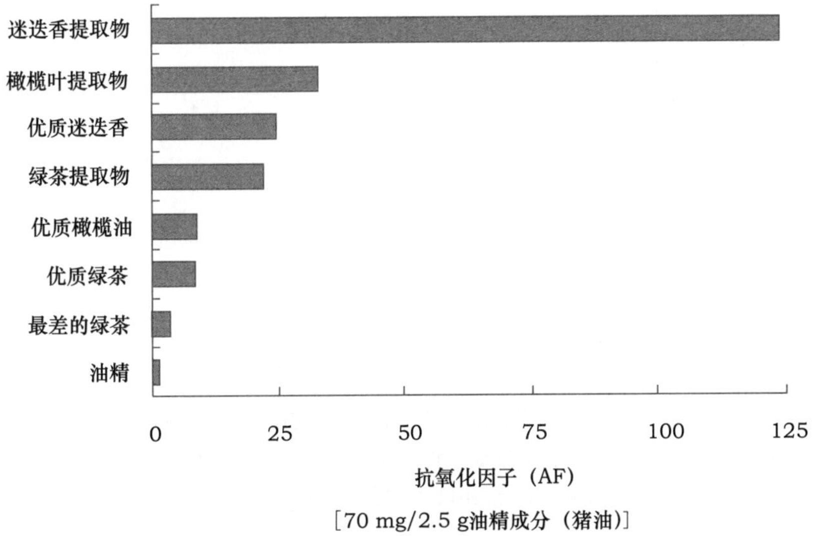

图 1.2 用 Rancimat 系统瑞士万通公司的酸败仪检测迷迭香及其提取物、橄榄油及橄榄叶提取物以及不同质量茶叶样本的抗氧化能力(Scheeder，2000)

大黄有类似迷迭香抗氧化因子的活性。橄榄油中酚类可作为有效的非生育酚类抗氧化剂，并在体外试验证明了其抗氧化能力、清除自由基的能力、对生物膜的抗氧化作用和抑制低密度脂蛋白氧化的作用。百里香和止痢草也有显著的抗氧化作用，并能降低脂肪的自动氧化。百里香精油的抗氧化能力与 BHT（butylated hydroxytoluene，二丁基羟基甲苯，是一种广泛使用的食品脂溶性抗氧化剂）相当，止痢草香精油对猪油的抗氧化能力与 BHA（butylated hydroxyanisole，丁基羟基茴香醚，一种常用于食品和饲料的抗氧化剂）相当；也有学者试验表明止痢草精油抗氧化能力略低于 BHT 和 α-生育酚，但高于抗坏血酸（图 1.3）（史东辉，2012）。

另外有研究发现，与薄荷、柠檬精油相比，止痢草提取物抑制亚油酸过氧化能力最高，而清除自由基的能力则相似。定量分析抗氧化物含量与抗氧化活性间的关系比较困难，因为它们自身抗氧化物质的组成与水平不同，而且它们之间或与其他植物成分间的协同作用也会影响抗氧化能力（史东辉，2012）。

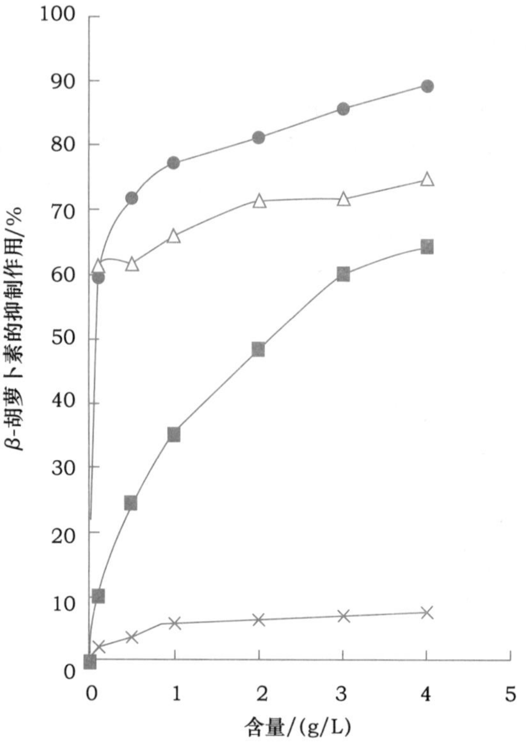

图 1.3　**止痢草提取物与生育酚(维生素 E)、抗坏酸(维生素 C)和 BHT 抗氧化作用的比较**(史东辉,2012)

Milos(2000)等通过比较猪油贮藏中的过氧化值变化,系统评估了一系列物质[包括止痢草的挥发性糖苷、止痢草精油、纯百里香酚、百里醌和维生素 E (α -生育酚)]的抗氧化性能,结果发现止痢草精油和其糖苷比维生素 E 更能抑制过氧化氢的形成;另外,纯的百里香酚和百里醌抑制过氧化氢形成的能力比维生素 E 弱,这说明止痢草精油中的其他次要成分很可能也在抗氧化方面发挥着重要的协同作用。

Economou 等(1991)通过向保存于 75℃的猪油中加入止痢草、白鲜、麝香草、马郁兰、留兰香(荷兰薄荷)、薰衣草、紫苏,对它们的抗氧化活性进行研究,发现止痢草提取物抗氧化作用最好,其次为麝香草、马郁兰和薰衣草。甲基异丙基苯-2,3-二醇以及麝香草中发现的百里香酚和香芹酚,都显示出强烈的抗氧化特性。Farag 等(1989)探讨了 6 种植物精油抗氧化活性和植物提取物化学组成之间的关系。百里香酚的高度抗氧化活性是由于其苯酚羟基基团的存在,其可作为脂肪氧化第一步产生的过氧化物基团的氢供体,因此延缓氢过氧化物的形成。

据报道,迷迭香和鼠尾草具有较好的抗氧化能力,Inatani 等(1983)从迷迭香干叶的正己烷提取物中分离得到 3 种酚系二萜化合物:迷迭香酚、表迷迭香酚和异迷迭香酚。它们对猪油和亚油酸都有很强的抗氧化能力,尤其对猪油的抗氧化能力是 BHA 和 BHT 的 4 倍。生姜中的姜油酮、6-姜油醇、6-姜油酚也具有较强的抗氧化活性。Nakatani 等(1992)还从胡椒的三氯甲烷提取物中得到 5 种酚系酰胺,它们均是无色、无味的化合物,抗氧化活性优于维生素 E。

2. 唇形科植物提取物体内抗氧化作用

MDA 含量反映氧自由基介导的脂质过氧化程度。Slavomír Marcinčák(2008)在肉仔鸡饲粮中添加止痢草提取物,研究其对生长性能和鸡肉氧化稳定性的影响,具体为:将胸肌和腿肌在−21℃贮存 0、3、6 及 12 个月,4℃解冻 12 h,磨碎,80℃热处理 15 min,结果发现:止痢草提取物能有效地延缓脂质氧化,而不受贮藏时间的影响。鸡肉组织中较低 MDA 值可能是止痢草中不同的抗氧化成分进入了循环系统,并在组织中存留,从而表现出较好的抗氧化活性。

Amir Roofchaee(2011)的试验表明饲粮中添加止痢草提取物能提高肉鸡血清抗氧化活性。Economou 等(1991)认为止痢草、百里香和迷迭香提取物可以提高鸡肉和鸡蛋的氧化稳定性。Botsoglou 等(1989)报道止痢草植物提取物饲料添加剂对于肌肉和腹脂具有抗氧化特性。有学者进一步发现,止痢草精油的抗氧化作用随浓度的增加而增加,说明其抗氧化作用存在剂量依赖关系(Terenina,2011)。

Radwan 等(2008)试验表明,添加植物提取物比添加维生素 E 更能减少蛋黄中的过氧化物含量。植物提取物能减少血浆中油脂总量及蛋黄中油脂总量,这可能是由于其阻碍产生的氧化物进入蛋黄,延缓自由基生成,从而降低蛋黄中 MDA 的含量(表 1.3)。

表 1.3 植物提取物对室温贮藏 100 g 蛋黄中过氧化物 MDA 含量的影响 mg

日 粮	鲜蛋	贮藏 15 d	贮藏 30 d	整个试验期
阴性对照组	2.940[a]	3.130[a]	3.353[a]	3.141[a]
对照组	2.830[ab]	3.010[ab]	3.156[ab]	2.999[ab]
100 mg 维生素 E	2.763[ab]	2.870[ab]	2.980[abc]	2.871[abc]
200 mg 维生素 E	2.730[ab]	2.973[ab]	2.750[abcd]	2.818[cdb]
0.5% 百里香	2.763[ab]	2.830[abc]	2.956[abc]	2.850[bcd]
1.0% 百里香	2.600[abcd]	2.647[abcd]	2.700[bcd]	2.649[cde]
0.5% 止痢草	2.650[abc]	2.687[abcd]	2.736[bcd]	2.691[cd]
1.0% 止痢草	2.250[d]	2.280[d]	2.313[d]	2.281[d]
0.5% 迷迭香	2.540[bcd]	2.576[bcd]	2.590[bcd]	2.569[def]
1.0% 迷迭香	2.280[cd]	2.333[cd]	2.380[cd]	2.331[fg]
0.5% 姜黄	2.340[cd]	2.390[cd]	2.423[cd]	2.384[efg]
1.0% 姜黄	2.300[c]	2.340[cd]	2.366[cd]	2.336[fg]
SEM	±0.047	±0.061	±0.070	±0.035
S. O. V		*P* 值		
处理	0.001	0.009	0.008	0.000 1
贮藏期		NS		
处理与贮藏期互作		NS		

注:a,b 在同一列中不同的上标表示显著差异($P<0.05$)。NS 为差异不显著($P>0.05$)。SEM 为标准误差。阴性对照组指日粮中含有维生素及矿物质,但不含维生素 E;对照组指日粮中含有维生素及矿物质并添加需求量的维生素 E;S. O. V 指变异源(Radwan 等,2008)。

Botsoglou 等(2002)评估了添加百里香的饲粮对超过 60 d 冷藏期的鸡蛋氧化稳定性的影响,发现蛋鸡饲粮中添加 3%的百里香,能降低蛋黄 MDA 值,并且不随贮存时间而改变。也有学者研究了中草药或植物提取物作为饲料添加剂的效果。Gerber(1997)给猪投喂干燥的鼠尾草,结果显示随着饲料中鼠尾草的添加量从 0.6%增加到 1.2%,猪油的 TBARS(Thiobarbituric Acid Reactive Substances,硫代巴比妥酸反应产物,其涵盖了大部分氧化伤害产生的醛酮类物质,因而可被用作衡量脂质过氧化一个很好的指标)会有显著的下降。与此相反,酸败试验却显示无显著影响。Lopez-Bote 等(1998)也报道,在饲料中添加迷迭香油树脂和鼠尾草油树脂,并没有发现其对猪肉的抗氧化作用。然而,给肉鸡喂食同样的植物提取物(500 mg/kg)后,TBARS 指标显示与空白对照组相比,其红肉(腿肌)和白肉(胸肌)的抗氧化能力得到改善,而且胆固醇氧化产物更低。该油树脂虽然不能与生育酚醋酸酯(200 mg/kg)一样有效,但可以推断,至少部分所摄入的抗氧化物质会保留在肌肉中,并发挥活性作用。

史东辉等(2010)研究了止痢草提取物对断奶仔猪的抗氧化作用,试验表明,止痢草提取物提高了血清总抗氧化能力(T-AOC)、SOD、GSH-PxCAT 活性。同时降低了脂质过氧化产物丙二醛含量。

Youdim 和 Deans(1999,2000)发现,麝香草精油及其主要成分百里香酚可有效地清除自由基,从而影响体内的抗氧化防御系统,比如过氧化物歧化酶、谷胱甘肽过氧化物酶和维生素 E。麝香草精油中起抗氧化作用的主要是百里香酚和甲基异丙基苯-2,3-二醇。除了香芹酚和百里香酚之外,其他酚类(咖啡酸、对聚伞花素-2,3-二醇及一些双酚和类黄酮)化合物也有抗氧化活性,其中有些酚类化合物的抗氧化性能比维生素 E 的抗氧化功能还要高。

1.3.3.2 唇形科植物提取物抗氧化作用的主要机制

唇形科植物提取物中的抗氧化物活性成分主要是酚类化合物、*L*-抗坏血酸和类胡萝卜素。百里香的精油中含有百里香酚和香芹酚等抗氧化成分。Yayo 和 Nakatani 等从百里香分离得到 6 种黄酮类物质及 5 种联苯化合物,如伞花-9-基-β-*D*-葡萄糖苷、5-β-*D*-葡萄糖苷百里氢醌和 2-β-*D*-葡萄糖苷百里氢醌等,发现 3 种黄酮类化合物和 2 种联苯化合物的抗氧化能力与 BHT 相当。止痢草精油含有 30 种以上的抗氧化活性化合物,酚含量很高,化学成分主要是百里香酚、香芹酚,此外还有 γ-萜品烯、ρ-异丙基甲苯、α-萜品烯、反式丁香烯、迷迭香酸、酚酸 C_6-C_1-COOH 和 C_6-C_3-COOH 等,其中百里香酚和香芹酚的活性最强,γ-萜品烯和 ρ-异丙基甲苯是生物合成百里香酚和香芹酚的前体物,此外,百里醌和其他的糖苷类化合物也是潜在的抗氧化剂。

酚类化合物可分为亲脂基团、α-生育酚和亲水基团,包括简单酚类、酚酸、花青素、类黄酮和单宁,这些被认为是具有抗氧化功能的重要成分。这些分子的苯环上均含有丰富的 OH 基,对自由基有很强的捕捉作用,是极好的电子供体。由于形成的酚类游离基中间体的共振非定域作用,也没有适合分子氧进攻的位置,因而比较稳定,不会引发新的游离基或者由于链式反应而被迅速氧化,所以是很好的抗氧化剂。邻位和对位羟基酚类化合物、甲氧基酚类化合物的抗氧化作用比简单酚类化合物更有效。Ruberto 等(2000)研究表明,主要酚和烯丙保护基中有可利用氢原子的存在,是很好的阻止氧化过程的屏障。

大部分唇形科植物次生代谢产物醛、酮、酸，属于异戊二烯衍生物、黄酮和硫代葡萄糖苷，这些活性成分具有生理活性和抗氧化特性。其抗氧化作用的主要机制如下：

1. 直接淬灭自由基

当动物机体在氧化还原反应中生成过量的自由基时，唇形科植物提取物通过提供活性基团，作为供氢体与自由基反应，使之形成相应的离子或分子，通过抑制自由基产生和淬灭自由基而发挥抗氧化作用，阻断自由基的链式反应；也可以单电子转移的方式直接清除超氧阴离子、羟基和单线态氧等，对动物机体内脂质过氧化产生明显的抑制作用，从而保护机体免遭自由基的损伤。如 α-Tocopherol 受自由基攻击后失去氢原子，但可由共振使其稳定，成为没有活性的维生素 E 自由基。维生素 E 自由基可被维生素 C 或 GSH 还原成维生素 E，中断自由基的连锁反应，从而阻止磷脂膜过氧化，避免了生物膜受损。

电子传递链中电子传递障碍和电子漏失，特别是呼吸链上的电子漏失是细胞 ROS 的最根本来源。多酚的酚羟基中的邻位酚羟基极易被氧化，与自由基进行抽氢反应生成稳定的半醌自由基，从而阻断自由基链的传递过程，起到抗氧化作用，其实质是通过抗氧化剂的还原作用，即直接给出电子清除自由基。

2. 与脂类、蛋白质、维生素等螯合

植物提取物中的生物活性物质可防止脂肪酸，尤其是不饱和脂肪酸被氧化，从而阻止脂质过氧化物进一步分解产生醛类，避免了 MDA 与一些蛋白质、核酸、脑磷脂、酶反应而产生的分子间交联聚合，保护生物膜结构，保障其流动性、通透性、离子转运及屏障功能，限制过氧化物启动子 H_2O_2、叔-丁基过氧化氢等进入细胞内，使重要分子免受氧化损伤，缓解由于活性氧增加导致的碱基破坏、缺失，或 DNA 链断裂、突变、无法修复造成的细胞死亡，防止活性氧生成和生物膜损伤之间形成的恶性循环，降低 DNA 氧化损伤和突变的发生。

蛋白质的氧化产物羰基蛋白是由 ROS 介导的重要的蛋白质氧化标志物，羰基还原酶水平的升高可使具有细胞毒性的羰基被还原而解毒。植物提取物中有效活性成分抑制 ROS 产生或使其转变为无活性衍生物的酶和非酶性抗氧化剂，抵消 H_2O_2 的形成，降低了 H_2O_2 转变成毒性更强的 ·OH 而导致细胞内生物大分子的损伤，降低细胞内氧化性蛋白质的水平。

3. 调节机体内氧化酶活性

唇形科植物提取物的活性成分对自由基生成的氧化酶，如黄嘌呤氧化酶系、脂氧化酶和环氧化酶等有抑制作用，同时诱导机体器官或细胞提高抗氧化酶如 CAT、SOD、GSH-Px 等的活性，改变生物膜的流动性，抑制膜脂质的过氧化反应和生物膜脂质降解，从而防止产生过量的自由基，保持生物膜的通透性，防止动物机体细胞及组织坏死，起到抑制脂质过氧化作用。

4. 与金属离子络合

唇形科植物提取物的活性成分通过与过渡金属离子螯合从而发挥抗氧化作用。酚类化合物的邻酚羟基可与金属离子如 Fe^{2+}、Cu^{2+} 螯合，阻止活性氧自由基（$O_2^{-\cdot}$）等的生成，阻止链式反应，从而间接起到抗氧化作用。

1.3.3.3 影响唇形科植物提取物抗氧化活性的因素

1. 饲养管理与环境

一般来说，在环境卫生较差、饲养管理不善、生产性能低、动物健康状况不佳的情况下，唇形科植物提取物会发挥更大的作用(Symeon 等，2009)。

2. 生物活性成分的来源和加工方法

植物提取物本身的活性往往不总是恒定的，这可能与植物次生代谢产物天然成分的多样性有关。品种和生长环境的不同、收割时间和成熟度的差异、储存方法的不同和存储时间的长短、被污染情况(如重金属)、提取方法以及可能的协同或拮抗作用、抗营养因子或微生物污染等，这些因素都会大大影响活体实验的结果。举例来说，从不同的地区来源和处理方式(晒干的药草和精油)或从不同的供应商得到的迷迭香、止痢草和鼠尾草，在抗氧化能力方面可能会表现出显著性差异。

3. 生物活性成分的作用方式

不同抗氧化剂的活性不同，这取决于其极性和溶解度，而且也与发挥活性的场所有关。一些抗氧化剂是用于饲料贮藏过程中，保护饲料中的营养成分。有的主要在消化道发挥作用，有助于保护敏感成分不被氧化，从而可以被机体吸收。在中间代谢过程中，抗氧化剂也发挥很多作用，如减少机体老化或保护消化道黏膜的完整。

1.3.4 小节与展望

动物生产中的氧化应激不可忽视，关于氧化应激在畜牧生产中的危害应给予充分重视。今后可从以下方面深入研究：动物营养与自由基的基础研究；自由基产生的诱导因素；动物生产中自由基的产生和稳衡规律；从细胞及分子水平研究自由基对动物机体损伤、生产性能和产品品质的影响；关于植物次生代谢产物对动物的肌肉和脂肪组织抗氧化作用的研究成果较少，应进一步研究植物次生代谢产物在饲料和动物机体内的作用机制、吸收和代谢的生物学效率及其在动物组织中存留带来的影响。

绿色、安全、高效的植物饲料添加剂对畜禽生长性能、营养和能量利用、动物福利等方面都有积极作用，中草药和植物含有许多不同的抗氧化剂，在保护消化道和机体代谢中营养成分的氧化以及保护最终产品的氧化变质等方面都具有很高的应用潜力，因此，在畜牧生产中有时能直接影响最终产品的质量。但是，很多机理仍不清楚，应用中也有不同的结论，因而在新型高效抗氧化剂的开发及其作用机理研究方面还有许多的工作要做。

1.4 植物提取物在畜禽生产上的应用研究

1.4.1 对猪生产性能的应用研究

1.4.1.1 仔猪

综合发表的植物提取物添加剂在猪上的研究表明，不同植物提取物添加剂之间的差异很大，平均增重约为 2%，幅度为 −5%～9%；对饲料转化率的改善平均约为 3%，幅度为 −10%～4%（表 1.4）。这些平均值，与其他促生长添加剂如抗生素、酸化剂等相近。不同研究者对茴香、肉桂、丁香、香茅等提取物的研究发现，这些提取物对饲料转化率多数有改善，但对增重和采食量并无一致的正面效果。然而，使用止痢草/牛至草提取物添加剂的研究表明，对增重和饲料转化率有明确的改善，并在大部分试验中可提高采食量。

表 1.4 植物提取物作为饲料添加剂对仔猪生长性能的影响

植物提取物添加剂	使用剂量/(g/kg 或 mL/kg)	采食量变化率*/%	体重变化率*/%	饲料转化率*/%	资料来源
藏茴香	0.1	−9/−2	−/0	−3/−2	Schöne 等
茴香	0.1	+3/+3	−/+6	−2/−3	Schöne 等
肉桂	0.1	+5	+2	+3	Gollnisch 等
	0.1	−5	0	−5	Wald 等
丁香	(5 mL)	−5		−5	Tartrakoon 等
	0.1	+1	0	+3	Gollnisch 等
	0.1	+3	+7	−4	Wald 等
香茅	(5 mL)	−3		−5	Tartrakoon 等
	0.1	−2	+2	−4	Wald 等
牛至草	0.1	+3	+2	0	Gollnisch 等
	0.1	0	+5	−5	Wald 等
	0.5	−3	+7	−9	Günther 和 Bossow
止痢草	0.5	+12	+23	−9	Kyriakis 等
	0.25	+4	+12	−6.7	Abeedeen
	0.25	+3	+2.9	−3.8	Ariza neito
薄荷	(5 mL)	−4		−2	Tartrakoon 等
	0.1	−9	−3	−7	Wald 等
玉桂	0.1	−8	−4	−5	Wald 等

来源：Franz 等，2010。

注：* 采食量变化率、体重变化率、饲料变化率均为与对照组比较。

Ariza 等(2011)研究发现，母猪怀孕期饲喂止痢草提取物添加剂的日粮与对照组相比，其仔猪第

1～5 天的能量摄入更高($P<0.05$)，该仔猪母乳摄入量有增加的趋势($P=0.10$)，其平均日增重也高于对照组($P=0.10$)(表 1.5)。而且，泌乳期饲喂止痢草提取物添加剂日粮的仔猪在第 16～19 天有更高的日增重、能量摄入量和母乳摄入量。在怀孕期和泌乳期都饲喂含止痢草提取物添加剂日粮母猪的仔猪在第 9～12 天日增重(图 1.4)、母乳摄入量有所增加(图 1.5)。Walter 和 Bilkei(2004)报道，对生长迟缓的仔猪饲喂含 180 mg/kg 香芹酚(植物提取物)的日粮时，其日增重更高，饲料转化率得到改善。Gertenbach 和 Bilkei(2001)的研究表明，仔猪断奶后日粮中添加 1 000 mg/kg 牛至草可提高仔猪增重。但 Nofrarías 等(2006)和 Manzanilla 等(2006)发现，给断奶仔猪日粮添加 150 mg/kg 化工合成的香芹酚对仔猪生长性能并没有影响。

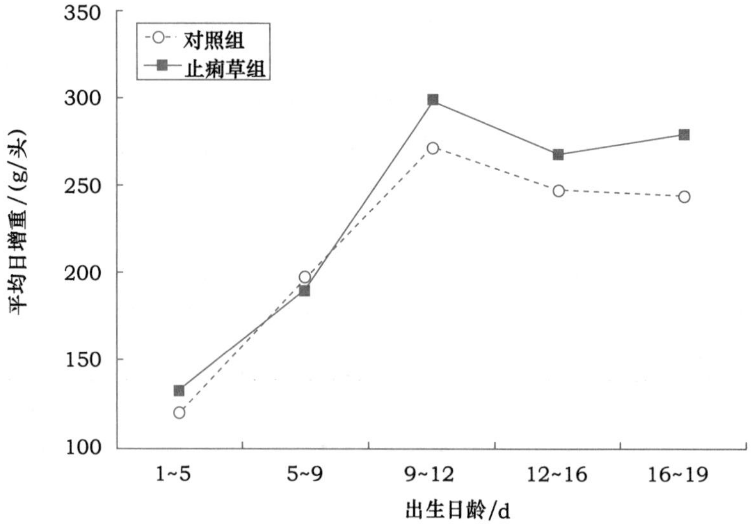

图 1.4 止痢草提取物添加剂对仔猪平均日增重的影响(孔令勇等，2011)

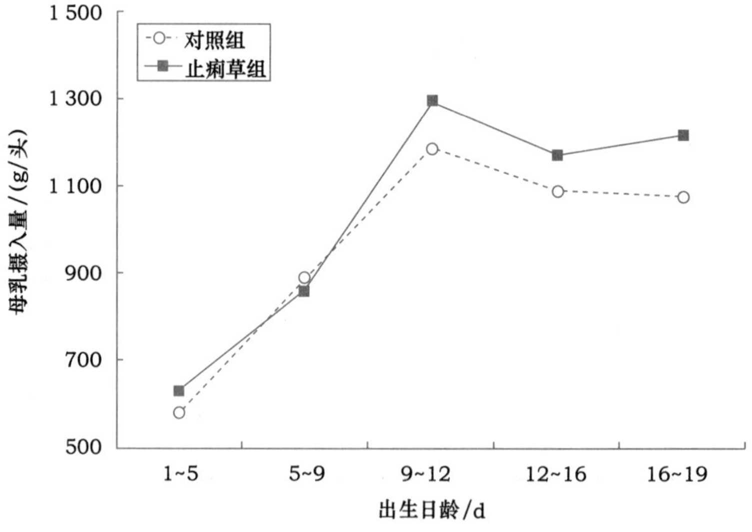

图 1.5 止痢草提取物添加剂对仔猪母乳摄入量的影响(孔令勇等，2011)

表 1.5 植物提取物对断奶仔猪生产性能和腹泻的影响

项目	对照组	植物提取物组	统计分析
开始平均体重/(kg/头)	6.75	6.71	—
结束平均体重/(kg/头)	15.43	16.44	$P<0.05$
平均增重/(kg/头)	8.68	9.73	$P<0.001$
平均日增重/(g/头)	310	348 (+12%)	$P<0.05$
平均日采食量/(g/头)	513	533 (+4%)	—
采食量/增重(FCR)	1.64	1.53 (−6.7%)	$P<0.05$
平均腹泻率/%	与对照组相比,植物提取物组减少 45%		
平均粪水分含量/%	与对照组相比,植物提取物组减少 28%		

注:①试验天数为 28 d;②试验用植物提取物为 Orego-Stim。

来源:Veligratli E,2002。

英国艾伯丁大学的研究结果表明,饲料中添加止痢草植物提取物 28 d 后能有效促进断奶仔猪的生长和提高断奶仔猪的日增重(表 1.5)。与对照组相比,添加组断奶仔猪增重提高12%,采食量提高 4%,饲料转化率改善 6.7%(Veligratli E,2002)。美国明尼苏达大学利用断奶仔猪的研究也表明,添加止痢草提取物添加剂可以提高断奶仔猪的平均采食量和日增重($P<0.05$),见表 1.6。其生产性能指标与饲喂抗生素组(卡巴多)的仔猪相似(Ariza,2006)。

表 1.6 植物提取物添加剂对断奶仔猪增重、采食量和饲料转化率的影响

项目	对照组	抗生素组	植物提取物组	植物提取物+抗生素组	标准误(SE)
动物数/头	96	96	96	96	
始重/kg	6.1	6.1	6.1	6.0	0.09
末重/kg	18.1^{b}	19.5^{a}	19.2^{a}	19.4^{a}	0.32
平均日增重/g	341^{b}	382^{a}	374^{ab}	381^{a}	11.4
平均日采食量/g	633	642	660	662	9.8
采食量/增重(FCR)	0.54^{b}	0.60^{a}	0.57^{ab}	0.58^{ab}	0.011

注:抗生素为卡巴多(Carbadox);植物提取物为止痢草提取物;同行不同字母标记表示统计差异显著($P<0.05$)。

来源:Ariza Neito,2006。

目前,动物对植物提取物添加剂的接受性、偏好性和适口性的研究尚非常有限。很多植物提取物本来在人类食品中作为香料使用。例如,止痢草/牛至草的主要成分之一百里香酚也被用作食品调味剂(Furia 和 Bellanca,1975)。止痢草/牛至草提取物的香料功能可以用于统一断奶仔猪饲料原料变化引起的味道和气味变化(Ariza-Nieto,2006)。止痢草和牛至草作为香料在猪营养中的使用,可以刺激猪的舌咽神经,从而提高唾液分泌及提高猪的食欲(Lee 等,2003)。需要注意的是,有些植物提取物可能会对动物采食量产生负面影响。Gebert 等(1999)对大黄提取物进行了研究,结果发现日采食量减少,研究者认为这可能是大黄中的葱琨衍生物(anthrachinone)导致的负面作用(Wenk, 2003)。

1.4.1.2 生长肥育猪

植物提取物对生长肥育猪生产性能的影响也有研究，美国明尼苏达大学的研究发现，止痢草提取物可以改善生长肥育猪的生长速度，减少出栏时间。Beghelli 等(2011)研究发现，无论室外还是室内养殖，止痢草提取物添加剂均可显著提高生长肥育猪活重，但对血液指标没有显著影响。而添加欧洲栗子提取物没有发现促生长效果(图 1.6)(Beghelli 等，2011)。

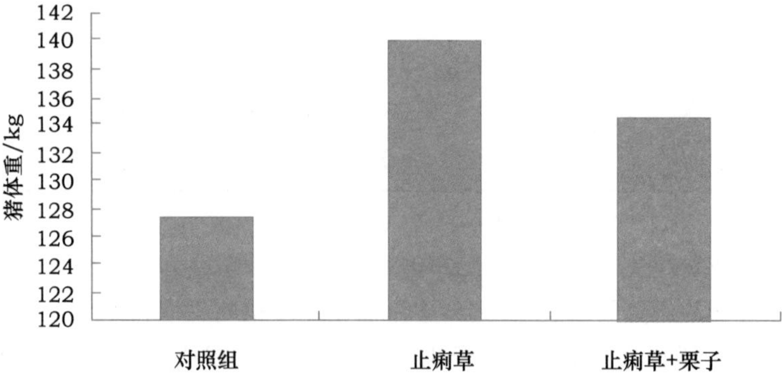

图 1.6 植物提取物对生长肥育猪生产性能的影响

1.4.1.3 母猪

综合很多研究结果发现止痢草/牛至草提取物对猪生产性能的改善作用比较一致，所以大多数植物提取物添加剂在母猪方面的研究就集中这些植物提取物上。综合 8 项公开发表的研究表明，止痢草/牛至草提取物可以提高母猪的繁殖能力(表 1.7)。利用大群母猪(多数千头以上)试验研究发现，提取物添加剂可以使母猪窝产仔数平均提高 0.5 头(幅度为 0.3～1.1 头)，提高母猪分娩率，平均日自由采食量比对照组高 4%～10%。有趣的是，其中一个试验结果表明，初产母猪日自由采食量没有提高，而经产母猪采食量提高 10%(Allan 等，2005)。Khajarern J 和 Khajarern S(2002)报道，香芹酚和百里香酚能影响肠黏膜并加速肠绒毛表面上皮细胞的更新率，减少肠上皮细胞病原菌黏附，促进营养物质的吸收。牛至草/止痢草提取物对母猪受精率的影响机制尚不十分清楚，但有研究表明，止痢草提取物可以减少免疫反应和产后子宫白细胞活性降低的不利影响，从而有利于产后的免疫系统激活，更好地保护母猪，使其不受产后泌尿生殖器的感染，由此，子宫复原可以加快，而子宫的快速复原可提高下一胎的分娩率。在母猪断奶后日粮中添加止痢草/牛至草提取物可以显著提高猪的体增重和健康，可显著增加泌乳母猪的日采食量和泌乳量。美国明尼苏达大学 Baidoo 领导的研究小组也发现，母猪日粮中添加止痢草提取物不仅可以提高母猪的繁育性能，而且添加组仔猪的增重和饲料转化率也显著优于对照组(Ariza，2006)。在另外一项研究中，给泌乳母猪饲喂 1 000 mg/kg 大蒜、1 000 mg/kg 山葵、50 mg/kg 恩诺沙星或不加添加剂，与饲喂大蒜和不加添加剂的两组相比，饲喂山葵和恩诺沙星的母猪 MMA(mastitis-metritis-agalactia syndrome，无乳综合征)和 SUGD(swine urogenital disease，泌尿生殖系统疾病)的发生率显著降低。山葵中含有天然的酚类(与止痢草相似)，它对围产期母猪的代谢紊乱提供保护作用。最近的一项利用 5 000 头母猪的大型研究表明,饲料中添加 250 g/kg 止痢草植物提取物可显著提高母猪怀孕率、窝产子数和仔猪日增重(Justin,2009)。

表 1.7 植物提取物添加剂对母猪生产性能影响研究总结

所用植物或提取物	试验用母猪数量	试验结果	参考文献
止痢草	两个试验: 试验 1 为 175 头; 试验 2 为 75 头	1. 平均产仔数提高 1.1 头; 2. 母猪采食量提高; 3. 母猪和仔猪自身免疫性能提高	Ariza-Nieto,(2006) University of Minnesota
止痢草及其提取物	共 4 000 多头	1. 平均产仔数提高 1.4 头; 2. 母猪采食量提高 8%	Mauch(2004)
止痢草及其提取物	共 3 600 多头	1. 平均产仔数提高 0.5 头; 2. 母猪采食量提高 10%	Allan (2005)
止痢草及其提取物	共 1 800 头	1. 平均产仔数提高 0.3 头; 2. 母猪采食量提高 7.5%	Amrik (2004)
止痢草及其提取物	共 1 600 头	1. 提高怀孕率; 2. 母猪采食量提高 6%; 3. 缩短世代间隔 2 d	Kis R K (2003)
止痢草	—	1. 平均产仔数提高 0.5 头; 2. 母猪采食量提高 6%	United feed (2003) Reproductive Managemment of pigs II
止痢草	共 5 000 头	增加 5.1%怀孕率; 增加 9.4%怀孕母猪数; 增加 2.7%活产仔数; 增加 2%仔猪断奶重	Justin(2009)

来源:金立志,2009。

美国明尼苏达州大学(Ariza,2011)利用 36 头单栏饲养的第二胎母猪,将母猪在配种后 24 h内随机分为两个处理组:对照组(玉米-豆粕基础日粮)和止痢草提取物添加剂组(对照日粮+250 mg/kg 止痢草提取物添加剂),进行为期 29 周的试验。研究表明,饲喂止痢草提取物组的母猪与对照组母猪相比,每窝多产活仔猪 0.8 头,平均采食量提高 4.3%(表 1.8)。

表 1.8 日粮中添加止痢草提取物添加剂提取物对母猪繁育性能和仔猪增重、能量和母乳摄入量的影响

项目	对照组	植物提取物组	差异
母猪数/头	18	18	
母猪日均采食量/kg	7.18 ± 0.31	7.49 ± 0.20	多 310 g(+4.3%)
母猪体重变化/kg	7.02 ± 2.08	9.04 ± 1.80	2.02

续表 1.8

项目	对照组	植物提取物组	差异
母猪背脂变化/mm	−0.06 ± 0.53	−0.56± 0.42	0.5
母猪产仔猪数/头	149	164	每窝多产 0.8 头
仔猪体重(19 日龄)/kg	5.94 ± 0.17	6.21± 0.14	多 217 g
仔猪平均日增重(1～19 日龄)/(g/d)	231.9± 6.8	247.1± 5.7	多 15 g
仔猪能量摄入量/(MJ/头)	22.80	24.45	多 7.2%
仔猪每千克代谢体重能量摄入量/MJ	8.94	9.45	多 5.8%
仔猪母乳摄入量/(g/头)	4 819	5 169	多 7.3%

来源：Ariza，2011。

Justin 等(2009)在欧洲夏季(6～9 月份)进行的一项为期 4 个月的大型试验中，选择 5 000 头母猪，并将其分成两个处理组，每组 2 500 头母猪。对照组饲喂常规日粮，试验组饲喂每吨饲料含 250 g 或 500 g 植物提取物添加剂的日粮。结果显示，饲喂含植物提取物日粮的试验组母猪繁殖率为 82%，而对照组为 79%($P<0.10$)。试验组平均每头母猪产活仔数为 11.39，较对照组提高 2.6%，在 4 个月试验期内，饲喂植物提取物组母猪每窝多产仔猪 0.2～0.7 头；试验组母猪的断奶至发情的间隔(weaning-to-estrus interval，WOI)和断奶到再妊娠时间(wean-to-conception interval，WCI)较对照组分别缩短 3 d 和 4 d($P<0.05$)。试验组仔猪平均断奶重为 5.7 kg，较对照组提高 2%($P>0.05$)。试验结果表明，在夏季母猪日粮中添加植物提取物添加剂，可改善热应激条件下母猪的繁殖性能和仔猪的生长。

1.4.1.4 植物提取物对猪腹泻与肠道健康的作用

1. 植物提取物对猪腹泻的影响

腹泻是仔猪断奶后最常见的一种临床症状，往往导致猪的生长抑制甚至死亡，给养猪生产造成严重的经济损失。目前治疗猪腹泻的主要手段是应用抗生素，然而因为细菌不断产生耐药性，使得抗生素疗效甚微。因此，许多研究者将目光转移到天然植物提取物上，而且已经有很多文章报道了植物提取物对断奶仔猪生长发育和肠道健康的有益影响。魏郑谊等(2009)报道了苍术、石菖蒲等植物提取物可改善断奶仔猪的饲料转化率，平均日增重比抗生素组提高 3%，显示了植物提取物的良好应用价值。张孝清等(2006)报道了由党参、黄芪、枸杞、杜仲叶、神曲、山楂等植物组成的饲料添加剂，可显著增加 40 日龄断奶仔猪肠道中的乳酸菌和双歧杆菌数量，明显降低大肠埃希氏菌指数及腹泻发生率，并且能提高日增重 5.5%～13.22%，饲料转化率改善 6.64%～15.03%，表明植物提取物添加剂能促进断奶仔猪肠道中有益菌的增殖，促进仔猪的生长发育。陈汉忠等(2005)在断奶仔猪饲料中添加 2%植物添加剂，增重率提高了16.6%～41.1%，饲料转化率改善 17.4%～25.6%，并有良好的防病保健作用。美国明尼苏达大学进行的研究表明，母猪饲粮中或断奶仔猪饲粮中添加 250 g/t 止痢草提取物，均可显著减少仔猪腹泻。英国艾伯丁大学的研究结果表明，仔猪断奶 4 周内，添加止痢草植物提取物的仔猪腹泻率减少 40%。

2. 植物提取物对仔猪肠道健康的影响

植物提取物是良好的体内病原菌抑制剂(Adam 等,1998;Smith-Palmer 等,1998;Hammer 等,1999;Dorman 和 Deans,2000;Burt,2004;Si 等,2006;Özer 等,2007)。在肉鸡和仔猪上有试验对比观察了植物精油和姜油树脂对体内肠道微生物的影响(Jamroz 等,2003;Manzanilla 等,2004;Mitsch 等,2004;Namkung 等,2004;Jamroz 等,2005;Castillo 等,2006)。Windisch 等(2008)指出,抗生素和植物提取物饲料添加剂都降低了食糜中挥发性脂肪酸和细菌群落数量以及生物胺的量,从而降低了回肠、空肠和盲肠内细菌活性。该作用效果主要通过疏水精油进入细菌细胞膜,使膜结构解体,导致离子渗透,从而导致细胞死亡。这与有机酸的机理相似,即主要通过抑制肠道内有害菌而提高畜禽的生产性能(Gabert 和 Sauer,1994;Roth 和 Kirchgessner,1998)。

3. 植物提取物对肠道免疫抑制的影响

Kroismayr 等(2008)在断奶仔猪试验中发现,抗生素和植物提取物饲料添加剂都显著降低了回肠派伊尔氏斑(Peyer’s patches)面积。Manzanilla(2006)和 Nofrairas 等(2006)观察到抗生素和植物提取物饲料添加剂可降低空肠内淋巴细胞数量。这些结果表明:同对照组相比,小肠免疫抑制状态有所缓解。同时在促炎症细胞因子和肿瘤坏死因子 Caspase-3 不变的情况下,植物提取物可下调淋巴结 NFκB 转录,进一步证明了植物提取物饲料添加剂可缓解免疫抑制作用的假说。不同的作者以不同的方式报道了植物提取物饲料添加剂在免疫系统的这种功效(Nabuurs,1995;Maass 等,2005;Dong 等,2007;Böhmer 等,2008)。但植物提取物确切的作用机制尚不清楚,需进一步探究。

4. 对肠道功能的特殊影响

一些植物提取物因其对消化道的有益影响而被大家所认识,比如缓解腹泻和痉挛、预防胀气等(Chrubasik 等,2005)。在鼠试验模型研究中发现,植物提取物还可以提高唾液、胆汁和黏液分泌,以及提高消化酶活性(Platel 和 Srinivaran,2000a,b,2004;Rao 等,2003)。在肉鸡研究中观察到胰腺分泌的胰蛋白酶和小肠淀粉酶活性的升高(Lee 等,2003;Jang 等,2004)。Kreydiyyeh 等发现精油可提高大鼠对葡萄糖的吸收(2003)。Manzanilla 等(2004)用精油和辣椒素混合物饲喂仔猪,观察到这些饲料添加剂可延长饲料在胃肠道内的滞留时间。皂苷是一类特殊的植物提取物,可以降低肠道氨从而减轻对动物健康不利的应激(Franzis 等,2002)。Nazeer 等(2002)报道了饲喂丝兰提取物可降低肠道和粪中的脲酶活性。这类提取物已被证实其亚组分可以作用于肠道脲酶和氨(Killeen 等,1998;Cho 等,2006)。以上这些研究均证明了植物提取物饲料添加剂可促进肠道功能(食糜通过率、消化酶活性和营养物质吸收)。

5. 植物提取物对猪免疫能力的影响

植物提取物饲料添加剂具有多种营养成分和生物活性物质,包含氨基酸、维生素、生物碱、多糖、苷类、黄酮类、挥发油、微量元素等,兼有营养和药效双重作用。它们除了能改善动物肠道菌群平衡、促进动物生长外,还能提高动物的免疫力。天然植物及其提取物对猪免疫功能的调节是多方面的,它的作用不仅与各种免疫细胞有关,而且与细胞因子的产生和活性,免疫球蛋白的分泌和分化,以及淋巴细胞增殖等有关,进而起到免疫调控作用。例如,刺五加、黄芪、党参、灵芝、茯苓等含有丰富的多糖,能刺激网状内皮系统,提高淋巴细胞转化率和增强单核细胞系吞噬功能;鱼腥草、金银花、丹皮、野菊花、穿心莲、大青叶等能促进白细胞的吞噬功能。张荣庆等(1995)报道,妊娠母猪日粮中添加 5 mg/kg 大豆黄酮,母猪血液和初乳中猪瘟抗体水平分别提高 41%和 44%,同时显著提高血清和初乳中的生长激素浓度。程忠刚等(2005)报道,添加 20 mg/kg 大豆黄酮组仔猪血清 T 淋巴细胞 $CD4^+$、$CD8^+$ 亚群比例均显著提高,可见添加大豆黄酮可改善仔猪的细胞免疫水平和机体氧化状态。

止痢草提取物所含的主要成分是香芹酚和百里香酚,属于生物类黄酮化合物,可以增强机体的体液免疫和细胞免疫功能。美国明尼苏达州大学 Ariza-Nieto 等研究了止痢草提取物对母猪和仔猪免疫系统的影响(表 1.9),试验组母猪在配种后 24 h 至哺乳期(19 d)结束的每吨日粮中添加专利的止痢草提取物 250 g,在哺乳后 7 d 和 14 d 分别采集仔猪的血液、母猪血液、常乳和初乳进行免疫指标的检测,研究发现,饲粮中添加止痢草提取物可以使母猪 IGF-Ⅰ(胰岛素样生长因子-Ⅰ)提高 26%和 γ,δ-T 淋巴细胞水平提高 10%(表 1.9)。IGF-Ⅰ的主要功能是促进乳腺分泌乳汁和促进新生动物肠道发育;而 γ,δ-T 淋巴细胞可以产生生长因子和其他细胞因子,具有上皮修复和生长及调节炎症反应的功能,是细菌病原体感染的屏障。由此可见,止痢草提取物可以显著提高母猪的免疫能力。止痢草提取物也可以提高哺乳仔猪的自身免疫能力。在对哺乳仔猪的试验中发现,哺乳母猪饲粮中添加止痢草提取物可以显著提高($P<0.01$)仔猪哺乳前的 γ,δ-T 淋巴细胞水平,并提高仔猪哺乳前及整个哺乳期自然杀伤细胞数量。

表 1.9　止痢草提取物对母猪免疫机能的影响

项目	对照组	止痢草提取物	差异
窝数	12	12	
IGF-Ⅰ/(ng/mL)	429.9	541	+26%
T-淋巴细胞白血病细胞%	3.6	5.4	+50%
γ,δ-T 淋巴细胞/%	45.9	49.7	+10%
CD4/%	7.0	10.1	+30%
CD8/%	13.1	12.2	
CD4/CD8	0.53	0.83	

来源:Ariza-Nieto 等,2006。

哺乳仔猪被动免疫保护的获得始于出生几个小时内初乳中高浓度的免疫球蛋白。初乳中主要的免疫球蛋白类型是 IgG。随着泌乳的继续,母乳中 IgG 浓度逐渐下降,IgA 成为主要的免疫球蛋白(Gaskins,1998),IgA 由 T 淋巴细胞和 B 淋巴细胞协同产生,即当巨噬细胞协助 T 淋巴细胞吞噬抗原时,T 淋巴细胞就分泌细胞活素,以刺激 B 淋巴细胞产生 IgA(Gaskins,1997)。IgG 主要与第二抗体反应有关,而 IgA 在黏膜免疫中起重要作用。可以通过检测母猪初乳和仔猪摄入初乳 24 h 后血清中总的 IgG 和 IgA 浓度以衡量体液的免疫情况。有研究还发现,止痢草提取物组比对照组血清球蛋白 IgG 提高为 2.9%,但对 IgA 没有影响。

Walter 和 Bilkei(2004)的研究表明,日粮中添加止痢草精油对猪免疫细胞具有非特异性免疫刺激作用。止痢草提取物添加剂饲喂组的 $CD4^+$ 细胞、$CD8^+$ 细胞、MHC-$Ⅱ^+$ 细胞、非 T/非 B 细胞和 $CD4^+CD8^+$ 双阳性 T 淋巴细胞,在外周血液淋巴细胞和肠系膜淋巴结中的比例均显著高于对照组。与对照组猪相比,添加止痢草提取物组猪血液中的 $CD4^+$ 和 $CD8^+$ 淋巴细胞比例分别在第 4 周和第 7 周显著高于对照组,说明了止痢草提取物添加剂能改善猪的细胞免疫系统。

1.4.2 对家禽生产性能的应用研究

1.4.2.1 肉鸡

植物提取物添加剂在家禽上的研究报道较多且结果比较一致。大多数研究表明,植物提取物添加剂对家禽的采食量没有显著影响,而对增重与饲料转化率则有显著改善(表 1.10)。家禽的采食量主要是靠能量需求而调节,所以饲料转化率才是评价饲料添加剂的最佳指标。15 项不同的研究发现,日粮中添加止痢草/牛至草提取物添加剂的结果比较一致,平均改善饲料转化率 3.1%(幅度为 1%～9%),而对日增重和采食量方面的结果并不一致。科学家对其他植物提取物如丁香、薄荷、迷迭香、肉桂和香茅等也进行了大量研究,结果发现这些提取物对肉鸡生产性能的影响研究结果并不一致(表 1.10)。

表 1.10 植物提取物添加剂对肉鸡生产性能影响研究总结

植物提取物添加剂	使用剂量/(g/kg,或 mL/kg)	实验结果*/%				资料来源
		采食量变化率	体重变化率	日增重变化率	饲料转化率	
大茴香	0.15	−1	1		−1	Mayl 和 Quellhorst,2002
肉桂	0.1	−4	−3		−1	Wald,2002
	0.1	5	2		3	Gollnisch 等,2001
	0.1	−5	0		−5	Wald 等,2001
丁香叶	0.1	1	−1		3	Gollnisch 等,2001
	0.1	3	7		−4	Wald 等,2001
	5 mL	−5		0	−5	Tartrakoon 等,2003
	0.1	−3	−4		1	Wald,2002
葛缕子	0.1	−2	0		−2	Schone 等,2006
	0.1	−9		−7	−3	Schone 等,2004
茴香	0.1	3	6		−3	Schone 等,2006
	0.1	3		4	−2	Schone 等,2004
香茅	5 mL	−3		2	−5	Tartrakoon 等,2003
	0.1	1	−1		2	Wald,2002
	0.1	−2	2		−4	Wald 等,2001
牛至草	0.15	−6		−2	−4	Basmacioglu 等,2004
	0.3	−3		1	−2	Basmacioglu 等,2004
	0.1	−1	8		−9	Halle 等,1999
	1.0	3	6		−3	Halle 等,1999
	0.1	−2	−1		−1	Wald,2002
	0.1	0	5		−5	Wald 等,2001
	0.1	3	2		0	Gollnisch 等,2001

续表 1.10

植物提取物添加剂	使用剂量/(g/kg，或 mL/kg)	实验结果*/%				资料来源
		采食量变化率	体重变化率	日增重变化率	饲料转化率	
牛至草	0.5	−3	7		−9	Gunther 和 Bossow，1998
止痢草	0.5	12	23		−9	Kyriakis 等，1998
	2.0	−1	9		−10	Schaumacher 等，2002
						Waldenstedt 等，1999
						Ilias Saini 等，2000
						Saini 等，2000
薄荷叶	0.1	−3	−2		−1	Wald，2002
薄荷	5 mL	−4		−3	−2	Tartrakoon 等，2003
	0.1	−9	−3		−7	Wald 等，2001
	0.1	−6	−5		−1	Wald，2002
迷迭香	0.15	0		−1	−1	Basmacioglu 等，2004
	0.3	−2		1	−4	Basmacioglu 等，2004
水飞蓟	0.04	−6	−2		−4	Schiavone 等，2007
	0.08	−4	−1		−3	Schiavone 等，2007
玉桂	0.1	−8	−4		−5	Wald 等，2001

来源：Windisch 等，2008；Franz C 等，2010。

注：* 实验效果均为与对照组相比较。

瑞典农业大学研究了免疫程序对肉鸡植物提取物饲料添加剂的使用效果（图 1.7）。在雄性罗丝（ROSS）肉鸡日粮中添加止痢草植物提取物，试验中一半肉鸡在 3 日龄时进行 PARACOX（球虫疫苗）的饮水免疫，另一半不免疫。试验发现，不论肉鸡免疫与否，添加植物提取物饲料添加剂都显著改善了 41 日龄肉鸡增重（$P<0.05$），在 37 日龄时饲料转化率有改善趋势（$P=0.06$）。有趣的是，对未免疫肉鸡，植物提取物添加剂对饲料转化率的改善很显著（$P<0.05$）；对免疫的肉鸡尽管也有改善，但改善幅度较小（Waldenstedt 等，2000）。

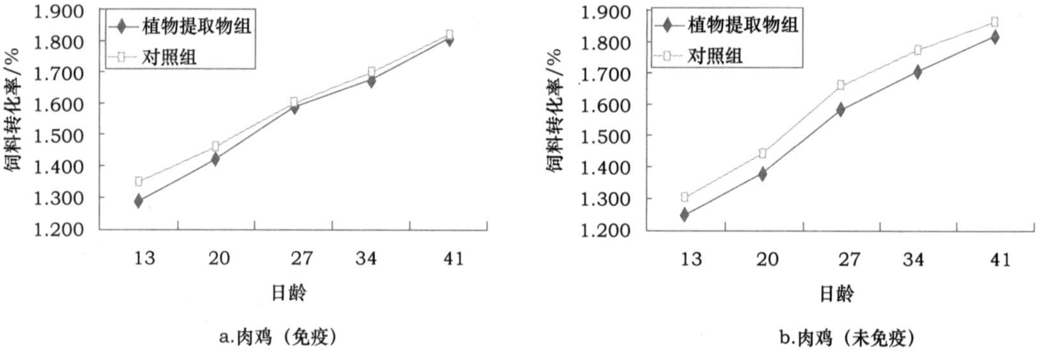

图 1.7　植物提取物添加剂对免疫与未免疫的肉鸡的饲料转化率的影响

植物提取物饲料添加剂对中国黄羽肉鸡生产性能的影响也做了研究，早期李国胜(2001)等报道，添加止痢草植物提取物饲料添加剂可以提高黄羽肉鸡的日增重(11.4%)(表1.11)。近来刘旭晨等(2008)的试验结果表明，在实际养殖条件下使用植物提取物饲料添加剂可以显著提高黄羽肉鸡日增重(17.6%)和改善饲料转化率(14.8%)。Botsoglou等(2002)研究发现，添加牛至精油(oregano essential oil ,OEO)20～200 mg/kg，与对照组比较，试验组体增重和采食量增加。研究者认为日粮添加牛至提取物，不仅对肠道微生物有影响，还可能影响营养物质的利用，因此可以改善饲料转化率和/或改变胴体品质。

表1.11 植物提取物饲料添加剂对黄羽肉鸡生产性能的影响

项目	对照组	试验组	差异
始重/g	36.5	36.4	—
末重/g	868.8	967.6	+98.8 (+11.4)

来源：李国胜，2001。

Allen等(1997)报道日粮中添加119 mg/kg的樟脑和1,8-桉树脑两种植物提取物饲料添加剂，对未感染球虫的家禽增重没有明显的作用，而对受球虫感染的家禽起到显著的促生长效果。这一结果以及其他一些研究均表明，当家禽在不利的饲养环境比如低消化率日粮和(或)不洁净饲养环境时，植物提取物饲料添加剂的促生长作用更容易显示出来。

国外有研究报道止痢草提取物可以降低肉鸡死亡率。刘旭晨等(2008)报道，添加植物提取物饲料添加剂可以显著降低黄羽肉鸡的死亡率(40%)，该研究结果与美国、瑞典和菲律宾等国的6个研究结果的平均值(44%)接近(Saini等，2000；Waldenstedt等，1999；Batungbacal，2006)。

最近荷兰SFR(Sthorthost)饲料研究所进行的研究发现，肉鸡日粮通过减少脂肪(每吨配合饲料中减少3.3、6.6和10 kg)而降低代谢能后，肉鸡的采食量增加，饲料转化率变差；但每吨饲料添加止痢草提取物添加剂150 g的肉鸡，其增重和饲料转化率与对照组相比没有差异；整个试验中，添加止痢草提取物组的死亡率比对照组降低27%。如果在肉鸡早期(0～15 d)直接添加止痢草提取物添加剂，不调整日粮代谢能，添加组肉鸡的增重和饲料转化率显著好于对照组；止痢草提取物组增重比对照高2.4%($P=0.006$)，饲料转化率改善1.1%($P=0.011$)。

1.4.2.2 其他肉禽

其他家禽的研究表明，火鸡饲料中添加1.25～3.75 g/kg干燥牛至叶改善了火鸡的饲料利用率(Bampidis，2005)。在鹌鹑的饲料中添加60 mg/kg含香芹酚量较高的百里香提取物，显著提高了体增重和饲料转化率，降低了腹部脂肪含量(Denli，2004)。

朱建平(2010)进行的肉鸭试验中应用植物提取物添加剂替代对照组中一种常用的抗菌药物，并分3个水平适当降低油脂用量，研究植物提取物对肉鸭肠道菌群的改善(以粪便的水便率和软便率作为评估指标），以及生产性能的影响，同时进行经济效益分析。试验选用1日龄5 040羽樱桃谷肉鸭，试验期42 d。结果表明：相比于对照组，植物提取物试验组肉鸭水便率与软便率显著降低（$P<0.01$），饲料转化率显著改善（$P<0.01$），同时显著提高了生产性能和经济效益（$P<0.01$）。

1.4.2.3 蛋禽/种禽

植物提取物饲料添加剂对蛋鸡/种鸡生产性能的影响也有很多报道。Botsoglou（2005）选择32周龄罗曼（Lohmann）蛋鸡，在日粮中添加止痢草、迷迭香、藏红花的提取物或维生素E进行了56 d试验，结果表明，4种添加剂对母鸡生产性能没有显著影响。但是发现，添加止痢草提取物可以提高母鸡的产蛋率（2.0%）和改善饲料转化率（2.9%）（表1.12）。德国最大的散养蛋/种鸡公司（Eifrisch）的实验结果表明，在第26周到56周的蛋鸡饲料中添加植物提取物饲料添加剂可以提高产蛋量和降低母/种鸡死亡率与淘汰率（金立志等，2005）。

表1.12 植物提取物饲料添加剂对种鸡/蛋鸡生产性能的影响

项　目	产蛋率/%	日采食量/(g/只)	饲料转化率
OS/止痢草	91.0	101.8	1.74
对照组（剩余四组均值）	89.2	105.3	1.79
差异/%	2.0	3.34	2.9

来源：Botsoglou，2005。

1.4.2.4 对家禽肠道微生物的影响

基于植物提取物饲料添加剂的体外抗微生物活性，推测植物提取物饲料添加剂可对肠道微生物的组成和区系产生影响。Akhtar等（1987）验证了苦楝（*Melia azedarach* Linn.）提取物对自然感染雏鸡的抗球虫作用。Allen等（1997）研究了艾蒿（*Artemisia annua*）在家禽中作为潜在抗球虫药的作用，他们将青蒿素、1,8-桉树脑和樟脑分别以17、119和119 mg/kg水平饲喂1～3周龄的仔鸡。在2周龄时仔鸡接种艾美尔球虫（一种导致盲肠球虫病的高致病性球虫）和艾美尔柔嫩球虫孢子，结果处理组特别是饲喂青蒿素组显示出对球虫的预防功能。Evans等（2001）研究了丁香（1.0%）、麝香草（0.1%）、薄荷油（0.1%）和柠檬（0.1%）构成的混合植物提取物饲料添加剂对人工接种的球虫卵母细胞的暴发以及产气荚膜梭菌（*Clostriditum perfringens*）数量的影响，结果与对照相比，饲喂含有植物提取物饲料添加剂混合物日粮的仔鸡排泄的球虫卵母细胞数量下降，但是各组之间肠道中产气荚膜梭菌数量没有差异。Youn等（2001）研究发现苦参（*Sophora flavescens*）提取物比青蒿具有更强的抗艾美尔球虫感染作用。

Waldenstedt（2001）研究发现日粮添加止痢草提取精油可以减少产气荚膜梭菌在肠道的定殖，促进肉鸡生长。通过人工感染艾美尔球虫的攻毒试验，Giannenas（2003）研究了肉鸡日粮中添加止痢草提取精油对人工感染艾美尔球虫肉鸡的生产性能和消化道病变的预防作用，结果表明，人工感染球虫 4 d 后，所有感染组出现便血性腹泻，但精油组的便血性腹泻程度比对照组显著减轻。感染 7 d 后，添加精油组与感染对照组相比，肉鸡死亡率显著减少（感染对照组为 20%；精油组为 10%）（表 1.13）。在肠道损伤方面，未感染的对照组没有出现肠道损伤，精油组显著低于感染对照组（表 1.13）。这项研究结果说明了植物提取物添加剂可以减轻肉鸡因为感染球虫而引起的损伤；研究还发现，感染柔嫩艾美尔球虫肉鸡的增重和饲料转化效率显著低于非感染组，而感染球虫并添加植物提取物组的肉鸡增重和饲料转化率显著优于感染组；达到了非感染对照组的生产水平（表 1.14）。

表 1.13 止痢草精油对感染柔嫩艾美尔球虫的肉鸡出血性腹泻、成活率和肠道损伤的影响

试验组别	粪血指数					成活率/%	感染 7 d 后肠道损伤指数 (X±SD, n=9)
	3 d	4 d	5 d	6 d	7 d		
非感染对照组（阳性对照）	—	—	—	—	—	100	0.0±0.0[a]
感染对照组（阴性对照）	—	+	+++	++	+	80	3.7±0.6[b]
感染＋止痢草精油	—	+	++	++	—	90	2.8±0.9[c]

注：同列字母不同表示差异显著（$P<0.05$）；

来源：Giannenas，2003。

表 1.14 日粮中添加止痢草精油对感染柔嫩艾美尔球虫肉鸡生产性能的影响

肉鸡日龄	感染对照组	非感染对照组	感染＋止痢草精油组
0～14 日龄			
日增重/(g/只)	31.8±2.7[a]	32.3±2.9[a]	32.5±2.1[a]
采食量/(g/只)	37.2±1.7[a]	37.5±0.9[a]	38.5±1.2[a]
饲料转化率/%	1.16±0.03[a]	1.16±0.02[a]	1.18±0.03[a]
0～42 日龄			
日增重/(g/只)	50.3±3.26[a]	54.9±4.12[b]	53.6±3.16[b]
采食量/(g/只)	98.9±5.70[a]	102.5±5.30[a]	100.9±6.50[a]
饲料转化率/%	1.96±0.04[a]	1.87±0.06[b]	1.91±0.04[b]

来源：Giannenas，2003。

1.4.2.5 对家禽消化酶与消化率的影响

Lee 等（2003）研究了日粮中添加 100 mg/kg 的百里香酚和肉桂醛对雌仔鸡促胰消化酶分泌的影响，结果发现在 21 日龄时，添加百里香酚肉鸡的脂肪酶、胰蛋白酶和胰凝乳蛋白酶分别比对照组提高 29%、18% 和 14%。与肉桂醛相比，添加百里香酚更易对消化酶产生

影响(表 1.15)。

表 1.15 日粮植物提取物饲料添加剂对肉鸡胰脏消化酶活性的影响[1]

项　目	对照	百里香酚	肉桂醛
21 日龄			
淀粉酶[2]	22 ±1.7	23 ±4.3	21 ±2.9
脂肪酶[3]	8.7 ±1.0	11.2 ±1.4 (+29%)	9.1 ±2.0
胰蛋白酶[4]	1.07 ±0.28	1.26 ±0.31 (+18%)	1.10 ±0.10
胰凝乳蛋白酶[5]	1.00 ±0.23	1.14 ±0.25 (+14%)	1.01 ±0.17

注：[1] 平均数(SD，$n=4$)表示为单位/mg 蛋白；

[2] 1 个单位定义为在 pH 6.9 和 37℃下每分钟水解 1 mg 麦芽糖；

[3] 在 pH 8.5 条件下每分钟释放 1 μmol 游离脂肪酸；

[4] 在 pH 8.1 和 37℃下每分钟水解 1 μmol 磷-甲苯磺酰-*L*-精氨酸甲脂；

[5] 在 pH 7.8 和 37℃下每分钟水解 1 μmol 苯甲酰-*L*-酪氨酸乙酯。

来源：Lee 等，2003。

植物提取物添加剂和益生素对动物健康和生长性能具有较好效果(Cavazzoni 等，1998；Lan 等，2003；Jamroz 和 Kamel，2002；Lee 等，2003)。但是有关植物提取精油和益生素结合使用的试验研究十分有限。Koscova(2006)试验发现，与对照组相比，植物提取精油(OT)和乳酸杆菌(L)可显著降低球虫在嗉囊中的定殖(图 1.8)；植物提取精油(OT)组优于乳酸杆菌(L)组，感染比例分别下降到只有 43%和 57%。添加植物提取精油(OT)和乳酸杆菌(L)对盲肠中球虫定殖比例影响不显著，但是两者合起来使用(LOT)可以非常显著地减少沙门氏菌的定殖。添加植物提取精油(OT)和乳酸杆菌(L)或两者同时使用(LOT)均可以完全控制沙门氏菌对肝脏的感染定殖，感染率均为零；添加植物提取精油(OT)可以非常显著减少沙门氏菌在脾脏中的感染定殖(减少 90%)，但是乳酸杆菌(L)没有效果。该研究结果表明，植物提取精油和乳酸杆菌结合可获得最佳效果，可以有效控制沙门氏菌在仔鸡消化道和功能性器官的感染定殖。

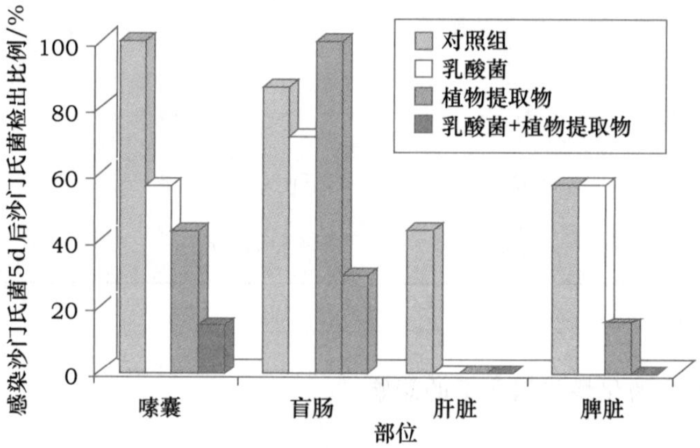

图 1.8 日粮中添加植物提取物和乳酸菌对沙门氏菌在肉鸡消化道定殖的影响

1.4.3 影响植物提取物添加剂应用效果的因素分析

近20年来发表了大量的有关植物提取物添加剂使用的研究报告，但结果并不完全一致。原因很多，主要有：所用植物提取物的类型、品种、来源、有效成分含量及比例等不同；添加剂添加量、饲料配方组成、动物饲养环境差异等因素不同。

1.4.3.1 不同的植物种类、品种、甚至同一科属不同品种、不同亚种间，有效成分差异巨大

在所有影响植物提取物添加剂饲喂效果的因素中，最重要的是植物的来源、部位、生长阶段、植物所处气候和生长环境（温度、土壤、肥料）、植物材料的蒸馏提取和贮藏条件。不同种类的植物提取物的抗菌活性成分不同，其抗菌作用的成分以亲脂性的烃链和亲水性的功能团最为重要。植物提取物添加剂的主要成分是单萜烯和倍半萜烯，包含碳水化合物、酚、醇、醚、醛和酮等，一般其抗菌活性的大小顺序为：酚＞醛＞酮＞醇＞醚＞烃基。其中，活性最强的是酚类，比如百里香酚和香芹酚，它们的羟基能与酶的活性中心形成氢键。因此，含有酚类的植物提取物往往具有最高的抗微生物活性，同时它们的抗菌谱也是最广的（Alma等，2003）。即使是同一种植物，不同品种和亚种间也有很大差异，比如欧洲就有多达60多种不同植物都称之为“牛至草（oregano）”（Lawrence，1984）。不同品种之间其主要成分的浓度差异也很大，例如止痢草（*Origanum vulgare* L. ssp. *hirtum*）中活性物质的含量就是普通野生品种的20倍左右。这些不同植物提取物、不同抗菌成分、不同的活性物质含量及比例，都是造成动物使用效果不同的原因。

1.4.3.2 植物提取物添加剂与化工合成纯品的不同

植物提取物通常由30多种以上的组分组成，主要有效活性成分通常有4～6种。利用其中一种或几种的纯化工合成的主效成分（其产品通常也称为“植物提取物”）进行研究，发现大多数对动物生产性能没有影响。Haselmeyer等（2007）利用化工合成的百里香酚，添加4个不同浓度（0.1%～1.0%），结果发现，在整个试验期内（35 d），百里香酚对肉鸡生产性能没有显著影响；Lee等（2003）使用化工合成的香芹酚（carvacrol）的研究发现，添加200 mg/kg香芹酚降低了肉鸡采食量、增重，但改善了饲料转化率，且试验中的百里香酚对肉鸡生产性能没有显著影响。该研究小组进一步使用化工合成的纯品香芹酚、*P*-cymene（对伞花烃）和γ-terpinene（γ-松油烯），结果发现，对肉鸡生产性能仍没有影响（Westendarp等，2006）。

1.4.3.3 试验动物的生长阶段，日粮组成与养殖环境卫生

通常来讲，幼小动物，如断奶期间动物、刚孵化的雏鸡等，易发生肠炎、免疫力低下、受球虫感染等，与其他促生长剂相似，在此期间使用植物提取物效果比较明显。动物试验条件和动物养殖环境对植物提取物添加剂的效果也有影响，与抗生素相似，当动物在不利的饲养环境，比如低消化率日粮和（或）不洁净饲养环境时，植物提取物饲料添加剂的促生长作用更容易显示出来。例如，在卫生条件好的小型试验基地试验结果表明，不论添加抗生素还是几种不同的植物提取物添加剂，对动物生产性能都没有影响（Gollnisch等，2001）；而通常在大型实际生产条件下，植物提取物添加剂的应用效果比较好。又例如，Allen等（1997）曾报道日粮中添加

119 mg/kg的樟脑和1,8-桉树脑两种植物提取物饲料添加剂,对未感染球虫的仔鸡增重没有明显的作用,而对受球虫感染的仔鸡则起到显著的促生长效果。

1.4.3.4 产品不够规范,无法制定产品标准

目前市场上有很多称作"植物提取物饲料添加剂"的产品,该类产品大多称之为"中草药添加剂",由于该类产品多数属于植物全株使用而没有提取,因此不清楚其有效成分的种类与含量,产品质量也不稳定,所以不论是政府有关部门还是产品使用者(饲料生产商或养殖企业),都无法对其进行有效监测,造成该类产品质量参差不齐,效果不稳定。我国在这方面的研究多数还停留在"中草药"的概念上,主要表现形式为"复方混合物"或"复方制剂",实际多数并非"植物提取物"。这类混合物的主要问题在于政府主管部门没有办法进行产品监测,用户也无法进行检测,所以很难保证生产出质量稳定的复方混合物,从而造成使用效果的参差不齐。

1.4.4 总结与展望

近年来,欧洲、美国、日本等发达国家对植物提取物投入了大量经费进行基础和应用研究,从禽流感到SARS病毒,再到艾滋病等疾病的预防与治疗,科学家们都试图从植物提取物中寻求解决方案。世界各国对植物提取饲料添加剂的研究开发也越来越重视。

增加科技投入,加强基础研究是植物提取物饲料添加剂将来的发展方向。例如,进行基础研究筛选出高效、可靠、安全的植物,然后对其主要的有效成分进行提取、分离、鉴定和中试开发;另外,可对植物进行育种改造,提高活性物质的产量,以确保植物提取物的植物资源。在动物营养中的应用方面,结合植物提取物中的有效活性成分,利用现代营养学、免疫学、分子生物学等现代研究手段,从体内营养物质的代谢利用途径、免疫调节机理和激素的分泌调控等方面,加强植物提取物饲料添加剂作用机理的深入研究。

总之,效果显著、机理科学、成分明确可控的植物提取物及其相关产品已经逐步得到大众的认同,尤其是在欧美、日本等发达国家的应用也越来越普遍,同样对于发展中国家如中国,植物提取物饲料添加剂不仅可以杀灭和抑制那些对抗生素有耐药性的菌株,减少动物腹泻,保障肠道健康,提高动物的生产性能,而且无残留、耐药性问题,可为动物养殖与饲料业的安全与高效生产提供有力保证。

参考文献

巩霞,程学慧. 2007. 饲用抗生素抗药性研究:现在与未来. 中国畜牧杂志,43(22):26-32.

金立志. 2010. 植物提取物添加剂在单胃动物营养的研究进展. //张宏福. 饲料营养研究进展. 北京:中国农业科学技术出版社.

金立志. 2010. 植物提取物添加剂在单胃动物营养及抗菌机制研究进展(综述). 动物营养学报,22(5):1154-1164.

金立志. 2007. 植物提取物在动物生产中的应用研究及发展前景. 中国畜牧杂志,

43(20)：7-12.

李国胜. 2001. 好力高添加剂饲养黄羽肉鸡的效果试验. 养禽与禽病防治，12：20-21.

刘梦元，吴斌，刘建杰，等. 2004. 规模化猪场大肠杆菌的耐药性监测及血清流行病学调查. 中国兽医学报，24：16-18.

刘旭晨，孙亚男，李和平. 2008. 植物提取物饲料添加剂对黄羽肉鸡生产性能的影响研究. 中国畜牧杂志，44(6)：56-58.

王红宁，刘书亮. 2000. 规模化猪场致病性大肠杆菌、沙门氏菌药敏区系调查. 西南农业大学学报，13：84-90.

郑宗林，向磊，金立志，Matt Pearce. 2010 . 植物提取物饲料添加剂在水产养殖上的应用. 饲料工业，31(A01)：78-82.

Adams K A, Sivropoulou S, Kokkini T. 1998. Antifungal activities of *Origanum vulgare* subsp. *hirtum*, *Mentha spicata*, *Lavandula angustifolia*, and *Salvia fruticosa* essential oils against human pathogenic fungi. Journal of Agricultural and Food Chemistry, 46: 1739-1745.

Akhtar M, Rifat S. 1987. Anticoccidial screening of *Melia azedarach*, Linn. (Bakain) in naturally infected chickens. Pakistan Journal of Agricultural Science, 24: 95-96.

Allan P, Bilkei G. 2005. Oregano improves reproductive performance of sows. Theriogenology, 63: 716-721.

Allen P C, Lydon J, Danforth H D. 1997. Effects of components of *Artemisia annua* on coccidian infections in chickens. Poultry Science, 76: 1156-1163.

Amrik B, Bilkei G. 2004. Influence of farm application of oregano on performances of sows. Canadian Veterinary Journal, 45: 674-677.

Ariza-Nieto C, Baidoo S K, Bandrick M, *et al*. 2006. Oregano essential oils (OEO) supplementation and its effect on reproductive performance of sows, growth pattern of piglets and their immune measurements. Journal of Animal Science, 84(Suppl. 1/J): 69.

Ariza-Nieto C, Baidoo S K, Walker R D. 2006. Dietary supplementation of oregano essential oils (OEO) on the performance of nursery pigs. Journal of Animal Science, 84 (Suppl 1/J): 18.

Ariza-Nieto C. 2006. Evaluation of oregano (*Origanum vulgare*) essential oils in swine production system. PhD Thesis. Waseca, USA: University of Minnesota.

Botsoglou N A P, Florou-Paneri E, Christaki D. 2002. Effect of dietary oregano essential oil on performance of chickens and on iron-induced lipid oxidation of breast, thigh and abdominal fat tissues. British Poultry Science, 43: 223-230.

Boyle W. 1955. Spices and essential oils as preservatives. The American Perfumer and Essential Oil Review, 66: 25-28.

Burt S. 2004. Essential oils: their antibacterial properties and potential applications in foods—a review. International Journal of Food Microbiology, 94(3): 223-253.

Deans S G, Simpson E, Noble R C, *et al*. 1993. Natural antioxidants from *Thymus vulgaris* (thyme) volatile oil: the beneficial effects upon mammalian lipid metabolism. Acta

Horticulture, 332: 177-182.

Dorman H J D, Deans S G. 2000, Antimicrobial agents from plants: antibacterial activity of plant volatile oils. Journal of Applied Microbiology, 88: 308-316.

E. van Eerden, L. Star, P. van der Aar, *et al*. 2012. Effect of dietary oregano (*Origanum vulgare* L.) essential oil on growth performance of broiler chickens fed with diets of different metabolizable energy levels. Journal of Animal Science (supple 1) .

Economou K, Oreopoulou V, Thomopoulos C. 1991. Antioxidant activity of some plant extracts of the family labiatae. Journal of the American Oil Chemists' Society, 68 (2): 109-113.

Farag R , *et al*. 1989. Antioxidant activity of some spice essential oils on linoleic acid oxidation in aqueous media. Journal of the American Oil Chemists' Society, 66(6): 792-799.

Franz C, Baser K H C, Windisch W. 2010. Essential oils and aromatic plants in animal feeding—a European perspective. Flavour and Fragrance Journal.

Giannenas I, Florou-Paneri P, Christaki M E, *et al*. 2003. Effect of dietary supplementation with oregano essential oil on performance of broilers after experimental infection with eimeria tenella. Archives of Animal Nutrition, 57: 99-106.

Gill C. 1999. Herbs and plant extracts as growth promoter. Feed International, 4: 20-23.

Guenther E. 1959. The essential oils. Analytic Chemistry, 31(4): 679-687.

Hammer K A, Carson C F, Riley T V. 1999. Antimicrobial activity of essential oils and other plant extracts. Journal of Applied Microbiology, 86: 985-990.

Helander I M, Alakomi H L, Latva-Kala K, *et al*. 1998. Characterization of the action of selected essential oil components on Gram-negative bacteria. Journal of Agricultural and Food Chemistry, 46: 3590-3595.

Inatani R, Nakatani N, Fuwa H. 1983. Antioxidative effect of the constituents of rosemary (*Rosmarinus officinalis* L.) and their derivatives. Agricultural and biological chemistry, 47(3): 521-528.

Jin L Z, Tan T. 2009. The influence of a phytogenic feed additive on the reproductive performance of sows during a heat-stress period. In: Li D F ed. Proceedings of Inaugural ASAS - CAAV Asia Pacific Rim Conference, Beijing.

Khajarern J, Khajarern S. 2002. The efficacy of origanum essential oils in sow feed. International Pig Topics, 17: 17.

Kis R K, Bilkei G. 2003. Effect of a phytogenic feed additive on weaning-to-estrus interval and farrowing rate in sows. Journal of Swine Health Production, 11(5): 296-299.

Koscova J, Nemcova R, Gancarcikova S. 2006. Effect of two plant extracts and Lactobacillus fermentum on colonization of gastrointestinal tract by *Salmonella enterica* var. *Düsseldorf* in chicks. Biologia, Section Cellular and Molecular Biology, 61: 775-778.

Lambert R J W, Skandamis P N, Coote P, *et al*. 2001. A study of the minimum inhibitory concentration and mode of action of oregano essential oil, thymol and carvacrol. Journal of

Applied Microbiology, 91: 453-462.

Lawrence B M. 1984. The botanical and chemical aspects of oregano. Perfumer and Flavorist, 9: 41-51.

Lee K W. 2004. Essential oils in broiler nutrition. International Journal of Poultry Science, 3: 738-752.

Lopez-Bote C J, Gray J K, Gomaa E A, *et al*. 1998. Effect of dietary administration of oil extracts from rosemary and sage on lipid oxidation in broiler meat. British Journal of Poultry Science, 39: 235-240.

Manohar V, Ingram C, Gray C. 2001. Antifungal activities of origanum oil against *Candida albicans*. Molecular and Cellular Biochemistry, 222: 111-117.

Marcincak S, Cabadaj R, Popelka P. 2008. Antioxidative effect of oregano supplemented to broilers on oxidatve stability of poultry meet. Slov Veterinary Research, 45(2): 61-66.

Mauch C, Bilkei G. 2004. Strategic application of oregano feed supplements reduces sow mortality and improves reproductive performance—a case study. Journal of Veterinary Pharmacology Therapy, 27: 61-63.

Milos M, Mastelic J, Jerkovic I. 2000. Chemical composition and antioxidant effect of glycosidically bound volatile compounds from oregano (*Origanum vulgare* L. ssp. hirtum). Food Chemistry, 71: 79-83.

Nakatani. 1992. Natural antioxidants from spices // Huang M T, Ho C T, Lee C Y. Phenolic compounds in food and their effects on health Ⅱ: Antioxidants and Cancer Prevention. [S. I]: American Chemical Society: 72-86.

Pearce M, Jin L Z. 2010. Phytogenic feed additives: theory and practice in swine production. Pork World special edition sep/oct: 138-145.

Pearce M, Jin L Z. 2010. Practical use of phytogenic feed additives in monogastric animal nutrition. Proceedings of 4th International Conference on Animal Nutritoin. Johor, Malaysia: 125-129.

Stiles J C, Sparks W, Ronzio R A. 1995. The inhibition of *Candida albicans* by oregano. Journal of Applied Nutrition, 47: 96-102.

Tan J Y W. 2007. Coccidiosis control with oregano extract. Asian Poultry, 3: 45-48.

Tsinas A C. 1999. The art of oregano. Grain Feed and Milling Technology, 10: 25-26.

Ultee A, Kets E P W, Alberda M, *et al*. 2000. Adaptation of the food-borne pathogen *Bacillus cereus* to carvacrol. Archives of Microbiology, 174(4): 233-238.

Veligratli E. 2002. The effect of Orego-Stim on growth, development and enteric health of weaned piglets. Master Thesis. Aberdeen, UK: Aberdeen University.

Waldenstedt L. 2003. Effect of vaccination against coccidiosis in combination with an antibacterial Oregano (*Origanum vulgare*) in broiler production. Acta Agriculture Scandinavia Section A-Animal Science, 53: 101-109.

Wendakoon C N, Sakaguchi M. 1995. Inhibition of amino acid decarboxylase activity of *Enterobacter aerogenes* by active components in spices. Journal of Food Protection, 58(3):

280-283.

Wenk C. 2003. Herbs and botanicals as feed additives in monogastric animals. Asian-Australasian Journal of Animal Science,16(2): 282-289.

Westendarp H, Klaus P, Halle I, *et al*. 2006. Effect of carvacrol, *r*-terpinene and *p*-cymene-7-ol in broiler feed on growth traits and N-metabolism. Landdbauforschung Volkenrode,3(56): 149-157.

Youdim K A, Deans S G. 2000. Effect of thyme oil and thymol dietary supplementation on the antioxidant status and fatty acid composition of the ageing rat brain. British Journal of Nutrition,83: 87-93.

Youn H J, Noh J W. 2001. Screening of the anticoccidial effects of herb extracts against Eimeria tenella. Veterinary Parasitology,96(4): 257-263.

Zakaria Z, Mutalib A R, Bejo S K. 2010. Antifungal Activities of Oregano (*Oreganum vulgare*) Essential Oil. Serdang: University Putra Malaysia Research Report.

(其余参考文献可来函索取 service@meriden. com. cn)

(本章由美瑞泰科/美瑞康生物科技有限公司金立志博士、
中国农业大学朴香淑研究员主笔,李平参与审校)

第2章

连翘的活性成分及其对畜禽药理活性研究

连翘为木犀科连翘属植物，其干燥果实具有清热解毒、抗氧化、消肿散热等功效(朴香淑等，2008)。连翘是临床常用的传统清热解毒中药，其性寒，味辛苦，无毒，入肺、心、胆经，具有清热解毒、散结消肿、疏散风热的功效(王雷，2008；李双等，2011，2012)。近年来，随着中药现代化的不断深入，特别是诸如禽流感、口蹄疫、猪蓝耳病等全球性公共卫生事件不断暴发，国内外学者掀起了连翘及其同属植物的化学研究和药理作用研究热潮。曾有多篇文献对连翘的研究进展进行综述，但近几年的新研究发现却鲜见总结(孟祥乐等，2010)。为了进一步研究和开发连翘资源，本章重点对近几年来连翘的化学成分和药理活性的研究进展进行综述，旨在为深入开发连翘资源提供参考。

2.1　连翘的概况

连翘(fructus forsythiae)为木犀科(Oleaceae)植物连翘 *Forsythia suspensa* (Thunb.) Vahl. 的干燥果实(《中药大辞典》，1977)，性微寒，味苦。具有清热解毒、消肿散结之功能。用于痈疽、瘰疬、乳痈、丹毒、风热感冒、温病初起、温热入营、高热烦渴、神昏发斑、热淋尿闭等症。连翘为2005年版《中华人民共和国药典》收载的常用中药之一。

2.1.1　连翘的考证、形态和生境

连翘始载于《神农本草经》，“一名异翘，一名简华，一名折根，一名积，一名三廉。”《尔雅》云：连，异翘。郭璞云：一名连苔，又名连草。我国最早使用的连翘，经考证为金丝桃科湖南连翘(红旱莲，黄海棠) *Hypneum asycron*，同属其他近缘植物也有供药用者(王雷，2008)。唐、宋以前，均以此种为连翘之主流品种。自宋代开始至明清以后则以本实验所用木犀科的连翘为正品。连翘别名黄花杆、黄寿丹、绥带，为落叶灌木，高1～3 m，基部丛生。枝开展或下垂，棕

色、棕褐色或淡黄褐色；小枝土褐色，梢四棱形，疏生皮孔，节间中空，节部具实心髓。单叶对生或羽状三出复叶，顶端小叶大，其余两小叶较小；叶片卵形至长圆形，长 3～10 cm，宽 2～5 cm，先端渐尖或急尖，基部圆形至宽楔形，叶缘除基部外具锐锯齿或粗锯齿，上面深绿色，下面淡黄绿色，两面无毛；叶柄长 1～2 cm。花 1～3 朵或 6 朵着生于叶腋，黄色，先叶开放，花期 3～4 月；果卵球形，10 月成熟；花梗长 5～6 cm，花萼绫裂，绿色，裂片长圆形，边缘具睫毛，与花冠管茎等长。花冠黄色，裂片倒卵状椭圆形；花冠筒内有橘红色条纹；雄蕊 2 枚，着生于花冠筒基部，子房 2 室，花柱长于雄蕊，柱头 2 裂。核果卵圆形，先端有短喙，表面散生瘤点，2 室，开裂，种子多数，具膜质翅。产于河北、山西、陕西、山东、安徽西部、河南、湖北、四川，生于山坡灌丛，林下或草丛中，或山谷、山沟疏林中，海拔 250～2 200 m。我国除华南地区外其他各地均有栽培，以山西、陕西、河南产量最多。连翘一般为散生和丛状分布，主要分布于天然次生林区的林间空地、林缘荒地，以及山间荒坡上。对土壤要求不严，耐干旱瘠薄，无论壤土、黏土、砾土均可生长（谢宗万，1992；Wang 等，2008）。

2.1.2 连翘的化学成分

连翘含多种化学成分，主要是木脂素类及其苷类、C_2-C_6 天然醇及其苷类、黄酮类、萜类、挥发油、其他醌苷类和一些醇、酯、酸类化合物（郭强等，2009）。查阅有关连翘化学成分研究分类汇总作一归纳。

2.1.2.1 苯乙醇苷类

连翘属中含有连翘酯苷（forsythoside）。连翘果实中还含有一种抗菌活性成分连翘种苷（suspensaside），还分离出一种酚性化合物，分子式 $C_{15}H_{18}O_7$，定名连翘酚（张海燕，2000）。孟祥乐等（2010）之前的研究发现，连翘中含有大量的苯乙醇苷类成分，此类化合物是连翘中的主要活性成分，包括连翘酯苷 A（forsythoside A）、连翘酯苷 C（forsythoside C）、连翘酯苷 D（forsythoside D）、洋丁香酚苷（acteoside）、β-羟基洋丁香酚苷（β-hydroxy-acteoside）和连翘酯苷 E（forsythoside E）等（Endo，1981；Nishibe，1982；Kitagawa 等，1984；Endo 和 Hikino，1984）。曲欢欢（2008）从连翘果实中分离得到一种新的苯乙醇苷类成分异连翘酯苷，它是连翘酯苷中 α 型鼠李糖构型转变为 β 型的连翘酯苷异构体。冯卫生等（2009）从连翘果实 50%丙酮水提取物分离得到 9 个化合物，分别为异落叶松脂素（Ⅰ）、异橄榄脂素（Ⅱ）、异落叶松脂素-4-O-β-*D*-葡萄糖苷（Ⅲ）、异落叶松脂素-9′-O-β-*D*-葡萄糖苷（Ⅳ）、木酮苯乙醇苷 B（Ⅴ）、3，4-二羟基苯乙基-8-O-β-*D*-葡萄糖苷（Ⅵ）、咖啡酸甲酯（Ⅶ）、对羟基苯乙酸甲酯（Ⅷ）、*L*-鼠李糖（Ⅸ）。其中化合物Ⅱ～Ⅸ均为首次从本属植物中分离得到。

2.1.2.2 木脂体及其苷类

木脂素（lignans）是自然界广泛存在的一类植物雌激素，常见于夹竹桃科、爵床科、马兜铃科等植物中，广泛分布于植物的根、根状茎、茎、叶、花、果实、种子以及木质部和树脂等部位，甚至在人和动物的尿液中也有发现（张国良等，2007）。因为从木脂部和树脂中发现较早，且分布较多，故得名木脂素。它是由苯丙素衍生物（C_3-C_6）聚合而成的一大类化合物，多以二聚体的形式存在，少数为三聚体和四聚体（程丽姣等，2006），具有多样的结构和广泛的生物活性。

连翘中的木脂素类成分多为双环氧木脂素及木脂内酯，具有生物活性的主要有连翘苷(phillyrin)、连翘脂素(phillygenin)、牛蒡子苷元(arctigenin)、牛蒡子苷(arctiin)、罗汉松脂素(matairesinol)、罗汉松脂苷(matairesinoside)、(＋)-松脂素[(＋)-pinoresinol]、(＋)-松脂-*β*-*D*-葡萄糖苷[(＋)-pinoresinol-*β*-*D*-glucoside]和(＋)-inoresinol-4-O-glucoside。另外，还有落叶松脂素(lariciresinol)和裂环异落叶松脂素(secoisolariciresinol)、松脂素单甲基醚-*β*-*D*-葡萄糖苷(pinoresinol mono methylether-*β*-*D*-glucoside)、(＋)-表松脂素-4-*β*-*D*-葡萄糖苷[(＋)epipinoresinol-4-*β*-*D*-glucoside](李倩和冯卫生，2005)，此类成分是连翘属植物中较早被认识的一类活性成分。2008年朴香兰等又从连翘果实中分离得到两个新的木脂素单体：连翘兰A(forsythialan A)和连翘兰B(forsythialan B)(Piao等，2008a，b；朴香兰和田燕泽，2010)，发现具有较高的DPPH自由基清除活性(朴香兰等，2010)。

2.1.2.3 五环三萜类

连翘中含有白桦酯酸(be-tulinic acid)、齐墩果酸(oleanolic acid)和熊果酸(ursolic acid)。胡旺云和罗士德(1991)从连翘的CH_2Cl_2层可溶部位分离得到3个乙酸化三萜结晶成分，分别鉴定为*β*-香树脂乙酸酯(*β*-Amyrin acetate)，冬青醇乙酸酯(iso-Bauerenyl acetate)和20(S)-dammar-24-ene-3*β*(*β*-20-diol- 3-acetate)。

2.1.2.4 挥发油

连翘干燥果实，其中含有丰富的挥发油。在连翘心中含量在4%以上，平均可达3.8%(肖慧敏等，2008)。其挥发油的主要成分是*α*-蒎烯、*β*-蒎烯、伞花烃和芳樟醇等(张海燕，2000；孙杰等，2001)。从挥发油中提取分离，主要有*α*-蒎烯、1-*β*-蒎烯、伞花烃和芳樟醇(张海燕，2000)。石素贤和何福江(1995)从挥发油中分离主成分为*β*-蒎烯、*α*-蒎烯、水芹烯、对聚伞花烯、芳樟醇等。除上面提到的5个单萜化合物外，挥发性油还包括醇、酯、醛和酮类化合物，如龙脑、樟脑、黄樟醚、香叶醛等(曲欢欢，2008)。

2.1.2.5 黄酮类

刘悦等(2003a)从连翘中分离得到汉黄芩素-7-O-葡萄糖苷。其他已发现的黄酮类物质有槲皮素、异槲皮素、紫云英苷和芦丁。

2.1.2.6 C_2-C_6 天然醇类

王伟芳等(1999)从连翘中分离得到rengyolester。刘悦等(2003a)分离得到异落叶松树酯醇和连翘酸-1′-O-*β*-*D*-葡萄糖苷。

2.1.2.7 微量元素

连翘中还含有铜、钴、镍、锌、铁、锰以及铅、砷等微量元素(曲欢欢，2008)。

2.1.2.8 其他

刘悦等(2003b)分离得到丁二酸和丁四醇。除上述成分外，连翘中还分离得到了正三十一烷、*β*-谷甾酸等化合物以及连翘酚、硬脂酸、棕榈酸、琥珀酸、连翘醇酯、3-ethyl-7-

hydroxyphthalide 和 4-caffeoylrutinose(曲欢欢,2008)。

2.2 连翘的药理活性

连翘味苦,性微寒。归肺、心、小肠经。能清热解毒,消肿散结,具有多种药理活性(王雷,2008)。连翘的药理活性主要表现为抗氧化活性、抗菌活性、抗炎活性、抗病毒活性、抗肿瘤活性、解热镇痛活性及抗过敏活性等(Piao 等,2008a, b;卢婷和朴香淑,2009)。近 5 年来研究最多的是连翘的抗氧化活性,另外还发现连翘有抗过敏活性(孟祥乐等,2010;Hao 等,2010)。近年来对其药理学研究的报道主要有如下方面。

2.2.1 抗氧化活性

近年来连翘提取物作为一种潜在的抗氧化剂,目前的研究主要集中在寻找其理想的抗氧化部位上(孟祥乐等,2010)。Piao 等(2009)研究了连翘对过氧硝基引起的细胞损害的抵抗作用,并发现发挥这种活性的成分主要是连翘苷和 8-羟基松脂素。卢婷(2010)对雄性大白鼠由敌草快引起的氧化应激的体外研究发现:连翘中的连翘酯苷 A、forsythialan A 和连翘脂素可能是连翘中主要的抗氧化成分;不同剂量的连翘提取物(FSC,25、50 和 100 mg/kg)预处理过的大白鼠[并用维生素 C(100 mg/kg]作为阳性对照),15 d 后与阴性对照组相比血浆中的肿瘤坏死因子-α(TNF-α)、白介素-1b(IL-1b)和白介素-6(IL-6)都有明显降低,而且 FSC 能显著增强过氧化物歧化酶(SOD)、谷胱甘肽过氧化物酶(GSH-Px)的活性,提高谷胱甘肽(GSH)在血浆、肝脏和肾脏的含量,同时降低丙二醛(MDA)在血浆和肾脏的含量。并且 FSC 的活性要优于维生素 C。

连翘果实和连翘叶提取物中的乙酸乙酯、正丁醇和乙醇提取部位均有较强的抗氧化活性(张杲,2006;耿慧君等,2005)。李兴泰等(2009a, b)通过连翘花醇提物及水提取物分别对小鼠进行实验发现,连翘花醇提物和水提取物均能通过清除活性氧自由基及提高抗氧化酶活力来保护线粒体,具有一定的抗氧化及抗衰老的药用价值。曲欢欢(2008)发现异连翘酯苷、连翘酯苷和连翘苷这 3 种化学成分对二苯代苦味肼基自由基(1, 1-diphenyl-2-picrylhydrazyl, DPPH)均有一定的清除作用,具有抗氧化能力,且异连翘酯苷、连翘酯苷的抗氧化能力显著优于连翘苷,是新的优秀的天然抗氧化剂,并结合 HPLC 含量测定结果粗略估算出连翘有超过 50%抗氧化能力来自于连翘酯苷。

王忆杭等(2011)以淀粉样蛋白损伤自然衰老小鼠建立一种新的复合式老年痴呆(alzheimer disease, AD)小鼠模型,观察连翘酯苷对复合模型学习记忆障碍的改善作用及其机制。结果发现,水迷宫实验中连翘酯苷组可显著改善小鼠的学习记忆能力,其作用机制研究发现,连翘酯苷能降低 TNF-α、IL-1 的含量,抑制 GFAP(glial fibrillary acidic protein,胶质纤维酸性蛋白)蛋白表达,提高 ChAT(choline acetyltransferase,胆碱乙酰化转移酶)、SOD 酶活力,降低 AchE(acetylcholine esterase,乙酰胆碱酯酶)活性及 MDA 的含量,说明连翘酯苷对拟 AD 复合动物模型学习记忆的改善作用可能与抑制脑内炎症反应、调节胆碱能系统、抗氧化作用等有关。

朴香淑等(2008)采用活性跟踪组分(bioassay-linked fractionation)方法确定连翘中的有效部位,用二苯代苦味肼基自由基DPPH消除实验及3-吗啉-斯得酮亚胺(3-morpholino sydnonimine,SIN-1)诱导肾近曲小管上皮细胞(LLC-PK1)氧化损伤的保护实验方法,对连翘的甲醇提取物及其二氯甲烷、正丁醇和水的萃取物进行抗氧化作用评价。结果是连翘的正丁醇萃取物和二氯甲烷萃取物具有很强的抗DPPH自由基的抗氧化活性,其半数有效值IC_{50}分别为79.69 μg/mL和27.75 μg/mL,尤其是二氯甲烷萃取物具有最强的抗氧化活性。而且这两个有效部位浓度依赖性地恢复因SIN-1处理而降低的细胞生存能力,进而说明它们对细胞氧化损伤起到保护作用(朴香淑等,2008)

Piao等(2008a)研究发现,从连翘甲醇提取物中分离得到的2种新物质木脂素forsythialan A(1)和forsythialan B(2)可以显著提高肾上皮细胞LLC-PK生存能力,表明这类环氧木脂素抗氧化功效出现与新物质的苯基有OH基团取代有关。

总之,体外试验进一步验证了连翘对·OH、$O_2^{-\cdot}$、H_2O_2、SIN-1和DPPH等自由基有良好的清除效果,能降低脂质过氧化产物MDA的含量,对自由基造成的细胞损伤和DNA等大分子的损伤有良好的保护作用,而连翘提取物的抗氧化活性与其活性成分的效构有密切关系(朴香淑等,2008;刘金和张立伟,2006;张立伟等,2003)。综上所述,连翘提取物具有良好的抗氧化性能,然而,连翘的成分复杂,对其具体成分的抗氧化作用机理的研究目前报道较少,分子、信号转导水平上的工作也有待进一步开展;对由氧化应激引起的如动脉粥样硬化和糖尿病等常见疾病的治疗功效也有待进一步研究。

赵咏梅等(2005)研究发现甲醇回流法提取、纯化的连翘苷具有降低营养性高脂小鼠血脂和抗氧化的作用,并且可抑制氧化产物MDA的积累与氧化低密度脂蛋白的产生,促进抗氧化酶POD和CAT的活性,提高机体抗氧化能力。赵咏梅等(2008)进一步的研究发现,连翘苷浓度达到4.5 mg/mL时,其对羟自由基(·OH)和超氧化阴离子($O_2^{-\cdot}$)清除率分别为18.18%和33.99%。同时,电泳数据表明连翘苷对AAPH·自由基引起DNA氧化损伤有一定的修复作用,说明连翘苷具有明显的抗氧化作用,刘金和张立伟(2006)发现连翘酯苷对·OH引发的DNA损伤有保护作用。侯改霞和杨建雄(2006)研究发现连翘叶茶提取物可以提高力竭小鼠心肌抗氧化酶的活性,降低力竭运动及其恢复期心肌MDA的生成,对心肌具有保护作用。

Wang等(2008)以肉仔鸡为模型研究了连翘提取物(FSE)抗热应激32℃的效果。结果表明,FSE组比正常对照组血液和肌肉中T-AOC、SOD含量显著提高,而MDA水平下降,试验全期FSE组比正常对照组肝脏SOD含量显著提高。在热应激下,肉仔鸡饲料中添加FSE是通过清除自由基途径,缓解热应激诱导的活性氧对机体细胞膜的损伤,改善肌肉抗氧化活性,从而降低滴水损失,稳定肉色并改善肉品质。

连翘抗氧化体外试验过量的自由基可以引发生物膜中不饱和脂肪酸的氧化及膜蛋白交联,其产物有过氧化脂质和中间产物降解的MDA等,其中MDA的含量变化可反映生物膜的受损程度。受损后生物膜的通透性增加,可引起红细胞溶血和线粒体膨胀。

体外试验一般选用1,1-二苯基-2-三硝基苦肼(DPPH)等来衡量抗氧化剂的清除自由基能力。DPPH是一种很稳定的氮中心的自由基,它的稳定性主要来自共振稳定作用的3个苯环的空间障碍,使夹在中间的氮原子上不成对的电子不能发挥其应有的电子成对作用。DPPH法是根据DPPH自由基有单电子,在517 nm处有一强吸收,其醇溶液呈紫色的特性。当有自由基清除剂存在时,由于与其电子配对而使其吸收逐渐消失,其褪色程度与其接受的电子数量成定量关系，因而可用分光光度计进行快速的定量分析。因此，可用 DPPH 作为自由基清除剂清除能力的检测试剂，也可以用作检测抗自由基药物的筛选，广泛用于定量测定生物试样和食品的抗氧化能力(Samarth 等，2007)。

杨建雄等(2006)从干燥的连翘叶提取高极性苷类成分(FSGⅠ)、低极性苷类成分(FSGⅡ)，用水杨酸法研究 FSGⅠ清除 ·OH 的效果，连苯三酚自氧化法研究 FSGⅠ清除 $O_2^{-\cdot}$ 的效果，硫代巴比妥酸法测定小鼠组织及肝线粒体、微粒体中丙二醛含量，分光光度法测定小鼠红细胞溶血和肝线粒体膨胀程度。结果发现，FSGⅠ可以清除 ·OH 和 $O_2^{-\cdot}$，抑制 ·OH 所致丙二醛 MDA 的生成，减少红细胞溶血，减轻肝线粒体的膨胀程度。FSGⅠ具有明显的体外抗氧化的作用。其试验表明，连翘的药理作用主要通过连翘苷和连翘酯苷等苷类成分发挥作用。

邱娟等(2007)同样研究了低极性苷类成分(FSG Ⅱ)对 ·OH 和 $O_2^{-\cdot}$ 的清除作用。结果发现，该提取物可以防止膜脂质过氧化的作用，从而可维持膜的完整性，减少红细胞溶血和线粒体膨胀。从以上体外试验结果可以得出，连翘提取物可以清除过多的自由基，因此对衰老、肿瘤、心血管疾病和炎症等有辅助治疗的作用。朱淑云等(2004)研究发现连翘叶提取物可以降低小鼠因四氧嘧啶所致氧化损伤而引起的肝脏、心脏、股四头肌、脑组织和红细胞中 MDA、SOD、POD 以及小鼠血清中 ALT、AST、AKP 的异常升高，说明 FSG 对小鼠的氧化损伤有保护作用。

除此之外，一些化学氧化剂会对细胞造成氧化损伤，如 SIN-1，则是一种一氧化氮(NO)供体，也可视为过氧亚硝酸盐($ONOO^+$)的发生器，能降低肾细胞的生存率，抗氧化剂则能通过其保护作用，提高细胞的生存率。

体内试验的结果表明，连翘通过对酶系统抗氧化酶 SOD、CAT、GSH-Px 等的调控及非酶系统(T-AOC)水平的改善起到良好的抗氧化功效，改变机体的氧化应激状态，对畜禽的生长和肉品质有改善作用。同时，连翘还能起到保肝、降血脂、抗运动衰竭等的医疗保健效果，发挥其众多药理功效。

2.2.2 抗菌活性

连翘属植物中的咖啡酰糖苷类成分如连翘酯苷、suspensaside、β-hydroxyaxteoside 和 forsythoside B 均有很强的抗菌活性；其乙醇提取物抗菌谱广，对多种革兰氏阳性菌(G^+)、阴性菌(G^-)均有抑制作用。李晓燕(1997)的试验表明连翘对金黄色葡萄球菌等革兰氏阳性菌抗菌作用强，对伤寒杆菌等革兰氏阴性菌抗菌作用弱，因此连翘多用于上呼吸道感染、急性肾炎。连翘酚(forsythol)有很强的抗菌作用。苯乙醇苷类具有较强抗菌活性。连翘酯苷对金黄色葡萄球菌等 11 种致病菌具有极强的抑制作用。连翘挥发油对金黄色葡萄球菌、肺炎双球菌和白色念珠菌有明显的抑制作用。牛新华等(2002)试验表明连翘对大肠杆菌、金黄色葡萄球菌、白色葡萄球菌、甲型链球菌和乙型链球菌均有抑菌作用。白云娥等(2003)试验表明不同工艺的连翘提取物具有不同的抑菌作用，水煎法优于水浸法和醇提法。王宏军等(2005)进行的连翘酯苷体外、体内抑菌试验，表明连翘酯苷在体外对金黄色葡萄球菌、停乳链球菌和无乳链球菌具有较好的抑杀作用。体内抑菌试验表明剂量 10 mg/kg 的连翘酯苷对金黄色葡萄球菌的治愈率与对照组差异显著，对停乳链球菌感染的治愈率与对照组差异极显著；剂量 2.5 mg/kg 的连翘酯苷对无乳链球菌、停乳链球菌的治愈率与对照组差异显著。

异连翘酯苷和连翘酯苷均有较强的抑菌能力，尤其对金黄色葡萄球菌（SA）的抑制作用比四环素还强，是连翘中极有前景的植物抗菌活性成分（曲欢欢，2008）。药理实验表明，连翘水煎液有广谱的抑菌作用，对多种革兰阳性及阴性细菌均有明显的抑制作用。盛尊来（2009）研究发现，其抑菌活性部位为30%乙醇、50%乙醇部位。另有研究表明，其抑菌活性成分主要为胞内代谢产物（存在于菌丝体粗提物中）（杨润亚等，2007）。

鸡传染性鼻炎（infectious coryza，IC）是由副鸡嗜血杆菌（*Haemophilus paragallinarum*，Hpg）引起的鸡的急性或亚急性呼吸道传染病，其特征是鼻腔和鼻窦发炎、打喷嚏、流鼻液、颜面肿胀等，本病呈世界性分布，严重影响家禽健康。乔朋波和马玉忠（2011）以不同血清型副鸡嗜血杆菌为试验菌株比较和分析不同浓度连翘提取物下细菌生长曲线的变化，结果发现32 mg/mL的提取物对摇床培养的AB型菌生长具有较强的抑制作用，16 mg/mL的提取物对摇床培养的C型菌生长具有明显的抑制作用，说明连翘提取物对不同血清型副鸡嗜血杆菌具有明显的选择性抑菌作用。

段飞等（2005）试验表明连翘叶有较好的保健价值，连翘叶有和连翘果实相似的抗菌作用，且抗菌效果优于连翘果实，是否可以作为药用价值得进一步探讨。

2.2.3 抗病毒活性

胡克杰等（2001）试验表明连翘酯苷对呼吸道常见病毒的体外抑病毒能力较强。刘颖娟等（2004）试验表明连翘的4个不同部位的有效成分均能抑制单纯疱疹病毒在Hep-2细胞中的复制，且抑制率随药物浓度的增加而增加。田文静等（2004）试验表明连翘在体外对呼吸道合胞病毒有明显的抑制作用，且可能是通过抑制合胞体的形成来实现的。尹乐乐等（2008）分析连翘（FS）提取物对小鼠淋巴结T细胞的体外活化与增殖的影响，发现FS对ConA诱导的T细胞早、中、后期活化和体外增殖有抑制作用。

连翘种子挥发油具有抗柯萨奇B_5病毒及埃柯病毒的作用（张炜等，2000）。连翘种子挥发油在鸡胚体外试验证明对亚洲甲型流感病毒、鼻病毒-17型等也有抑制作用（马振亚，1980）。而肖会敏等（2011）研究文献报道与此不一致，他们实验发现，连翘挥发油α-蒎烯及β-蒎烯均无抗甲、乙型流感病毒与乙肝病毒的活性。认为之前文献抗流感病毒的结果可能是连翘挥发油中的其他成分发挥作用或者是连翘挥发油激活小鼠体内其他途径抑制流感病毒所致。为此，肖会敏等（2011）建议在随后的研究中，将进一步研究它们对流感病毒的作用。

2.2.4 抗炎活性

大鼠巴豆油性肉芽囊实验证明，连翘提取物有显著的抗渗出作用及降低炎性部位微血管壁脆性作用，而对炎性屏障的形成没有抑制作用。对烟雾刺激所致地鼠呼吸道炎症具有保护作用。郭际等（2005）实验表明连翘挥发油有确实的抗炎作用，抗炎作用机理与抑制炎症介质前列腺素E_2和组胺、五羟色胺的释放有关。

芮菁等（1999）通过小鼠毛细血管通透性、扭体反应、足趾肿胀和肉芽肿实验发现，连翘甲醇提取物和正己烷可溶物具有消炎和镇痛作用，而水溶物则无上述效果。说明甲醇提取物中的消炎镇痛活性物质转移到正己烷液中，即极性较低的脂溶性物质为其活性部位。

Kang 等(2008)研究发现,连翘的甲醇提取物有明显的抗炎活性,且发现牛蒡苷元是连翘果实的一个主要的活性中介物质,它有显著的抗炎和止痛作用,在急性炎症动物实验模型中,它可以抑制毛细管通透性的增加、补充发炎组织中的白细胞。

2.2.5 保肝作用

徐春媚等(2001)用连翘煎剂对四氯化碳(CCl_4)所致肝损伤的影响,发现连翘煎剂可降低和缓解四氯化碳所致大鼠血清谷丙转氨酶(sGPT)及碱性磷酸酶(AKP)的升高,说明连翘煎剂对 CCl_4 中毒大鼠肝脏有保护作用。杨建雄和刘静(2005)发现连翘叶茶对 CCl_4 所致小鼠急性肝脏损伤具有明显的保护作用。

2.2.6 抗过敏活性

郝月(2010)研究发现,连翘提取物可以降低纯化大豆抗原蛋白 β-伴大豆球蛋白(β-Conglycinin)特异性 IgE 介导的肥大细胞脱颗粒,减少组胺的释放,促进 Th1 细胞因子的产生,并且抑制 T 细胞的增殖反应及 Th2 细胞因子的产生,还能显著抑制 T 淋巴细胞增殖和白介素IL-4的合成。另外,连翘提取物在一定程度上促进过敏仔猪肠道中乳酸杆菌和双歧杆菌的增殖,并抑制大肠杆菌等致病菌的生长。以上作用有助于缓解 β-Conglycinin 引起的断奶仔猪速发型过敏反应。刘静和杨建雄(2006)试验表明连翘叶茶提取物迟发性超敏反应的肿胀率均显著低于对照组,可以抑制病态致敏反应。

2.2.7 抗内毒素活性

内毒素自鼠伤寒杆菌中成功地被提取出以来,众多学者对内毒素的理化特性、生物学效应和其在疾病过程中所起的作用有了一定的认识。近年来,随着抗生素的大量泛滥使用,革兰氏阳性细菌感染性疾病已逐渐减少,而革兰氏阴性细菌感染性疾病则相应增多,革兰氏阴性菌细胞壁上的一种脂多糖内毒素有复杂的生物活性,可直接或间接地对机体产生损伤作用,且是引起休克的主要原因(高淑娟等,1992)。这种感染导致发病急、病情重、常致内毒素休克。一旦内毒素休克发生,死亡率常常很高。试验表明,连翘抗内毒素能力较强,且连翘通过直接摧毁内毒素以拮抗其作用,而不是对其活性暂时性抑制(高淑娟等,1992;张炜等,2000)。

韩双江等(2004)用连翘败毒片研究大鼠内毒素模型的肝线粒体脂质过氧化物(LPO)、溶酶体酸性磷酸酶(ACP)和超氧化物歧化酶(SOD)活性,观察小鼠死亡率。同时采用血清抗体生成方法测定小鼠溶血素和采用二硝基氟苯(DNFB)诱导的小鼠局部迟发超敏 DTH 反应,并记录其胸腺指数和脾指数。结果发现连翘败毒片可降低线粒体中的 LPO 和 ACP 浓度,提高SOD 活性,对内毒素所致小鼠的死亡有明显的保护作用,显著增加小鼠血清 HC_{50} 含量,并增加小鼠迟发超敏 DHC 反应、胸腺指数和脾指数。说明连翘败毒片具有抗内毒素及提高机体细胞免疫、体液免疫的作用。

2.2.8 抑制磷酸二酯酶的作用

磷酸二酯酶能水解环腺嘌呤核苷酸(cyclic adenosine monophosphate,cAMP),细胞内cAMP的浓度随生理现象和病理状态变化而变化,因而被视为重要的生理活性物质之一。连翘中抑制磷酸二酯酶的成分是木脂素和苯乙醇苷类。

2.2.9 抑制弹性蛋白酶活力的作用

弹性蛋白酶是一种蛋白水解酶,能分解肺泡壁的弹力纤维。慢性阻塞性肺疾病或肺气肿患者体内弹性蛋白酶抑制剂缺乏或活力下降,说明机体内的弹性蛋白酶过多可能是产生肺气肿的主要机制。研究发现连翘稀释成7.5 mg时能完全抑制该弹性蛋白酶活力,说明从连翘中有望发掘出抑制弹性蛋白酶的新药(李长城等,1990;张炜等,2000)。

2.2.10 对心血管系统的影响

连翘果壳所含齐墩果酸有轻微的强心作用。(+)松脂素-β-*D*-葡萄糖苷(pinoresinol-β-*D*-glucoside)具有降血压作用(张海燕,2000)。

2.2.11 解热作用

能引起人体或者动物体发热的物质,通称为致热源。根据来源于体外或体内又把致热源划分为外源性和内源性致热源。梁广和(1991)和杨玲(1998)研究认为,许多外源性致热源可能主要是激活产生内源性致热源细胞,使后者产生和释放内源性致热源,再通过某种途径作用于下丘脑体温调节中枢使体温调定点上移体温升高,引起发热(冯淑怡等,2006)。通过实验证实连翘酯苷注射给药有一定的解热功效,能延缓酵母发热大鼠的体温升高过程,能促进内毒素所致发热家兔的体温下降。冯淑怡等(2006)用小鼠制备3种细菌(绿脓杆菌、大肠杆菌、金黄色葡菌球菌)感染模型,观察动物的死亡数并计算死亡率;复制酵母致大鼠发热模型与内毒素致家兔发热模型,观察不同时间段动物体温的变化。发现连翘酯苷各剂量组均可显著降低细菌感染模型动物的死亡数和死亡率,显著降低发热模型动物的体温。说明连翘酯苷具有很好的抗感染和解热作用。连翘酯苷的解热作用是通过直接抑制体温调节中枢而发挥作用或是以抑制体内内生致热源的产生,或是抑制某些中枢介质的作用缓解还有待进一步的探求。腹腔注射给药对多种细菌引起的感染有良好的对抗作用,有报道称连翘酯苷可能具有增强机体免疫系统功能的作用,从而影响机体免疫功能的不同方面。龙盛京等(1999)报道也证实许多清热药对机体的免疫功能有促进作用,如黄连、连翘、黄芩、穿心莲、野菊花、石膏等能增强白细胞和网状内皮系统的吞噬功能,所以探讨抗感染作用的机理可从能否增强白细胞和网状内皮系统的吞噬功能,能否促进淋巴细胞的转化率、抑制变态反应等方面着手。连翘煎剂4 g/kg灌胃,可使静脉注射枯草浸液引起的家兔体温升高显著下降,1.5 h之后恢复正常,以后降至正常温度以下。复方连翘注射液也有明显的解热作用,能降低伤寒菌苗所致的家兔发热,也能降低正常家兔的体温(张炜等,2000)。

2.2.12 镇吐作用

连翘煎剂灌胃能抑制家鸽静脉注射洋地黄的催吐作用,减少呕吐次数,但潜伏期无明显改变,其镇吐效果与注射氯丙嗪 2 h 后的作用相似。也能抑制犬皮下注射阿扑吗啡所致的呕吐,减少呕吐次数并延长潜伏期,说明连翘可能是作用于延脑的催吐化学感受区而产生镇吐作用(张海燕,2000)。

对近年来关于其药理学研究的结果归类汇总见表 2.1。

表 2.1 连翘药理主要活性研究

药理作用	作用成分	相关研究
抗氧化	连翘酯苷,连翘苷,8-羟基松脂素、两个新木脂素类单体连翘兰 A(forsythialan A)和连翘兰 B(forsythialan B)	可抑制过氧硝基引起的细胞损害的抵抗作用(Piao 等,2009);可缓解大鼠由敌草快引起的氧化应激,降低 TNF-a、IL-1b 和 IL-6 水平,显著增强 SOD、GSH-Px、GSH 在血浆、肝脏和肾脏的含量,同时降低丙二醛 MDA 在血浆和肾脏的含量,其活性优于维生素 C(Lu 等,2010);新物质木脂素 forsythialan A 和 B 这两个有效部位恢复因 SIN-1 处理而降低的细胞生存能力,具有很强的抗 DPPH 自由基的抗氧化活性(朴香淑等,2008);连翘活性单体绿原酸的 7 位酚羟基的抗氧化活性较强,对 ·OH 引发的 DNA 损伤有保护作用(刘金和张立伟,2006)
抗过敏	连翘果实提取物	可抑制纯化大豆抗原蛋白 β-Conglycinin 诱导的断奶仔猪过敏反应。降低 β-Conglycinin 特异性 IgE 抗体水平,减少肥大细胞脱颗粒和组胺的释放,促进 Th1 细胞因子的产生,并且抑制 T 细胞增殖及 Th2 细胞因子的 IL-4 的合成(Hao 等,2010)
抗肿瘤	连翘乙醇提取物	具有抑制多种肿瘤细胞的作用,连翘脂素和表松脂素可抑制人胃癌细胞株 SGC7901 生长(毛威,2009)
抗菌	咖啡酰糖苷类成分如:连翘酯苷 B、suspensaside 和 β -hydroxyaxteoside	可抑制伤寒杆菌、副伤寒杆菌、大肠杆菌、痢疾杆菌、白喉杆菌、霍乱弧菌、葡萄球菌、链球菌、甲型链球菌、乙型链球菌(李晓燕,1997;牛新华等,2002)、停乳链球菌和无乳链球菌(王宏军等,2005)

续表 2.1

药理作用	作用成分	相关研究
抗病毒	连翘酯苷类、黄酮类、木脂素类	能抗柯萨奇 B_5 病毒及埃柯病毒（张炜等，2000），对呼吸道常见病毒的体外抑病毒能力较强（胡克杰等，2001），如合胞病毒（田文静等，2004）
抗炎	连翘挥发油、连翘叶茶提取物	与抑制炎症介质前列腺素 PGE_2 和组胺、五羟色胺的释放有关（郭际等，2005）；降低迟发性超敏反应的肿胀率，抑制病态致敏反应（刘静和杨建雄，2006）
抗内毒素	连翘提取物、连翘败毒片	可明显促进小鼠血清抗体生成和增强小鼠的迟发型超敏 DTH 反应，具有抗内毒素活性，提高机体体液免疫和细胞免疫的功能（韩双江等，2004）；具有明确的拮抗内毒素的作用，且可显著抑制细菌内毒素诱发的炎性因子的过度表达，其效果明显优于单纯使用庆大霉素（傅强等，2003）；直接摧毁内毒素，而不是对其活性的暂时抑制（高淑娟等，1992）
解热	连翘酯苷	可显著降低革兰氏阴性菌如绿脓杆菌、大肠杆菌所致的感染模型动物死亡率，显著降低体温。具有明显的抗感染和解热作用，可能与内毒素的作用相关（冯淑怡等，2006）；连翘果壳水煎剂、大孔树脂吸附物及连翘多酚为连翘抗炎解热作用的主要有效部位（胡竟一等，2007）
抗肝损伤	齐墩果酸、熊果酸、连翘煎剂	可降低和缓解四氯化碳（CCl_4）所致大鼠血清谷丙转氨酶（sGPT）及碱性磷酸酶（AKP）的升高，说明对 CCl_4 中毒大鼠肝脏有保护作用（徐春媚等，2001）；降低 CCl_4 诱导的大白鼠 sGPT 活力升高，减轻肝脏变性和坏死，恢复肝细胞内蓄积的肝糖原以及核糖核酸含量（杨建雄和刘静，2005），对治疗急性黄疸型肝炎有一定疗效（闫丽丽和姜颖，2011）
利尿强心作用	齐墩果酸、松脂素-β-*D*-葡萄糖苷	100%连翘注射液 0.25 g/kg 静脉注射，对麻醉犬有显著的利尿作用，在给药后 30 min 与 1 h 为对照组的 2.2 与 1.66 倍，说明有利尿强心作用（张海燕，2000）
抑制磷酸二酯酶	木脂素及其苷类：如松脂素及其苷松脂素-β-*D*-葡萄糖苷	具有对牛心脏磷酸二酯酶有的抑制作用（Nikaido 等，1981）

续表 2.1

药理作用	作用成分	相关研究
镇吐作用	连翘煎剂	能抑制家鸽静脉注射洋地黄的催吐作用,减少呕吐次数;也能抑制犬皮下注射阿扑吗啡所引起的呕吐,减少呕吐次数并延长潜伏期(周济桂等,1960)
镇痛作用	连翘为主药的制剂	以连翘为主药的牙痛灵制剂(连翘、栀子等)能提高电刺激家兔齿髓及小鼠痛阈值,可减轻小鼠因巴豆油引起的耳肿胀,抑制炎性肉芽肿。对物理、化学及电刺激诱发的疼痛模型均有明显的镇痛作用,亦能抑制各种致炎因子引起的炎性肿胀(张其兰等,1994)
抑制弹性蛋白酶	连翘酯苷	抑制导致肺气肿的弹性蛋白酶的活力(李长城等,1990);当剂量为 7.5 mg 时能完全抑制该酶的活力(张炜等,2000)

2.3 连翘对畜禽的作用

应激源于英文“stress”,原意是使紧迫、使紧张、使感觉压力,现泛指动物在内外环境中,一些强烈刺激作用于机体后,随即产生的一系列非特异性全身性反应。应激的种类有很多,恐怕达几千种(倪律,1992)。最近畜禽中研究比较多的是热应激、氧化应激、仔猪早期断奶应激等。应激根据应激源的不同可以分成很多类别,而以热应激为自然气候性因素且在生产中最为常见,特别是随着日益严重的气候变暖,我国大范围年高温炎热日持续延长,酷暑纬度线逐年北移,因此在这里我们主要讨论热应激对畜禽的不良影响和生产实践中可采用的预防及其对应措施。

热应激,是指畜禽舍的温度长时间超过本品种要求的等热区上限时,畜禽体温调节及生理机能紊乱而导致机体发生的一系列异常反应。由于畜禽种类和年龄的不同,它们对环境温度的要求和对高温的适应性也有所差异。所以,每种动物都有各自的等热点。正常情况下,畜禽在采食和生理消化过程中产生的体增热通过汗腺和皮肤散发,产热与散热处于平衡状态。一旦环境温度持续超过畜禽的等热点,产生的热量不能及时散发出去,畜禽就会发生热应激反应,产生一系列的生理和病理变化,严重时甚至死亡(张峰等,2009)。

在等热点内畜禽能够表现最佳生产性能。在一般情况下,肉鸡的等热点为 10～28℃,蛋鸡为 13～25℃,乳猪为 30～35℃,仔猪为 20～28℃,育成育肥猪为 16～26℃,母猪为 16～22℃,公猪为 14～25℃,产房内的适宜温度是 22～28℃。为畜禽提供适宜的环境是广大养殖户在日常饲养管理过程中必须关注的问题。发生热应激会对畜禽的采食量、生长速度、生产性能、机体免疫力、产品质量、饲料转换率等造成不同程度的不良影响,严重时造成大量死亡(http://www.omegabiotech.net/cn/tech/news01.asp? id=pb,2008)。

2.3.1 热应激

高密度的集约化养禽业使家禽随时都可能导致应激的产生。在诸多的应激反应中，夏季高温引起的热应激对家禽产生的影响较大，时间也长，给养禽业带来了非常大的负面效应(Bartlett 和 Smith，2003；Ryder 等，2004；朴香兰等，2008a，b)。人们对热应激已高度重视，许多科研人员对家禽热应激的生理机制及其营养学对策做了大量研究。在集约化生产条件下，虽然引起家禽应激的因素是多方面的，但是由于肉仔鸡的体温和代谢率之间高度的相关性，使得肉仔鸡对热应激非常敏感。因为热应激会造成肉鸡采食量下降，从而严重影响肉鸡生产性能。因此，如何缓解肉鸡热应激的影响成为研究动物营养的一大热点(王雷，2008)。

2.3.1.1 热应激引起的肉鸡生理变化

肉鸡的最适温度是 18～26℃，当环境温度过高时，热平衡受到破坏，体温上升，出现热应激生理反应：呼吸急促，心率加快，体表、上呼吸道和腹部肌肉血液增加，肝脏、肾脏血液减少；血浆中的蛋白和血脂含量减少。受热应激的刺激，血液中 CO_2 过度排出体外，血液中的 H^+ 浓度下降，导致酸碱失衡，严重时还会出现呼吸性碱中毒。热应激导致家禽生产性能下降，具体表现在食欲、增重、产蛋率、蛋重和成活率的下降，使肉鸡生产经济效益显著降低。肉鸡的热应激主要后果是采食量下降，营养摄入不足导致增重下降，料重比上升(Bartlett 和 Smith，2003；Ryder 等，2004)。

2.3.1.2 连翘缓解肉鸡热应激的作用

1. 抑菌、抗氧化作用

测定 DPPH 的清除率，是一种快速、稳定评估植物提取物的抗氧化活性的方法(Samarth 等，2007)。王雷(2008)从体外探讨连翘提取物抑菌、抗氧化能力，体内研究连翘对肉仔鸡生长性能的影响。试验结果发现，连翘提取物对于大肠杆菌 K88、沙门氏菌和金黄色葡萄球菌具有很好的抑制效果，其最低抑菌浓度分别为 25.00、12.50 和 1.56 mg/mL。连翘提取物在浓度为 100 μg/mL 和 250 μg/mL 时对 DPPH 自由基的清除率分别达到 77.2%和 81.3%。连翘提取物的 DPPH 清除率与维生素 C 相当(图 2.1)。

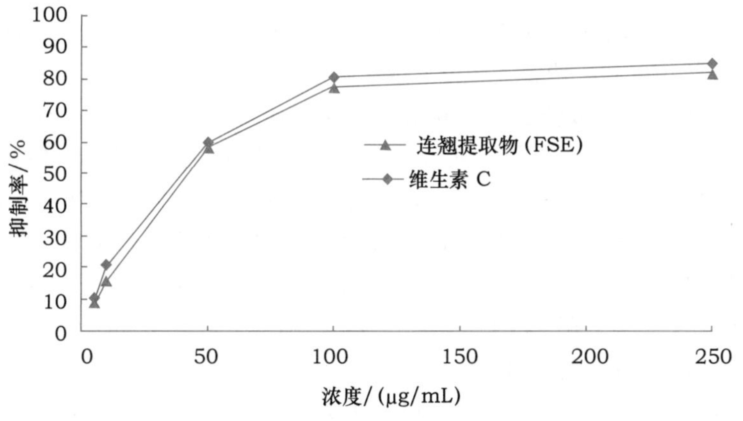

图 2.1 **连翘提取物(FSE)和维生素 C 对 DPPH 的抑制率**(王雷，2008)

卢婷(2010)研究 CH_2Cl_2、BuOH、H_2O 层萃取物和乙醇总提取物对 DPPH 自由基抑制能力如图 2.2 所示。CH_2Cl_2、BuOH、H_2O 层和乙醇总提取物对 DPPH 自由基的清除能力,呈剂量依赖性,即提取物的浓度越高,清除的效果越好。其中,CH_2Cl_2 层萃取物抑制作用最强,浓度为 64 μg/mL 和 256 μg/mL 时对 DPPH 的抑制率分别为 46.7%和 76.0%。

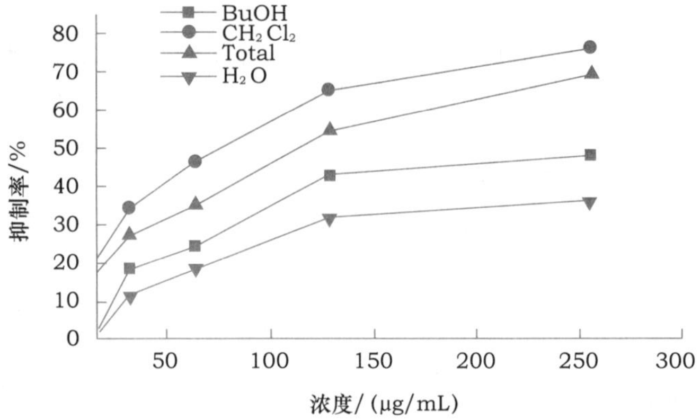

图 2.2 乙醇提取物、CH_2Cl_2、BuOH 层和 H_2O 层萃取物对 DPPH 自由基的清除效果(卢婷,2010)

在抗氧化活性和效构关系的研究中,刘金和张立伟(2006)以小牛胸腺 DNA 为体外模型研究连翘酯苷对自由基的清除效果。结果表明,连翘酯苷对·OH 引发的 DNA 损伤有保护作用。同时,作者发现当苯环上的酚羟基的邻位有羟基(连翘酯苷、氯原酸和咖啡酸)或甲氧基(阿魏酸)存在时,其活性较苯环上仅含一个羟基(对-羟基香豆酸、邻-羟基香豆酸和间-羟基香豆酸)的抗氧化剂活性高。张立伟等(2003)在对活性氧(·OH、H_2O_2 和 $O_2^{-\cdot}$)的清除作用试验中,同样发现连翘活性单体氯原酸的 7 位酚羟基的抗氧化活性较强。以上结果表明,连翘提取物的抗氧化活性与其活性成分的结构密切相关。

Qu 等(2008)用连翘中提取的连翘苷和连翘酯苷两种主要活性单体进行试验,发现连翘酯苷对 DPPH 有良好的清除效果,其抑菌能力强于连翘苷。同时,对连翘不同部位的提取物进行 DPPH 清除能力的比较试验,抗氧化能力的排序为:果实、种子、花、皮、叶、根、果壳和枝条,此结果与各部位提取物中测得连翘酯苷的含量呈正相关。

此外,一些试验表明连翘提取物具有良好的清除自由基的能力(Schinella 等,2002;张立伟等,2003;杨建雄等,2004;Guo 等,2006)。由此推断,抗氧化活性物质主要集中在 FSC,如连翘酯苷等。连翘酯苷苯环上的酚羟基的邻位有羟基,此类化学结构抗氧化剂活性高(刘金和张立伟,2006),自由基清除能力极强。说明总提取物和其他各组分均有显著抑制 DPPH 的效果,CH_2Cl_2 层萃取物(CH_2Cl_2 fraction of *F. suspensa*,FSC)的清除能力最佳。由此判断连翘抗氧化活性的物质主要集中在 CH_2Cl_2 层。

2. 对热应激肉鸡生长性能的影响

关于连翘提取物对于肉鸡生长性能影响的报道鲜见。王雷(2008)研究肉仔鸡生长性能发现,日粮中添加 100 mg/kg 连翘提取物对于肉仔鸡的生长有促进作用,且其作用效果与金霉素(1～3 周龄 80 mg/kg 金霉素,4～6 周龄 50 mg/kg 金霉素)相当。其作用机制可能与连翘良好的抑制有害菌作用及抗氧化作用有关。随着鸡肠道中有害菌数量的降低,可以保持肉鸡肠道的微生态平衡,保护鸡肠道形态不被过度繁殖的有害菌破坏,对于保持肠道健康,改善饲料消化率,提高生长性能方面起到重要的作用,从而达到改善生长性能的作用。

3. 对热应激肉鸡抗氧化活性的影响

Wang 等(2008)对比维生素 C 研究了连翘提取物对热应激肉鸡生长及血清、肝脏和肌肉中的抗氧化酶及脂质过氧化产物的影响。结果发现,日粮添加 100 mg/kg 连翘提取物显著提高血液及组织中 T-AOC,激活血清和组织中的 SOD 抗氧化防御系统,降低氧化代谢产物 MDA 的含量,实现机体内环境氧化还原状态的相对稳定。此结果与侯改霞和杨建雄(2006)的研究结果相近,即日粮中添加连翘提取物提高了力竭运动小鼠心脏中 SOD 的水平。说明日粮中添加连翘提取物可提高试验全期肉仔鸡血液中 T-AOC 的含量,说明连翘对机体非酶抗氧化系统也起到促进作用。日粮中添加连翘提取物还降低了试验后期血液和组织中 MDA 含量,进一步证实了日粮中添加连翘提取物可减少热应激导致的氧化损伤,即实现机体内环境氧化还原状态的相对稳定。

2.3.2 氧化应激

2.3.2.1 动物氧化应激的危害

Sies(1986)指出氧化应激是促氧化剂和抗氧化剂的不平衡造成的氧化损伤。从自由基的角度上看,则是指机体组织或细胞内 ROS 生成增加或清除能力降低,导致 ROS 在体内或细胞内蓄积而引起的氧化损伤过程。

规模化、集约化养殖环境下,众多因素都能引起畜禽发生应激,如:环境因子(高温、寒冷、湿度过高、噪声、辐射等),饲养管理(更换饲料、饲养密度、免疫、抓捕、运输、转群等),疾病因素(腹泻、炎症等)以及宰前处理(宰前运输、致晕方法等)等(王爱娜,2009)。对仔猪而言,如出生后快速生长、生理急剧变化,对养分的需要高,消化系统和免疫系统发育不完善,断奶后营养源从母乳转向固体饲料,加之与母猪分离等都容易造成仔猪体内自由基稳衡性动态异常,产生氧化应激。若不能及时修复,则会诱发疾病,甚至引起死亡。

氧化应激发生时,对于细胞,胞内产生大量的 ROS,破坏生物膜,从而影响细胞正常功能、DNA 和 RNA 热稳定性和酶的活性,加速蛋白质分解,造成细胞功能紊乱。对于动物机体,在氧化应激状态下,畜禽表现为生产性能下降,或发生应激性综合征。长期应激会使机体内具有抗氧化能力的维生素和微量元素等耗尽,自由基进一步增加,导致免疫系统发育受阻,免疫力的发挥受限,抵抗疾病的能力下降,从而诱发一系列的疾病或死亡。对于畜产品品质,自由基会攻击细胞膜中的磷脂和不饱和脂肪酸,产生醛、酮、醇、碳氢化物等一些小分子物质以及深色的有毒聚合物,进而导致肌肉系水力下降,肉的香味、风味、肉色等品质变差以及机体内过氧化脂质含量的升高等不良影响。氧化应激常常会带来畜禽生产成绩下降,如热应激使蛋鸡产蛋率下降;动物产品品质下降,如屠宰应激产生 PSE 猪肉;甚至发生动物疾病,如环境应激和营养性应激引发肉鸡腹水症(柏华等,2007)。

2.3.2.2 连翘提取物缓解 Diquat 诱导动物氧化应激的研究

Diquat 又叫敌快死，是双吡啶除草剂，它和白草枯一样可以利用 O_2 产生 $^1O_2$ 和 H_2O_2，继而产生其他自由基，从而诱导动物产生氧化应激，其主要靶器官是肝脏(Smith 等，1985；Reif 等，1988；Tsokos-Kuhn 等，1988)和肾脏(Xu 等，2007)。另有报道，它诱导的氧化应激程度比氧化鱼油更严重(Yuan，2007)。以 diquat 作为氧化应激源，有利于建立一种效应更确切、操作性更强的氧化应激模型，有助于研究动物氧化应激效应及可能机理(Gallagher 等，1995)。Smith(1987)的研究证明一些抗氧化剂能对 diquat 诱导的氧化应激起保护，如卡莫斯汀(1,3-bis(2-chloroethyl)-N-nitrosourea，BCNU)。

卢婷(2010)通过建立敌草快(1,1′-ethylene-2,2′-dipyridylium dibromide，diquat)诱导 SD 大鼠氧化应激模型，用巴布罗大鼠肝细胞(Buffalo rat liver，BRL)系模拟体内肝脏氧化受损状态，从机体组织和细胞水平上系统地探讨了连翘提取物缓解 diquat 诱导 SD 大鼠氧化应激的缓解作用。卢婷(2010)研究发现，灌服 25、50 和 100 mg/kg FSC 处理组显著降低血浆中由 diqaut 诱导肿瘤坏死因子-α(TNF-α)、白介素-1β (IL-1β)和白介素-6(IL-6)水平。提高血浆、肝脏和肾脏中酶系统 SOD 和 GSH-Px 的活性和非酶系统 GSH 的含量，而脂质过氧化物 MDA 的含量显著下降。FSC 可通过其抗炎和抗氧化活性的综合作用，缓解 diquat 造成的大鼠氧化应激。

过量的自由基可以由抗氧化剂清除，这些抗氧化剂由非酶系统和酶系统组成，其中非酶系统的组成部分包括 GSH、硒、维生素 C、维生素 E 等；抗氧化酶系统包括 SOD、GSH-Px 等，它们能降低氧化应激对细胞器的损伤(Cadenas 和 Davies，2000)。脂质过氧化的程度常作为 ROS 介导损害的指标(Kühn 和 Borchert，2002)，而血液和组织中 MDA 的浓度常作为内源性脂质过氧化和自由基造成损伤的生物标志物(Sehirli 等，2008；Yousef 等，2009)。

体内试验的结果表明，连翘通过对酶系统抗氧化酶 SOD、CAT、GSH-Px 等的调控及非酶系统 GSH 水平的改善起到良好的抗氧化功效，改变机体的氧化还原状态。

2.3.2.3 连翘提取物毒性的探究

卢婷(2010)选用 18 只 SD 大鼠分为 6 组，每组 3 只鼠；其中 5 组单次灌服不同剂量的 FSC (25、50、100、200 和 400 mg/kg)。第 6 组空白对照，灌服 0.5%吐温-80。连续观察 24 h，看是否有异常行为和死亡现象。结果发现，在提取物的急性毒性试验中，当单次灌服 FSC 剂量达到400 mg/kg 时，未观察到死亡或其他异常情况，证明本试验中的 FSC 所用的剂量是安全的。

2.3.2.4 缓解大豆抗原蛋白过敏反应

大豆以其蛋白质含量高和氨基酸平衡性好而成为人类和动物的一种优质蛋白质来源，但同时也是一种重要的食物过敏原(Mittag 等，2004)。由于食入大豆而引起的过敏包括一系列临床症状，如腹痛、腹泻、痉挛、哮喘，严重的可引起死亡(Foucard 和 Malmheden，1999)。β-Conglycinin 作为大豆中的一种主要蛋白，是大豆引起的过敏反应中 IgE 结合的主要位点，是评价大豆过敏原性的主要蛋白之一，因而也成为关注的热点(Mittag 等，2004；Holzhauser 等，2009)。

目前治疗大豆过敏的唯一有效方法是严格避免摄入大豆产品，可是，由于许多食品中都含有大豆，因此这种方法在实践上很难实现。而传统的过敏原特异性免疫疗法也因为会造成一些不良反应，或疗效短而未能达到满意的效果(Nelson 等，1997；Leung 等，2003)。随着食物过敏发生率的日益增加，研究者们正在努力寻找更加有效而且持久的治疗方法。传统中医药作为食物过敏的补充和替代疗法，已逐渐受到国内外学者的重视。Li 等(2001)和 Srivastava 等(2005)的鼠科模型研究分别说明中草药能够有效地阻止花生过敏反应的发生。这些结果表明中草药很可能是治疗食物过敏的有效疗法。

连翘提取物(*Forsythia suspensa* extract，FSE)具有保肝、抗菌、抗病毒和抗氧化等特性(Ozaki 等，2000)。连翘中所含成分主要为连翘苷、连翘酯苷、挥发油和黄酮类等。其中前三种物质被证明含量较高且药理活性较强(Piao 等，2008b)。刘静(2008)的研究证明连翘苷能够增强小鼠的免疫功能并减轻迟发型过敏反应。

Hao 等(2010)研究了连翘提取物在治疗缓解纯化的大豆抗原蛋白 β-Conglycinin 能够诱导仔猪产生速发型过敏反应，发现 100 mg/kg FSE 能够降低过敏仔猪血清中 β-Conglycinin 特异性 IgE 水平。

郝月(2010)在试验的第 28 天，灌服 β -Conglycinin 激发 3 h 内观察仔猪的过敏反应症状并评分。发现所有 β -Conglycinin 建模组的仔猪均表现出过敏症状，其中两头仔猪出现活动性下降、皮肤湿疹等症状(2 分，占 33.3%)，3 头仔猪出现呕吐、腹泻等症状(3 分，占 50%)，另外一头猪症状则较严重，出现了呼吸急促、哮喘、休克(4 分，占 16.7%)。而 FSE 处理后的仔猪过敏症状比建模组减轻，仅有一头仔猪表现出 2 分的症状，两头仔猪表现出 1 分的症状，而其余仔猪无过敏现象。通过 PCA(passive cutaneous anaphylaxis，被动皮肤过敏实验)反应研究 FSE 对 β -Conglycinin 诱发过敏反应的缓解作用，发现以 β-Conglycinin 致敏仔猪的血清进行注射，产生了阳性反应，FSE 给药组的 PCA 反应显著弱于 β-Conglycinin 建模组。说明 β -Conglycinin诱导的速发型过敏反应主要由抗原特性 IgE 介导，而非 IgG1 介导，FSE 可通过降低抗原特异性 IgE 的水平起到缓解该过敏反应的作用。

从血清组胺水平以及空肠肥大细胞数量比较发现，与对照组相比，β-Conglycinin 建模组仔猪血清中的组胺水平显著升高(从 17.4 ng/mL 上升至 285.8 ng/mL)，脱颗粒肥大细胞数量也显著增加(从 20.72 个/mm^2 上升至 34.05 个/mm^2)。而经 FSE 处理后组胺水平和脱颗粒肥大细胞数量均显著下降。表明 FSE 具有抑制肥大细胞脱颗粒和组胺释放的作用。另外，β-Conglycinin 建模组仔猪盲肠中好氧菌(特别是大肠杆菌)的数量有所升高，总厌氧菌和双歧杆菌的数量有所下降；而乳酸杆菌的数量显著下降。FSE 处理有助于恢复盲肠正常微生物菌群数量。

体外培养 T 淋巴细胞的增殖发现(图 2.3)，与 β-Conglycinin 建模组相比，FSE 处理可显著抑制 IL-4 的产生，促进 IFN-γ 的分泌(图 2.4)。

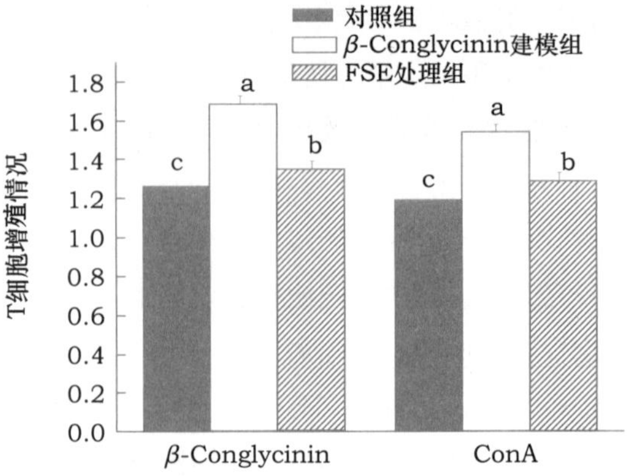

图 2.3　**T 淋巴细胞在体外受到 β -conglycinin 抗原刺激后的增殖情况**(郝月,2010)

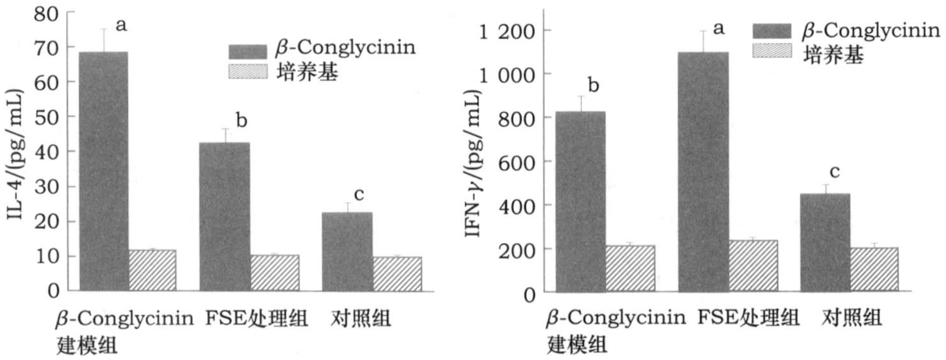

图 2.4　**脾脏 T 淋巴细胞体外 β -conglycinin 刺激后**

72 h 后 IL-4 和 IFN-γ 的释放情况(郝月,2010)

注：[a, b, c]肩标不同表示差异显著($P<0.05$),$n=6$。

FSE 可在一定程度上促进过敏仔猪肠道中乳酸杆菌和双歧杆菌的增殖,并抑制大肠杆菌等致病菌的生长。此外,FSE 对机体有免疫调节作用,这种作用也有助于缓解 β -Conglycinin 引起的速发型过敏反应。

FSE 能够抑制纯化的大豆抗原蛋白 β-Conglycinin 诱导的过敏反应。FSE 的抗过敏作用主要表现在可以降低 β-Conglycinin 特异性 IgE 水平,减少组胺的释放,促进 Th1 细胞因子的产生,并且抑制 T 细胞的增殖反应及 Th2 细胞因子的产生。

2.4　研究展望

综上所述,连翘的生物活性多样,用途广泛,临床疗效确切,毒副作用较低,而且我国连翘地理分布广,资源丰富,因此具有很好的研究和开发价值。

连翘的应用和研究历史久远,形成了一些单味和复方中药与兽药产品,并已有广泛应用。然而,连翘的化学成分结构十分复杂,尽管已分离出不少活性单体,但仍有许多(例如抑制弹性蛋白酶活力作用、镇痛作用、镇吐作用等相关的)具体化学成分尚不明确,连翘活性成分单体间独立与协同功能的研究仍需继续,而更加复杂、难度更大的连翘与其他药材复方成分与功效的研究也需进一步开展。

另外,连翘在动物生产上应用时还必须考虑成本问题,因此,通过加工、提取工艺的改进而使用成本较低的连翘叶,以及新的提取增效等技术的应用,都值得将来尝试和探讨。

参考文献

白云娥,漆小梅,杨国红,等. 2003. 连翘提取物的体外抗菌试验. 山西医科大学学报,34(6):506-507.

柏华,刘佳,刘福柱. 2007. 自由基的研究进展. 江西饲料,3:1-4.

芮菁,尾崎幸紘,唐元泰. 1999. 连翘提取物的抗炎镇痛作用. 中草药,30(1):43-45.

程丽姣,丁羽佳,翟永功,等. 2006. 植物中新的木脂素类化合物及其生物活性. 国外医药#植物药分册, 21(3):93.

段飞,张双民,杨建雄,等. 2005. 连翘叶提取物抑菌作用的研究. 西北药学杂志,20(2):66-67.

冯淑怡,李先荣,孙建宁. 2006. 连翘酯苷抗感染、解热作用研究. 现代生物医学进展,6(10):73-75.

冯卫生, 李珂珂, 郑晓珂. 2009. 连翘化学成分的研究. 中国药学杂志, 44(7): 490.

傅强,崔华雷,崔乃杰. 2003. 连翘提取物抑制内毒素诱导的炎症反应的实验研究. 天津医药, 31(3):161-163.

高淑娟,戴锡珍,要华民. 1992. 几种清热解毒中药抗内毒素作用的比较实验. 天津中医,3:42.

耿慧君,王文科,毕润成. 2005. 连翘叶的体外抗氧化活性研究. 山西师范大学学报(自然科学版),19(4): 71.

郭际,沈映君,解宇环. 2005. 连翘挥发油抗炎作用的实验研究. 四川生理科学杂志,27(3):136-137.

郭强,王志民,林丽美,等. 2009. 连翘属药用植物化学成分研究进展. 中国实验方剂学杂志,15(5):74-79.

国家药典委员会. 2005. 中华人民共和国药典. 北京:化学工业出版社.

韩双红,王玉芬,张居馨,等. 2004. 连翘败毒片的抗内毒素及免疫调节作用研究,21(5):417-419.

郝月. 2010. 大豆抗原蛋白β-Conglycinin 诱发过敏反应及中草药缓解机制的研究(博士学位论文). 北京:中国农业大学.

侯改霞,杨建雄. 2006. 连翘叶茶提取物对力竭运动及恢复期小鼠心肌抗氧化酶和 LDH 同工酶活性的影响. 中国运动医学杂志,25(1):90-92.

胡竞一,雷玲,余悦,等. 2007. 连翘的抗炎解热作用研究. 中药药理与临床,23:51-52.

胡克杰,徐凯建,王跃红,等. 2001. 连翘酯苷体外抗病毒作用的实验研究. 中国中医药科技,8(2):89.

胡旺云,罗士德. 1991. 连翘中三个乙酰化三萜的分离与鉴定. 中草药,22(4):147-152.

江苏新医学院.1997.中药大辞典.上海:上海人民出版社.

李倩,冯卫生.2005.连翘的化学成分研究进展.河南中医学院学报,20(2):78-80.

李双,王东强,李志军. 2011. 连翘主要有效成分的提取与药理作用. 黑龙江中医药, 2:46-48.

李双,王东强,李志军. 2012. 连翘药理作用小议. 西部中医药,25(1):52-54.

李晓燕.1997.中药连翘抗菌活性的考察.山东医药工业,16(2):46-47.

李兴泰, 李洪成, 陈瑞. 2009b,连翘花水提物保护线粒体及抗衰老研究.食品科技,34(2): 220.

李兴泰, 李洪成, 刘泽. 2009a.连翘花醇提物保护线粒体及抗氧化研究.中成药,31(6): 839.

李长城, 严仪昭, 孙仁宇. 1990. 连翘、丹参、当归和川穹嗪抑制弹性蛋白酶活力的对比观察. 中国中药杂志,15(9):47-49.

梁广和.1991,清热解毒法治疗作用的实验研究进展.中医研究,3(4):18-21.

刘金,张立伟. 2006. 连翘酯苷对 ·OH 引发的 DNA 损伤的防护作用. 山西中医学院学报,7(1):23-24.

刘静,杨建雄.2006.连翘叶茶对小鼠非特异性免疫及应激作用的实验研究.榆林学院学报,16(2):45-47.

刘静.2008.连翘苷对小鼠非特异性免疫及应激作用的实验研究.陕西教育学院学报,24(3):59-61.

刘颖娟,杨占秋,肖红,等.2004.中药连翘有效成分体外抗单纯疱疹病毒的实验研究.湖北中医学院学报,6(1):36-38.

刘悦,宋少江,张国刚,等. 2003a. 连翘中的一个新化合物(Ⅱ). 中国药物化学杂志,13(2):108-109.

刘悦,宋少江,张国刚,等. 2003b. 连翘中的一个新化合物. 沈阳药科大学学报,20(1):48-49.

龙盛京,罗佩卓,谭日昌.1999.17 种清热中药抗活性氧作用的研究.中草药,30(1):40.

卢婷.2010.连翘提取物缓解敌草快(diquat)诱导氧化应激的研究(硕士学位论文).北京:中国农业大学.

卢婷,朴香淑. 2009. 连翘提取物抗氧化活性的研究进展. 中国畜牧杂志,45(15):57-60.

马振亚. 1980. 连翘种子挥发油抗流感病毒等病原微生物作用的实验研究. 陕西新医药,9(11):51.

毛威. 2009. 连翘化学成分及其抗肿瘤活性的研究(硕士学位论文).武汉:湖北中医学院:29.

孟祥乐,李俊平,李丹,等. 2010. 连翘的化学成分及其药理活性研究进展. 中国药房, 21(43):4117-4119.

倪律,1992. 何谓应激. 国外畜牧学(猪与禽),2:25-26.

牛新华,邱世翠,邸大琳,等.2002.连翘体外抑菌作用的研究.时珍国医国药,13(6):342-343.

朴香兰，田燕泽. 2010. 连翘木脂素类成分研究现况. 时珍国医国药，21(8)：2021-2023.

朴香兰，阿里木斯，王雷，等. 2008a. 连翘提取物对肉仔鸡肌肉抗氧化活性的影响. 中国饲料，4：14-16.

朴香兰，王雷，朴香淑，等. 2008b. 连翘提取物对肉仔鸡热应激下生长性能和抗氧化活性的影响. 中国畜牧杂志，44(3)：23-26.

朴香兰，吴倩，田燕泽. 2010. 连翘的抗氧化成分研究. 时珍国医国药，21(6)：1307-1390.

朴香淑，朴香兰，洪承权，等. 2008. 中药连翘体外抗氧化作用的研究. 中央民族大学学报(自然科学版)，17(1)：77-93

乔朋波，马玉忠. 2011. 连翘提取物对副鸡嗜血杆菌生长曲线的影响. 中国家禽，33(1)：12-14.

邱娟，杨晨，杨建雄. 2007. 连翘叶中苷类成分Ⅱ的体外抗氧化作用研究. 陕西理工学院学报，23(2)：53-57.

曲欢欢. 2008. 连翘化学成分和生物活性研究(硕士学位论文). 西安：西北大学.

盛尊来. 2009. 连翘抑菌活性部位的初步研究. 中国新技术新产品，4：2.

石素贤，何福江. 1995. 连翘挥发油化学成分的研究. 药物分析杂志，15(3)：10.

孙杰，姚健，达文燕，等. 2001. 连翘挥发油化学成分的研究. 西北师范大学学报，37：77-81.

田文静，李洪源，姚振江，等. 2004. 连翘抑制呼吸道合胞病毒作用的实验研究. 哈尔滨医科大学学报，38(5)：421-423.

王爱娜. 2009. 发酵乳酸杆菌 I5007 对猪的抗氧化作用机制研究(博士学位论文). 北京：中国农业大学.

王宏军，蒋红，吴国娟. 2005. 连翘酯苷在体外与体内的抑菌效果研究. 中国饲料，10：26-27.

王雷. 2008. 连翘提取物对肉仔鸡促生长和抗氧化作用的研究(硕士学位论文). 北京：中国农业大学.

王伟芳，刘东雷，徐绥绪，等. 1999. 连翘中的新化合物. 沈阳药科大学学报，16(2)：138.

王忆杭，肖培根，刘新民. 2011. 连翘酯苷对拟 AD 复合动物模型小鼠学习记忆的改善作用及其机制研究，19(5)：423-428.

肖会敏，王四旺，王剑波，等. 2008. 连翘挥发油的成分分析及其药理作用的研究进展. 时珍国医国药，19(8)：2047-2048.

肖会敏，何悦，王四旺，等. 2001. 连翘挥发油的成分分析及抗病毒活性的考察. 中国医药导报，8(8)：31-33.

谢宗万. 1992. 古今药用连翘品种的延续与变迁. 中医药研究，3：37-39.

徐春媚，王文生，曹艳红，等. 2001. 连翘护肝作用的实验研究. 黑龙江医药科学，24(1)：10-14.

闫丽丽，姜颖. 2011. 连翘药材主要化学成分及药理作用研究综述. 中国新技术新产品，11：11.

杨建雄，刘静，李发荣，等. 2004. 连翘叶茶抗氧化抗衰老作用的试验研究. 营养学报，126(1)：65-67.

杨建雄,刘静. 2005. 连翘叶茶保肝作用的实验研究. 陕西师范大学学报(自然科学版),33(3):82-85.

杨建雄,杨晨,邱娟,等. 2006. 连翘叶中苷类成分Ⅰ的体外抗氧化作用研究. 陕西师范大学学报(自然科学版),4:79-82.

杨玲. 1998. 金银花清热解毒的实验研究. 浙江中医杂志,6:28.

杨润亚,李艳华,柳娜娜. 2007. 连翘内生真菌的分离及其抑菌活性初步研究. 安徽农业科学,5(15):4561.

尹乐乐,曾耀英,黄秀艳,等. 2008. 连翘提取物对小鼠T淋巴细胞体外活化与增殖的影响. 细胞与分子免疫学杂志,24(1):10-12.

张峰,马书林,王昆,等. 2009. 热应激对畜禽的影响及措施调控. 河北农业科学,13(4):84-88.

张杲. 2006. 连翘(Forsythia suspensa)叶药用价值及其药用活性组分的初步研究(硕士学位论文). 西安:陕西师范大学.

张国良,李娜,林黎琳,等. 2007. 木脂素类化合物生物活性研究进展. 中国中药杂志,32(20):2089.

张海燕. 2000. 连翘化学成分及药理活性的研究进展. 中药材,23(10):657-660.

张立伟,刘金,杨频. 2003. 中草药连翘提取物抗氧化活性研究. 食品科学,24(2):122-125.

张其兰,赵鲁明,滕伯刚. 1994. 牙痛灵镇痛、抗炎及抑菌作用的研究. 中成药,16(8):35-37.

张炜,张汉明,郭美丽,等. 2000. 连翘的药理学研究. 中国现代应用药学杂志,17(1):7-10.

赵咏梅,黄新炜,马蕊,等. 2008. 连翘苷对氧自由基清除作用的研究. 西安文理学院学报(自然科学版),4:14-17.

赵咏梅,李发荣,杨建雄,等. 2005. 连翘苷降血脂及抗氧化作用的实验研究. 天然产物研究与开发,17(2):157-159.

朱淑云,杨建雄,李发荣. 2004. 连翘叶提取物对小鼠氧化损伤的保护作用. 中药药理与临床,20(1):18.

Bartlett J R, Smith M O. 2003. Effects of different levels of zinc on the performance and immunocompetence of broilers under heat stress. Poult Sci, 82:1580-1588.

Gallagher E P, Buetler T M, Stapleton P L, *et al*. 1995. The effects of diquat and ciprofibrate on mRNA expression and catalytic activities of hepatic xenobiotic metabolizing and antioxidant enzymes in rat liver. Toxicol Appl Pharm, 134:81-91.

Guo H, Liu A H, Li L, *et al*. 2006. Simultaneous determination of 12 major constituents in forsythia suspensa by high performance liquid chromatography-DAD method. J Pharmaceut Biomed, 43:1000-1006.

Han X, Piao X S, Zhang H Y, *et al*. 2012. *Forsythia suspensa* Extract Has the Potential to Substitute Antibiotic in Broiler Chicken. Asian-Aust J Anim Sci, 25(4):569-576.

Hao Y, Li, D F Piao X L, *et al*. 2010. *Forsythia suspensa* extract alleviates hypersensitivity induced by soybean β-congly-cinin in weaned piglets. J Ethnopharmacol, 128:412.

Holzhauser T, Wackermann O, Ballmer-Weber B K, *et al*. 2009. Soybean (*Glycine max*) *allergy in Europe*: Gly *m* 5 (β-conglycinin) and Gly m 6 (glycinin) are potential diagnostic markers for severe allergic reactions to soy. J Allergy Clin Immunol, 123:452-458.

http://www.omegabiotech.net/cn/tech/news01.asp? id=pb. 2008. 热应激对畜禽的影响及预防措施. 赛尔饲料工业,(76).

Jones G M,Vale J A. 2000. Mechanisms of toxicity, clinical features, and management of diquat poisoning: a review. Clin Toxicol,38:123-128.

Kang H S, Lee J Y, Kim C J . 2008. Anti-inflammatory activity of arctigenin from Forsythiae Fructus. J Ethnopharmacol, 116:305.

Kühn H, Borchert A . 2002. Regulation of enzymatic lipid peroxidation: the interplay of peroxidizing and peroxide reducing enzymes. Free Radical Bio Med, 33:154-172.

Leung D Y M,Sampson H A, Yunginger J W,*et al*. 2003. Effect of anti-IgE therapy in patients with peanut allergy. N Engl J Med, 348:986-993.

Li X M, Zhang T F, Huang C K,*et al*. 2001. Food Allergy Herbal Formula-1 (FAHF-1) blocks peanut-induced anaphylaxis in a murine model. J Allergy Clin Immunol, 108:639-646.

Lu T, Piao X L,Zhang Q,*et al*. 2010. Protective effects of *Forsythia suspensa* extract against oxidative stress induced by diquat in rats. Food and Chemical Toxicology,48: 764 - 770.

Mittag D, Vieths S, Vogel L, *et al*. 2004. Soybean allergy in patients allergic to birch pollen: Clinical investigation and molecular characterization of allergens. J Allergy Clin Immunol, 113:148-154.

Nelson H S, Lahr J, Rule R, *et al*. 1997. Treatment of anaphylactic sensitivity to peanuts by immunotherapy with injections of aqueous peanut extract. J Allergy Clin Immunol, 99:744-751.

Njoku P C. 1986. Effect of dietary ascorbic acid (vitamin C) supplementation on the performance of broiler chickens in a tropical environment. Anim Feed Sci Technol,16:17-24.

Ozaki Y, Rui J, Tang Y T. 2000. Antiinflammatory effect of *Forsythia Suspensa* VAHL and its active principle. Biol Pharm Bull,23:365-367.

Piao X L,Jang M H, Cui J,*et al*. 2008a. Lignans from the fruits of *Forsythia suspensa*. Bioorg Med Chem Lett, 18:1980-1984.

Piao Xiang-lan, Eun Jung Cho,Moon Hee Jang. 2008b. Cytoprotective eff ect of baicalein against peroxynitrite-induced toxicity in LLC-PK1 cells. Food and Chemical Toxicology, 46: 1576-1581.

Piao Xiang-lan, Mi Xiao-Yuan, Tian Yan-Ze,*et al*. 2009. Rapid Identification and Characterization of Antioxidants from Ligularia fischeri. Arch Pharm Res,32(12): 1689-1694.

Qu H , Zhang Y, Wang Y,*et al*. 2008. Antioxidant and antibacterial activity of two compounds (forsythiaside and forsythin) isolated from *Forsythia suspensa*. J Pharm Pharmacol, 60:261-266.

Reif D W, Beales I L P, Thomas C E, *et al*. 1988. Effect of diquat on the distribution of iron in rat liver. Toxicol Appl Pharm, 93:506-510.

Ryder A A, Feddes J J R,Zuidhof M J. 2004. Field study to relate heat stress index to broiler performance. J Appl Poult Res, 13:493 - 499.

Samarth R M,Panwar M,Kumar M, *et al*. 2007. Evaluation of antioxidant and radical-scavenging activities of certain radioprotective plant extracts. Food Chem, 106:868-873.

Schinella G R, Tournier H A,Prieto J M,*et al*. 2002. Antioxidant activity of anti-inflammatory plant extracts. Life Sci,70:1023-1033.

Smith C V. 1987. Effect of BCNU pretreatment on diquat-induced oxidant stress and hepatotoxicity. Biochem Biophys Res Commun, 144:415-421.

Smith C V, Hughes H, Lauterburg B H,*et al*. 1985. Oxidant stress and hepatic necrosis in rats treated with diquat. J Pharmacol Exp Ther, 235:172-177.

Srivastava K D, Kattan J D, Zou Z M, *et al*. 2005. The Chinese herbal medicine formula FAHF-2 completely blocks anaphylactic reactions in a murine model of peanut allergy. J Allergy Clin Immunol, 115:171-178.

Tsokos-Kuhn J O ,Smith C V,Hughes H, *et al*. 1988. Liver membrane calcium transport in diquat-induced oxidative stress *in vivo*. Mol Pharmacol,34:209-214.

Wang L,Piao X L, Kim S W, *et al*. 2008. Effects of *Forsythia suspensa* extract on growth performance, nutrient digestibility, and antioxidant activities in broiler chickens under high ambient temperature. Poult Sci, 87:1287-1294.

Xu J, Sun S,Wei W, *et al*. 2007. Melatonin reduces mortality and oxidatively mediated hepatic and renal damage due to diquat treatment. J Pineal Res, 42:166-171.

Yuan S B, Chen D W, Zhang K Y, *et al*. 2007. Effects of oxidative stress on growth performance, nutrient digestibilities and activities of antioxidative enzymes of weanling pigs. Asian-Aust J Anim Sci, 20:1600-1605.

（本章由中国农业大学朴香淑研究员主笔，韩旭、李平和曾志凯参编）

第3章

植物活性物质的抗过敏作用

随着物质生活水平的提高，环境、社会因素的影响，过敏性疾病越来越多，发病率不断上升，病情也越来越复杂，尤其是Ⅰ型过敏反应的患者激增。常规的治疗方法只能缓解过敏反应的症状，但不能从根本上治愈过敏性疾病。研究发现，多种天然活性物质具有抗过敏功效，可从根本上改善患者的免疫系统，提高机体的免疫机能，且具有疗效持久、毒副作用少等特点。因此，抗过敏植物活性物质的开发和应用已成为现今抗过敏性疾病研究的热点。本章在介绍过敏性疾病研究现状的基础上，重点综述了天然植物活性物质抗过敏作用的研究进展。

3.1 过敏性疾病的研究进展

3.1.1 过敏性疾病的现状

过敏性疾病是发病率较高的常见病，国内外的流行病学资料表明，约有1/3的人在一生中曾罹患过过敏性疾病。过敏性疾病可降低患者的生活质量，严重影响患者的工作和学习，也会因此造成巨大的经济损失。随着人们饮食习惯的改变，环境污染、生活和工作压力的增大，过敏性疾病在全世界范围内呈逐年增高趋势，已成为各国政府高度关注的全球健康问题。世界变态反应组织在世界首个过敏性疾病日，公布了30个国家进行过敏性疾病流行病学调查结果：在这些国家的12亿总人口中，22%（2.6亿人）患有免疫球蛋白E（IgE）介导的过敏性疾病，如过敏性鼻炎、哮喘、结膜炎、湿疹、食物过敏、药物过敏和严重过敏反应等。在我国，因过敏反应造成的发病率约占10%，且呈逐年上升的趋势（刘建萍，2007）。

某些过敏性疾病尚有“流行性”的特点，过敏原的播散可在同一时段造成群体发病，如有些国家的花粉症患病率可达10%以上。有专家预测，在15年内，全球患过敏性疾病的人数将占总人口的1/2。而世界卫生组织（WHO）把该类疾病列为“21世纪重点研究和预防的疾病”。

虽然过敏反应性疾病不像心血管疾病和癌症那样对人类健康造成最直接的威胁，但它会给人类带来长期的困扰，并进一步引起多种并发症，甚至可能危及人类生命(Arlian,2002)。因此，对过敏性疾病的研究和治疗已成为医学领域的热点。

3.1.2 过敏性疾病的发病机理

过敏反应是机体受抗原性物质刺激后引起的组织损伤或生理功能紊乱，即病理性的免疫反应。根据变态反应中所参与的细胞、活性物质、损伤组织器官的机制和产生反应所需时间等，变态反应可分为 4 种类型。

1. Ⅰ型过敏反应

Ⅰ型是 IgE 介导的过敏反应，大多数的过敏反应均是与体内透明质酸酶活性有关的Ⅰ型过敏反应。Ⅰ型为速发型超敏反应，此型的特点为发生快，常在几秒钟至几十分钟内出现症状。主要病变在于小动脉、毛细血管扩张、通透性增加、支气管平滑肌收缩等。Ⅰ型过敏反应是变态反应中人类认识最早，亦最常见的一种类型，通常所见的过敏型疾病如常年过敏性鼻炎、花粉症及荨麻疹等环境过敏均属此类型，大多数食物过敏也属Ⅰ型。此外，青霉素过敏造成的过敏性休克死亡也属于Ⅰ型变态反应。

Ⅰ型过敏反应的发病机理是：当过敏原接触人体的免疫系统时，B 淋巴介素诱发分泌制造 IgE 的浆细胞，IgE 被释放出来后，黏附在肥大细胞或嗜碱性白细胞的表面。当第二次接触到同一过敏原时，过敏原就与此两种细胞表面的 IgE 结合串联，这个现象促使细胞释放出大量的颗粒，颗粒破裂后排出许多可引起生理反应的物质，如：组胺、迟缓舒张素、肝素、前列腺素、血小板活化素及其他血球趋化素和蛋白质分解酶等(Zuercher 等,2006)。这些活性介质引起平滑肌收缩痉挛、毛细血管扩张、通透性增加、黏膜分泌物增加、炎症细胞渗出，形成过敏症候群，包括皮肤红肿、痒、眼睛轻度结膜炎、鼻塞、呼吸困难等。由于这些活性物质的作用部位和强度不同，所引起的病变性质和临床经验表现也不同。作用于皮肤，引起荨麻疹；作用于上呼吸道则引发过敏性鼻炎；作用于下呼吸道则引发支气管哮喘；作用于血管则出现血清病反应，如蜂毒等(龙振洲,1997)。具体过程如图 3.1 所示。

2. Ⅱ型过敏反应

Ⅱ型过敏反应即细胞毒性过敏反应，与细胞表面或组织表面抗原结合的抗体与补体途径的一些成分及各种效应细胞相互作用，造成这些细胞或组织的损伤。在此过程中，抗体的 Fc 端与补体系统的 C1q 或其他吞噬细胞的 Fc 受体结合，另一端则与抗原结合，起到桥梁和启动作用(杨汉春,2007)。

当 IgG 和 IgM 类抗体与靶细胞表面抗原结合，通过募集和激活炎症细胞及补体系统而引起靶细胞损伤，所以此型超敏反应也称抗体依赖的细胞毒超敏反应、溶细胞型或细胞毒型超敏反应。这些抗体能与自身抗原或与自身抗原有交叉反应的外来抗原特异性结合。这些自身抗体可以与靶抗原结合或以游离形式存在于血循环中。抗体、补体、巨噬细胞和 NK(K)细胞均参与该型反应。该型反应的靶细胞主要是血液细胞、白细胞、红细胞和血小板。同种不同个体间血型不符引起的输血反应即属Ⅱ型超敏反应。此外，组织移植排斥反应、自身免疫溶血性贫血以及由感染病原微生物引起的溶血反应均属于Ⅱ型过敏反应。

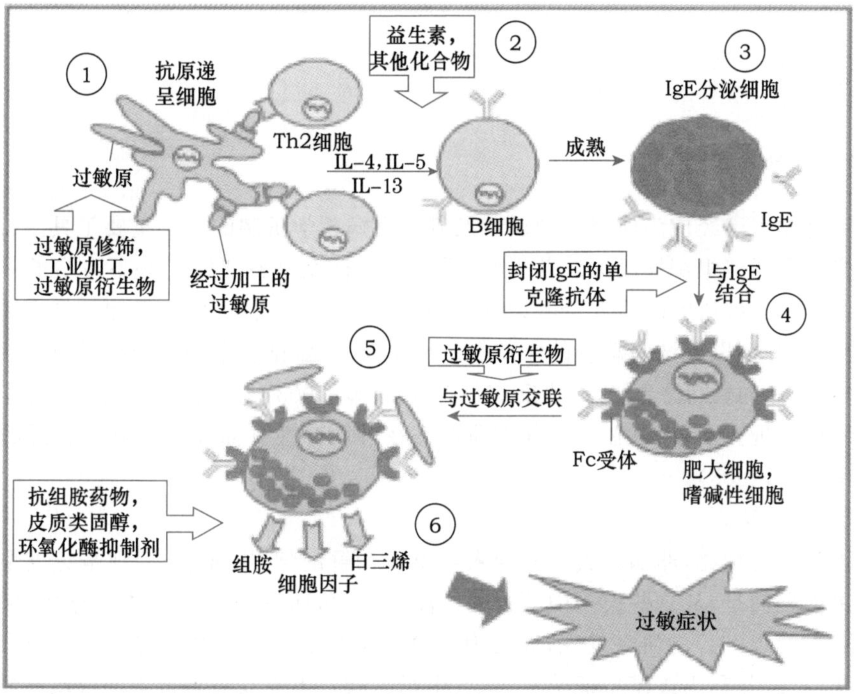

图 3.1 过敏性级联反应中主要细胞和分子的作用示意图(Zuercher 等，2006)

3. Ⅲ型过敏反应

Ⅲ型过敏反应即免疫复合型过敏反应，反应的抗体与Ⅱ型过敏反应中的抗体相似，主要也是 IgG 和 IgM 类抗体，但所不同之处是这些抗体与相应可溶性抗原异性结合形成抗原抗体复合物(免疫复合物)，并在一定条件下沉积在肾小球基底膜、血管壁、皮肤或滑膜等组织中。免疫复合物激活补体系统，产生过敏毒素和吸引中性粒细胞在局部浸润；使血小板聚合，释放出血管活性胺或形成血栓；激活巨噬细胞使释放出 IL-1 等细胞因子。结果引起以充血水肿、局部坏死和中性粒细胞浸润为特征的炎症性反应和组织损伤。青霉素或磺胺类药物的大量使用，即可引起此型超敏反应。

4. Ⅳ型过敏反应

Ⅳ型过敏反应，即 T 细胞介导的迟发型过敏反应，该反应是指在接触抗原 12 h 或更长时间产生的变态反应。不同于前面所述的 3 种反应，Ⅳ型过敏反应不能通过血清在动物个体之间转移，因为这些反应是由具特定细胞表面标志的 T 细胞参与的。机体初次接触抗原后，T 细胞转化为致敏淋巴细胞，使机体处于过敏状态。当相同抗原再次进入时，致敏 T 细胞识别抗原，出现分化、增殖，并释放出许多淋巴因子，吸引、聚集并形成以单核细胞浸润为主的炎症反应，甚至引起组织坏死。常见的Ⅳ型变态反应有：接触性皮炎、移植排斥反应、多种细菌、病毒(如结核杆菌、麻疹病毒)感染过程中出现的Ⅳ型变态反应等。

3.1.3 过敏反应的研究方法

3.1.3.1 动物模型

试验动物模型已经成为研究过敏反应及其潜在病理学机制的一种重要工具。特别是在食物过敏反应中胃肠道组织样品无法获得时，采用动物模型进行研究是必不可少的方法。在选择动物模型进行过敏研究时要充分考虑许多参数，如过敏原的浓度、过敏原的暴露途径及耐受情况、是否使用佐剂以及试验动物的年龄等。更重要的是，试验动物的选择可以显著影响研究结果，因为基因倾向性可影响 IgE 的反应性（Helm 等，2003）。过去的研究中，研究者不仅在研究过敏反应机理方面，而且在检测新物质的潜在过敏原性方面建立了许多合适的试验动物模型（Kimber 等，2003）。

1. 犬和猪模型

与啮齿类动物相比，非啮齿类动物与人类患者在解剖学、生理学，特别是免疫系统方面更为相似。更重要的是，从这些模型中获得的样品量更大，而且便于执行体外操作，例如内窥镜检测。Jeffers 等（1991）的研究发现，以犬为试验动物可以模拟人类食物过敏反应中出现的胃肠道和皮肤反应，并利用该模型证明了大豆、牛奶、谷物、小麦以及鸡蛋等的过敏原性。以犬为模型建立的过敏反应中可以观察到高的 IgE 抗体、阳性皮肤反应，且黏膜试验可进一步评价过敏原激发后的胃肠道变化。因此，这种模型可以很好地模拟人类的食物过敏反应，并检测潜在的食物过敏原以及生物工程食物的过敏原性（Teuber 等，2002）。

猪的胃肠道生理学以及黏膜免疫与人类很类似。与婴儿相比，仔猪有相似的解剖结构和营养需要，可以对日粮中的抗原表现出瞬时的通透性，且消化酶的分布和成熟情况也类似。Helm 等（2002）以新生仔猪为模型，向仔猪腹腔连续 3 d 注射花生提取物，以霍乱毒素 B 为佐剂进行致敏。激发后仔猪的被动皮肤过敏反应呈阳性，这表明该过敏反应中伴有大量 IgE 产生。而且仔猪肠道黏膜的损伤情况也与花生过敏患者的肠道损伤情况相同。但是，不采用佐剂的口服灌胃方式应该会更好地模拟人类的真实过敏情况。因此，豚鼠模型似乎更受青睐。经过几次口服灌胃抗原可以成功建立豚鼠的过敏反应模型，并用该模型来进一步评估牛奶蛋白及水解产物配方的潜在过敏原性（Untersmayr 和 Jensen-Jarolim，2006）。

2. 鼠科模型

在过敏性疾病的研究中，啮齿类动物是最常用的动物模型。其优点主要是可以获得各种类型的鼠类（包括基因敲除鼠），并且动物数量可以足够大。虽然各实验室得到的免疫球蛋白水平有很大差异，但是 BN 大鼠仍然是一种非常适合研究食物过敏的动物模型（Pilegaard 和 Madsen，2004）。BN 大鼠可以产生很高的免疫球蛋白反应，因此可以很好地模拟人类过敏反应中产生的抗原特异性 IgE。Knippels 等（1998）的研究指出，每天灌胃卵清白蛋白 OVA，连续 6 周可以获得较好的 OVA 特异性体液免疫反应（IgE 和 IgG）和细胞免疫反应。

小鼠模型可以在许多方面模拟出人类的免疫反应。例如，更容易模拟出过敏反应时 T 细胞的极化反应。因此，鼠科模型对于研究变态反应学问题具有重要意义（Finkelman 等，2005）。先前的研究表明，黏膜佐剂霍乱毒素 B 可以增强 Th2 型免疫反应，并对黏膜屏障功能有重要影响(Marinaro 等,1995),采用霍乱毒素 B 为佐剂,口服抗原的程序是建立 IgE 反应鼠科模型的标准程序(Li 等,1999;Adel-Patient 等,2005)。Untersmayr 等(2003)利用药理学抑制作用或胃酸的中和作用,给 Balb/c 鼠饲喂易于消化的食物抗原,建立了一种能够真实模拟食物过敏患者过敏机制的免疫程序。结果表明,该模型可以产生高水平的抗原特异性 IgE 抗体,引起大量肥大细胞脱颗粒以及胃黏膜中嗜酸性粒细胞数量增加。

3.1.3.2 动物试验方法

对于Ⅰ型过敏反应主要有以下一些动物实验方法(苗明三,1997)。

(1)过敏性休克实验法。

(2)过敏性哮喘实验法:①豚鼠过敏性哮喘模型;②犬过敏性哮喘模型。

(3)过敏性鼻炎实验法:①豚鼠鼻超敏反应实验模型;②家兔实验性鼻炎;③大鼠过敏性鼻炎模型。

(4)过敏性皮肤瘙痒试验:①4-氨基吡啶诱发小鼠舔体反应;②右旋糖酐皮肤瘙痒模型;③组胺所致皮肤瘙痒模型。

(5)被动皮肤过敏试验法(PCA):①大鼠同种被动皮肤过敏试验法;②小鼠耳异种被动皮肤过敏反应。

(6)皮肤血管通透性试验法。

(7)离体动物试验法:①Schultz-Dale 反应试验;②正常动物离体平滑肌实验法。

(8)肥大细胞脱颗粒法:①大鼠颅骨骨膜肥大细胞脱颗粒法;②大鼠腹腔肥大细胞脱颗粒法。

(9)相关抗体、活性细胞及过敏介质检测法:①血清 IgE 含量测定;②血小板耗竭法;③对 IgE 刺激所致外周血嗜碱性细胞释放白细胞三烯 D4 的作用。

(10)过敏介质的直接测定。

3.1.3.3 抗过敏活性的研究方法

抗过敏活性的研究方法可分为体内实验和体外实验,而目前较为通用的实验模型主要为透明质酸酶抑制率实验、β-己糖胺酶的抑制和肥大细胞组胺释放实验等。这些实验模型的原理主要针对的是速发型Ⅰ型变态反应,主要测试Ⅰ型变态反应的参与因素,如 IgE 抗体、肥大细胞、嗜碱粒细胞、组胺和白细胞三烯等。

1. 透明质酸酶体外抑制试验

透明质酸酶是透明质酸的特异性裂解酶,透明质酸在人体发育和调控(如细胞黏附、器官形成、创伤愈合、肿瘤发生和血管形成)过程中起主要的抑制作用,抑制透明质酸酶的活性可使透明质酸不被分解,维持正常的生理功能。实验证明透明质酸酶参与了Ⅰ型变态反应,抗过敏活性的强弱与透明质酸酶抑制率之间存在一定的正相关性(Kakegawa 等,1988; Maeda,1991a)。目前采用的实验方法多为 Elson-Morgan 改良的方法。

透明质酸酶抑制率实验是应用较为广泛的一种体外实验方法,它具有方法快捷,结果较准确等优点。Kakegawa(1992)报道各种影响肥大细胞释放组胺的药物能调节透明质酸酶的活性,透明质酸酶活性抑制和肥大细胞释放组胺抑制活性之间有好的相关性。Yoo(1988)也报道了透明质酸酶参与组织发炎过程,是Ⅰ型过敏反应的参与者,在过敏反应的第三阶段参与反应导致肥大细胞脱颗粒。因此,透明质酸酶体外抑制试验可以作为简单的生化方法来评价样品的抗过敏性能。Maeda(1991b)在对茶提取物的抗过敏作用研究中,采用透明质酸酶体外抑制试验做评价方法。由于透明质酸酶体外模型简单易行,所以这种生物实验法作为研究抗过敏作用的一个指标被广泛地采用。但由于影响透明质酸酶活性的因素较多,易出现有效活性成分漏筛或假阳性,在研究中应结合其他实验模型进行综合评价。

2. β-己糖胺酶的抑制

β-己糖胺酶是一种细胞内酶,为体内致敏因子之一。采用生物化小鼠 DNP IgE 抗体与抗生物素蛋白的复合体刺激嗜碱细胞性白血病(REL-2H3)细胞,测试从细胞中游离的β-己糖胺酶的抑制率来评价抗过敏活性(Matsuda 等,1991;Takeo,1991)。

3. 肥大细胞释放组胺实验

肥大细胞中的组胺作为化学传递物质,其释放量与机体产生的炎症和过敏反应密切相关。因此,通过测定组胺的浓度,可测定抗过敏的效果(Maeda,1991b;Mosaru,1994)。采用 Compound 48/80 诱导鼠离体肥大细胞释放组胺,通过供给抗过敏的活性成分,抑制游离组胺的释放。游离组胺的含量可用 HPLC 法测定。

4. 酶联免疫吸附试验(ELISA)

IgE 抗体是Ⅰ型变态反应的重要物质,测定其含量可用于诊断和预测过敏状态。酶与抗体或抗原结合后,酶活性也不受影响,在相应酶底物作用下会产生有色的反应来检测各种免疫球蛋白的含量(Kuppusamy 等,1990;Yamahara 等,1995)。

5. 同种大鼠被动皮肤试验(PCA 反应)

大鼠致敏后用同种抗原攻击,可使肥大细胞脱颗粒,释放过敏介质,使皮肤局部血管的通透性增加。在抗原攻击的同时,加入伊文思蓝染料,根据局部皮肤染料渗出多少,判断血管通透性的变化,也可直接测量蓝色反应斑的大小,也可用比色法测定。

6. 毛细血管通透性试验

皮内注射过敏介质引起皮肤局部毛细血管通透性增加,同时静脉给予伊文思蓝,用直径测量法或比色测定法,根据染料渗透量判断毛细血管通透性大小(Fujimoto,1976;前田由美,1991)。

7. 迟发型超敏反应(DTH)

属于Ⅳ型变态反应,常见疾病有接触性皮炎、乙型肝炎、结核病、移植排斥反应等。DNCB 或 DNEB 是一种半抗原,将其稀释液涂抹在小鼠腹部皮肤后,与皮肤蛋白结合成完全抗原,由此刺激 T 淋巴细胞增殖成致敏淋巴细胞。4~7 d 后将其涂抹在耳部或足爪皮肤,使局部产生迟发型变态反应,一般在抗原攻击后 24~48 h 达高峰,用称重法测定其肿胀度进行比较(Corsoin 等,1979;陈实,1998)。

8. 右旋糖酐致皮肤瘙痒模型

临床应用的低分子右旋糖酐浓度为 6%,相对分子质量为 40 000,其中有一定数量是大分子右旋糖酐,这些大分子右旋糖酐排泄缓慢,易造成蓄积,引起皮肤瘙痒等症状。张淑敏等(1992)利用右旋糖酐诱导释放内源性组胺致小鼠瘙痒模型。以小鼠前爪搔抓头部,后爪搔躯干,嘴咬全身部位作为瘙痒指征,观察一定时间内小鼠搔痒次数及每次搔痒持续时间,以此评价药物的止痒作用。

3.1.3.4 过敏性疾病的治疗

1. 特异性免疫疗法

过敏反应主要的治疗方法包括特异性治疗和非特异性治疗两种，特异性治疗又可分为预防和治疗两个方面(邓武飞，1995)。预防指尽早找到过敏原，避免机体接触过敏原，减少发生过敏反应的几率，这是一种针对病因的根本性防治措施。但这种方法需要对过敏原有充分的了解，并且掌握大量的资料，尽量找出特异性过敏原并加以避免接触，否则即使采取其他任何治疗措施，均很难取得满意的疗效。特异性免疫治疗即采用免疫学方法阻止变态反应的发生，包括：①提高机体对过敏原的耐受能力，降低机体的反应性，即特异性脱敏治疗，它是专门针对Ⅰ型变态反应的一种疗法。即在确定了导致患者发生变态反应的过敏原后，将过敏原配制成各种不同浓度的提取液，给患者注射或通过其他途径让患者反复接触，剂量由小到大，浓度由低到高，使病人对此过敏原的耐受性提高。但是，实际上经过这种免疫治疗并不能把患者的敏感性完全脱去，只是使过敏现象减轻。②特异阻断变态反应发生的环节，包括细胞因子免疫治疗、抗 IgE 抗体治疗等，是治疗Ⅰ型变态反应较为有发展前景的方法(潘忠等，1997)。

2. 非特异性免疫疗法

非特异性治疗主要是指药物治疗。药物可以针对Ⅰ型变态反应的发生和发展过程，切断或干扰某个环节，从而防止或减轻Ⅰ型变态反应的发生。由于多数Ⅰ型变态反应患者的过敏原无法查明，也就不能采取特异性免疫疗法，必须及时采用药物处理。根据抗过敏药物作用于变态反应的不同环节，可将这些药物分为抗组胺药、过敏反应介质阻释剂(也称靶细胞膜稳定剂)、糖皮质激素类、支气管扩张剂和钙通道阻断剂五大类(宋振玉和刘耕陶，1994)。抗组胺类药物主要有盐酸异丙嗪、盐酸苯海拉明、氯苯那敏、阿司咪唑等，它们主要是通过竞争性抑制H受体，对抗或减缓组胺对血管、胃肠和支气管平滑肌的作用。但这些药物普遍存在胃肠道刺激性(恶心、呕吐和胃不适)和中枢抑制性(嗜睡)的副反应。1980 年后，研究人员开始对这类药(如息斯敏、克敏能、开瑞坦等)进行化学结构改良，使其难以通过血脑屏障，以此降低嗜睡的副反应，但胃肠道刺激仍然存在，而且经改良后的药品价格一般较高。

激素类药物则是通过抑制机体免疫来阻止过敏反应的发生。虽然治疗立竿见影，但副作用较大，尤其是全身给药，会造成肥胖、多毛、痤疮、血糖高、高血压和骨质疏松等。目前多用的是局部给药，即吸入激素，虽然大大降低了副作用，但仍存在造成真菌感染的咽喉炎的问题(安倍千之，1981)。

3. 自然疗法

近年的研究还发现，中草药具有下调 Th2 和 IgE 的作用。例如，在治疗人的花生过敏和牛乳过敏方面，中草药显示了良好效果。此外，益生菌在食物过敏治疗中显示的优势也越来越受到人们的重视，益生菌疗法主要是通过调节肠道菌群平衡、黏膜免疫反应并改善肠道的通透性达到治疗目的，相关的作用机理还在进一步深入探讨。各类具有抗过敏作用的物质如表3.1所示。

表 3.1 具有抗过敏活性的化合物(未包括益生素)

化合物	来源	作用效果	模型
非益生菌	单核细胞增生李斯特菌、母牛分枝杆菌菌苗	↓过敏反应症状;IgE ↓嗜酸性粒细胞数量	犬 小鼠
脂糖质	母牛分枝杆菌	↓吸入性过敏反应 ↓嗜酸性粒细胞数量	小鼠
脂多糖	革兰氏阴性菌(例如脆弱杆菌)	↓特异性 IgE ↓Th2 型细胞因子 ↓嗜酸性粒细胞数量	人 小鼠
含 CpG 的 DNA	细菌	↓Th2 增殖 ↓嗜酸性粒细胞的数量	人(体外)
角菜椒	海洋藻类多糖	作为佐剂或口服耐受	小鼠
中药提取物	绿茶(抗氧化剂)	↓过敏反应症状 ↓IgE ↓Th2 型细胞因子	小鼠 猪
n-3/*n*-6 多不饱和脂肪酸	鱼油	↓对鸡蛋的皮肤点刺试验 ↓特异性皮炎的评分 ↓细胞因子	人 小鼠
金针菇免疫调节蛋白	金针菇	↓IgE ↑Th1 型细胞因子	小鼠
抗氧化剂	维生素 C 或维生素 E	↓发生哮喘/湿疹的可能性↓IgE	人 猪
果-乳低聚糖	各种植物	↓IgE	人/小鼠

来源:Zuercher 等,2006。

3.2 天然活性物质抗过敏作用的研究进展

3.2.1 概述

目前针对过敏反应主要采用西药进行治疗,这些药物都是化学合成药,虽然有疗效,但往往存在着较大的副作用,不仅严重影响着人们的使用,而且危害着人们健康。患者服用抗组胺药后常会出现头晕、头痛、嗜睡、口干恶心、多汗、倦乏以及轻微肠胃不适等症状,偶尔还会出现皮疹和红细胞减少,还可诱发癫痫。长期服用可增加食欲,导致体重增加,有的大剂量应用时还对心脏有毒性。变态反应介质阻释剂的不良反应主要有嗜睡倦怠、胃肠逆反应等,长期服用可增进食欲,进而体重增加。而激素类药的不良反应则是:长期使用类固醇霜剂可引起皮肤变薄和色素沉着,长期使用类固醇气雾吸入剂可能影响儿童的生长发育。另有报道称用药后易致青肿,还可能出现白内障。口服片剂可导致痤疮、面部潮红、水肿、肌无力和消化道溃疡。长期注射皮质类固醇副作用大(刘建萍,2007)。因此,迫切需要高效、低毒、副作用小的抗过敏药物的出现。

随着人们生活水平的提高,那些无毒、无害、具有抗过敏作用的天然植物越来越受到人们的青睐。美国霍普金斯大学临床过敏研究中心曾对中草药复方抗过敏进行研究,发现中药复方制剂对多项免疫指标有显著的降低作用,这些指标覆盖了 IgE 介导的即时型过敏反应的各个主要环节,而对正常小鼠 T 细胞体外增殖反应、血浆中总 IgE 和组胺,以及脾胸腺和肾均无影响。在一些食品和天然植物的抗过敏反应的研究中也发现,多种食品和天然植物的提取物具有抗过敏作用,能抑制 IgE 产生、保护和稳定靶细胞膜(减少和防止其脱颗粒、释放过敏介质、提高细胞内 cAMP 水平)、对抗过敏介质及中和变应原等多环节起作用,临床疗效较好,且无严重的毒副作用。因此,分离与提纯天然植物中的抗过敏有效成分,研究其理化性质和作用机理,用植物性提取物代替毒副作用较大的西药已成为国内外食品和医药专家研究的热点。

3.2.2 天然活性物质的抗过敏作用

许多植物含有具抗过敏活性的黄酮类、苷类、挥发油类物质,这为抗过敏药物的开发提供了充足的资源。人们在食用和药用植物中已发现多种抗变态反应活性物质,对其化学成分和药理作用进行了研究。与合成药物相比,植物药物具有资源丰富、环保、低毒的优势。近年来研究人员从天然产物中发现了以下各类抗变态反应活性物质。

3.2.2.1 单味活性物质的抗过敏作用

1. 茶叶

日本的平井孝一于 1997 年就广西甜茶、山楂、薄荷、木瓜等进行研究,结果显示甜茶、薄荷、山楂有较强的抗过敏活性。此后,他又进一步就蔷薇科悬钩子属的广西甜茶(*Rubus suavissimus* S. Lee)的水提物进行抗过敏功能的研究。结果发现,广西甜茶提取物具有强抗过敏作用,其抗过敏有效成分为 GOD 型的鞣花单宁类聚合物,且其聚合度越大,抗过敏作用越强(平井孝一,1997)。李晚谊等(2000)的研究也发现,壳斗科栎属植物的云南甜茶和四川甜茶均有较好的抗过敏作用。随后,该课题组又从云南甜茶的乙酸乙酯提取物中分离得到具有抑制透明质酸酶活性的两个化合物,并通过化学反应、光谱分析以及和文献对照等方法初步确定,这两种具有抑制透明质酸酶活性的化合物是二氢查尔酮-2′-*β*-*D*-吡喃葡萄糖苷和二氢查尔酮-4-*β*-*D*-吡喃葡萄糖苷(李晚谊等,2001)。高山等(2001)用大鼠为试验动物,通过被动皮肤过敏和小鼠耳异种被动皮肤过敏、致敏豚鼠引喘、二硝基氯苯所致迟发型皮肤过敏和组胺诱发豚鼠足跖肿胀等试验,研究了甜茶提取物的抗过敏作用。结果表明,甜茶提取物能显著抑制小鼠耳异种被动皮肤过敏和大鼠被动皮肤过敏引起的炎症渗出和延长豚鼠支气管痉挛引起哮喘发作的潜伏期,还能减少二硝基氯苯所致迟发型皮肤过敏小鼠耳片重量并对组胺诱发豚鼠足跖肿胀有一定的对抗作用。苏学素等(2000)对四川甜茶中抗过敏成分进行了研究,结果发现,二氢查尔酮葡萄糖苷具有抑制活化透明质酸酶的活性,因而起到抗过敏的作用。高程海(2006)通过液相色谱检测发现,广西甜茶中具有抗过敏活性的成分由单体没食子酸和鞣花酸以及葡萄糖组成。

江涛和徐为人(1999)通过小鼠被动性皮肤过敏反应试验、组胺引起正常豚鼠离体回肠收缩试验、豚鼠 Schultz-Dale 回肠收缩反应以及测定过敏豚鼠肺脏 SRS-A 含量等方法来研究茶多酚的抗过敏作用。结果发现，茶多酚能明显抑制小鼠被动性皮肤过敏反应以及组胺所引起的回肠平滑肌收缩，进而使组胺收缩曲线右移，并抑制豚鼠 Schultz-Dale 反应的回肠收缩以及致敏豚鼠肺组织中 SRSA 的释放，从而达到抗过敏的作用。

2. 紫苏

紫苏别名荏、赤苏、白苏、香苏等，为唇形科一年生草本植物，具有特异香气，原产于中国，为传统常用中药。Imaoka K 等(1983)首先通过研究发现，日本绿叶紫苏的提取物能够明显地抑制 IgE 类抗体，从而起到抗过敏的作用。Shin T Y 等(1993)研究了紫苏的水溶性提取物的抗过敏作用，进一步证实无论是在小鼠体外或体内，紫苏提取物均可抑制 IgE 类抗体和 compound 48/80 引发的过敏反应，阻止组胺的释放，还可显著减少肿瘤坏死因子-α 的产生，增加在炎症和过敏时促进白细胞变化的抑制成分，促进白细胞增加活性化诱导成分，从而提高人体防御机能。

Makino 等(2001)通过小鼠耳异种被动皮肤实验(PCA)体内活性试验来研究紫苏提取物的抗过敏活性成分，从中分离出了迷迭香酸、木犀草素、黄苏素和芹黄素 4 种有效成分，发现紫苏药汁与迷迭香酸在抑制 IgE 类抗体引发的过敏反应方面的作用效果相当。Ueda 和 Yamazaki(2001)学者发现，紫苏叶对花生四烯酸和恶唑酮诱发的耳肿具有良好的抑制作用，确定了紫苏作为日常的食品可以增强人体的免疫系统。他们又在 2002 年的研究中，以 TNF-α 抑制率作为分离指标研究紫苏提取物的抗过敏活性成分，分离出了木犀草素、迷迭香酸和咖啡酸 3 种活性物质。在这些物质中，经过花生四烯酸诱导的炎性肿胀、对苯二甲酸所致的小鼠耳肿胀和恶唑酮诱导的过敏性水肿试验测试，发现木犀草素无论是体外还是体内均有良好的抗过敏和抗炎症作用，而迷迭香酸抗过敏的作用很小(Ueda 等，2002)。该结论中紫苏主要抗过敏的活性物质成分与 Makino 的结果差异较大。

王钦富等(2006)的研究显示，炒紫苏子醇提物具有明显的抗过敏调节作用，其有效组分为乙醇提取物的乙酸乙酯层，有效成分初步确定为木犀草素和芹菜素。对于大鼠、小鼠和豚鼠致敏形成的过敏模型表现出明显的抗过敏作用，其抗过敏作用在部分指标上明显优于色甘酸二钠和息斯敏。其抗过敏作用机制是通过对过敏反应的多环节调节作用实现的，炒紫苏子醇提物能够明显降低过敏反应中血清总 IgE 和特异 IgE 水平；能够调节细胞因子网络平衡，纠正过敏小鼠 Th1/Th2 异常偏向 Th2 漂移，使其恢复正常水平；明显地调节过敏反应介质生成与释放，抑制肥大细胞脱颗粒和组胺的释放，抑制 5-脂氧酶活性；具有调节花生四烯酸代谢，抑制花生四烯酸代谢产物白三烯 C4、白三烯 E4 和二十碳四烯酸产生和释放作用；对血小板活化因子诱发的血小板聚集有较强的抑制作用。黄丽等(2005)通过透明质酸酶体外抑制试验，证实紫苏叶具有较强的抗过敏活性，其中含有的黄酮类物质是主要的抗过敏成分。

Watanabe 等(1994)以红花油为对照组，用小鼠为研究对象，比较了紫苏油和红花油的抗过敏性能。结果显示，紫苏油比红花油更显著地降低抗原诱发的过敏性休克死亡的死亡率，从而说明其有良好的抗过敏性能。Ueda 和 Yamazaki(2001)研究发现，紫苏叶对花生四烯酸和唑酮诱发的耳肿具有良好的抑制作用，从而确定紫苏可作为日常食品，以增强人体的免疫系统的机能。其抗过敏机理在于紫苏籽油中含有 α-亚麻酸，而 α-亚麻酸具有较强的消炎、抗过敏作用(王永奇，1994)，在体内代谢过程中，通过竞争酶系统，能抑制亚油酸向花生四烯酸转化，降低体内花生四烯酸水平。进一步来说，也就是由 α-亚麻酸产生的二十碳五烯酸(EPA)和二十二碳六烯酸(DHA)能拮抗性地抑制由花生四烯酸而来的二十碳物质的产生。

Takagi 等(2001)从紫苏叶中首次分离出了紫苏糖肽,并发现紫苏叶中的紫苏糖肽具有抑制蛋白激酶 C 活性和组胺释放的功效,其抗过敏机制主要是紫苏糖肽能够阻止 Ca^{2+} 触发靶细胞脱颗粒,进而干扰组胺物质的释放,从而达到抗过敏的作用。因此,紫苏糖肽是紫苏叶中的抗过敏成分。但这些成分只是在体外表现,在体内是否具有活性还有待进一步的研究。

目前各国学者认为紫苏抗过敏的活性成分主要是木犀草素和迷迭香酸,从紫苏植物的化学成分来看,紫苏叶含有大量的黄酮类及苯丙素酚酸类等生理活性较强的物质,这些物质也很可能具有抗过敏活性。此外,紫苏叶中含有大量的花色素类物质,花色素是色原烯衍生物,是多酚化合物之一,能捕获存在于组织细胞液中的自由基,可能也是抗过敏物质来源之一。例如,葡萄籽原花青素就是一种很好的氧游离基清除剂和脂质过氧化抑制剂,具有很强的抗过敏作用,那么与原花青素的二聚体结构类似的紫苏素与紫苏宁是否也是抗过敏物质,尚需考证。因此,对我国广泛使用的紫苏品种的抗过敏有效性及抗过敏的有效成亟待研究。

3. 地榆

地榆是蔷薇科地榆属植物的根及根状茎,具有凉血止血,解毒敛疮功效。主要分布于中国东北、华北、西北、华东、中南及广西,广布于欧洲和亚洲北温带,主要成分为鞣质和三萜皂苷。Katsumata 等(1990)报道抗氧化剂可以有效治疗过敏性疾病,因为活性氧如超氧阴离子自由基、羟自由基促使肥大细胞释放组胺,产生过敏反应。因此,从地榆的成分以及抗炎症、抗氧化的效果看,地榆可能是良好的抗过敏植物来源。

Shin 等(2002)通过耳肿被动皮肤试验和 Compound 48/80 引发的过敏动物试验模型证明,地榆根的粗提物能抑制肿瘤坏死因子-α 的产生和组胺介质的释放。其研究还表明,地榆具有较好的预防和治疗即时型过敏性反应的功效,地榆水提液可以明显使实验小鼠增强 2, 4-二硝基氯苯所致迟发型过敏反应,使鼠耳重量增加,具有免疫增强作用。Lee 等(1993)的研究发现,地榆的提取物能够明显抑制 IgE 类抗体,从而验证地榆的提取物能有效地治疗和预防 IgE 类抗体引起的过敏性疾病,但对 IgG 类抗体引起的过敏性反应没有效果。他们对可水解鞣质抑制钙离子激活透明质酸酶的活性还进行了构效分析,结果发现,在 27 种成分中,可水解鞣质没食子酸鞣质 1, 2, 3, 6-四没食子酰葡萄糖的抑制透明质酸酶活性最强。Park 等(2004)对小鼠进行了被动皮肤测试试验和由 compound 48/80 和 Ca^{2+} 引发的过敏试验。研究结果显示,地榆提取物对肥大细胞具有较好的抑制能力,地榆提取物中的主要化学物质是 5-O-α-*D*-(3-*C*-羟甲基)呋喃来苏糖基-β -*D*-(2-羟甲基)阿拉伯呋喃糖的双糖。上述研究均证实,地榆中确实存在抗过敏作用组分。冯志臣(2007)的研究发现,地榆粗提物具有很强的氧自由基清除作用,地榆提取物大孔树脂 40%乙醇洗脱组分与原花青素标准品具有相似的氧自由基清除作用。且地榆提取物的氧自由基清除率与透明质酸酶抑制率之间呈一定的正相相关性,这可能与地榆鞣质分子结构中存在大量的羟基或某些羟基的特定位置有关。可以推测地榆抗过敏机制与其具有较强的氧自由基清除作用有关,能有效阻断致敏物质的释放,从而去除过敏症状。此外,实验证明地榆多酚的抗过敏性与原花青素相近,原花青素已证明有良好的抗过敏和抗氧化活性,并已开发成产品如安佐康胶囊(刘维佳等,2007)。因此推断地榆多酚是一种良好的抗过敏、抗氧化物质。

4. 姜

有许多研究表明,一些姜科植物,尤其是生姜油具有抗过敏作用,可用于治疗过敏性疾病和与过敏性疾病相关的疾病。英国有人用5种溶剂依次对姜黄干燥根茎粗粉进行提取，并研究了提取物对实验性变态反应模型的影响。结果显示，5种提取物抑制组胺释放的作用为：乙酸乙酯提取物 ＞ 苯提取物二丁醇提取物 ＞ 水提取物二正己烷提取物；乙酸乙酯提取物明显抑制大鼠被动皮肤过敏反应（PCA）；正己烷、苯及乙酸乙酯提取物明显抑制小鼠接触性皮炎超敏反应（Ⅳ型变态反应）。从而得出，乙酸乙酯提取物是最有效的部位，香草环己酮可能是姜黄抗变态反应活性的有效成分。进一步的研究还表明，乙酸乙酯提取物明显抑制刀豆蛋白（ConA）、compound48/80复合物以及A23187 3种促组胺释放剂诱导的组胺释放（Yano，2001）。

张竹心和刘连生（1992）的研究表明，豚鼠用卵白蛋白致敏后，再用卵白蛋白作为抗原攻击，由于抗原抗体反应释放的自体活性物质如SRS-A、透明质酸等可引起支气管或回肠平滑肌收缩，用生姜油不仅能拮抗上述平滑肌收缩，而且还能保护致敏豚鼠受抗原攻击时免遭死亡。他们的研究还证实，生姜油能明显抑制豚鼠过敏性支气管痉挛，拮抗卵白蛋白所致的回肠收缩，还能抑制透明质酸、乙酰胆碱所致的豚鼠回肠收缩作用，其抑制程度随剂量加大而增强。

5. 地肤子

地肤子为藜科植物地肤[*Kochia scoparia* (L.) Schard.]的干燥成熟果实，为我国传统中草药。地肤子水提物能够抑制单核巨嗜系统的吞噬功能及迟发型超敏反应（DTH），其抑制DTH的作用机制与它对单核巨嗜系统功能的抑制有关（刘建萍，2007）。地肤子70％醇提物对速发型及迟发型变态反应均有较好的抑制作用，并对compound 48/80诱导的小鼠搔抓反应呈现显著的抑制作用。地肤子可能主要通过稳定肥大细胞膜，减少组胺、5-羟色胺等过敏介质的释放，抑制速发型变态反应及DTH效应相的早期反应，其对DTH后期反应的抑制作用则可能与抗炎作用有关，地肤子皂苷为其抑制DTH的有效成分（戴岳等，2001）。刘建萍（2007）的研究证实，地肤子总皂苷具有抵抗4-氨基吡啶所致过敏性皮肤瘙痒作用和抵抗组胺所致小鼠足肿胀，说明总皂苷为其抑制速发型变态反应的有效成分，其作用机制可能与稳定肥大细胞膜、减少组胺的释放及对抗过敏介质的致炎作用有关。

6. 鱼腥草、柚皮苷和橙皮苷

邱江匀等（2005）通过透明质酸酶体外抑制试验对鱼腥草中总黄酮的抗过敏活性进行研究，还对鱼腥草提取物抗过敏作用的剂量—效应关系进行研究。结果表明，随着质量浓度的增加，鱼腥草提取物的抗过敏活性均增强，即增加对透明质酸酶的抑制作用；当质量浓度为1 mg/mL时，其抗过敏活性抑制率约10％，而当质量浓度增至15 mg/mL，其抗过敏活性抑制率可达80％。

冯宝民和裴月湖（2000）对两种含有丰富的天然黄酮苷类成分的柚皮苷和橙皮苷的抗小鼠皮肤炎作用进行了研究。结果表明，连续给小鼠口服20 mg/kg柚皮苷和橙皮苷能有效抑制即时相和迟发相的耳缘浮肿。口服量为100 mg/kg时，能有效抑制各相的浮肿。新橙皮苷在20 mg/kg和100 mg/kg口服量时，对小鼠的超迟发相产生有效抑制。虽然这两种成分的抑制作用没有强的松强，但因为这两种成分均是天然来源的黄酮苷类，毒副作用小，可以长期食用，因此在抗过敏方面具有一定的开发价值。

7. 黄芩

黄芩的药用部分为唇形科植物黄芩的根。味苦、性寒，能清热燥湿、泻火解毒、止血、安胎。侯艳宁等（2000）以大鼠腹腔白细胞为实验材料，分别采用高效液相色谱法、放射免疫分析法和荧光分光光度法，测定白细胞内白三烯、cAMP 和细胞内游离钙水平。结果表明，黄芩苷可显著抑制白细胞内白三烯 B4、白三烯 C4 的生物合成，还可显著抑制甲酰三肽激发的白细胞内 Ca^{2+} 升高，并促进细胞内 cAMP 水平提高，说明此功能与其抗炎作用机理有关。

黄芩苷和黄芩素对主动和被动皮肤过敏反应均有明显的抑制作用。二者均有抗过敏作用，其抗过敏强度和对组胺皮肤反应的抑制速度黄芩素均大于黄芩苷，其作用机制是由于抑制抗原抗体结合后的过敏介质释放以及松弛平滑肌的作用有关。

8. 荆芥

荆芥的药用部分为唇形科植物裂叶荆芥的干燥地上部分，是常用解表中药，具有解表散风、透疹之功效，临床广泛用于各种表征的治疗，并对过敏性炎症疾病具有较好的疗效（李军晖等，2004）。曾南等（2006）用卵白蛋白致敏建立小鼠哮喘模型，给予荆芥挥发油高、低剂量灌胃给药，并用紫外分光光度法测定小鼠肺组织前列腺素 E2 含量，ELISA 法测定肺组织白三烯 B4 含量，TBA 显色法测定肺组织丙二醛含量，硝酸氧化酶还原法测定肺组织一氧化氮含量。结果显示：荆芥挥发油高、低剂量连续给药 7 d，能明显降低卵白蛋白致哮喘模型小鼠肺组织中前列腺素 E2、白三烯 B4、丙二醛和一氧化氮的含量；高剂量荆芥挥发油在末次攻击前急性给药两次，亦可显著降低哮喘模型小鼠肺组织中白三烯 B4 和丙二醛的含量，说明荆芥挥发油可通过抑制炎症反应中花生四烯酸环氧酶和脂氧酶代谢途径产物前列腺素 E2、白三烯 B4 的生成；通过抑制与炎症反应相关的丙二醛和一氧化氮等自由基介质的生成，发挥其良好的抗炎、抗过敏作用。

杨旋（2005）同时采用大鼠急性胸膜炎和小鼠卵白蛋白哮喘模型探讨荆芥挥发油的抗炎机制。结果显示：荆芥挥发油能抑制急性胸膜炎模型大鼠炎性渗出液和卵白蛋白哮喘模型小鼠肺组织匀浆中炎症介质前列腺素的生成，并减少卵白蛋白哮喘模型小鼠肺组织匀浆中炎症介质白三烯 B4 的含量，并能降低大鼠急性胸膜炎模型炎性渗出液中 TNF-α、IL-1 的含量。

9. 狭叶柴胡

柴胡有明显的抗过敏作用。夏玉凤等（2003）以 compound 48/80 在体外诱导大鼠腹腔肥大细胞释放组胺，研究狭叶柴胡的抗过敏活性，并通过活性追踪分离，探讨其有效部位及有效成分。结果发现，狭叶柴胡醇提取物、乙酸乙酯部分、正丁醇及水部分均显著减少组胺释放，以乙酸乙酯部分的作用最强。同时，狭叶柴胡挥发油对组胺释放呈现一定的促进作用。从狭叶柴胡的乙酸乙酯部分分离得到异鼠李素和槲皮素两种黄酮类化合物，均显著抑制肥大细胞中组胺的释放，表明黄酮为狭叶柴胡抗过敏作用的有效成分。此外，正柴胡饮颗粒能对抗组胺引起离体豚鼠回肠收缩，还能对抗组胺引起的豚鼠皮肤红晕（何美珊等，2000）。

Park 等（2002）从银柴胡的提取物中分离得到柴胡皂苷 α，并发现静脉注射 1 mg/kg 以上的柴胡皂苷 α 可以明显抑制大鼠的被动皮肤过敏反应，且存在剂量依赖，当浓度达 10 mg/kg 时最大抑制率为 60%。浓度为 3 mg/kg 和 10 mg/kg 的柴胡皂苷 α 可以抑制过敏豚鼠的支气管哮喘。此外还发现，柴胡皂苷 α 也可以抑制组胺诱导的豚鼠气管收缩和 A23187 诱导的大鼠肥大细胞脱颗粒而释放组胺。这些结果均表明，柴胡皂苷 α 对过敏性哮喘具有较好的抑制效果。

10. 桂枝

桂枝在抗过敏方面的研究主要是桂枝汤合方或桂枝汤的应用。临床应用桂枝汤治疗过敏反应以及抑制炎症反应获得明显疗效。现代药理研究表明，桂枝对嗜异性抗体反应显示出抑制补体活性作用，故其有较强抗过敏作用。与对症治疗的西药相比，安全、有效、无副作用。

聂奇森(2008)的结果显示，桂枝提取物质可以有效抑制透明质酸酶的活性，其主要有效成分为水溶性物质，具体为极性较大的多酚类物质中的浓缩单宁，如儿茶素、表儿茶素。羟基自由基、过氧化氢、超氧阴离子自由基实验和 DPPH 清除实验，证实桂枝提取物有很强的自由基清除作用。通过各部分提取物自由基清除作用及透明质酸酶抑制率对比，发现在透明质酸酶抑制率与氧自由基清除率之间有一个很好的正相相关性，并由此推测桂枝的抗过敏机制可能与其较强的氧自由基清除作用有关。

11. 西洋甘菊

西洋甘菊是古老的芳香植物之一，古埃及和希腊人用它作药物，现在人们还利用西洋甘菊泡茶、沐浴等，在使用过程中人们发现西洋甘菊除具有很好的健胃、发汗、镇静、促进血液循环等作用外，还具有较强的抗炎、抗过敏活性，如对水疱、皮肤炎和过敏性皮炎等有很好的疗效。徐勇(2007)的实验结果表明，西洋甘菊的精油、水提物和花水对小鼠耳异种被动皮肤过敏反应和右旋糖酐引起的小鼠瘙痒反应都有显著的抑制作用。其中精油组对过敏性症状的抑制作用最为显著，从而验证了 Kobayashi 等(2005)关于西洋甘菊精油能提高抗过敏药物活性的研究，并表明西洋甘菊精油本身也具有显著的抗过敏活性。同时还发现，西洋甘菊的精油、水提物和花水都能显著抑制角叉菜胶致大鼠足趾肿胀、二甲苯引起的小鼠耳廓肿胀以及醋酸致小鼠腹腔毛细血管通透性增加。并且西洋甘菊精油、水提物和花水对角叉菜胶致大鼠足拓肿胀中前列腺素 E2 和一氧化氮浓度的升高也有显著的抑制作用。

12. 木兰脂素

木兰脂素是从中药辛夷[即木兰科植物望春花(*Magnolia biondii* Pamp)、玉兰(*M. denudata* Desr.)或武当玉兰(*M. Sprengeri* Pamp)的干燥花蕾]中提取的一种木脂素。它能显著抑制卵白蛋白致敏豚鼠离体回肠的过敏性收缩，明显阻止大鼠肥大细胞脱颗粒。对醋酸致小鼠毛细血管通透性增加和角叉菜胶致小鼠足拓肿胀均有显著的抑制作用，并能降低炎症组织中前列腺素 E2 的含量，具有较强的抗过敏、抗炎作用(李小莉和张永忠，2002)。

13. 夏枯草

夏枯草的药用部分为唇形科夏枯草属植物夏枯草的干燥果穗。有降压、降糖、抗菌、抗炎、抗过敏及抗病毒等功效(马珺和吴晓冬，2008)，主要用于治疗目赤肿痛、畏光流泪、乳腺炎、乳癌、高血压、淋巴结核、浸润性肺结核、单纯性甲状腺肿、腮腺炎和急性黄疸型传染性肝炎等疾病。马德恩等(1983)用夏枯草的水煎醇沉液给予小鼠腹腔注射 2 次，末次用药 30 min 后，用巴豆油涂耳，使一侧鼠耳致炎。结果显示，与模型组相比，用药组对鼠耳肿胀有抑制作用，并呈剂量依赖关系。

14. 神香草

神香草在《维吾尔药志》中记载：药用全草，全株主要含挥发油，常用于镇咳平喘、清热利湿。用于治疗气管炎的咳嗽、气喘、感冒发烧和风湿等病症(刘勇民，1986)。丁剑冰等(2002)通过止咳实验、祛痰实验和平喘实验，证实神香草提取液能明显地对抗氨水引起的咳嗽和磷酸组胺造成的哮喘作用，并且具有一定的祛痰作用。尹龙萍等(2007)以卡巴胆碱和组胺致气管平滑肌收缩，观察神香草精油的解痉作用，结果显示：神香草精油对组胺所致的离体大鼠平滑肌收缩具有舒张作用，并呈剂量依赖关系。王亚男等(2008)通过实验证实：神香草可抑制哮喘小鼠 IL-4 的分泌，纠正 Th1/Th2 型的细胞因子失衡，并抑制炎症细胞的汇集，对变应性哮喘有明显的干预作用，揭示了其抗炎、抗过敏机制。

15. 辛夷挥发油

李小莉和张永忠(2002)的试验发现,辛夷挥发油具有较强的抗过敏作用。辛夷挥发油能显著抑制磷酸组胺、氯化乙酰胆碱引起的豚鼠离体回肠收缩,对卵白蛋白引起的致敏豚鼠离体回肠的过敏性收缩有较强的抑制作用,并能明显阻止大鼠肥大细胞脱颗粒。

16. 蛇床子素

Matsuda(2003)的研究指出,蛇床子70%乙醇提取物(CM-ext)在口服剂量为200 mg/kg、500 mg/kg时,可显著降低被动皮肤过敏反应(PCA)引起的染料渗漏。CM-ext (200 mg/kg、500 mg/kg)、蛇床子素(口服剂量20 mg/kg)均明显抑制早期相皮肤反应和后期相皮肤反应阶段小鼠耳肿胀,CM-ext对搔抓行为亦有抑制作用。CM-ext (200 mg/kg、500 mg/kg)、蛇床子素(100 mg/kg)可抑制苦基氯诱导的皮炎反应,作用呈剂量依赖型。表明蛇床子抑制过敏作用的有效部分是香豆素衍生物蛇床子素。

17. 丹皮酚

丹皮有清热凉血,活血散瘀之功效,用于温热病热入营血、发斑疹、痈肿疮毒及内痈,从丹皮中提取的有效单体物质丹皮酚具有抗过敏及抗组胺作用。杨春梅等(1997)用丹皮酚10 mg肌内注射,2次/d,治疗湿疹41例,临床治愈19.5%,显效73.17%,总有效率95.12%,疗效较为满意,且无明显副作用。丹皮酚还能明显抑制2,4-二硝基氟苯诱发的鼠变应性接触性皮炎(周国茂等,2004)。

18. 金银花

有报道指出,金银花水提物连续灌胃给药10 d,可抑制卵清蛋白介导的小鼠同种热不稳定性PCA反应,对热稳定性同种PCA反应没有抑制作用。同时缓解过敏小鼠小肠炎症及肥大细胞聚集和脱颗粒现象,提高小肠固有层完整肥大细胞的百分率,使过敏小鼠小肠组胺的含量升高,说明金银花水提物对卵清蛋白致敏的小鼠Ⅰ型变态反应具有一定治疗作用(李斐和黎海芪,2004)。

19. 甘草

本品已成为中医治疗过敏性疾患不可缺少的药物。主要成分是甘草甜素。甘草甜素具有明显抑制小鼠被动皮肤过敏反应作用,并能拮抗组胺、乙酰胆碱及慢反应物质对兔离体回肠和豚鼠离体气管的收缩作用,并随药物剂量增加而增强。甘草甜素还能增强网状内皮系统的活性,具有非特异性的免疫加强作用;对激活补体的两条途径均有阻抑作用。从甘草中提取的另一有效成分Lx对大鼠嗜同种细胞抗体(HTA,相当于人类与过敏反应有关的IgE)的产生有抑制作用。

20. 苦参

苦参在治疗过敏性疾病,尤其是治疗皮肤病方面疗效显著。内服具有平喘、止痒作用,实验证明,其有效成分苦参总碱(氧化苦参碱)能抑制环核苷磷酸二酯酶的活性,提高细胞内cAMP,阻止肥大细胞释放组胺(周金玉和王筠默,1986)。煎剂和生物碱对重盐酸组胺喷雾所致的豚鼠哮喘均有明显的平喘作用,作用强度与氨茶碱相似。陈氏用苦参总碱注射治疗湿疹24例,痊愈8例,好转12例,无效4例,总有效率83.3%,优于普鲁卡因对照组(总效率为64%)。

21. 水半夏

钟正贤等(2003)的研究表明,水半夏水提物和醇提物能明显减轻小鼠棉球肉芽组织重量和抑制小鼠腹腔毛细血管通透性。在 15 min、30 min 和 1 h 时对组胺所致局部皮肤三重反应均有明显的抑制作用。抑制小鼠被动皮肤过敏反应，还对 2,4-二硝基氯苯所致小鼠耳廓皮肤迟发性超敏反应有明显抑制作用，表明水半夏提取物具有抗炎和抗过敏作用。

22. 大枣

研究人员对中医常用于治疗过敏疾患、支气管哮喘的一些方剂进行了体外试验，发现凡含有大枣的方剂，均有使白细胞内 cAMP 升高的作用，cAMP 能够激活细胞内的分泌机制（高海谦，1985）。如小柴胡汤，均使白细胞内 cAMP 值升高；小青龙汤、麻杏石甘汤等方剂中虽有甘草但无大枣，均无使白细胞内 cAMP 值升高的作用；而单味大枣提取液，在没有白细胞时，能直接与 cAMP 蛋白激酶结合，说明大枣含有 cAMP 样活性物质。口服大枣后，靶细胞内 cAMP 与 cGMP 的比值增高，是大枣抗过敏作用的药理机制。

23. 豆瓣菜

中村高敏（1999）从豆瓣菜提取分离得到 4-氧-β-离子 β-呋喃葡萄糖苷、(6R,9R)-3-氧-α-离子 β-呋喃葡萄糖苷、(6S,9R)-6-羟基-3-氧-α-离子 β-呋喃葡萄糖苷[(6S,9R)-玫瑰糖苷]、五羟黄酮-3-槐糖苷-5 葡萄糖苷 4 种抗过敏活性化合物。

24. 辣薄荷

在辣薄荷茎叶中提取、分离、纯化得到的化合物中，木犀草素-7-O-芸香糖苷显著抑制 Compound C48/80 或抗原引起细胞中组胺的释放，作用强于木犀草素、木犀草素-7-O-糖苷，在大于30 μmol/L 浓度时有显著性差异；木犀草素-7-O-芸香糖苷呈剂量依赖性拮抗抗原引起的鼻部症状，在 100 mg/kg 和 300 mg/kg 时作用显著，而 300 mg/kg 时对组胺引起的鼻部症状没有明显抑制作用（Inoue，2003）。

25. 丝瓜藤

丝瓜藤醇提物（Luf-ext）100 mg/kg、300 mg/kg 连续灌胃给药 3 d，显著抑制大鼠同种被动皮肤过敏反应（PCA）；300 mg/kg、500 mg/kg 连续灌胃给药 3 d，明显抑制小鼠耳异种 PCA；同时 Luf-ext 100 mg/kg 对小鼠 Arthus 反应也呈显著抑制作用；100 mg/kg、300 mg/kg、500 mg/kg 可明显抑制绵羊红细胞所致迟发型变态反应，并对抗组胺引起的小鼠皮肤毛细血管通透性的升高及二甲苯所致的耳廓肿胀，表明 Luf-ext 具有明显抗炎和抗过敏作用（寇俊萍等，2001）。

26. 艾叶

艾叶油具有抗过敏、止咳、去痰、平喘作用。艾叶油胶囊治疗过敏性紫癜、哮喘、药疹、皮炎等 44 例过敏性疾病，其总有效率为 77.3%。以直接计数法对 7 例哮喘病例的血中嗜碱性粒细胞治疗前后计数，治疗前普遍较低，11～33/mm^3，平均值 22.1/mm^3，治疗后普遍增高，范围为 22～100/mm^3，平均值 50.3/mm^3。

27. 芍药

白芍多用于补血、缓冲止痛，赤芍多用于活血化瘀。研究证明：其提取物对鸡红细胞激发的迟发型超敏反应有明显抑制作用。赤芍对体液和细胞免疫均有抑制作用。

28. 灵芝

灵芝的醇发酵液对卵蛋白抗血清和破伤风抗血清所致的被动致敏皮肤反应均有明显抑制作用。灵芝发酵浓缩液及其不同提取部分能抑制主动致敏肺组织释放组胺和抑制慢反应物质释放，因而能抑制过敏反应。

29. 虎杖

实验表明,7.5%虎杖煎剂能对抗组胺引起的离体豚鼠气管收缩。为该药治疗过敏性疾病找到了依据。

30. 桃仁

桃仁的水提物能抑制小白鼠血清中的皮肤过敏抗体的产生,其乙醇提取物口服能抑制小白鼠的被动皮肤过敏反应的色素渗出量,证明桃仁有抗过敏作用。

31. 番茄

日本学者研究发现,番茄醇提物抑制组胺游离,抑制Ⅰ型变态反应,在杉树花粉飞散高峰期,对过敏性鼻炎有预防和改善作用,其主要有效成分是柑橘素查耳酮(刘影,2002)。

3.2.2.2 中药复方制剂的抗过敏作用

1. 小青龙汤

此方为含 8 味中药成分的复方,通过用提取物作实验证明,小青龙汤对蛋清和抗蛋清 lgE 抗体引起的豚鼠被动皮肤过敏症有明显抑制作用。同时对组胺、血清素、慢反应物质和乙酰碱引起的炎症反应也均有抑制作用。

2. 柴朴汤

柴朴汤由柴胡、苏叶等 10 味生药组成。药理实验表明,柴朴汤对二硝基氟苯所致的小鼠接触性皮肤过敏症(Ⅳ型过敏反应)具有抑制作用。柴朴汤冲剂治疗 22 例哮喘患儿,疗程为 3 个月,给药前后进行检查所有病例均有不同程度的症状改善,并没有副作用。

3. 消风散

此方具有去除湿清热止痒之功,是中医治疗风痒、湿疹的有效方剂。药理实验表明,用此方法提取物对二硝氯苯引起的小鼠接触性过敏反应性炎症具有抑制作用。

4. 马齿苋合剂

此剂由马齿苋、栀子、黄芩、赤药等 12 味中药组成。实验证明,此合剂有降低小鼠腹腔毛细血管通透性和拮抗组胺的作用。治疗荨麻疹 24 例,总有效率 62.48%。

5. 大、小柴胡汤

经实验显示,此二汤对肥大细胞的组胺释放及脱颗粒作用有很强的抑制作用,说明柴胡、生姜、大枣、半夏可能有抑制小鼠腹腔肥大细胞中组胺的释放和脱颗粒作用,为治疗过敏性疾病提供了科学依据。谷崎胜朗等用小柴胡汤 1 年治疗类固醇依赖型重症难治性哮喘 28 例,显效 4 例,有效 14 例,总有效率 64.3%,尤其对过量分泌和细支气管闭塞型哮喘的治疗有显著疗效,作用机制是抑制了游离组胺及增强全身和局部的免疫功能。

6. 麻黄附子细辛汤

日本学者(竹内良夫,1988)用麻黄附子细辛汤冲服,进行了过敏性鼻炎的作用机制研究,结果表明:该制剂具有抑制特异抗原(海鞘)或特异性抗原刺激嗜碱性细胞分泌的组胺释放的作用,证实机体有消除中性活性氧的效果。

3.3 展望

随着人类对化学合成药毒副作用的认识，崇尚自然，回归自然，利用自然资源防病治病已成为21世纪的潮流。天然药物作为源自植物的“绿色药品”已受到越来越多消费者的青睐，随着全球崇尚自然热潮的兴起，天然药物必将成为21世纪最受欢迎的药物之一。随着过敏性疾病发生率的逐年增加，研发安全、高效的抗过敏天然药物已成为过敏性疾病治疗领域关注的焦点。目前国外已有较多的研究集中在从天然植物中提取高效低毒抗过敏活性物质上，我国是天然药物大国，中草药资源极其丰富，但在天然抗过敏药物的研发方面尚处于起步阶段，因此大力开展植物源抗过敏成分的研究，发掘传统的民间药用植物中的生物活性成分，开发出一批天然抗过敏药物具有极其重要的意义。

参考文献

安倍千之. 1981. 免疫复合体性炎症. 炎症，1(5)：739-742.

陈实. 1998. 移植免疫学. 北京：科学技术出版社，

戴岳，夏玉凤，陈海标，等. 2001. 地肤子70%醇提物抑制速发型及迟发型变态反应. 中国现代应用药学，18(1)：8-10.

邓武飞. 1995. 医学免疫学. 北京：北京：人民卫生出版社，172-179.

丁剑冰，武新华，王亚男，等. 2002. 神香草的实验研究. 新疆中医药，20(3)：10-11.

冯宝民，裴月湖. 2000. 柚皮中的香豆素类化学成分的研究. 沈阳药科大学学报，17(4)：253-255.

冯志臣. 2007. 地榆抗过敏活性物质的研究(硕士学位论文). 南宁：广西大学.

高程海. 2007. 广西甜茶抗过敏成分的提取、纯化和结构鉴定(硕士学位论文). 南宁：广西大学.

高海谦. 1985. 中草药的免疫抑制作用. 中草药，16(9)：35-39.

高山，钟正贤，周桂芬，等. 2001. 甜茶提取物抗过敏作用的实验研究. 广西医学，23(5)：1080-1083.

何美珊，孙小玉，蔡莹，等. 2000. 正柴胡饮颗粒的解热及抗过敏作用. 中草药，31(4)：284-286.

侯艳宁，朱秀媛，程桂芳. 2000. 黄芩苷的抗炎机理. 药学学报，35(3)：161-164.

黄丽，韦保耀，腾建文. 2005. 紫苏叶抗过敏有效成分的研究. 食品科技，(5)：90-93.

江涛，徐为人. 1999. 茶多酚抗过敏作用的研究. 中药药理与临床，15(2)：19-21.

Matsuda. 2003. 蛇床子及其主要成分蛇床子素的抗过敏作用. 姜旭，译. 国外医学中医中药分册，25(6)：348-349.

寇俊萍，庄书斐，唐新娟，等. 2001. 丝瓜藤醇提取物抗炎和抗过敏作用的研究. 中国药科大学学报，32(4)：293-296.

李斐，黎海芪. 2004. 金银花水提物对卵清蛋白致敏小鼠的抗过敏作用研究. 重庆医科大学学报，29(3)：288-291.

李军晖，曾南，沈映君，等. 2004. 荆芥的药理作用. 四川生理科学杂志，26(3)：46-48.

李晚谊，佴注，苏学素. 2000. 云南茶叶和甜茶的抗过敏活性. 药学实践杂志，18(5)：292 -293.

李晚谊，李瑞英，佴注，等. 2001. 云南甜茶抗过敏有效成分初步研究. 云南大学学报(自然科学版)，23(6)：461-463.

李小莉，张永忠. 2002. 木兰脂素抗炎、抗过敏作用的实验研究. 中草药，33(11)：1014-1015.

李小莉，张永忠. 2002. 辛夷挥发油的抗过敏实验研究. 中国医院药学杂志，22(9)：520-521.

刘建萍. 2007. 地肤子皂苷及抗过敏作用的研究(博士学位论文). 长沙：湖南农业大学.

刘维佳，夏立营，葛文津，等. 2007. 安佐康胶囊抗氧化及抗过敏作用的临床研究. 中国现代医生，45(1)：46-48.

刘影. 2002. 西红柿提取物抗过敏、预防特应性鼻炎的基础研究. 东方医学，18(4)：39.

刘勇民，沙吾提·伊克木. 1986. 维吾尔药志(上册). 新疆：新疆人民出版社.

龙振洲. 1997. 医学免疫学. 北京：人民卫生出版社.

马德恩，王竹梅，马爱英，等. 1983. 夏枯草的抗炎作用及其对免疫器官影响研究. 山西医药杂志，12(2)：67-69.

马珺，吴晓冬. 2008. 黄芩苷对动脉粥样硬化家兔的保护作用及其机制. 中国临床药理学与治疗学，13(2)：188-194.

苗明三. 1997. 实验动物和动物实验技术. 北京：中国中医药出版社.

聂奇森. 2004. 桂枝抗过敏活性成分的研究(硕士学位论文). 南宁：广西大学.

潘忠，秦洪义，章亚非. 1997. 变态反应学. 沈阳：辽宁教育出版社.

平井孝一. 1997. 甜茶抽出物抗アルレキ作用の食品的利用. 食品与开发(日)，32(2)：22-24.

邱江匀，杨亚玲，杨国荣，等. 2005. 鱼腥草中总黄酮提取及其抗过敏活性的研究. 云南大学学报(自然科学版)，27(3)：239-244.

Yano. 2001. 姜黄中所含香草环己酮提取物的抗变态反应活性. 史青，译. 国外医学中医中药分册，23(6)：339.

宋振玉，刘耕陶. 1994. 当代药理学. 北京：北京医科大学出版社：332.

苏学素，陈宗道，焦必林，等. 2000. 四川甜茶抗过敏有效成分的分离鉴定. 西南农业大学学报，22(5)：419-420.

王钦富，王永奇，于超，等. 2006. 炒紫苏子醇提取物对过敏模型小鼠的抗过敏作用及机制. 中草药，37(10)：98-101.

王亚男，马骏，马秀敏，等. 2008. 维吾尔药神香草对变应性哮喘小鼠细胞因子的影响. 上海中医药大学学报，22(3)：58-60.

王永奇. 1994. α-亚麻酸含量与品种及生态环境关系的研究. 长白山中医药研究与开发，3(4)：9.

夏玉凤，戴岳，王强. 2003. 狭叶柴胡的抗过敏活性及其有效成分. 中国野生植物资源，22(6)：50-52.

徐勇. 2007. 西洋甘菊挥发性成分及抗过敏、抗炎研究(硕士学位论文). 上海：上海交通大学.

杨春梅,刘晓明,涂彩霞.1997.丹皮酚治疗湿疹的研究.中国皮肤性病学杂志,11(1):25.

杨汉春.2007.动物免疫学.北京:中国农业大学出版社:205-217.

杨旋.2005.荆芥挥发油抗炎作用的机理研究(Ⅱ)(博士学位论文).成都:成都中医药大学.

尹龙萍,邓毅,姚雷,等.2007.维药祖发奇尼的抗菌和解痉作用实验研究.时珍国医国药,18(2):409-411.

曾南,杨旋,周桢昊,等.2006.荆芥挥发油对哮喘模型小鼠肺组织炎症介质的影响.四川生理科学杂志,28(4):154-156.

张淑敏,傅阳平,吴若术.1992.一种小鼠右旋糖酐皮肤瘙痒模型.中国药理通讯,9(3):77.

Inoue.2003.辣薄荷中类黄酮糖普的抗过敏作用.张卫华,译.国外医学中医中药分册,25(2):93-94.

张竹心,刘连生.1992.生姜油的抗过敏作用.中成药,14(11):30-31.

中村高敏.1999.豆瓣菜中的抗过敏成分.怡悦,译.国外医学中医中药分册,21(5):57.

钟正贤,陈学芬,周桂芬,等.2003.水半夏提取物的抗炎、抗过敏作用研究.中国药理与临床,19(2):25-27.

周国茂,沈琴,高进.2004.徐长卿抗变态作用的实验研究.中国中西医结合皮肤性病学杂志,3(2):126-127.

周金玉,王筠默.1986.中药药理学.上海:上海科学技术出版社.

竹内良夫.1988.小青龙汤的抗过敏作用.国外医学(中医中药分册),10(2):56-57.

Adel-Patient K,Bernard H, Ah-Leung S, *et al*. 2005. Peanut- and cow's milk-specific IgE, Th2 cells and local anaphylactic reaction are induced in Balb/c mice orally sensitized with cholera toxin. Allergy,60:658-664.

Arlian L G. 2002. Arthoropod allergens and human health. Annu Rev Entomol,47:395-433.

Corsini A C, Bellucci S B,Costa M G. 1979. A simple method of evaluating delayed hypersensitivity in mouse. J Inununol Methods,30:195-200.

Finkelman F D, Rothenberg M E, Brandt E B, *et al*. 2005. Molecular mechanisms of anaphylaxis: Lessons from studies with murine models. J Allergy Clin Immunol, 115: 449-457.

Fujimoto D. 1976. Extraction of antiallergy agent from mushroom. Kokai Tokyo Koho, 7:324-331.

Helm R M , Ermel R W, Frick O L. 2003. Nonmurine animal models of food allergy. Environ Health Perspect,111:239-244.

Helm R M , Furuta G T, Stanley J S, *et. al*. 2002. A neonatal swine model for peanut allergy. J Allergy Clin Immunol,109:136-142.

Imaoka K,Inouye S,Takahashi T, *et al*. 1983. Effect of Perilla fruteseens extract on anti-DNP IgE antibi ABSy prABSuetion in mice. Int Arch Allergy Appl Immunol, 71: 185-187.

Jeffers J G, Shanley K J, Meyer E K. 1991. Diagnostic testing of dogs for food hypersensitivity. J Am Vet Med Assoc, 198:245-250.

Kakegawa H , Matsumoto H, Satoh T. 1988. Inhibitory effects of hydeabgenol derivatives on the activation of hyaluronidase and their antiallergic activities. Planta Med, 54: 385-389.

Kakegawa H, Matsumoto H, Satoh T. 1992. Inhibitory effects of some natural product on the activation of hyaluridase and their anti-allergic actions. Chem Pharm Bull, 40: 1439-1442.

Katsumata U, Miura M, Ichinose M, *et al*. 1990. Oxygen radicals produce airway constriction hyperresponsiveness in anesthetized cats. Am Rev Respir Dis, 141:1158-1161.

Kimber I, Betts C J, Dearman R J . 2003. Assessment of the allergenic potential of proteins. Toxicol Lett, 140-141:297-302.

Knippels L M J, Penninks A H, Spanhaak S, *et al*. 1998. Oral sensitization to food proteins: a Brown Norway rat model. Clin Exp Allergy, 28:368-375.

Kobayashi Y, Takahashi R, Ogino F. 2005. Antipruritic effect of the single oral administration of German chamomile flower extract and its combined effect with antiallergic agents in ddY mice. J Ethnopharmacol, 101:308-312.

Kuppusamy U R, Khoo H E, Das N P. 1990. Structure-activity of flavonoids as inhibitory hyalurnidase. Biochem Pharmacol, 40:397-401.

Lee J, Lee S H, Min K R, *et al*. 1993. Inhibitory effects of hydrolysable tannins on Ca^{2+}-activated hyaluronidase. Plant Med, 59:381-382.

Li X M, Schofield B H, Huang C K, *et al*. 1999. A murine model of IgE-mediated cow's milk hypersensitivity. J Allergy Clin Immunol, 103:206-214.

Maeda Y. 1991a. Hyaluronidase Inhibitor in the fruit of circus Reticulata Blanco. Eisei Kagakaking, 37:205-210.

Maeda Y. 1991b. Antiallergic Principles of Tea Extracts. Eiser Kankyo Senta, (3): 9-11.

Makino T, Furuta Y, Fujii H, *et al*. 2001. Effect of oral treatment of Perilla futesnecs and its constituents on type-Ⅰ allergy in mice. Biol Pharm Bull, 24:1206-1209.

Marinaro M, Staats H F, Hiroi T, *et al*. 1995. Mucosal adjuvant effect of cholera toxin in mice results from induction of T helper 2 (Th2) cells and IL-4. J Immunol, 155: 4621-4629.

Matsuda H, Yano M, Kubo M, *et al*. 1991. Pharmacological study on citrus fruits: Ⅰ. Antiallergic effects of fruit of citrus unshio markovich on flavonoid components. Yakugaku Zasshi, 41:193-198.

Mosaru K. 1994. In vitro antiallergic activity of flavonids in histamine release assay using rat basophilic leukemin cells. Food Hyg Soc Japan, 35:497-503.

Park K H , Koh D, Kim K, *et al*. 2004. Antiallergic activity of a disaccharide isolated from Sanguisorba officinalis. Phytother Res, 18:658-662.

Park K H, Park J, Koh D, *et al*. 2002. Effect of *Saikosaponin-A*, a triterpenoid glycoside, isolated from *Bupleurum falcatum* on experimental allergic asthma. Phytother Res, 16:359-363.

Pilegaard K, Madsen C. 2004. An oral Brown Norway rat model for food allergy: comparison of age, sex, dosing volume, and allergen preparation. Toxicology, 196:247-257.

Shin T Y, Kim S H, Kim Y K. 1993. Inhibitory effect of mast cell-mediated immediate-type allergic reactions in rats by perilla fruteseens. Arerugi, 42:74-80.

Shin T Y, Lee K B, Kim S H. 2002. Anti-allergic effects of Sanguisorba officinalis on animal models of allergic reactions. Immunopharm Immunot, 24:455-468.

Takagi S, Nakagomi K, Sadakane Y, *et al*. 2001. Anti-allergic activity of glyeopeptide isolated from *Perilla frutescens* britton. J Trad Med, 18:239-244.

Takeo. 1991. Antiallergy agents comprising caffeine from plant tea and coffee. Gekkan Fndo Kemukana, 7:127-131.

Teuber S S, del Val G, Morigasaki S, *et al*. 2002. The atopic dog as a model of peanut and tree nut food allergy. J Allergy Clin Immunol, 110:921-927.

前田由美. 1991. Anti-allengic effect of cirtrus fruit using inhibitory effect on activation of hyalulonidas as an index. Shizuo Ka-keen Eiser Kankyo, 34:19-33.

Ueda H, Yamazaki C, Yamazaki M. 2002. Luteolin as an anti-inflammatory and anti-allergic constituent of Perilla fruteseens. Biol Pharm Bull, 25:1197-1202.

Ueda H, Yamazaki M. 2001. Anti-inflammatory and anti-allergic actions by oral administration of a perilla leaf extract in mice. Biosci Biotech Biohem, 65:1673-1675.

Untersmayr E, Jensen-Jarolim E. 2006. Mechanisms of type I food allergy. Pharmacol Ther, 112:787-798.

Untersmayr E, Schöll I, Swoboda I, *et al*. 2003. Antacid medication inhibits digestion of dietary proteins and causes food allergy: A fish allergy model in Balb/c mice. J Allergy Clin Immunol, 112:616-623.

Watanabe S, Sakai N, Yasui Y, *et al*. 1994. A high alpha-linolenate diet suppresses antigen-induced immunoglobulin E response and anaphylactic shock in mice. J Nutr, 124:1566-1573.

Yamahara J, Matsuda H, Yamaguchi S, *et al*. 1995. Pharmacological study on ginger processing: Ⅰ. Antiallergic activity and action of gingerols and shogaols. Nat Med, 49: 76-83.

Yoo. 1988. Effects of allergy-related drugs on hyaluridase action and histamine by rat peritoneal mast cell. Tachan Sacngri Hakboechi, 22:59-72.

Zuercher A W, Fritsché R, Corthésy B, *et al*. 2006. Food products and allergy development, prevention and treatment. Curr Opin Biotech, 17:198-203.

（本章由中国农业科学院北京畜牧兽医研究所郝月博士主笔，
中国农业大学朴香淑研究员、臧建军博士审核）

第4章

植物精油与肠道健康

在饲料中使用抗生素和化学抗球虫药物，一直是控制肠道细菌和寄生虫感染的主要策略。然而，随着公众对微生物耐药性的日益关注以及欧盟国家对亚治疗或预防性抗生素的禁用，畜牧业不得不开始探索新的控制方法。目前，这些研究主要集中于发展抗生素的替代产品。其中，植物精油，基于其已知的抗菌和抗寄生虫活性，在研究中占主导地位。本章的目的是评价植物及其精油对畜禽健康的作用，以及其在生产中的潜在效益，尤其对畜禽生产影响较大的肠道健康进行了格外关注。

4.1 植物及其精油活性成分

自古以来，植物提取物就是人类生活中的一部分，可用来保存食物、调节食物风味以及用做传统医学和兽医学的天然药物。当然，它们的使用并非基于严谨的科学研究，而是来源于民间用法。到了 20 世纪中叶，由于病原菌的控制主要以合成药物为主，植物提取物的应用减少到仅仅在香水、化妆品和食品调味品中使用(Giannenas 和 Kyriazakis，2009)。但是，必须指出的是，在美国和英国的处方药中，近 25%的医学活性物质都是从其含量较高的植物中分离出来的。且全球范围内有 85 000 多种植物含有 100 000 种以上具有药用价值的活性物质(Anthony 等，2005；Hashemi 和 Davoodi，2010)。

植物提取物这个术语是指各种草药和香料(如牛至、百里香、迷迭香、肉桂、八角、大蒜、辣椒、芥末和胡椒等)可用部分(如种子、果实、根、树皮和叶)的提取产物(Burt，2004；Mountzouris 等，2009)。这些提取物中的活性成分主要来源于植物的次级代谢产物，可分为四大类：生物碱类(alkaloids)、苷类(glycosides)、精油类(essential oils，EO)以及其他杂类(miscellaneous substances)。到目前为止，研究最多的即为植物精油的抗菌活性。此外，植物精油的抗病毒、抗真菌、抗产毒素、抗寄生虫及杀虫特性等也有报道(Burt，2004；Windisch 等，2008；Mountzouris 等,2009)。

植物精油是非常复杂的活性物质混合物,分子质量较低,呈疏水性,加之其熔点低,易挥发,所以又称之为挥发油。植物精油基本由两类化合物组成,萜烯类和苯丙烯类:①萜烯类可细分为单萜、倍半萜和二萜烯等,取决于所包含的以5碳为主架结构(如异戊二烯)的单元数量(如分别包含2、3和4个)。常见单萜烯如香芹酚和百里香酚等。②苯丙烯类则由一个6碳芳香环和一个3碳支链组成。常见苯丙烯包括肉桂醛、丁香酚、辣椒素和胡椒碱等(Lee 等,2004;Mountzouris 等,2009)。

植物精油的组分和含量是可变的。例如,从希腊牛至蒸馏而得的牛至精油包含30多种组分,大部分是具有不同活性的酚类化合物。其中,牛至精油的主要组成部分香芹酚和麝香草酚占总精油的78%~82%;其他主要组成部分,如两种单萜碳氢化合物,γ-松油烯和对伞花烃大约分别占总精油的5%和7%,且其含量也经常变化(Sivropoulou 等,1996;Adam 等,1998;Giannenas 和 Kyriazakis,2009)。类似的情况也可在百里香精油中发现:百里香精油的两个主要成分,百里香酚和香芹酚的含量占总精油成分最低只有3%,而最高可达到60%(Lawrence 和 Reynolds,1984)。

植物精油中所含的多种活性成分及其含量的变化取决于许多因素的相互作用,主要与植物原材料和精油加工过程相关。一方面,植物种类、生长阶段、环境(如收获季节、气候)、农业生产措施(如耕种密度、施肥、灌溉水平)和土壤条件将影响植物中精油含量及组成成分。另一方面,植物原材料可以通过多种溶剂,如水、乙醇、甲醇、甲苯或其他有机溶剂,用不同方法提取(如蒸馏法、挤压法或冷浸法等)从而进一步影响植物精油的组成和含量(Giannenas 和 Kyriazakis,2009;Mountzouris 等,2009)。

4.2 植物精油活性成分的生物效应

植物精油作为抗生素促生长剂的潜在替代物,其已知作用方式为通过抑制肠道有害菌的生长,来增加肠道有益菌的数量,进而达到调节肠道微生物区系的目的。这对于处于应激阶段的动物,如断奶仔猪和饲养于较差卫生环境的动物尤为重要。肠道健康菌群的稳定,可以减少动物接触微生物有害代谢产物,如氨和生物胺等,进而缓解动物可能存在的免疫抑制状态。同时,植物精油还可以刺激肠道消化液和消化酶的分泌,改善肠道形态。综上所述,植物精油可以通过保持肠道健康,提高肠道对必需营养物质的消化和吸收,进而促进动物生长,如图4.1所示(Windisch 等,2008;Hashemi 和 Davoodi,2010)。

4.3 植物精油的抗菌作用机理

目前,植物精油确切的抗菌机理还知之甚少。已有研究表明,它们的亲脂性(Corner,1993)和化学结构(Farag 等,1989)可能在其中发挥重要作用。

第一,植物精油的抑菌活性可能主要源于其酚类成分,它们的抑菌机制可能与其他酚类物质相似,首先作用于细菌细胞壁,破坏细胞壁的结构,进而与细胞质膜作用,改变其对阳离子如

H^+和K^+的渗透性(Sikkema 等,1994),由此造成离子梯度耗竭,引起细胞基本代谢受损,从而使细胞成分渗漏,膜电位崩溃,抑制 ATP 合成或加速 ATP 水解,最终导致细胞死亡(Ultee 等,2002)。例如,苯丙烯丁子香酚(丁香精油的主要成分,一种酚类化合物),可能与酚单萜香芹酚和百里香酚的作用机制相似,也具有通过破坏细胞膜最终导致细胞溶解而起到抗菌的作用(Helander 等,1998;Di Pasqua 等,2007);同时,丁子香酚也能够抑制微生物酶的合成,并通过与酶相结合而抑制酶活性来发挥抑杀微生物的作用(Burt,2004)。

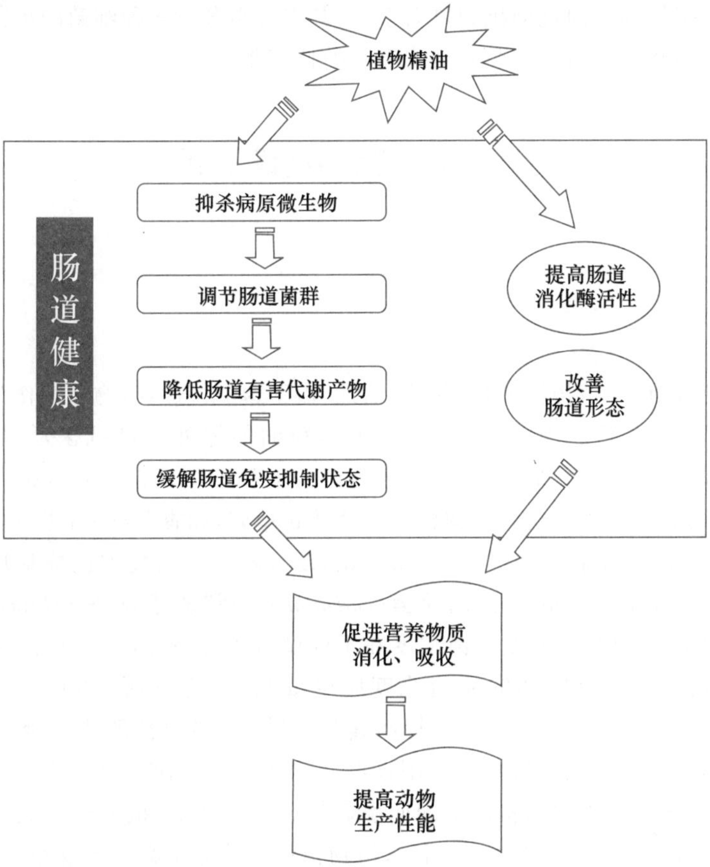

图 4.1 植物精油维持动物健康及促进动物生长的主要作用机制
(Windisch 等,2008;Hashemi 和 Davoodi,2010)

第二,植物精油的非酚类次生代谢产物也具有多种抗菌作用机制。如,p-百里香素单独使用,并不具有明显的杀菌作用(Dorman 和 Deans,2000),但它与香芹酚联合使用时,呈现显著的协同杀菌作用(Ultee 等,2000),这可能是由于 p-百里香素可通过插入细菌的脂质双分子层,来加速香芹酚的过膜转运,最终引起细胞质膜膨胀破裂,造成离子渗漏来加强抗菌作用(Ultee 等,2002)。这与 Cristani(2007)的报道相一致,即非酚类单萜可通过膜扩散进入微生物细胞发挥抗菌作用。肉桂醛(一种非酚类苯丙烯,肉桂精油的主要成分),也具有抗菌活性,其与百里香酚和香芹酚对细菌生长的抑制浓度相似,展示出强大的抗菌活性,但它既不会使细胞膜破裂,也不造成细胞内 ATP 的耗尽(Helander 等,1998),而可能是通过与微生物酶结合使其失活来发挥作用的(Burt, 2004)。

总的来说，植物精油活性分子，如萜类和苯丙烯类化合物，可借助其亲脂性穿透细菌的细胞膜，到达细胞内部(Helander 等，1998)；同时，植物精油活性分子的结构特性，如功能羟基的存在(Farag 等，1989)及其芳香性(Bowles 和 Miller，1993)都可能在其抗菌活动中发挥作用。此外，胞膜穿孔或黏合也被认为是一种发挥抗菌作用的主要机制(Shapiro 和 Guggenheim，1995；Stiles 等，1995)，这可引起细胞质膜渗透性增加，以及细胞内的组分流失(Juven 等，1994)，最终导致细菌酶系统受损，造成细胞死亡(Farag 等，1989)。

综上所述，由于植物精油抗菌机制复杂多变，其多种组分对各种细菌的抗菌作用机理仍需要进一步阐明，以便将这些活性物质发展为有效的抗菌制品。

4.4 植物精油抗菌效果

4.4.1 体外抗菌活性

许多体外研究已证明植物精油具有抗菌活性，由于这一特性，植物精油作为抗生素替代物的潜在价值受到广泛关注。肉桂、百里香和牛至精油的体外广谱抗菌活性已被大量报道(Sivropoulou 等，1996；Adam 等，1998；Farag 等，1989；Dorman 和 Deans，2000)，这是它们作为抗生素替代物的有力支持。这些植物精油及其所含单体，如香芹酚、百里香酚、丁香酚、肉桂醛和紫罗兰酮都对某些已知微生物，如大肠杆菌(*Escherichia*)、金黄色葡萄球菌(*Staphylococcus*)、绿脓杆菌(*Pseudomonas*)、沙门氏菌(*Salmonella*)和链球菌(*Streptococcus*)等具有抗菌活性(Lee 等，2004)，只是其最低抑菌浓度在不同试验中各不相同。同时，有观点认为在保持抗菌活性的前提下，植物精油的使用浓度应尽量低，就此问题，Moleyar 和 Narasimham (1992)提出可将不同植物精油混合，从而提高其在低剂量下的抗菌活性，以解决此问题。

此外，普遍认为植物精油的抗革兰氏阳性菌作用较抗革兰氏阴性菌作用强(Burt，2004)。这可能是由于这两种细菌外层结构的不同而引起的。相比之下，植物精油更难接触到革兰氏阴性菌细胞内膜(Helander 等，1998)。因此，植物精油活性分子必须足够小，才能够通过细胞外膜孔道蛋白进入细胞内膜来对抗革兰氏阴性菌(Dorman 和 Deans，2000)。

那么，植物精油是否会引起细菌耐药性产生呢？一方面，与传统抗生素不同，植物精油是复杂的活性分子混合物，由于这些活性分子具有多种不同的化学结构，因此多种抗菌机制可同时协同发挥效应，使得细菌耐药性难以产生(Briskin，2000)。另一方面，植物精油的抗菌机制主要作用于细菌细胞结构，而非细菌 DNA 水平，因此耐药性不易产生(Mellor，2000)。必须指出的是，虽然植物精油难以引起耐药性的产生，但是这种可能仍然存在。Nelson(2000)就曾报道金黄色葡萄球菌(*Staphylococcus aureus*)可能对茶树精油产生耐药性。因此，不论是为了达到最低抗菌浓度还是为了防止耐药性的产生，都应考虑将不同精油混合使用，并且保持不断更新。

4.4.2 体内抗菌活性

根据植物精油的体外抗菌活性，我们期望其在动物体内具有相同的生物效应。首先，我们推测植物精油可能抑杀肠道有害菌，具有预防和治疗肠道疾病的潜力。Waldenstedt(2003)研究了肉鸡日粮中使用牛至精油替代生长促进剂的可能性。牛至精油在 31 d 时可减少盲肠产气荚膜梭菌(*C. perfringens*)的数量；52 d 时，没有显著效果。Köhler(1997)用商业精油制剂进行研究表明，与锌杆菌肽相比，产气荚膜梭菌的菌落明显减少。同时，这种商业精油制剂也轻微降低回肠 ATP 浓度(Veldman 和 Enting，1996)，ATP 浓度可反映动物肠道微生物活性。同样地，辣椒、桂皮醛和香芹酚的混合物会调低盲肠中大肠杆菌(*E. coli*)和产气荚膜梭菌数量(Jamroz 和 Kamel，2002)。Mitsch 等(2004)表明，含有百里香酚、香芹酚和丁香酚的精油混合物可控制肉鸡肠道中产气荚膜梭菌增殖，并具有减少球虫病所引发的坏死性肠炎的潜力。

当然，植物精油的抗菌作用可能也会对肠道有益菌产生不利影响。研究报道，具有强抑菌作用的高浓度牛至精油具有抑制家禽排泄物中 5 种乳酸杆菌的作用(Horosova 等，2006)。然而，其他研究报道，有可能筛选到具有较强抑杀肠道病原菌而不损害肠道有益菌的植物精油。Lee 和 Ahn(1998)发现，来源于肉桂精油的肉桂醛，可强烈抑制产气荚膜梭菌和脆弱拟杆菌(*Bacteroides fragilis*)，但对从人类粪便分离出的长双歧杆菌(*Bifidobacterium longum*)和嗜酸乳杆菌(*Lactobacillus acidophilus*)只具有缓和抑制作用。这表明肉桂醛可选择性抑制病原菌，对肠道菌群平衡具有调节作用。类似地，在玉米-豆粕型日粮中添加商业植物精油混合物，能降低肉鸡小肠中大肠杆菌数量，增加乳酸杆菌(*Lactobacillus*)数量(Jamroz 等，2005)。然而，在 41 日龄肉鸡肠道中大肠杆菌和产气荚膜梭菌数量降低的同时，乳酸杆菌数量也降低了(Jamroz 等，2005)。

另外，Cross 等(2007)研究报道，百里香、牛至、马郁兰、迷迭香和西洋蓍草这 5 种植物及其精油对盲肠和排泄物中的大肠菌群(coliforms)、乳酸菌群(lactic acid bacteria)、总厌氧菌(total anaerobes)和产气荚膜梭菌均无显著影响。Muhl 和 Liebert(2007)指出，在仔猪日粮中添加商业性植物来源添加剂对肠道和排泄物中的细菌组成也无影响。

综上所述，植物精油在畜禽体内的抗菌作用不尽相同，同样，植物精油对畜禽生长性能的影响也并不一致。一些研究表明，牛至精油加入到饮水(Hertrampf，2001)或日粮中(Giannenas 等，2005)均对肉鸡具有生长促进作用。Alcicek 等(2003)也发现，从 6 种植物包括牛至、月桂、鼠尾草、香桃木、茴香和柑橘中提取的精油混合物，对肉鸡的生长性能具有改善作用。相反，Lee 等(2003)发现，日粮中添加精油混合物，对肉鸡的生长性能无改善作用；同时，Botsoglou 等(2002)和 Papageorgiou 等(2003)报道，无论在肉鸡日粮中添加 50 mg/kg 或 100 mg/kg牛至精油，还是在火鸡日粮中添加 100 mg/kg 或 200 mg/kg 牛至精油，均对其生长无促进作用。初步分析，植物精油对肉鸡生长性能效果的差异可能源于两方面原因：①它们不仅对肠道菌群，而且对机体代谢具有影响；②它们之间化学组分差异过大(Giannenas 和 Kyriazakis，2009)。因此，对不同植物精油的组分分析及其在动物体内的作用机制仍需进行深入研究。

4.5 抗球虫效果

在自然界中，多种植物及其精油曾被用来研究其预防或缓和球虫感染的潜力。Akhtar 和 Rifaat(1987)研究发现苦楝提取物对自然状态下感染球虫的肉鸡，具有温和缓解效果。Allen 等(1997)报道，青蒿干叶可以预防柔嫩艾美尔球虫(*E. tenella*)引起的肉鸡盲肠损伤。给初生雏鸡饲喂青蒿单体成分(青蒿素，1,8-桉树脑和樟脑纯)直到 3 周龄。在第 2 周龄时，给其中一半肉鸡接种堆形艾美尔球虫(*E. acervulina*)和柔嫩艾美尔球虫。结果发现，饲喂青蒿单体成分的肉鸡具有抵抗球虫感染的作用，特别是饲喂青蒿素的处理，效果更佳。Youn 和 Noh (2001)报道，与青蒿相比，苦参提取物对感染柔嫩艾美尔球虫的肉鸡效果更好。Evans 等(2001)研究了丁香、百里香、薄荷和柠檬的精油混合物(添加水平为 0.1%)是否对人工接种球虫肉鸡的球虫卵囊排卵量和产气荚膜梭菌有所影响。与空白对照组相比，饲喂含有精油混合物的雏鸡，其球虫排卵量明显降低。Williams(1997)研究表明，作为杀菌剂的苯酚不论在体内和体外都具有杀死柔嫩艾美尔球虫卵囊的活性。在自然界中，很多含有大量酚类化合物的植物及其精油也都具有抗球虫活性。以牛至为例，牛至精油以 0.3 g/kg 的水平加入肉鸡饲料中，表现出抗柔嫩艾美尔球虫的效果(Giannenas 等，2003)。给 14 日龄肉鸡口服 5×10^4 柔嫩艾美尔球虫芽孢化卵囊悬浮液 2 mL，然后在基础日粮中分别添加 2.5、5.0、7.5 和 10 g/kg 牛至(Giannenas 等，2004)，结果发现，牛至可降低柔嫩艾美尔球虫的不利影响，显著提高肉鸡体增重和饲料转化率。此外，出血性腹泻、死亡率、盲肠损伤程度评分和卵囊排出量的记录表明，在感染柔嫩艾美尔球虫的肉鸡日粮中加入 10 g/kg 奥林巴斯茶，可以减轻寄生虫感染的影响程度。但牛至及牛至精油对柔嫩艾美尔球虫的抵抗效果，仍低于拉沙里菌素。

类似的结果在 Florou-Paneri 等(2004)和 Christaki 等(2004)的试验中也有发现。当 14 日龄肉鸡用 6×10^4 柔嫩艾美尔球虫芽孢化卵囊进行感染时，饲料添加 10 g/kg 奥林巴斯茶以及 0.5 g/kg 或 1.0 g/kg 的商用植物提取物(来源于龙牙草、紫锥菊、黑醋栗和金鸡纳树)，都可以减轻寄生虫感染对肉鸡生长造成的不良影响；但是，拉沙里菌素同样具有更强的抗球虫效果。

Naidoo 等(2008)将权威抗球虫药物妥曲珠利作为阳性对照，通过体内试验比较了 4 种植物提取物的抗球虫效果。结果表明，饲料中加入紫娇花对肉鸡有益，表现为饲料转化率改善和卵囊脱落率提高。葡萄和艾草属(南非)虽然对饲料转化率的效果与妥曲珠利相似，并且优于空白对照组，但是并没有减少球虫卵囊的产生。相反，风车子被证明对肉鸡具有极大毒性。同时，这些研究人员还指出，植物中的活性成分只有具有足够的脂溶性，才能渗透到细胞内，产生抗球虫效应。

总之，上述研究表明，植物提取物对实验室人工感染肉鸡具有改善作用。然而，植物提取物的疗效显著低于抗球虫药物(Christaki 等，2004；Giannenas 等，2003，2004；Florou-Paneri 等，2004；Naidoo 等，2008)。在一些试验中，植物提取物显著减少卵囊排卵，减小盲肠损伤评分(Youn 和 Noh，2001；Giannenas 等，2003，2004)；而其他研究中，与没有经过抗球虫处理的受感染肉鸡相比，植物提取物仅仅只有生长方面的促进作用(Naidoo 等，2008)。这些证据表明，将植物提取物作为控制球虫的替代物去治愈球虫病仍有希望。然而，其抗球虫机制需要进一步研究，同时还需积极寻找更有效的植物源产品，为集约化肉鸡饲养提供完全的抗球虫保护。

4.6 降低肠道有害代谢产物

表 4.1 比较了植物精油与抗生素对动物肠道相关指标的影响(Kroismayr 等，2008a，b；Windisch 等，2009)。在此研究中，120 头 28 日龄断奶仔猪随机分为 3 个处理，分别为：①无促生长饲料添加剂组(对照组)；②阿维拉霉素组(四环素组，每千克日粮 40 mg)；③植物精油组(来源于牛至、茴香和橘皮的混合提取物，每千克日粮 40 mg)。饲喂 21 d 后，每个处理选取 12 头猪屠宰，以获取肠道内容物和肠道组织来分析与肠道功能相关的指标。从表 4.1 中可以看到，植物精油和抗生素都显著降低了回肠中需氧菌和厌氧菌的活性，同时，肠道中挥发性脂肪酸、氨及生物胺的含量也都有一定程度的降低，这与 Francis 等(2002)报道的皂苷可降低肠道内氨的含量相一致。这些均可能作为解释仔猪表观消化率显著提高(表 4.1)，进而仔猪体增重、采食量和饲料转化率获得一定改善(表 4.1)的原因。这是由于小肠内的细菌活性及其产物同肠道后续效应紧密相关，如肠道内挥发性脂肪酸产物过高会影响肠道 pH 的稳定，进而降低消化酶的活性；肠道内氨含量过高，可对肠道上皮细胞造成损伤等。此外，应当尽可能减少肠道生物胺的产生，除考虑生物胺所具有的毒性作用外，另一个重要原因是生物胺主要是由限制性氨基酸脱羧而来(如尸胺主要来源于赖氨酸、甲基吲哚即粪臭素主要来源于色氨酸)。由此可见，降低肠道微生物的过度发酵将改善肠道的消化性能，同时降低肠道对限制性氨基酸的需求(Roth 等，1998；Windisch 等，2009)。总体来说，植物精油不论是直接抑杀肠道有害菌还是间接降低肠道有害代谢产物，均可以有效维护肠道健康。

表 4.1 植物精油和抗生素对仔猪生长性能和肠道健康的影响(表中各数值表示与对照组的%比值)

项目	饲料添加剂	
	植物精油[1]	抗生素[2]
生产性能 (断奶后 0～21 d)		
采食	103.8	101.8
增重	105.9	104.1
饲料增重比	98.1	97.4
食糜中需氧细菌数量		
回肠	85.3*	83.7*
盲肠	92.9*	104.4
结肠	102.8	102.8
食糜中厌氧细菌数量		
回肠	86.1*	82.8*
盲肠	93.2*	105.8

续表 4.1

项目	饲料添加剂	
	植物精油[1]	抗生素[2]
结肠	98.8	99.1
食糜中挥发性脂肪酸含量[3]		
回肠	93.8	100.0
盲肠	90.3	87.3
结肠	89.7	89.7
食糜中生物胺含量[4]		
回肠	91.1	87.9
盲肠	84.3	78.2
结肠	94.3	83.0
食糜中氨量		
回肠	81.0	93.1
盲肠	75.9	82.5
结肠	103.9	87.3
表观消化率		
干物质	101.4*	101.2*
粗蛋白	103.3*	101.8**
同对照组相比相关基因 mRNA 表达		
肠系膜淋巴结 TNF-α	107.2	124.8
肠系膜淋巴结 Caspase-3	118.1	126.6
肠系膜淋巴结 NF-κB	48.0*	28.1*
空肠 Cyclin D1	71.7	145.4**
回肠 Cyclin D1	70.7	84.1
盲肠 Cyclin D1	62.9*	65.1*
肠道形态		
空肠绒毛高度	94.3	97.1
回肠绒毛高度	92.5	98.5
结肠隐窝深度	93.8	89.6*
回肠 Peyer's patches 面积	68.0*	72.0*

注：* 同对照组均值相比差异显著($P<0.05$)；

** 同对照组均值相比有差异趋势($P<0.10$)；

[1] 来源于牛至、茴香和橘皮的混合提取物，主要含有香芹酚、麝香草酚、茴香脑和柠檬精油；添加剂量为每千克日粮 40 mg；

[2] 阿维拉霉素(四环素)；添加剂量为每千克日粮 40 mg；

[3] 乙酸，丙酸，丁酸，乳酸，戊酸，癸酸；

[4] 甲胺，组胺，吡咯烷，异丙胺，腐胺，尸胺，亚精胺，精胺。

来源：Kroismayr 等，2008a，b；Windisch 等，2009。

4.7 缓解肠道免疫抑制状态

炎症反应至少可以部分反映肠道各部位的功能状态(Beagley 等,1995)。在表 4.1 所总结的仔猪试验中,抗生素和植物精油都显著降低了回肠 Peyer's patches(派伊尔氏斑)面积。Peyer's patches 是肠黏膜免疫反应的诱导和活化部位,决定黏膜免疫反应的发生、性质和强度。此外,Manzanilla 等(2006)和 Nofrairas 等(2006)也观察到抗生素和植物提取物均可降低空肠内淋巴细胞数量。Peyer's patches 面积的缩小以及淋巴数量的减少均表明了肠黏膜免疫反应的降低,显示在抗生素和植物提取物作用下,小肠免疫抑制状态有所缓解。同时在肠系膜淋巴结促炎症细胞因子 TNF-α 和 Caspase-3 不变的情况下,转录因子 NF-κB 下调(表 4.1),进一步证明了植物提取物缓解免疫抑制作用的假说。其他研究者也分别从炎症标志基因 mRNA 浓度变化,以及不同 B 细胞和 T 细胞抗体计数等方面对此假说进行了佐证(Dong 等,2007;Böhmer 等,2009;Kroismayr 等,2008b),但其精确作用机制仍需进一步研究。

4.8 促进肠道消化吸收

由于植物精油对胃肠道的刺激,其对胃肠道消化液以及消化酶的分泌等也有一定的作用。Lee 等(2003)和 Jang 等(2004)均报道,植物精油可提高肉鸡胰脏和小肠中胰蛋白酶及淀粉酶的活性,提高肉鸡肠道内的黏液分泌(Jamroz 等,2006)。植物精油还可提高大鼠对葡萄糖的吸收(Kreydiyyeh 等,2003)、提高大鼠唾液、胆汁和黏液的分泌以及提高胃肠道多种消化酶的活性(Platel 和 Srinivaran,2004;Rao 等,2003)。综上所述,植物精油可能通过刺激胃肠道分泌黏液(包括一部分消化酶),破坏病原菌在肠道的黏附,进而减少病原菌对肠道造成的损害。当然,黏液分泌增加会增加营养物质和能量的消耗,但总体结果可维持肠道健康,提高肠道营养物质消化和吸收(Windisch 等,2009)。Manzanilla 等(2004)还观察到植物精油可能通过延长饲料在仔猪胃肠道内的滞留时间,增加营养物质在肠道的消化吸收。

4.9 改善肠道形态

肠道形态可因肠道内所含菌群及其代谢产物的变化而变化(Xu 等,2003)。已有报道,植物源饲料添加剂可提高、降低或不影响肉鸡和仔猪空肠和结肠绒毛高度或隐窝深度(Namkung 等,2004;Demir 等,2005;Jamroz 等,2006;Nofrarias 等,2006;Oetting,2006)。在表 4.1 所总结的仔猪试验中,植物精油有降低空肠和回肠绒毛高度的趋势。同时,标志细胞增殖的 Cyclin D1 mRNA 表达率在这些组织中有所降低,这就进一步支持了肠道绒毛面积的缩小。考虑到植物精油对肠道形态影响的不同报道,可以假设,植物精油可能的一个作用效果是刺激肠组织导致肠表面积缺失,而其他有益肠道健康的影响(如减少肠道病原微生物和有害代谢产物等)可能有利于增大肠绒毛高度及其表面积。因此,植物精油对肠道形态整体的影响取决于刺激组织和对肠道环境有益影响的平衡。

总的来说，对植物精油在动物体内抑制病原菌生长，进而改善机体健康的研究仍相对较少，还有必要进行深入研究。为了更好地发挥植物精油的潜在抗菌活性，应该考虑其在饲料中的添加剂量超过其最小抑菌浓度(MIC)(Burt，2004)。但是，具体而言，这在目前是无法实现的，因为植物精油在体外对应的最小抑菌浓度(MIC)大大超过了其在饲料中的添加剂量(Windisch 等，2008)。此外，由于部分活性物质有刺激性气味或味道，高添加剂量可能会导致动物采食量降低，从而限制其在饲料中的使用(Windisch 等，2008)。同时，由于植物精油成分变异性大，其潜在的生物学效应也可能随之发生变化。为了应对植物精油的高变异性，避免使用不明确或部分明确的植物精油，可采用具有标准组成和质量控制的植物产品。最后需要指出的是，开发高效植物源产品，必须进一步深入研究植物精油各组分与畜禽复杂的肠道生态系统之间的精确作用机制。

参考文献

Adam K, Sivropoulou A, Kokkini S, *et al*. 1998. Antifungal activities of *Origanum vulgare* subsp. *hirtum*, *Mentha spicata*, *Lavandula angustifolia*, and *Salvia fruticosa* essential oils against human pathogenic fungi. Journal of Agricultural Food Chemistry, 46: 1739-1745.

Akhtar M S, Rifaat S. 1987. Antieoeeidial screening of *Melia azedarach* Linn. (Bakain) in naturally infected chickens. Pakistan Journal Agriculturaal Science, 21: 95-99.

Alcicek A, Bozkurt M, Cabuk M. 2003. The effect of an essential oil combination derived from selected herbs growing wild in Turkey on broiler performance. South African Journal Animal Science, 33: 89-94.

Allen P C, Lydon J, Danforth H D. 1997. Effects of components of *Artemisia annua* on coccidian infections in chickens. Poultry Science, 76:1156-1163.

Anthony J P, Fyfe L, Smith H. 2005. Plant active components-a resourse for antiparasitic agents? trends in Parasitology, 21: 462-467.

Beagley K W, Fujihashi K, Lagoo-Deenadaylan S, *et al*. 1995. Differences in intraepithelial lymphocyte T cell subsets isolated from murine small versus large intestine. Journal of Immunology, 154: 5611-5619.

Böhmer B M, Salisch H, Paulick B R, *et al*. 2009. Echinacea purpurea as a potential immunostimulatory feed additive in laying hens and fattening pigs by intermittent application. Livestock Science, 122: 81-85.

Botsoglou N, Florou-Paneri P, Christaki E, *et al*. 2002, Effect of dietary oregano essential oil on performance of chickens and on iron-induced lipid oxidation of breast, thigh and abdominal fat tissue. British Poultry Science, 43: 223-230.

Bowles B, Miller A. 1993. Antibotulinal properties of selected aromatic and aliphatic aldehydes. Journal of Food Protection, 56: 788-794.

Briskin D P. 2000. Medicinal plants and phytomedicines. Linking plant biochemistry and physiology to human health. Plant Physiology, 124:507-514.

Burt S. 2004. Essential oils: their antibacterial properties and potential applications in foods-a review. International Journal of Food Microbiology, 94: 223-253.

Christaki E, Florou-Paneri P, Giannenas I, *et al*. 2004. Effect of a mixture of herbal extracts on broiler chickens infected with *Eimeria tenella*. Animal Research, 53: 137-144.

Corner D E. 1993. Naturally occurring compounds. // Davidson P M, Branen A L. Antimicrobials Foods. Dekker, New York.

Cristani M, D'Arrigo M, Mandalari G, *et al*. 2007. Interaction of four monoterpenes contained in essential oils with model membranes: implications for their antibacterial activity. Journal of Agricultural and Food Chemistry, 55: 6300-6308.

Cross D E, Mcdevith R M, Hillman K, *et al*. 2007. The effect of herbs and their associated essential oils on performance, digestibilities and gut microflora in chickens 7 to 28d of age. British Poultry Science, 4: 496-506.

Demir E, Sarica S, Ozcan M A, 2005. The use of natural feed additives as alternative to an antibiotic growth promoter in boiler diets. Archive fur Geflugelkunde, 69: 110-116.

Di Pasqua R, Betts G, Hoskins N, *et al*. 2007. Membrane toxicity of antimicrobial compounds from essential oils. Journal of Agricultural and Food Chemistry, 55: 4863-4870.

Dong X F, Gao W W, Tong J M, *et al*. 2007. Effect of polysavone (Alfalfa Extract) on abdominal fat deposition and immunity in broiler chickens. Poultry Science, 86: 1995-1959.

Dorman H J D, Deans S G. 2000. Antimicrobial agents from plants: antibacterial activity of plant volatile oils. Journal of Applied Microbiology, 88: 308-316.

Evans J W, Plunkett M, Banfield M. 2001. Effect of an essential oil blend on coccidiosis in broiler chicks. Poultry Science, 80 (suppl. 1): 258 (Abstract).

Farag R S, Daw Z, Hewed F, *et al*. 1989. Antimicrobial activity of some Egyptian spice essential oils. Journal of Food Protection, 52: 665-667.

Florou-Paneri P, Christaki E, Giannenas I, *et al*. 2004. Effect of dietary Olympus tea (*Sideritis scardica*) supplementation on performance of chickens challenged with *Eimeria tenella*. Journal of Animal Feed Sciences, 13: 301-311.

Francis G, Kerem Z, Makkar H P S, *et al*. 2002. The biological action of saponins in animal systems: a review. British Journal of Nutrition, 88: 587-605.

Giannenas I, Florou-Paneri P, Botsoglou N, *et al*. 2005. Effect of supplementing feed with oregano and/or a-tocopheryl acetate on growth of broiler chickens and oxidative stability of meat. Journal of Animal and Feed Sciences, 14: 521-535.

Giannenas I, Florou-Paneri P, Papazahariadou M. 2004. Effect of diet supplementation with ground oregano on performance of broiler chickens challenged with *Eimeria tenella*. Archiv fur Geflugelkunde, 68: 247-252.

Giannenas I, Florou-Paneri P, Papazahariadou M, *et al*. 2003. Dietary oregano essential oil supplementation on performance of broilers challenged with *Eimeria tenella*. Archives Animal Nutrition, 57: 99-106.

Giannenas I, Kyriazakis I. 2009 . Phytobased products for the control of intestinal diseases in chickens in the post antibiotic era. //Steiner T. Phytogenics in animal nutrition: natural concepts to optimize gut health and performance. Nottingham: Nottingham University Press, 61-86.

Hashemi S R, Davoodi H. 2010. Phytogenics as new class of feed additive in poultry industry. Journal of Animal and Veterinary Advances, 9(17): 2295-2304.

Helander I M, Alakomi H L, Latva-Kala K, *et al*. 1998. Characterization of the action of selected essential oil components on gram negative bacteria. Journal Agricultural Food Chemistry, 46: 3590-3595.

Hertrampf J W. 2001. Alternative antibacterial performance promoters. Poultry International, 40: 50-52.

Horosova K, Bujnakova, Ktnet V. 2006. Effect of oregano essential oil on chicken Lactobacilli and *E. coli*. Folia Microbiology, 51: 278-280.

Jamroz D, Kamel C. 2002. Plant extracts enhance broiler performance. Journal Animal Science, 80(Suppl. 1): 41(Abstracts).

Jamroz D, Wertelecki T, Houszka M, *et al*. 2006. Influence of diet type on the inclusion of plant origin active substances on morphological and histochemical characteristics of the stomach and jejunum walls in chicken. Journal of Animal Physiology and Animal Nutrition, 90: 255-268.

Jamroz D, Wiliczkiewicz A, Wertelecki T, et al. 2005. Use of active substances of plant origin in chicken diets based on maize and domestic grains. British Poultry Science, 46: 485-493.

Jang I S, Ko Y H, Yang H Y, *et al*. 2004. Influence of essential oil components on growth performance and the functional activity of the pancreas and small intestine in broiler chickens. Asian-Australasian Journal of Animal Science, 17: 394-400.

Juven B J, Kanner J, Schved F, *et al*. 1994. Factors that interact with the antibacterial action of thyme essential oil and its active constituents. Journal Applied Bacteriology, 76: 626-631.

Köhler B. 1997. Effects on gut rnicroflora. Akzo Nobel.

Kreydiyyeh S I, Usta J, Knio K, *et al*. 2003. Dagher S. Aniseed oil increases glucose absorption and reduces urine output in the rat. Life Science, 74: 663-673.

Kroismavr A, Schedle K, Sehm J, *et al*. 2008a. Effects of antimicrobial feed additives on gut microbiology and blood parameters of weaned piglets. Bodenkultur, 59: 111-120.

Kroisniayr A, Sehm J, Pfaffl M W, *et al*. 2008b. Effects of Avilamycin and essential oils on mRNA expression of apoptotic and inflammatory markers and gut morphology of piglets. Czech Journal of Animal Science, 53: 377-387.

Lawrence B, Reynolds R. 1984. Progress in essential oils. Perfumer and Flavorist, 9: 23-31.

Lee H S, Ahn Y J. 1998. Growth-inhibiting effects of Cinnamomum cassia bark-derived materials on human intestinal bacteria. Journal Agricultural al Food Chemistry, 46: 8-12.

Lee K W, Evens H, Kappert H J, *et al*. 2003. Effects of dietary essential oil components on growth performance, digestive enzymes and lipid metabolism in female broiler chickens. British Poultry Science,44:450-457.

Lee K W, Everts H, Beynen A C. 2004. Essential oils in broiler nutrition. International Journal of Poultry Science,3:738-752.

Manzanilla E G, Nofrarias M, Anguita M,*et al*. 2006. Effects of butyrate, avilamycin, and a plant extract combination on the intestinal equilibrium of early-weaned pigs. Journal of Animal Science, 84:2743-2751.

Mellor S. 2000. Herbs and spices promote health and growth. Pig Progress, 16:27-30.

Mitsch Y, Zitterl-Eglseer K, Kohler B,*et al*. 2004. The effect of two different blends of essential oil components on the proliferation of *Clostridium perfrigens* in the intestine of broiler chickens. Poultry Science,83: 669-675.

Moleyar V, Narasimham P. 1992, Antibacterial activity of essential oil components. International Journal of Food Microbiology,16: 337-342.

Mountzouris K C, Paraskevas V, Fegeros K. 2009. Phytogenic compounds in broiler nutrition. // Steiner T. Phytogenics in animal nutrition: natural concepts to optimize gut health and performance. Nottingham: Nottingham University Press:97-110.

Muhl A, Liebert F. 2007. Growth and parameters of microflora in intestinal and faecal samples of piglets due to application of a phytogenic feed additive. Journal of Animal Physiology and Animal Nutrition,91:411-418.

Naidoo V, Mc Gaw L J, Bisschop S P R,*et al*. 2008. The value of plant extracts with antioxidant activity in attenuating coccidiosis in broiler chickens. Veterinary Parasitology, 153:214-219.

Namkung H, Li M, Gong J,*et al*. 2004. Impact of feeding blends of organic acids and herbal extracts on growth performance, gut microbiota and digestive function in newly weaned pigs. Canadian Journal of Animal Science, 84:697-704.

Nelson R R S. 2000. Selection of resistance to the essential oil of *Melaleuca alternifolia* in *Staphylococcus aureus*. Journal of Antimicrobial Chemotherapy,45:549-550.

Nofrarías M, Manzanilla E G, Pujols J, *et al*. 2006. Effects of spray-dried porcine plasma and plant extracts on intestinal morphology and on leukocyte cell subsets of weaned pigs. Journal of Animal Science,84:2735-2742.

Papageorgiou G, Botsoglou N, Govaris I,*et al*. 2003. Effect of dietary oregano oil and α-tocopheryl acetate supplementation on iron-induced lipid oxidation of turkey breast, thigh, liver and heart tissues. Journal Animal Physiology and Animal Nutrition, 87:324-335.

Platel K, Srinivasan K. 2004. Digestive stimulant action of spices: A myth or reality. Indian Journal of Medical Research, 119:167-179.

Rao R R, Platel K, Srinivasan K. 2003. *In vitro* influence of spices and spice-active principles on digestive enzymes of rat pancreas and small intestine. Food,47: 408-412.

Roth F X, Kirchgessner M. 1998,Organic acids as feed additives for young pigs: nutritional and gastrointestinal effects. Journal of Animal and Feed Sciences,8:25-33.

Shapiro S, Guggenheim B. 1995,The action of thymol on oral bacteria. Oral Microbiology and Immunology,10:241-246.

Sikkema J, De Bont J A M, Poolman B. 1994. Interactions of cyclic hydrocarbons biological membranes. Journal of Biological Chemistry, 11:8022-8028.

Sivropoulou A, Papanikolaou E, Nikolaou C, *et al*. 1996. Antimicrobial and cytotoxic activities of Origanum Essential oils. Journal of Agricultural and Food Chemistry, 44: 1202-1205.

Stiles J C, Sparks W, Ronzio R A. 1995. The inhibition of *Candida albicans* by oregano. Journal of Applied Nutrition,47: 96-102.

Xu Z R, Hu C H, Xia M S, *et al*. 2003. Effects of dietary fructooligosaccharide on digestive enzyme activities intestinal microflora and morphology of male broilers. Poultry Science, 82:648-654.

Ultee A, Bennik, H J, Moezelaar R. 2002. The phenolic hydroxyl group of carvacrol is essential for action against the food borne pathogen *Bacillus cereus*. Applied Environmental Microbiology,3:1561-1568.

Ultee A, Slump R A, Steging G, 2000. Antimicrobial activity of carvacrol toward *Bacillus cereus* on rice. Journal of Food Protection,63 (5):620-624.

Veldman A, Enting H. 1996. Effects of Crina HC 737 in feed on broiler performance and digestive physiology and microbiology. CLO- Institute for Animal Nutrition "De Schothorst".

Waldenstedt L. 2003. Effect of vaccination against coccidiosis in combination with an antibacterial oregano (*Origanum vulgare*) compound in organic broiler production. Acta Agricultural Scarzdinavica, 53:101-109.

Williams R B. 1997. Laboratory tests of phenolic disinfectants as oocysticides against the chicken coccidium *Eimeria tenella*. Veterinary Record,141:447-448.

Windisch W, Rohrer E, Schedle K. 2009. Phytogenic feed additives to young piglets and poultry: mechanisms and application. //Steiner T. Phytogenics in animal nutrition: natural concepts to optimize gut health and performance. Nottingham: Nottingham University Press:19-38.

Windisch W, Schedle K, Plitzner C, *et al*. 2008. Use of phytogenic products as feed additives for swine and poultry. Journal of Animal Science,86 (E Suppl.): 140-148.

Youn H J, Noh J W. 2001. Screening of the anticoccidial effects of herb extracts against *Eimeria tenella*. Veterinary Parasitology,96:257-263.

（本章由中国农业大学张茜、朴香淑研究员主笔，毕忠臣、张强参编）

第5章

黄连及小檗碱对畜禽的作用及应用

《神农本草经》中记载:“黄连,味苦无毒。主治热气,目痛眦伤泣出,明目,肠澼腹痛下利,妇人阴中肿痛。久服令人不忘。”黄连为毛茛科黄连属植物黄连(*Coptis chinensis* Franch. 味连)、三角叶黄连(*Coptis deltoidea* C. Y. Cheng et Hsiao,雅连)或云连(*Coptis teeta* Wall. 云连)的干燥根茎,是 2005 版《中华人民共和国药典》收载的常用中药之一。黄连入药已有 2000 多年的历史,性苦、寒,归心、脾、胃、肝、胆和大肠经。清热燥湿,泻火解毒。内治湿热痞满、呕吐吞酸、泻痢、黄疸、高热神昏、心火亢盛、心烦不寐、血热吐衄、目赤、牙痛、消渴和痈肿疔疮;外治湿疹、湿疮和耳道流脓。日本的 *Coptis japonica* Makino.,北美的 *Coptis trifolia* Salisb.(又名 Goldthread)是在世界其他地区分布的与黄连药效相近的黄连属植物(Tang 等,2009)。

5.1 黄连的生境与活性成分

5.1.1 黄连的生境及形态

黄连一般分布在 1 200~1 800 m 的高山区,需要温度低、空气湿度大的自然环境,不耐高温和干旱,不能经受强烈的阳光,喜弱光,因此需要遮阴。黄连根浅,分布于 5~10 cm 的土层,适宜表土疏松肥沃,有丰富的腐殖质,土层深厚,pH 5.5~6.5 的弱酸性土壤。黄连种类有 3 种:味连、雅连、云连。

味连,药材多数聚集成簇,常常弯曲,形如鸡爪,习称“鸡爪连”,其单枝根茎长 3~6 cm,直径 0.3~0.8 cm。表面粗糙,有不规则结节状隆起,有须根及须根残基。节间表面平滑如茎秆,习称“过桥”。其上部多残留褐色鳞叶,顶端常留有残余的茎或叶柄,表面灰黄色或黄褐色,质硬,断面不整齐,皮部橙红色或暗棕色,木部鲜黄色或橙黄色,呈放射状排列,髓部有时中空。气微,味极其苦。主产于中国重庆、四川、湖北、贵州和陕西等地。

雅连，药材多单枝、略呈圆柱形，形如“蚕状”，微弯曲，长 4～8 cm，直径 0.5～1 cm，“过桥”较长，1～3 cm。顶端有少数残基，以身干、粗壮、无须根和形如蚕者为佳品，主产于中国四川省。

云连，药材弯曲呈钩状，形如“蝎尾”，多单枝，较细小。长 2～5 cm，直径 1.5～4 cm，节间密，以干燥、条细、节多、须根少和色黄者为佳品。主产于中国云南省。

5.1.2 黄连主要活性成分

黄连的主要活性成分为多种生物碱，包括小檗碱（berberine）、黄连碱（coptisine）、甲基黄连碱（worenine）、巴马亭（palmatine）、药根碱（jatrorrhizine）、表小檗碱（epiberberine）、木兰花碱（magnoflorine）和非洲防己碱（columbamine）等。其中含量最高的是小檗碱，又名黄连素，其含量可达 5.20%～7.69%，是异喹啉生物碱的代表，其药理活性已被广泛研究，并应用于临床实践。

黄连中还含有阿魏酸（ferulic acid）和氯原酸（chlorogenic acid）等有机酸类。Kobayashi 等（1995）报道从黄连根茎中分离出拓扑异构酶Ⅰ和Ⅱ的抑制剂。Hirano 等（1997）从黄连中分离到落叶松脂醇（（+）-lariciresinol）和反式阿魏酸对羟基苯乙酯（*p*-hydroxyphenethyltrans-ferulate）。

此外，吴玉娟等（2008）报道了在不同 pH 条件下从黄连粉末中提取出了黄连多糖（coptis chinensis polysaccharide）。

5.1.2.1 小檗碱的理化特性

小檗碱在乙醚中可析出黄色针状晶体，熔点为 145℃，不溶于水，难溶于苯、乙醚和氯仿，其盐类在水中的溶解度比较小。用不同的碱处理，可得到季铵式、醛式和醇式三种不同形式的小檗碱，其中以季铵式最稳定。小檗碱的相对分子质量为 336.37，分子式为$[C_{20}H_{18}NO_4]^+$，化学式为 5,6-dihydro-9,10-dimethoxybenzo(g)-1,3-benzodioxzolo(5,6-a)quinolizinium，结构如图 5.1 所示（陆蕴茹和赵守训，1998）。

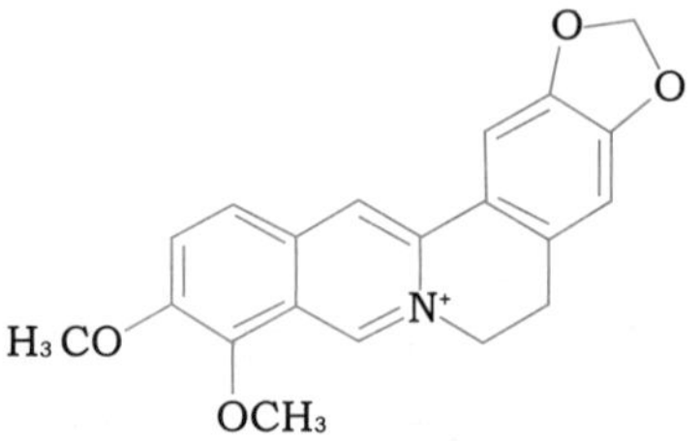

图 5.1 小檗碱化学结构

小檗碱主要由一个邻位接双甲氧基的异喹咛和带有环状双醚基的苯环以六圆环相接而形成，其 N 原子位于整个分子的近中央处，孤对电子形成 π 键共用，N 带正电。小檗碱是带正电的药物，易和带负电荷的离子或分子结合，常以氯酸盐或硫酸盐的形式存在。一价正电的 N，是其主要活性部位，同时 N 原子易受到分子立体结构的排列影响，具有化学反应的选择性（Hong 等，2000）。

5.1.2.2 小檗碱的药理活性

除黄连之外，小檗碱还存在于小檗科、罂粟科、芸香科、防己科和鼠李科等植物中，具有多种药理活性，经整理归纳如表 5.1 所示。

表 5.1 小檗碱的药理活性

组织系统	药理作用
心血管系统	降压作用；血管舒张作用；抑制血管紧张素转化酶，促进动脉 NO/cGMP 释放；加强大鼠阴茎内皮型一氧化氮合酶 mRNA 表达；抑制 5 型磷酸二酯酶 mRNA 表达；防止心室肌肥厚；改善动脉球囊损伤后新生内膜增生；缓解脑缺血再灌注损伤；抗心律失常；抑制血管平滑肌细胞增殖；抗血小板聚集；促进细胞低密度脂蛋白受体 mRNA 转录，增强 LDLR 蛋白的表达，介导细胞对脂蛋白的摄取和代谢，有良好的调脂作用
消化道系统	抗胆碱能药物；治疗腹泻；细菌性肠炎；保护肝损伤；利胆作用；抑制细胞色素 P450 3A4 在肝脏和小肠中的表达
内分泌系统	降血糖作用；抗骨质疏松作用
免疫系统	免疫增强；抑制促癌物佛波酯引起的小鼠耳廓肿胀；小檗碱通过抑制活化蛋白-1(activating protein-1，AP-1)与核酸的结合从而抑制环氧酶 2(cyclooxygenase-2，COX-2)的表达；对佐剂型关节炎的免疫调节
中枢神经系统	镇痛作用；抗焦虑作用；改善由东莨菪碱诱导的遗忘症；抑制单胺氧化酶 A 和单胺氧化酶 B 来发挥抗抑郁作用；抑制胰腺胆碱酯酶活性；抑制酪氨酸羟化酶；抑制色氨酸羟化酶；神经保护作用
皮肤	增加极性药物的皮肤渗透性
其他	抑制 DNA 和蛋白合成，具有抗肿瘤作用；对子宫癌细胞(HeLa)、卵巢癌细胞(SVKO3)、喉癌细胞(Hep-2)、人和大鼠恶性脑瘤细胞及两种食道癌细胞(YES-3 和 YES-4)具有杀伤作用；引起血胆红素释放；与致癌物质的拮抗作用；抑制环磷酰胺引起的大鼠膀胱肿胀和出血；增加肾移植受者环孢素 A 在血液中的浓度

来源：Imanshahidi 和 Hosseinzadeh，2008。

5.2 黄连对免疫应激的调控

黄连性苦，寒；能清热燥湿，泻火解毒。其活性成分以小檗碱为代表的异喹啉类生物碱为主，具有抑杀病原微生物、缓解炎症、抗氧化以及调节机体免疫等多种药理活性。因此，黄连一方面能通过消除或减少免疫刺激和阻断炎性细胞因子产生等来消除或缓解动物免疫应激，另一方面又能维持动物机体免疫系统的正常功能，保证动物机体健康。

5.2.1 抑杀病原微生物

5.2.1.1 黄连的抑菌作用

表 5.2 中总结了黄连及其活性成分的抑菌作用。汪倩雯等(2009)对比了 89 种中药乙醇提物体外对金黄色葡萄球菌,大肠杆菌以及酵母 YFK 32 的抗菌作用,发现黄连对于三种菌都有较好的抑制作用,其中,对于灰葡萄孢菌孢子萌发的抑制率在所测试的 89 种中草药中最大,达到 85.9%。卫文强等(2009)发现,黄连水煎液对于志贺氏菌、炭疽杆菌、蜡样芽孢杆菌在体外试验中也有很好的抑制作用(抑菌圈直径分别为 30,20,30,25 mm)。张红英等(2006)研究也发现,黄连醇提物对于猪链球菌的抗菌活性在所选 7 种中草药中是最强的。在复方制剂的研究中发现,黄连与乌梅对于大肠杆菌 O_8,魏氏梭菌 B 型、C 型以及鼠伤寒沙门氏菌的抑菌作用大于黄连或者乌梅的单方水提液和醇提液,抑菌直径提高大约 30%(徐倩倩等,2008)。毛理纳等(2003)报道,黄连联合头孢他啶,可以显著降低大肠埃希菌腹腔感染小鼠的死亡率,增强抗感染作用,效果优于单独使用黄连或者头孢他啶。已有体外抑菌试验研究表明,黄连对很多畜种,包括水产动物的病原菌都具有显著的抑菌作用(表 5.2)。许静红等(2011)发现,黄连对仔猪大肠杆菌的体外抑菌圈半径(12 mm)要大于庆大霉素(11 mm),强力霉素(7 mm)和林可霉素(3 mm)等抗生素。谷新利等(1993)也有类似的报道,发现黄连煎煮液对于猪致病性大肠艾希氏杆菌(O_8 血清型、O_{141} 血清型)均有明显的抑制作用。范国英等(2010)从发病仔猪粪便中分离出来强致病性大肠杆菌,发现黄连煎煮液对其有抑制作用。代春美等(2010)报道,黄连,以及黄连的最主要三种组分(小檗碱、药根碱以及巴马汀)对痢疾杆菌的生长都有不同程度的抑制作用,其中,黄连的作用是最强的,单体组分作用较弱,这可能是黄连的活性成分的综合作用。在反刍动物瘤胃微生物方面的研究,发现黄连煎煮液可以抑制瘤胃纤维分解菌(谢宝昌等,1999),表明黄连煎煮液可应用于缓解瘤胃胀气。姜延伟等(2009)对比了黄连水提液,盐酸小檗碱和黄连多糖对大肠杆菌和金黄葡萄球菌的体外抑菌作用,发现黄连水提液的抑菌作用最为明显,黄连多糖则对两种菌都没有抑菌作用。李兵等(1963)试验研究表明,肌内注射盐酸小檗碱可以抑制布氏杆菌,降低活菌疫苗免疫后豚鼠发烧。李华等(2011)采用水煎煮法与微波乙醇提取法分别研究了黄连等几种中草药的对水产养殖中的几种病原菌的抑菌与抗菌作用,发现黄连对几种病原菌的抑菌与抗菌作用在所选几种中药里表现较好,而且微波乙醇提取液的效果要好于水煎煮提取液。

5.2.1.2 小檗碱的抑菌作用

表 5.3 总结了微生物在液体培养基中对小檗碱的敏感性,小檗碱具有广泛的抑杀微生物作用(张茜和朴香淑,2010),其抑菌机理可能是由于小檗碱可以减少菌体表面的菌毛数量,从而影响细菌的附着能力(张学芳等,2000)。李娜和陈琴华(2006)指出,小檗碱同黄连的抗菌谱相似,是黄连抗菌的主要成分。但对有些细菌,黄连水提物的抗菌能力要强于小檗碱,这可能是几种活性成分具有协同作用的结果。Stermitz 等(2000a,b)研究发现,小檗碱是多重耐药(multidrug resistant,MDR)外排泵的作用底物,能够被某些细菌内的 MDR 外排泵排出,降低其抑菌效果。从植物中分离出来的无抑菌活性的黄酮木脂素 5′-甲氧基大风子品-D 和卟啉化

表 5.2 黄连及其活性成分的抑菌作用

成分	处理方式	剂量	菌种	微生物来源	结果	资料来源
黄连粉末	蒸煮		金黄葡萄球菌，无乳链球菌，停乳链球菌	牛奶样品	对三种菌的抑菌直径分别为 15,16,17 mm;剂量为 0.125 g/mL	李春来等，2011
黄连粉末	水煎煮	1 g/mL	灿烂弧菌 *Vibrio splendidus*	患病仿刺参	最低抑菌浓度(MIC)3.13 mg/mL，最低杀菌浓度(MBC)25 mg/mL	李华等，2011
			黄海希瓦氏菌 *Shewanella marisflavi*		MIC 6.25 mg/mL，MBC 25 mg/mL	
			哈维氏弧菌 *Vibrio harveryi*	韩国釜庆大学鱼病预防实验室	MIC 12.5 mg/mL，MBC 100 mg/mL	
			副溶血弧菌 *Vibrio parahaemolyticus*		MIC 12.5 mg/mL，MBC 50 mg/mL	
			迟钝爱德华氏菌 *Edwardsiellosis tarda*		MIC 12.5 mg/mL，MBC 50 mg/mL	
			海豚链球菌 *Streptococcus iniae*		MIC 6.25 mg/mL，MBC 25 mg/mL	
			杀鲑气单胞菌 *Aeromonas salmonicida*		MIC 6.25 mg/mL，MBC 50 mg/mL	
	微波乙醇法	1 g/mL	灿烂弧菌 *Vibrio splendidus*	患病仿刺参	MIC 3.13 mg/mL，MBC 12.5 mg/mL	
			黄海希瓦氏菌 *Shewanella marisflavi*		MIC 3.13 mg/mL，MBC 12.5 mg/mL	
			哈维氏弧菌 *Vibrio harveryi*	韩国釜庆大学鱼病预防实验室	MIC 3.13 mg/mL，MBC 12.5 mg/mL	
			副溶血弧菌 *Vibrio parahaemolyticus*		MIC 6.25 mg/mL，MBC 25 mg/mL	
			迟钝爱德华氏菌 *Edwardsiellosis tarda*		MIC 12.5 mg/mL，MBC 50 mg/mL	
			海豚链球菌 *Streptococcus iniae*		MIC 6.25 mg/mL，MBC 25 mg/mL	

续表 5.2

成分	处理方式	剂量	菌种	微生物来源	结果	资料来源
			杀鲑气单胞菌 *Aeromonas salmonicida*		MIC 6.25 mg/mL,MBC 25 mg/mL	
小檗碱	—	—	致病性大肠杆菌 K89,K99	仔猪	K89:MIC 0.11 mg/mL;K99:MIC 5 mg/mL	徐峥嵘等,2011
黄连	水煎煮	1 g/mL	致病性大肠杆菌	发病仔猪	最小抑菌浓度 98.2 g/L	范国英等,2010
黄连粉末	—	—	大肠杆菌	仔猪	抑菌圈直径为 24 mm	许静红等,2011
	—	—	大肠杆菌	病死仔猪	抑菌圈直径为 19 mm	刘润德等,2010
黄连	—	—	痢疾杆菌	武汉大学中国典型培养物保藏中心	生长速率常数[1] 为 0.00 611	代春美等,2010
小檗碱	—	—			生长速率常数为 0.017 92	
药根碱	—	—			生长速率常数为 0.015 22	
巴马汀	—	—			生长速率常数为 0.018 87	
黄连	水煎煮	1 g/mL	双歧杆菌,大肠杆菌	实验室保存品种	对双歧杆菌略有抑制作用,对大肠杆菌抑制作用明显	孙力军等,2004
黄连	水煎煮	1 g/mL	大肠杆菌,金黄色葡萄球菌,白色葡萄球菌,变形杆菌,炭疽杆菌	中国药品生物制品检定所	均有明显抑制作用	邱世翠等,2002
黄连粉末	水煎煮	0.2 g/mL	纤维分解菌	牛,羊瘤胃内容物	抑菌圈直径 8 mm	谢宝昌等,1999
黄连	水煎煮	1 g/mL	猪 O_8 血清型、O_{141} 血清型大肠艾希氏杆菌	新疆农科院	抑菌圈直径分别为 12.5 mm,10 mm	谷新利等,1993
盐酸小檗碱	—	肌内注射 0.004 g/d,一共 4 d	布氏杆菌活菌疫苗	—	可以抑制布氏杆菌,使注射布氏杆菌活菌疫苗的豚鼠体温恢复正常,	李兵等,1963
黄连	水提液	0.5 g/L	大肠杆菌,金黄色葡萄球菌	—	抑菌圈直径分别为 17.1 mm,15.4 mm	姜延伟等,2009
		5 g/L			抑菌圈直径分别为 24.6 mm,23.2 mm	
盐酸小檗碱	—	0.5 g/L			抑菌圈直径分别为 8.4 mm,8.2 mm	
		5 g/L			抑菌圈直径分别为 9.5 mm,9.2 mm	

注:1 生长速率常数,可作为表征细菌生长代谢过程的特征常数之一，因此在其他条件相同而加入不同抑制性药物时,其数值的改变可作为评价药物抑菌作用大小的参数。

续表 5.2

成分	处理方式	剂量	菌种	微生物来源	结果	资料来源
硫酸小檗碱	—	—	仔猪大肠杆菌，猪多杀性巴氏杆菌，鸡白痢沙门氏菌，禽多杀性巴氏杆菌	—	MIC 分别为 32，128，64 和 128 μg/mL	陈桂平等，2009
小檗碱	—	—	猪病性大肠杆菌 C83645	—	平均抑菌直径为 6.6 mm	吴科榜和董丽娜，2009
黄连	乙醇提取物	0.2 g/mL	金黄色葡萄球菌，大肠杆菌，酵母 YFK32	—	对三种菌均有抑制作用，黄连对灰葡萄孢菌孢子萌发的抑制率为 85.9%	汪倩雯等，2009
黄连	水煎煮	1 g/mL	金黄色葡萄球菌，志贺氏菌，炭疽杆菌，蜡样芽孢杆菌	中监所	抑菌圈直径分别为 30，20，30，25 mm	卫文强等，2009
黄连	水提液，乙醇提液	1 g/mL	大肠杆菌 O_8，魏氏梭菌 B 型、C 型	中国兽医药品监察所	水提液对三种菌的抑菌直径分别为 9.16、10.24、11.55 mm；醇提液对三种菌的抑菌直径分别为 10.07、9.52、11.10 mm	徐倩倩等，2008
黄连	水提液，乙醇提液	1 g/mL	鼠伤寒沙门菌	东北农业大学微生物实验室	水提液的抑菌直径为 12.61 mm，醇提液的抑菌直径为 11.12 mm	徐倩倩等，2008
黄连复方制剂	乙醇提液	—	猪源高强致病性大肠杆菌(cvcc216)	国家兽医微生物菌种保藏管理中心	最低抑菌浓度(MIC)15.6 mg/mL，最低杀菌浓度(MBC)125 mg/mL	董灿娟等，2008
黄连复方制剂	乙醇提液	—	沙门氏菌(503)	国家兽医微生物菌种保藏管理中心	最低抑菌浓度(MIC)2.1 mg/mL，最低杀菌浓度(MBC)68.8 mg/mL	董灿娟等，2008
黄连	水提物，乙醇提物	—	猪链球菌	—	水提物 MIC 为 62.5 mg/mL，乙醇提物为 15 mg/mL	张红英等，2006

表 5.3　微生物在液体培养基中对小檗碱的敏感性

μg/mL

微生物	MIC	微生物	MIC	微生物	MIC	微生物	MIC
短小芽孢杆菌 *Bacillus pumilis*	25.0	鲍氏志贺菌 *Shigella boydii*	12.5	胡萝卜软腐欧文氏菌 *Erwinia carotovora*	100	热带念珠菌 *Candida tropicalis*	3.1
蜡样芽孢杆菌 *Bacillus cereus*	50.0	金黄色葡萄球菌 *Staphylococcus aureus*	6.2～50.0	白色念珠菌 *Candida albicans*	12.5	申克孢子丝菌 *Sporotrichum schenkii*	6.2
枯草芽孢杆菌 *Bacillus subtilis*	25.0	白色葡萄球菌 *Staphylococcus albus*	50.0	产朊假丝酵母 *Candida utilis*	12.5	溶组织内阿米巴 *Entamoeba histolytica Schaudinn*	200
白喉棒状杆菌 *Corynebacterium diphtheria*	6.2	霍乱弧菌 *Vibrio cholerae*	12.5～50.0	芒果假单胞菌 *Mango pseudomonas*	>100	副伤寒沙门菌 *Salmonella paratyphi*	> 100
大肠杆菌 *Escherichia coli*	50～100	柑橘黄单胞杆菌 *Citrus xanthomona*	3.1	青枯假单胞菌 *Pseudomonas solanacearum*	> 100	乙型副伤寒沙门菌 *Salmonella paratyphi*	> 100
肺炎克雷伯菌 *Klebsiella pneumoniae*	25.0	锦葵黄单胞杆菌 *Malva xanthomonas*	6.2	荧光假单胞菌 *Pseudomonas fluorescens*	> 100	鼠伤寒沙门菌 *Salmonella typhimuri-*	> 100
绿脓假单胞菌 *Pseudomonas aerugi nosa*	> 100	野油菜黄单胞杆菌 *Xanthomonas campestris*	12.5				

来源：张明发和沈雅琴，2003。

合物脱镁叶绿酸 a 能抑制细菌内的 MDR 外排泵对小檗碱的外排作用，成倍增加小檗碱的抑菌活性。上述研究结果在一定程度上解释了黄连水提物比小檗碱单体抗菌效果更佳的原因可能是由于黄连水提物中其他活性成分发挥了协同效应。

小檗碱的抑菌作用受环境 pH 影响很大，在弱碱性环境下，抗菌作用远高于弱酸性环境。小檗碱能与细菌体内的辅酶磷酸吡哆醛竞争酪氨酸脱羧酶和色氨酸酶上的酶蛋白，产生不可逆抑菌作用（张明发和沈雅琴，2003）；小檗碱也能抑制细菌内糖代谢过程中的丙酮酸氧化，使细菌对维生素 B_6 和烟酰胺等的利用受到限制，产生抑菌作用；此外，小檗碱还能抑制细菌体内的 DNA、RNA、蛋白质和类脂的合成，从而抑制细菌的繁殖（牛奎之和高维智，1995）。

体内外试验研究表明，小檗碱具有消除多重耐药性痢疾杆菌耐药质粒的能力（李立津等，1994；杨春梅等，2000）。进一步研究表明，黄连水提物对大肠杆菌 R 质粒消除作用明显，且细菌丢失的耐药性可表现为单一或两种细菌耐药性的丧失，有利于恢复细菌对抗生素的敏感性（陈群等，1996）。因此，黄连及其活性成分小檗碱临床应用治疗感染性疾病的同时，又能消除耐药质粒，恢复细菌对其他抗菌药物的敏感性，并阻止耐药性扩散。

小檗碱可通过抑制甾醇 24-甲基转移酶活性，阻止 L-甲基甲硫氨酸插入麦角甾醇，从而抑制真菌细胞壁合成产生杀菌作用，但这一作用仅存在于真菌的生长期（Basha 等，2002）。

体外试验表明，硫酸小檗碱对仔猪大肠杆菌、猪多杀性巴氏杆菌、鸡白痢沙门氏菌、禽多杀性巴氏杆菌都有抑制作用，效果优于硫酸黏菌素，同时表现出与硫酸黏菌素具有协同作用，最佳比例为 1∶(2～4)（陈桂平等，2009）。吴科榜和董丽娜(2009)也发现，小檗碱对猪致病性大肠杆菌有抑制作用，并且与培氟沙星表现出协同作用，复方黄连素（小檗碱 + 培氟沙星）的平均抑菌直径为 21 mm，大于二者单独的抑菌直径（小檗碱为 6.6 mm，培氟沙星为 16.7 mm）。小檗碱对溶组织内阿米巴原虫的最小抑制浓度(MIC)为 200 μg/mL，当浓度增大至 0.5～1 mg/mL时表现为杀原虫作用，阿米巴滋养体与小檗碱接触后形态学发生改变（包括阿米巴原虫成囊、变性和溶解），但小檗碱对阿米巴包囊无杀灭作用。当小檗碱浓度大于 5 mg/mL 时才影响肠道菌群生长，故小檗碱抗杀阿米巴原虫作用不是通过抑杀肠道菌群产生（Hwang 等，2003）。

5.2.2 阻断炎性因子产生

王利津和徐强(2001)研究发现，黄连解毒汤能够通过抑制 IL-1、NO 和前列腺素 E2 等炎症因子的生成来缓解小鼠内毒素血症。不仅如此，黄连解毒汤在体外能够直接将内毒素的链状式网状结构破坏，并将其裂解为板状或短片状（戴锡珍和高淑娟，2000）。赵保胜等(2007)研究发现黄连解毒汤能阻断 LPS 受体 TLR4 的高表达，阻断 TLR4 胞内信号转导的髓样分化因子 88 依赖和非依赖两条途径（以阻断非依赖途径为主），抑制 TNF-α 过度分泌，从而阻断炎症反应。

在动物试验中，小檗碱可提高小鼠内毒素血症的存活率，缓解肺和肠道组织损伤，并抑制外周血中 γ 干扰素(interferon-γ，IFN-γ)和 TNF-α 产生，促进白细胞介素-10(interleukin-10，IL-10)和白细胞介素-12(interleukin-12，IL-12)的释放（Li 等，2006）；能减轻溃疡性结肠炎小鼠结肠黏膜的损伤，减少炎性细胞浸润，抑制 NF-κB 激活，阻遏炎性细胞因子转录（Zhou 和 Mineshita，2000；舒德忠，2005）；还能通过提高肉鸡血浆中异嗜白细胞、IL-6 和总蛋白质的水平来缓解 LPS 引起的肝脏代偿性肿大，从而提高生产性能(Shen 等，2010)。

在细胞试验中，小檗碱通过抑制 AP-1 与核酸的结合从而抑制 COX-2 的表达，抑制炎症反应(Lee 等，2003；Kuo 等，2004)，小檗碱也可通过抑制 IκBα 的磷酸化和降解，进而抑制 NF-κB 激活，减少促炎性因子 TNF-α 和 IL-1β 的释放(Hsiang 等，2005；Lee 等，2007)；此外，小檗碱还能通过抑制丝裂原活化蛋白激酶磷酸化和降低 ROS 含量来调控磷酸腺苷活化蛋白激酶信号通路，抑制促炎性因子基因表达(Jeong 等，2009)。

5.2.2.1 免疫调节

吕燕宁和邱全英(2000)报道，在小鼠迟发性超敏反应(delayed type hypersensitivity，DTH)中，小檗碱能抑制体内 IFN-γ、TNF-α、IL-1 和 IL-2 等细胞因子的产生和分泌，抑制免疫反应，从而减轻炎症损伤(吕燕宁和邱全英，2000)。这表明小檗碱的免疫调节作用与阻断炎性因子的产生有着直接关系。

小鼠离体和在体试验结果表明，硫酸黄连素可增强腹腔巨噬细胞和人全血白细胞吞噬白葡萄球菌的功能；促进小鼠腹腔巨噬细胞产生 IL-1；抑制脾细胞产生 IL-2，抑制 T 和 B 淋巴细胞转化；加速小鼠网状内皮系统对炭粒的廓清速度；抑制小鼠血清溶血素的产生和足跖 DTH。上述试验结果说明小檗碱可增强小鼠非特异性免疫反应，抑制细胞和体液免疫(耿东升等，1996)。

小檗碱增强单核/巨噬细胞系统的功能可能是由于小檗碱自身结构中的季铵离子减弱了异物与细胞间的静电斥力，使异物易与吞噬细胞表面相应受体结合而促进吞噬作用(郑洪艳和徐为人，2004)。小檗碱抑制淋巴细胞的增殖则可能与小檗碱抑制增殖旺盛的淋巴细胞 DNA 合成有关(郑洪艳和徐为人，2004)，也可能是通过抑制细胞表面黏附因子的表达而抑制淋巴细胞与内皮细胞的黏附，从而抑制淋巴细胞再循环而发挥免疫抑制作用(郝钰等，1999)；此外，小檗碱还可通过干扰早期活化信号转导通路而抑制 T 细胞活化和增殖，发挥其免疫抑制作用(何贤辉等，2002)。

5.2.2.2 抗氧化

Schinella 等(2002)通过研究 20 种中草药(包括黄连)体外抑制脂质过氧化反应和清除自由基的能力，证实中草药缓解炎症的作用与其抗氧化性能有着直接的关系。大量的体内外试验也表明黄连及其活性成分小檗碱具有良好的抗氧化作用。袁王俊(2009)等采用 DPPH，铁离子还原/抗氧化力测定法(ferric reducing/antioxidant power assay，FRAP)以及清除 ABTS 自由基的方法研究了黄连不同部位的抗氧化活性，发现黄连根须的抗氧化活性最高，同一部位的提取物，其清除自由基能力随着浓度增大而增大。

谢云峰等(2000)报道黄连解毒汤组方中 4 种单味药黄连、黄芩、黄柏和栀子均具有直接清除活性氧的作用。无论是黄连解毒汤还是黄连单煎剂，都能提高胰岛素抵抗大鼠的胰岛素敏感性，提高大鼠的抗氧化能力，改善内质网的应激状态，这可能与其抑制 JN K 通路有关(杨小玉等，2008)。黄连解毒汤在体外可明显抑制红细胞自氧化或过氧化氢(hydrogen peroxide，H_2O_2)所致红细胞溶血，并可抑制小鼠体内脂质过氧化产物丙二醛(malondialdehyde，MDA)生成，对 H_2O_2 所致羟自由基(hydroxyl free radical，·OH)亦有直接的清除作用(郭月英等，1993；王利津和徐强，2001)。

黄连提取液对小鼠红细胞溶血和脂质过氧化具有明显的抑制作用，且具有极强的自由基清除能力(Liu 和 Ng，2000；杨澄等，2001；Schinella 等，2002)。宋鲁成等(1992)研究发现，5%的黄连水提液可以显著降低大鼠脑匀浆、肝脏以及胰脏中的 MDA 含量。黄连须根、茎叶及花薹均表现出了直接清除 $\cdot OH$、$O_2^{-\cdot}$ 和 H_2O_2 的活性，并均可拮抗猪油的自发氧化(屠大伟等，2007)。

Shirwaikar 等(2006)体外试验研究表明，小檗碱可以通过清除活性氧自由基，抑制 NO 的生成，以及螯合铁离子等多种机制来发挥抗氧化效应。吴俊芳等(1995，1999)报道，小檗碱对脑组织及中枢神经细胞的氧化应激损伤有保护作用，其作用机制可能与其提高抗氧化物质谷胱甘肽含量，减少脂质过氧化物生成有关。官红雨和王淑秋(2007)报道，小檗碱对糖尿病大鼠睾丸组织氧自由基损伤有明显的拮抗作用，这可能与其能够提高超氧化物歧化酶(superoxide dismutase，SOD)活性，减少 MDA 产生，抑制 iNOS 活性，进而减少 NO 合成有关。小檗碱和黄连水提物还能够通过提高大鼠肝脏组织中的 SOD 酶活性，缓解四氯化碳造成的急性肝损伤(Ye 等，2009)。

在黄连中除小檗碱外，巴马亭、药根碱和黄连碱对亚油酸的叶绿素过敏都表现出极强的抗氧化作用，说明它们对单线态氧有直接淬灭作用(Kim 等，2000)；巴马亭、小檗红碱和黄连碱也均具有 $\cdot OH$ 自由基清除作用(Jang 等，2009)。黄连的甲醇提取物中还可分离出落叶松脂素和反式阿魏酸对羟基苯乙酯两种自由基清除剂，且二者均具有超氧化物歧化酶样作用，其中落叶松脂素比抗坏血酸(维生素 C)的自由基清除活性更强(Hirano 等，1997)。

吴玉娟等(2008)在黄连中提取出黄连多糖，分别测定其对于 $\cdot OH$，$O_2^{-\cdot}$ 以及 DPPH 的抗氧化活性，结果表明黄连多糖具有较好的清除自由基的功能，可以作为抗氧化剂。

5.3　黄连中代表成分小檗碱体内吸收代谢

5.3.1　小檗碱体内吸收

小檗碱口服后，人和动物都有一定量的吸收，血药浓度达到峰值所需时间较短，但血浓度较低(盛美萍等，1993；瞿勤姝和张明发，2002)。口服药物吸收需要药物经肠上皮细胞跨膜转运和(或)细胞旁路转运。其中，能通过被动跨膜吸收的药物一般为亲脂性药物或生理条件下的有机阳离子，这些物质同时也是 P-糖蛋白(P-glycoprotein，P-gp)的作用底物。P-gp 称为药物转运糖蛋白，可将口服进入肠上皮细胞内的药物重新外排到肠道，降低药物的口服生物利用度(van Asperen 等，1998)。经研究发现，小檗碱是肠上皮细胞 P-gp 的作用底物，P-gp 抑制剂可以提高小檗碱在肠道中的吸收，提高其口服生物利用率(Maeng 等，2002；Pan 等，2002a)。

小檗碱吸收后在组织器官分布快，分布广，且在多数组织器官内的药物浓度高于血药浓度(瞿勤姝和张明发，2002)。小鼠口服小檗碱和含等量小檗碱的黄连粉 2 h 后，小檗碱在肝脏分布最高，心、肾和胰脏次之，最后是肺和脾。服用黄连粉的小鼠与服用小檗碱的相比，前者的小檗碱浓度分布显著高于后者。由此可推断黄连粉中的其他成分可能促进了小檗碱的吸收，在生物效应方面也可能有一定的协同作用（申竹芳和谢明智，1993）。

5.3.2 小檗碱体内代谢

大鼠口服小檗碱 4 h 后，通过高效液相色谱法（high performance liquid chromatography，HPLC）分析胃和小肠内容物，证实小檗碱在胃肠道稳定，微生物对其代谢没有影响（朱志勇，2002）。小檗碱的代谢主要在肝脏进行，代谢产物经由胆汁分泌到十二指肠（Zuo 等，2006）。小檗碱被吸收入血后，在体内肝药酶及其他酶的作用下，脱去联氧亚甲基和甲基，然后在肝脏或者其他器官葡萄糖醛酸转移酶和硫酸转移酶的催化下生成最终代谢物（朱志勇，2002）。余琛等（2000）首次检测到健康人口服小檗碱后，尿中存在 4 个未知的代谢峰。Pan 等（2002b）从尿中分离鉴定出三个硫酸结合型代谢产物，分别为药根碱-3-硫酸酯（M1）、脱亚甲基小檗碱-2-硫酸酯（M2）和 thalifendine-10-硫酸酯（M3），其中 M2 为主要的代谢产物。可是在尿中没有发现小檗碱的Ⅰ相代谢物药根碱、thalifendine-10-硫酸酯和脱亚甲基小檗碱。相反，在血液中小檗碱的这些Ⅰ相代谢物浓度相对较高，滞留时间较长，且这些Ⅰ相代谢物仍具有小檗碱的各种生物活性，可能会使其药效持续时间延长。

5.4 黄连及其活性成分在动物生产中的应用

表 5.4 总结了近年来黄连及其活性成分在动物生产实际中的应用，其主要包括预防，治疗动物疾病（仔猪，家禽腹泻），提高生产性能以及增强动物机体的免疫力。

5.4.1 养猪生产中的应用

在猪饲料添加与疾病防治方面的研究，许静红等（2011）报道，在仔猪饲料中添加黄连可以有效地治疗仔猪下痢，且与恩诺沙星、庆大霉素无显著差异，可以替代抗生素，作为绿色天然的饲料添加剂。宁学平和雷岚（2010）提出了黄连解毒汤对于猪“高热病”的预防与治疗措施，黄连解毒汤配合抗生素，对于猪“高热病的治愈率达 100%”。董灿娟等（2008）报道，饲料中添加 2%黄连复方制剂，可以显著改善断奶仔猪饲料转化效率，显著降低腹泻率，与体外抑菌试验相一致，达到替代抗生素（硫酸黏菌素）的效果。丁亮（2000）在母猪日粮中添加黄连，可以防治哺乳仔猪白痢，治愈率可达 95%。韦公远（2000）采用穴位注射法（交巢穴），报道了小檗碱可以用于治疗严重腹泻的仔猪。刘辅棋（1989）报道，盐酸小檗碱在治疗（肌内注射）仔猪黄痢方面的效果，要优于呋喃唑酮、氯霉素、卡那霉素、土霉素以及链霉素等，同时还更加经济。郭大智等（1983）报道，在菜籽粕日粮中添加小檗碱，可以提高肥育猪的日增重，改善由于高剂量菜籽粕对猪甲状腺造成的负面影响，且效果优于土霉素。

表 5.4 黄连及其活性成分在畜牧生产中的应用

成分	计量	动物	使用方法	结果	资料来源
黄连粉末	0.5 g/kg 体重	仔猪	饲料添加	治疗仔猪白痢，与恩诺沙星，庆大霉素无显著差异，可以替代抗生素	许静红等，2011
黄连解毒汤	1.5 mL/只	艾维因肉	口服	防治雏鸡感染法氏囊病，提高免疫	崔岩等，2010
黄连，白头翁等复方制剂	1%～1.5%	罗斯肉鸡	饲料添加	日粮添加的复方制剂可以增强肉鸡免疫功能，提高生产性能	贺永康等，2010
黄连解毒汤	—	猪	胃管投服	治疗猪“高热病”	宁学平和雷岚，2010
小檗碱	60 mg/kg	蛋鸡	饲料添加	提高肠道消化酶活性，改善微生物区系	张利娟和王志祥，2010
黄连水提物	2%鱼体重	美国红鱼	饲料添加	提高白细胞吞噬活性，吞噬指数和血清溶菌酶活性	马爱敏等，2009
黄连复方制剂	2%	仔猪	饲料添加	提高生产性能，降低腹泻率，可以替代抗生素	董灿娟等，2008
黄连水提物	0.10%	獭兔	饲料添加	增强免疫力，提高生产性能，可以替代抗生素	魏炳栋等，2008
黄连粉末	0.50%	肉鸡	饲料添加	提高肠道蛋白酶和淀粉酶的活性，抑制大肠杆菌	何晓丽，2008
小檗碱		艾维因肉鸡	饲料添加	提高肉鸡抗氧化水平，促进脂类代谢	王志祥，2006
小檗碱	150 mg/kg	AA 肉鸡	饲料添加	提高肉鸡生长性能，改善肉鸡血清激素水平，提高新城疫抗体效价水平	周保华 2006
黄连，大黄	1%	克氏原螯虾，红螯螯虾	饲料添加	增强红细胞的吞噬活性，增加活弧菌攻毒后的克氏原螯虾的免疫保护率	陈孝煊等，2002
黄连等中草药	1 g/kg 体重	母猪	饲料添加	治疗仔猪白痢	丁亮，2000
小檗碱		仔猪	交巢穴注射	治疗仔猪腹泻	韦公远，2000
黄连，黄芩等复方制剂	0.40%	艾维因肉鸡	饲料添加	抑菌，抗球虫，促生长，效果优于土霉素	尹清强等，1998
黄连止泻散	2%	蛋鸡	饲料添加	有效的鸡白痢，同时提高日增重和产蛋量	孙荣华，1997
硫酸小檗碱	1%，10 支	荷斯坦奶牛	注射	治疗子宫内膜炎	李忠义，1992
盐酸小檗碱	5 mg/次，2～3 次/d	仔猪	注射	预防，治疗仔猪黄痢，优于呋喃唑酮，氯霉素，土霉素等	刘辅棋，1989
复方黄连素	1%	雏鸭	口服	预防，治疗雏鸭白痢病	张克和王荣民，1989
盐酸小檗碱	10 mg/kg	肥育猪	饲料添加	提高饲喂菜籽粕日粮猪的日增重，改善甲状腺功能，效果优于土霉素组	郭大智等，1983

5.4.2 禽类生产中的应用

关于家禽方面的报道，贺永康等(2010)发现日粮中添加黄连复方制剂(1%～1.5%)，可以提高罗斯肉鸡的生产性能，提高粗蛋白质，粗脂肪以及钙磷的表观消化率。崔岩等(2010)研究了黄连解毒汤对于雏鸡(21 日龄艾维茵)在人工感染传染性法氏囊病毒条件下，免疫器官和功能的影响。发现黄连解毒汤可以降低病鸡的胸腺、法氏囊、脾脏的损伤，同时可以提高外周血 ANAE+T 细胞数量，改善红细胞免疫黏附功能，对雏鸡的免疫功能起到保护作用。何晓丽等(2008)通过饲料中添加黄连粉末(0.5%)，发现可提高肉鸡肠道蛋白酶和淀粉酶活性，提高双歧杆菌，同时抑制大肠杆菌水平。王志祥等(2006)报道了小檗碱(提取自三颗针)可以提高艾维因肉鸡的抗氧化水平(胸肌、腿肌中 SOD 活性显著增高，肝脏 GSH-Px 显著提高)，促进脂类代谢(降低血液甘油三酯和总胆固醇含量)。周保华(2006)发现，日粮中添加小檗碱可以提高 AA 肉鸡生产性能，改善肉鸡血清激素水平，提高肉鸡胸肌率以及新城疫血凝抑制抗体水平。尹清强等(1998)通过艾维因肉鸡的饲养试验，发现日粮添加黄连复方制剂(0.4%～0.47%)有促进生长，抑菌和抗球虫的作用，同时与土霉素等抗生素相比较，具有低残留和低耐药性等优点。张利娟和王志祥(2010)在蛋鸡的研究发现，虽然对于产蛋量和日采食量没有显著性影响，但是日粮中添加小檗碱可以显著提高十二指肠和空肠淀粉酶活性，以及十二指肠和回肠蛋白酶的活性；同时可以改善微生态区系的平衡。孙荣华(1997)发现，饲料中添加 2%黄连止泻散可以治愈蛋鸡白痢病(96.7%治愈率)，同时可以提高产蛋量以及增重。其他禽类研究中发现，口服复方黄连素可以防治雏鸭白痢病(张克和王荣民，1989)，治愈率达 100%。

5.4.3 其他

除此之外，李忠义(1992)报道了注射硫酸小檗碱可以治疗荷斯坦奶牛子宫内膜炎。牛魏炳栋等(2008)报道，饲料中黄连水提物可以提高獭兔日增重，改善料重比，具有抗病和提高免疫力的作用。陆文永等(2006)总结了中草药在水产养殖中的应用，黄连主要用于抗细菌，抗病毒。给药的方法包括口服，泼洒水煎剂或原始物，挂袋浸液以及药浴法。推荐的几种常见处方中，黄连的应用相当普遍，可见其在抗病方面的重要性。马爱敏等(2009)研究表明，饲料中添加黄连水提物可以提高美国红鱼白细胞吞噬活性、吞噬指数以及血清溶菌酶活性。陈孝煊等(2002)发现，饲喂黄连可以提高克氏原螯虾和红螯螯虾吞噬百分比、吞噬指数以及吞噬活性。

5.5 黄连和小檗碱的毒副作用

5.5.1 黄连毒副作用(《黄连及黄连素的药用安全性》)

在小鼠急性毒性试验中，黄连灌胃的半数致死剂量(medium lethal dosage，LD_{50})为 4.89 g/kg 体重(邱赛红等，2004a)。连续 8 d 每天灌胃黄连 3 g/kg 体重能引起小鼠胃肠功能紊乱,并对肝功能有一定损害(邱赛红等,2004b)。沈涛等(2006)发现,以 SD 大鼠为实验动物,红细胞内谷胱甘肽水平呈现出与黄连剂量的依赖性关系,高剂量黄连会减少红细胞内谷胱甘肽的含量,导致红细胞膜稳定性降低,引起功能失调。一些报道指出黄连可能会诱发葡萄糖-6-磷酸脱氢酶缺陷新生儿溶血性黄疸和核黄疸(杨守业和高晓山,1996)。然而,实验室和社会调查都没有发现新生儿服用黄连或含黄连方剂诱发黄疸或可能导致黄疸的证据,也没有证据显示孕妇和乳母服用黄连或小檗碱会导致胎儿、新生儿和乳儿黄疸的情况。相反,黄连或含黄连复方还在治疗新生儿感染性疾病中普遍使用。在我国中医药文献中,黄连并没有被列为妊娠禁忌药(高晓山等,2002)。

研究发现种蛋鸭饲料中添加黄连会引起种蛋鸭全身无力、肠萎缩、实质性肾炎等症状,最后导致死亡(杨保栓等,2002)。尹清强等(1998)也有类似报道,在艾维因肉鸡饲料中添加黄连等中草药复方制剂超过 0.7%时,会使肉鸡死亡率显著性提高。

5.5.2 小檗碱毒副作用

王志祥等(2006)研究表明,小檗碱在肉鸡饲料中计量达到 3.5 g/kg 时会抑制肉鸡的采食量。Kowalewski 等 1975 年报道,连续 6 周每天灌胃硫酸小檗碱 500 mg/kg 体重不会对大鼠的组织和器官造成病理伤害。大量试验表明,动物种类和给药方式的不同使得小檗碱 LD_{50}存在很大差异。蓝志成(1992)报道,仔猪(1.8 kg 体重)注射小檗碱剂量过大时(硫酸小檗碱,10 mL),引起仔猪当场死亡。谢赋逵等(1986)报道,给小鹅口服盐酸小檗碱(0.05 g)会引起精神委靡,食欲不振,最终死亡。小檗碱及其类似物静脉注射的毒性远高于口服灌胃(Tang 等,2009)。

早期试验中,小鼠皮下注射氢氯小檗碱的最大耐受剂量为 10 mg/kg 体重;硫酸小檗碱腹腔注射 LD_{50}为 24.3 mg/kg 体重,口服 LD_{50}为 392 mg/kg 体重。大鼠中,硫酸小檗碱腹腔注射 LD_{50}为 88.5 mg/kg 体重,口服 LD_{50}为 1 g/kg,肌内注射 LD_{50}为 14.5 mg/kg 体重。在同等试验条件下,小鼠和大鼠腹腔注射小檗碱的 LD_{50}分别为 30 mg/kg 体重及 205 mg/kg 体重,意味着小鼠对小檗碱的敏感度是大鼠的 6 倍(Tang 等,2009)。

近年来,氯化小檗碱的毒性研究受到关注。Jahnke 等(2006)指出,氯化小檗碱对妊娠母鼠有明显毒副作用,但不会对胎儿造成伤害。在大鼠生长发育毒性试验中,灌胃氯化小檗碱对妊娠母鼠的最低可见有害作用水平为 531 mg/kg 体重,其无可见有害作用水平能高达 1 000 mg/kg体重。在小鼠生长发育毒性试验中,33%受试母鼠死亡,存活母鼠的饮水量显著增加,活仔数不变,但平均窝仔重下降 5%~6%。总之,在大鼠和小鼠的生长发育毒性试验中,小檗碱的无可见有害作用水平是日常摄入量的500倍,治疗剂量的 60~100 倍。

小檗碱毒性反应的症状主要有便秘、腹泻、过敏、皮炎和皮疹、呼吸系统及循环系统疾病等。另外,还有报道称过量小檗碱能够引起血胆红素增加,导致新生儿溶血性黄疸和核黄疸的发生(Chan,1993,1994)。

5.6 结语

综上所述,在过去的几十年中,黄连、黄连提取物以及其有效成分小檗碱由于其药用性,和潜在的抗生素替代效应，在动物营养以及动物医学上一直引起关注。黄连的应用与许多因素相关，如黄连提取物的组成成分、添加剂量、动物品种、日粮组分和饲养管理等。由于黄连的组分较多，且不同的组分具有不同的潜在生物学效用，因此研究黄连的具体作用效果是有一定困难的。尽管黄连、黄连提取物及其有效活性成分在营养物质消化、肠道功能和免疫系统方面的相关报道还较少，其促生长的作用机制尚不清楚。但是，公众对抗生素耐药性细菌发展的普遍担忧，抗生素促生长剂已被禁止在欧洲联盟(欧盟)使用，世界其他国家和地区也逐步开始重视抗生素引发的副作用；一系列的研究数据表明，黄连可在畜牧业上作为一种天然的、绿色的抗生素促生长剂，其发展前景是非常远大的。

参考文献

陈桂平，牛鹏霞，程明镜. 2009. 硫酸黄连素与硫酸粘菌素的体外联合抑菌研究. 中国动物保健，9(3)：110-111.

陈群，陈南菊，王胜春. 1996. 黄连对大肠杆菌 R 质粒消除作用的实验研究. 中国中西医结合杂志，16(1)：37-38.

陈孝煊，吴志新，张厚梅. 2002. 大黄与黄连对二种淡水虾血细胞吞噬活性的影响. 水生生物学报，26(2)：201-204.

崔岩，侯风琴，祝国强，等. 2010. 黄连解毒汤对雏鸡免疫功能及免疫器官的影响. 广东农业科学，35(5)：135-137.

代春美，王伽伯，孔维军，等. 2010. 微量热法研究黄连及其主要组分配伍的抑菌作用. 化学学报，68(10)：936-940.

丁亮. 2000. 母猪服中草药治仔猪白痢病. 四川畜牧兽医，27(4)：53.

董灿娟，吴跃明，刘建新，等. 2008. 中草药添加剂对早期断奶仔猪生长的影响和抗腹泻效果. 中国畜牧杂志，44(11)：30-33.

戴锡珍，高淑娟. 2000. 黄连解毒汤体外抗内毒素作用的实验研究. 中国中医基础医学杂志，6(5)：31-32.

范国英，钟华，刘俊伟，等. 2010. 黄芩、黄连等对猪致病性大肠杆菌的体外抑菌试验. 湖北农业科学，49(5)：1155-1157.

谷新利，剡根强，商云霞. 1993. 15 味中药对猪致病性大肠艾希氏杆菌的体外抑菌试验. 中兽医医药杂志，4(1)：14-16.

高晓山，陈馥馨，杨守业，等. 2002. 黄连致溶血性黄疸毒性及其防治研究综合报告. 中国中药杂志，27(1)：70-74.

耿东升，刘发，刘学彬，等. 1996. 硫酸黄连素对免疫系统的影响. 中国药理学通报，12(6)：536-539.

官红雨，王淑秋. 2007. 黄连素对糖尿病大鼠睾丸氧化损伤的保护作用. 医药世界，48：34-36.

郭大智，蔡学林，杨凤，等. 1983. 菜籽饼、土霉素、黄连素和穿心莲对育肥猪甲状腺功能的影响. 核技术，11(6)：67-68.

国家《中华人民共和国药典》编委会. 2005. 中华人民共和国药典(中文 2005). 北京：化学

工业出版社：213-214.

郭月英，于庆海，张毅．1993．黄连解毒汤实验药理研究．中成药，15(8)：29-31．

郝钰，邱全瑛，吴珺，等．1999．小檗碱对淋巴细胞与血管内皮细胞粘附及粘附分子的影响．中国免疫学杂志，15(11)：523-525．

何贤辉，曾耀英，徐丽慧，等．2002．黄连素对T淋巴细胞活化和增殖的抑制作用．中国病理生理杂志，18(10)：1183-1186．

何晓丽，周蓉，蒋晶，等．2008．中药添加剂对鸡肠道消化酶及微生物数量影响的研究．天津农业科学，14(1)：25-28．

贺永康，赵国先，贺发生，等．2010．中草药对肉鸡生产性能和养分表观消化率的影响．饲料研究，(5)：30-33．

姜延伟，王懿萍，吴玉娟，等．2009．黄连多糖抑菌活性初探．时珍国医国药，20(1)：48-49．

蓝志成．1992．注射黄连素过量的教训．广西畜牧兽医，(4)：44-45．

李兵，王文余，杨德玲，等．1963．盐酸黄连碱对布氏杆菌活菌菌苗免疫反应的影响．微生物学报，(3)：319．

李春来，柴方红，李岩，等．2011．吉林地区奶牛乳房炎致病菌中药抑菌试验．吉林畜牧兽医，32(8)：1-3．

李华，李强，付雷．2011．几种中草药对海水养殖中常见病原菌的抗菌作用．大连海洋大学学报，26(1)：6-11．

李立津，王哲，胡文芝．1994．氟哌酸和黄连素对志贺氏菌耐药性质粒消除研究．中华传染病杂志，12(1)：4-8．

李娜，陈琴华．2006．黄连-小檗碱的药理作用研究概况．中国临床医药研究杂志，159：28-29．

李忠义．1992．黄连素在治疗奶牛子宫内膜炎中的应用．黑龙江畜牧兽医，(10)：17．

瞿勤姝，张明发．2002．小檗碱的药动学．中国医学生物技术应用杂志，7(4)：31-35．

刘辅棋．1989．黄连素治疗仔猪黄痢有较好效果．江西畜牧兽医杂志，(1)：58．

刘润德，蒋培红，刘倩．2010．单味中药煎液对猪大肠杆菌体外抑菌作用试验．中国畜禽种业，15(7)：155-156．

陆文永，王传慧，常泰．2006．中草药在水产养殖中的实际应用．北京水产，(5)：54-55．

陆蕴如，赵守训．1998．中药化学．北京：学苑出版社：243．

吕燕宁，邱全瑛．2000．小檗碱对小鼠DTH及其体内几种细胞因子的影响．中国免疫学杂志，16(3)：139-141．

马爱敏，闫茂仓，常维山，等．2009．5种中草药对美国红鱼生长和免疫机能的影响．海洋科学，33(12)：96-102．

毛理纳，杨玉华，胡新辉，等．2003．头孢他啶联合黄连的抗菌作用．河南职工医学院学报，15(4)：1-5．

宁学平，雷岚．2010．黄连解毒汤治疗猪“高热病”．中国畜禽种业，(12)：109-110．

牛奎之，高维智．1995．黄连素的药理和临床应用．中原医刊，95(2)：47-48．

邱世翠，荣先国，邸大琳，等．2002．黄连的体外抑菌作用研究．时珍国医国药，13(4)：196．

邱赛红，汤淮波，李飞艳，等．2004a．常用苦寒药的急性毒性实验研究．中南药学，2(1)：37-38．

邱赛红，李飞艳，尹健康，等. 2004b. 9味苦寒药对小鼠胃肠运动与肝肾功能影响的实验研究. 湖南中医学院学报，24(5)：1-6.

沙先谊. 2005. 9-硝基喜树碱小肠吸收机理及其自微乳化给药系统的研究(博士学位论文). 上海：复旦大学.

沈涛，蒋通荣，吴施国. 2006. 黄连配伍吴茱萸对大鼠红细胞内谷胱甘肽含量的影响. 四川中医，24(6)：16-17.

申竹芳，谢明智. 1993. 高效薄层荧光光密度法测定生物样品中的小檗碱含量. 药学学报，28(7)：532-536.

盛美萍，孙淇，王宏. 1993. 盐酸小檗碱在 Beagle 狗静脉注射和口服药动学研究. 中国药理学通报，9(1)：64-67.

宋鲁成，陈克忠，朱家雁. 1992. 黄连对大鼠脂质过氧化及抗氧化酶活性的影响. 中国中西医结合杂志，12(7)：421-423.

舒德忠. 2005. 盐酸小檗碱对实验性小鼠结肠炎的作用研究(硕士学位论文). 重庆：重庆医科大学.

孙力军，陈玲玲，李春保. 2004. 黄连等六味中药对双歧杆菌和大肠杆菌体外生长的影响. 中兽医医药杂志，16(1)：7-8.

孙荣华. 1997. 黄连止痢散防治鸡白痢病的研究. 甘肃畜牧兽医，132(1)：15-16.

屠大伟，张保顺，李学刚. 2007. 黄连副产物体外抗氧化活性研究. 中国农学通报，23(4)：108-111.

汪倩雯，汪琨，杨霄，等. 2009. 89种中草药醇提物体外抗菌活性的研究. 浙江工业大学学报，37(3)：289-294.

王利津，徐强. 2001. 黄连解毒汤的抗氧化作用研究. 中国药科大学学报，32(1)：51-53.

王志祥，王自恒，丁景华，等. 2006. 三颗针提取物对肉仔鸡抗氧化水平和脂类代谢的影响. 西北农林科技大学学报(自然科学版)，34(10)：16-20.

韦公远. 2000. 穴位注射黄连素治疗猪腹泻. 畜牧兽医科技信息，(5)：17.

卫文强，吴润，刘磊. 2009. 四味中草药体外抗菌作用研究. 安徽农业科学，37(6)：2530-2531.

魏炳栋，万伶俐，邱玉朗，等. 2008. 植物提取物对獭兔生长及血液指标的影响. 饲料研究，(3)：5-8.

吴俊芳，刘少林，潘鑫鑫，等. 1999. 小檗碱对氧化应激损伤中枢神经细胞的保护作用. 中国药学杂志，34(8)：525-529.

吴俊芳，史以菊，刘天培. 1995. 小檗碱对小鼠和大鼠脑缺血的保护作用. 中国药理学与毒理学杂志，9(2)：100-103.

吴科榜，董丽娜. 2009. 复方黄连素与几种抗菌药物对大肠杆菌作用效果的比较. 中兽医学杂志，148(3)：7-9.

吴玉娟，王懿萍，姜延伟，等. 2008. 黄连多糖含量测定及抗氧化活性研究. 时珍国医国药，(8)：1906-1908.

谢宝昌，东彦新，吉增福. 1999. 30种中药对瘤胃细菌的影响. 中兽医医药杂志，(6)：11-13.

谢赋逵. 1986. 小鹅盐酸黄连素中毒死亡的报告. 中国兽医杂志，(3)：37.

谢云峰,龙盛京,刘露军,等.2000.黄连解毒汤交叉配伍对氧自由基清除作用的研究.中成药,22(10):677-681.

徐倩倩,李继昌,李永科,等.2008.中草药对犊牛腹泻主要病原菌体外抑菌试验.中国奶牛,(7):31-33.

徐峥嵘,薛喜娟,豆思远,等.2011.中草药提取物对致病性大肠杆菌体外抑菌试验.中兽医医药杂志,(4):53-55.

许静红,沈国辉,孙崇伟,等.2011.天然提取物代替抗生素对治疗仔猪下痢的试验.上海畜牧兽医通讯,(1):24-25.

杨保栓,王建昌,韩瑞明,等.2002.过量使用黄连对种蛋鸭的影响.郑州牧业工程高等专科学校学报,22(3):186-187.

杨澄,仇熙,孔令东.2001.黄连炮制品清除氧自由基和抗脂质过氧化作用.南京大学学报(自然科学),37(5):659-663.

杨春梅,马治平,王志鹏,等.2000.黄连素、溴化乙锭、十二烷基硫酸钠对痢疾杆菌耐药质粒的消除作用.西北药学杂志,15(2):64-65.

杨守业,高晓山.1996.黄连诱发和加重新生儿黄疸的研究概况.中国中药杂志,21(3):187-188.

杨小玉,陆付耳,黄琳,等.2008.黄连解毒汤和黄连单煎剂对胰岛素抵抗大鼠氧化应激和内质网应激的影响.中国医院药学杂志,28(17):1433-1437.

尹清强,陈金文,陈树兴,等.1998.中草药对肉鸡后期增重和血清生化指标的影响——利用最优回归设计测定.畜牧与兽医,30(4):6-10.

余琛,张慧,潘俊芳,等.2000.健康人口服盐酸黄连素片剂后的尿药分析与药物代谢初步研究.中国临床药理学杂志,16(1):36-39.

袁王俊,李彩芳,丁秋瑾,等.2009.黄连抗氧化活性研究.广西植物,29(5):694-697.

张红英,崔保安,夏平安,等.2006.7种中草药提取物对猪链球菌的体外抑菌试验.河南农业科学,(7):113-114.

张克,王荣民.1989.复方黄连素饲料添加剂对雏鸭白痢病防治试验简报.江西畜牧兽医杂志,(3):24.

张利娟,王志祥.2010.中草药制剂对蛋鸡肠道酶活和肠道微生物的影响.东北农业大学学报,41(6):94-97.

张明发,沈雅琴.2003.非处方药小檗碱抗腹泻作用的再评价.中国医院用药评价与分析,3(3):148-153.

张茜,朴香淑.2010.小檗碱抑菌作用研究进展.中国畜牧杂志,46(3):58-61.

张学芳,徐祗云,李玉平.2000.黄连素的临床新用途.职业与健康,63(6):94-95.

赵保胜,刘洪斌,马悦颖等.2007.黄连解毒汤含药血清对Toll样受体3、4型及其下游信号转导通路的影响.中国实验方剂学杂志,13(5):15-20.

郑洪艳,徐为人.2004.小檗碱药理作用研究进展.中草药,35(6):708-711.

周保华.2006.小檗碱改善肉鸡盲肠微生态、生长代谢及免疫力的研究(硕士学位论文).扬州:扬州大学.

朱志勇.2002.小檗碱在人及大鼠体内代谢产物的研究(硕士学位论文).沈阳:沈阳药科大学.

Basha S A, Mishra R K, Jha R N, *et al*. 2002. Effect of berberine and (±)-bicuculline isolated from Corydalis chaerophylla on spore germination of some fungi. Folia Microbiol, 47:161-165.

Chan E. 1993. Displacement of bilirubin from albumin by berberine. Biol Neonate, 63: 201-208.

Chan T Y. 1994. The prevalence, use and harmful potential of some Chinese herbal medicines in babies and children. Vet Hum Toxicol, 36:238-240.

Hirano H, Tokuhira T, Yokoi T, *et al*. 1997. Isolation of free radical scavenger from Coptidis rhizoma. Nat Med, 51:539-540.

Hong S W, Kim S H, Jeun J A, *et al*. 2000. Antimicrobial activity of 9-O-acyl- and 9-O-benzoyl-substituted berberrubines. Planta Med, 66:361-363.

Hsiang C Y, Wu S L, Cheng S E, *et al*. 2005. Acetaldehyde-induced interleukin-1β and tumor necrosis factor-α production is inhibited by berberine through nuclear factor-κB signaling pathway in HepG2 cells. J Biomed Sci, 12:791-801.

Hwang B Y, Roberts S K, Chadwick L R, *et al*. 2003. Antimicrobial constituents from goldenseal (the rhizomes of Hydrastis canadensis) against selected oral pathogens. Planta Med, 69:623-627.

Imanshahidi M, Hosseinzadeh H. 2008. Pharmacological and therapeutic effects of *Berberis vulgaris* and its active constituent, berberine. Phytother Res, 22:999-1012.

Jahnke G D, Price C J, Marr M C, *et al*. 2006. Developmental toxicity evaluation of berberine in rats and mice. Birth Defects Res. B Dev. Reprod Toxicol, 77:195-206.

Jang M H, Kim H Y, Kang K S, *et al*. 2009. Hydroxyl radical scavenging activities of isoquinoline alkaloids isolated from Coptis chinensis. Arch Pharm Res, 32:341-345.

Jeong H W, Hsu K C, Lee J, *et al*. 2009. Berberine suppresses proinflammatory responses through AMPK activation in macrophages. Am J Physiol, 296:E955-E964.

Kim J P, Jung M Y, Kim J P, *et al*. 2000. Antiphotooxidative activity of protoberberines derived from Coptis japonica makino in the chlorophyll-sensitized photooxidation of oil. J Agric Food Chem, 48:1058-1063.

Kobayashi Y, Kobayashi Y, Yamashita Y. 1995. Inhibitors of DNA topoisomerase Ⅰ and Ⅱ isolated from the Coptis rhizomes. Planta Med, 61:414-417.

Kowalewski Z, Mrozikiewicz A, Bobkiewicz T, *et al*. 1975. Toxicity of berberine sulfate. Acta Pol Pharm, 32 (1):113-120.

Kuo C L, Chi C W, Liu T Y. 2004. The anti-inflammatory potential of berberine in vitro and in vivo. Cancer Lett, 203:127-137.

Lee C H, Chen J C, Hsiang C Y, *et al*. 2007. Berberine suppresses inflammatory agents-induced interleukin-1β and tumor necrosis factor-α productions via the inhibition of IκB degradation in human lung cells. Pharmacol Res, 56:193-201.

Lee D U, Kang Y J, Park M K, *et al*. 2003. Effects of 13-alkyl-substituted berberine alkaloids on the expression of COX-II, TNF-α, iNOS, and IL-12 production in LPS-stimulated macrophages. Life Sci,73:1401-1412.

Li F, Wang H D, Lu D X, *et al*. 2006. Neutral sulfate berberine modulates cytokine secretion and increases survival in endotoxemic mice. Acta Pharmacol Sin,27:1199-1205.

Liu F, Ng T B. 2000. Antioxidative and free radical scavenging activities of selected medicinal herbs. Life Sci, 66:725-735.

Maeng H J, Yoo H J, Kim I W, *et al*. 2002. P-glycoprotein-mediated transport of berberine across caco-2 cell monolayers. J Pharm Sci,91:2614-2621.

Pan G Y, Wang G J, Liu X D, *et al*. 2002a. The involvement of P-glycoprotein in berberine absorption. Pharmacol Toxicol,91:193-197.

Pan J F, Yu C, Zhu D Y, *et al*. 2002b. Identification of three sulfate-conjugated metabolites of berberine chloride in healthy volunteer's urine after oral administration. Acta Pharmacol Sin,23:77-82.

Schinella G R, Tournier H A, Prieto J M, *et al*. 2002. Antioxidant activity of anti-inflammatory plant extracts. Life Sci,70:1023-1033.

Shen Y B, Piao X S, Kim S W, *et al*. 2010. The effects of berberine on the magnitude of the acute inflammatory response induced by Escherichia coli lipopolysaccharide in broiler chickens. Poult Sci,89:13-19.

Shirwaikar A, Shirwaikar A, Rajendran K, *et al*. 2006. In: Vitro antioxidant studies on the benzyl tetra isoquinoline alkaloid berberine. Biol Pharm Bull,29:1906-1910.

Stermitz F R, Tawara-Matsuda J, Lorenz P , *et al*. 2000a. 5'-methoxyhydnocarpin-D and pheophorbide a: Berberis species components that potentiate berberine growth inhibition of resistant Staphylococcus aureus. J Nat Prod,63:1146-1149.

Stermitz F R, Lorenz P, Tawara J N, *et al*. 2000b. Synergy in a medicinal plant: antimicrobial action of berberine potentiated by 5'-methoxyhydnocarpin-D, a multidrug pump inhibitor. Proc Natl Acad Sci USA,97:1433-1437.

Tang J, Feng Y, Tsao S, *et al*. 2009. Berberine and Coptidis rhizoma as novel antineoplastic agents: a review of traditional use and biomedical investigations. J Ethnopharmacol, 126:5-17.

van Asperen, J, van Tellingen O, Beijnen J H. 1998. The pharmacological role of P-glycoprotein in the intestinal epithelium. Pharmacol Res,37:429-435.

Ye X, Feng Y, Tong Y, *et al*. 2009. Hepatoprotective effects of Coptidis rhizoma aqueous extract on carbon tetrachloride-induced acute liver hepatotoxicity in rats. J Ethnopharmacol,124:130-136.

Zhou H, Mineshita S. 2000. The effect of berberine chloride on experimental colitis in rats in vivo and in vitro. J Pharmacol Exp Ther,294:822-829.

Zuo F, Nakamura N, Akao T, *et al*. 2006. Pharmacokinetics of berberine and its main metabolites in conventional and pseudo germ-free rats determined by liquid chromatography/ion trap mass spectrometry. Drug Metab Dispos,34:2064-2072.

（本章由中国牧工商（集团）总公司李鹏飞、申雁滨主笔，天津中升集团刘利参编）

第6章

天然生物活性多糖对畜禽免疫功能的影响及其作用机制

6.1 天然生物活性多糖的来源、分离纯化及结构研究

6.1.1 多糖生物学的发展历史和研究概况

多糖(polysaccharide)又叫聚糖,是广泛存在于动物细胞膜、植物和微生物细胞壁中的一大类生物大分子,具有重要的生物功能和药用价值。人类对多糖的研究已经有100多年的历史,早期与蛋白、核酸同步。20世纪50年代以后,随着对糖复合物(如糖蛋白、蛋白聚糖、糖脂等)的分离、纯化及结构鉴定技术的发展,人们才认识到糖不仅仅是一种能量物质(如葡萄糖、植物体内的淀粉、动物体内的糖原等)或结构物质(如几丁质、纤维素、果胶等),而且糖类还涉及细胞的全部时间和空间过程,且其结构要比核酸和蛋白质复杂得多,糖链的潜在信息编码容量也远大于核酸与蛋白质。但由于多糖的结构远比蛋白和核酸复杂,糖链的结构和形成并不像核酸与蛋白质工程技术那样,可以完全地加以人为控制;加上人们早期更多的是简单地把多糖看做细胞结构成分与能量来源,使得如今多糖的研究远远落后于蛋白与核酸,20世纪90年代开始兴起的多糖生物学被称之为"生物化学中的最后一个前沿"。多糖生物学是糖的化学和生物学研究相结合而产生的一门新兴学科,研究的核心内容是解释糖链的结构和生物学功能。

如今,随着蛋白与核酸研究的深入、多糖参与组织细胞功能活动机制的阐明以及多糖特殊药用价值的进一步发现,人们对多糖的认识日益深入。多糖是除核酸和蛋白质之外另一类重要的生命物质,多糖、寡糖以及它们与蛋白质、脂类等结合形成的糖复合物涉及生命的全部过程。首先,糖作为信息分子参与细胞的各种识别过程:如传递生物信息、参与机体的免疫调节,还与细胞分化、受精、胚胎发育、血液系统、感染、衰老等多方面功能密切相关。其次,糖的结构也影响到与其相连的蛋白质的功能:如蛋白质的折叠、半衰期、抗原性、溶解度及生物活性等。糖链结构的改变与疾病尤其是肿瘤、自身免疫性疾病、感染等的发生与发展紧密相关。众所周

知,Crick 于 1958 年提出“DNA→RNA→蛋白质”作为基因信息传递的中心法则。事实上,生物体内的信息流并不终止于蛋白质,“蛋白质→糖类”可能是基因信息传递的延续。在基因组学和蛋白质组学备受重视的同时,糖组学的研究也被及时地提了出来。有人预测,多糖可能与基因的遗传密码类似,以多糖密码(糖码)的形式按照一定规则排列组合,构成信息分子,相互识别决定生物的多样性。

目前,世界各国政府对糖生物学(glycobiology)的研究给予高度的重视。1989 年,日本创刊了《糖科学与糖工程动态(TIGG)》杂志,同年日本政府科学技术厅提出“糖工程基础与应用研究推进战略”,于 1991 年实施“糖工程前沿计划”,总投资百亿日元,该计划包括糖工程和糖生物学,后者又分为糖分子生物学和糖细胞生物学。美国能源部于 1986 年资助佐治亚大学创建了复合糖类研究中心(CCRC),建立复合糖类数据库(CCSD),相关的计算机计划也称为糖库计划(carbank project),并且每隔二年召开一次“糖工程”会议。欧盟也不甘落后,于 1994—1998 年发起“欧洲糖类研究开发网络”计划(european carbohydrate platform),其目的是带动欧洲各国的糖类研究和开发,以强化欧洲在糖类基础研究以及将研究成果转化为商品方面与美国、日本的竞争能力。美国《科学》杂志于 2001 年 3 月 23 日出版了一期“糖和糖生物学”专辑,说明对多糖的研究在国际学术界日益得到重视。

我国举行过多次糖生物学的相关学术研讨会,取得了一些令人欣喜的研究成果,但总体发展速度较慢,从事相关研究的单位及学者相对较少,学科间渗透较差,特别是研究基础和方法手段落后于日本、美国、欧洲等发达国家,尚未形成多糖生物学、化学及多糖药用相关的研究机构和研究战略。

近年来,各国学者从各种生物体内提取研究了大量免疫活性多糖,到目前为止,估计已有 300 多种具有免疫活性的多糖从自然界被分离和提纯,其中大部分来源于植物,大量试验证明:多糖不仅是机体的重要组成部分,还具有提高机体免疫力、抗菌、抗病毒、抗肿瘤、防辐射以及改善动物生产性能等多种生物活性。免疫活性多糖无论是对机体特异性免疫还是非特异性免疫,无论是细胞免疫还是体液免疫都存在广泛的影响,主要通过以下几个途径作用于机体的免疫系统:激活巨噬细胞、促进辅助性 T 细胞(helper T cell,Th 细胞)细胞转化、活化细胞毒性 T 细胞(cytotoxic T cell,Tc 细胞)、提高 B 淋巴细胞和自然杀伤细胞(natural killer cell,NK)的数量与活性;激活网状内皮系统(reticuloendothelial system,RES)和补体系统;诱生多种免疫因子,如 IFN(interferon)、IL-2(interleukin-2)和 TNF(tumor necrosis factor);影响神经-内分泌-免疫系统网络;促进细胞中 RNA、DNA、蛋白合成和细胞内环腺苷酸(cyclic adenosine monophosphate,cAMP)、环鸟苷酸(cyclic guanylic monophosphate,cGMP)的含量等。

6.1.2　多糖的来源和分类

多糖是指聚合度超过 10 以上的多聚糖,其分子质量按聚合度不同而差异很大,从数千到数百万不等。单糖之间是通过糖苷键连接的,糖苷键类型有 α 型和 β 型两种。α 型有 α-(1→4)、(1→6)等连接方式,β 型有 β-(1→3)、(1→4)、(1→6)等连接方式。糖苷键类型对多糖的生理活性有重要影响,具有 β-糖苷键的多糖具有较大的生理活性,而 α 型连接的多糖几乎没有生理活性。不同多糖其单糖组成也不同,一般是由葡萄糖、阿拉伯糖、甘露糖、果糖、鼠李糖、岩藻糖、半乳糖、木糖等的一种或数种按不同摩尔比组成。

现已发现的天然多糖化合物有数百种，存在于高等植物、动物、微生物、地衣和海藻中，按其来源不同可以分为四大类：动物多糖、植物多糖、微生物多糖（包括细菌多糖和真菌多糖）和藻类多糖。除了天然多糖以外，还有半合成多糖，即将天然多糖进行化学修饰，使其活性更强，如硫酸化多糖等。

6.1.2.1 植物多糖

植物中的碳水化合物占植物干质量的 80% 以上，包括单糖、双糖、寡糖和多糖等。植物多糖是植物细胞代谢产生的由 10 个以上单糖组成的多聚糖，相对分子质量从几万到几百万不等，主要成分为葡萄糖、果糖、半乳糖、阿拉伯糖、木糖、鼠李糖、岩藻糖、甘露糖、糖醛酸等。不同植物多糖的主要组成存在差异，分别由几种不同种类的单糖，以一定的比例以糖苷键相连接，常见的糖苷键有 α-(1→4)、β-(1→3)、β-(1→4)和 α-(1→6)糖苷键，结构单位可以是直链，也可以形成支链，直链一般以 α-(1→4)和 β-(1→4)糖苷键连成，支链中链与链的连接点常是 α-(1→6)糖苷键。由于其葡萄糖残基组成方式与构成形式不同，不同多糖性质有明显的差异。植物多糖多为白色，一般无甜味，可溶于热水或碱液，难溶于冷水，不溶于正丁醇、丙酮、乙醇、醋酸乙酯、乙醚等有机溶剂，pH 小于 5 时开始降解，小于 3 时降解加剧，大于 7 时氧化速度加剧，当温度大于 40℃时，分解速度加快，可与硫酸蒽酮、硫酸苯酚反应呈阳性，可与部分无机离子、有机离子络合，如与十六烷基三溴化铵、氢氧化钡等结合产生沉淀。

植物多糖的种类很多，按在植物体内的功能分为两类：一类是形成植物体的支持组织，如纤维素；另一类是植物的贮存养料，可溶于热水成为胶体溶液，经酶水解后生成单糖以提供能量，如淀粉等。植物的各个部位都可以作为多糖提取的来源，如茶多糖从茶叶中提取，枸杞多糖从枸杞的干燥成熟果实中提取，人参多糖、刺五加多糖等从根部提取。根据植物器官的不同，植物多糖可分为植物花、果实类多糖如花粉多糖、玉米须多糖、枣多糖、无花果多糖等；植物茎叶类多糖如茶多糖、芦荟多糖、桑叶多糖、龙眼多糖等；植物块根茎类多糖如魔芋多糖、山药多糖、麦冬多糖等。根据其在植物细胞的存在部位，植物多糖可分为细胞内多糖、细胞壁多糖和细胞外多糖。细胞内多糖以溶液或高度水合状态存在于液泡中（淀粉除外），主要为果聚糖和甘露聚糖；细胞壁多糖主要指纤维素、半纤维素、果胶类等；细胞外多糖主要有树脂和其他胶，如半乳聚糖、葡聚糖醛酸、甘露聚糖、木聚糖和其他多糖等。

植物来源的多糖很多，目前从天然植物中分离出的多糖类化合物有 300 多种，研究较深入的有黄芪多糖、人参多糖、枸杞多糖、甘草多糖、当归多糖、五味子多糖、黄精多糖、龙眼多糖、苹果多糖、南瓜多糖、枣多糖、茶多糖、芦荟多糖、苜蓿多糖、桑叶多糖、石斛多糖、魔芋多糖、山药多糖等。

6.1.2.2 动物多糖

常见的动物多糖主要有：糖原（glycogen）、甲壳素（chitin）、肝素（heparin）、硫酸软骨素（chondroitin sulfate）、透明质酸（hyaluronic acid）、硫酸角质素（keratan sulfate）、酸性粘多糖（acid mucopolysaccharide）等。肝素、硫酸软骨素、透明质酸、硫酸角质素都属糖胺聚糖（glycosaminoglycan，GAG），由于在体内常以蛋白质结合状态存在，这一类多糖常被统称为蛋白聚糖（proteoglycan）、肽聚糖（peptidoglycan）、氨基多糖（glycosaminoglycan）或黏多糖（mucopolysaccharides）。

动物多糖广泛分布在动物组织器官中，主要存在于细胞间质中，但机体中分布很不均一，随组织类型而定，如硫酸软骨素、硫酸角质素主要存在于软骨和骨架组织中，肝素主要存在于肝脏、肺、肠、皮等部位的肥大细胞中，透明质酸主要分布在关节液、玻璃体、脐带中。目前有多种生物活性多糖从泥鳅、蚕蛹、中国林蛙等动物中提取分离出来，许多海洋动物，如棘皮动物（海星、刺参等）、软体动物（乌贼等）、甲壳类动物（虾、蟹等）、哺乳动物（鲸）以及鱼类（鲨鱼、大西洋鹦鱼等）等的某些组织（皮、软骨、分泌腺、细胞壁等）都有多糖的存在。

研究表明，动物多糖具有多种生物活性。例如，肝素具有抗凝血、改善微循环的功能，已应用于预防和治疗各种心脑血管疾病，如心绞痛、高血压、动脉硬化、急性脑梗死等。透明质酸和壳聚糖有抗肿瘤、降血压、降血糖和降血脂等作用，同时它们具有良好的生物相容性且毒副反应较小，已被广泛地应用在药物辅料方面，如赋形剂、包衣材料、化妆品基质、包埋剂和药物传递系统的载体等，临床上还用于防止手术后粘连和创口愈合。鲨鱼软骨素除具有抗肿瘤活性外，还可作为骨硬化症的治疗药物。近年来，随着人们对海洋药物的重视，从海洋生物中提取的多糖也显示出多种多样的生物活性，如调节免疫功能、抗肿瘤、抗病毒、抗凝血、抗衰老作用、降血糖作用、降血脂作用等。

6.1.2.3 微生物多糖

微生物多糖主要来源于细菌和真菌，属高分子聚合多糖，按结构可分为肽聚糖、葡聚糖和脂多糖等。微生物多糖主要以三种形式在自然界存在：黏附在细胞表面上、分泌到培养基、构成细胞成分。

微生物多糖具有广泛的应用价值，已作为乳化剂、增稠剂、稳定剂、胶凝剂、悬浮剂、润滑剂、食品添加剂、饲料添加剂、抗癌医药品等应用于石油、化工、食品、农业、医疗、制药保健等多个领域。例如，细菌产生的胞外多糖黄原胶，广泛应用于食品工业、石油钻探工业等；细菌产生的荚膜多糖已用于疫苗的生产；真菌产生的多糖，如香菇多糖、灵芝多糖、裂褶菌多糖、云芝多糖、猪苓多糖等作为免疫调节剂在临床和畜牧生产上应用。现已有多种微生物多糖实现了商业化生产，如葡聚糖和黄原胶的年产量分别达到 2 000 t 和 100 000 t。

6.1.2.4 藻类多糖

海藻是含有叶绿素、组成较单一的有机体，以单细胞或多细胞寄生的形式存在，或和其他细胞一起组成一个有机体，或聚集形成单一的组织。藻类分可为两类，一类是微型藻类，包括蓝藻、甲藻、硅门藻等；另一类是巨型藻类，包括绿藻、褐藻和红藻。海藻中包括两种生物活性物质，一种分子质量较小，吸收后能直接或间接影响体内代谢，主要包括卤族化合物、萜类化合物、溴酚类化合物、对苯二酚、海藻单宁、昆布氨酸等；另一种是难以被消化吸收的细胞间黏性多糖，如褐藻中的藻酸、褐藻糖胶、硫酸多糖，红藻中的琼胶、卡拉胶等。

近年来，人们从藻类中提取出多种多糖，如墨角藻聚糖、硫酸化半乳糖、硫酸化的呋喃半乳聚糖、硫酸化多糖等，具有抗癌、抗菌、抗病毒、抗氧化、抗哮喘、免疫调节、抗凝血等作用。

6.1.3 多糖的分离纯化

6.1.3.1 多糖的提取

多糖既可存在于细胞壁外，又可存在于细胞壁内。若从动、植物中提取多糖，就要对细胞进行破碎，使多糖容易释放出来。破碎后的细胞，其中的脂类物质也容易连同多糖被提取出来，因此需要预先对原料进行脱脂，脱脂后的样品再用于多糖的提取。一般采用醇和醚类物质浸泡或回流提取来除去脂质，此时一些脂溶性色素也容易被除去。

多糖的提取工艺一般是通过热水、冷碱或者热碱浸提，并经过滤、醇或者无机盐沉淀、层析、透析、冷冻干燥等过程得到高纯度多糖，根据目标多糖的性质不同，多糖的提取方法也有所不同。目前国内外关于多糖的提取方法主要有微波法、超声波法、超滤膜分离法、有机溶剂（如乙醚、乙醇、石油醚等）脱脂后水煎煮法和直接水煮醇沉法等。超滤膜分离法和微波法具有快速、高效、安全、节能的特点，但所用器材昂贵，试验条件不容易满足；直接水煮醇沉法操作方法简便，主要有水提法、酸提取法、碱提取法、酶提取法、盐提取法以及醇提取法等，虽然得到的多糖纯度不高，但操作简便、可行性强、成本低。

对于水溶性多糖，由于其在热水中的溶解度变大，并且性质稳定，所以热水提取法成为此类多糖的最佳选择。该法成本低廉、操作简单，一般情况下，原料经浸泡后，沸水浸提 2～6 h，为提高得率还可重复浸提 2～3 次，弃残渣后，提取液即可进行下步分离。对于半纤维素、酸性多糖和在水中溶解度不大的多糖，可采用稀碱液提取法。通常选用 5%～10%NaOH 溶液或 Na_2CO_3 溶液，为防止多糖降解，常通以氮气或加入硼氢化钠或硼氢化钾，提取结束立即用酸液中和。对于氨基多糖，由于其可溶于稀酸，所以可用稀酸进行提取。此外，提取过程中可以结合超声波提取法、酶法等方法，以提高多糖的得率。

6.1.3.2 多糖的杂质去除

得到的多糖提取液中一般含有较多杂质，主要有无机盐、单糖、寡糖、低分子质量的非极性物质及高分子质量的有机杂质等，要在不破坏多糖结构和生物学活性的前提下将其去除。

因为蛋白质和多糖有许多相似的性质，所以脱蛋白质时多糖有一定程度的损失，评判一个方法是否运用要以保证多糖活性的前提下，较多地除去蛋白质，较少的多糖损失为标准。去除多糖提取液中蛋白质方法主要有 Sevag 法、三氯乙酸法、三氟三氯乙烷法、酶法等。其中，Sevag 法是比较经典和常用的方法，其原理是利用蛋白质在有机溶剂中变性成为胶体的特点，于多糖水溶液中加氯仿-戊醇 5∶1 混合物，剧烈振摇 20～30 min，离心，蛋白质与氯仿-戊醇生成凝胶而被分离除去。此法条件温和，但效率不高，需重复操作数次，才能达到满意的效果。三氯乙酸法是在多糖溶液中加入 3.0%三氯乙酸，5～10℃放置过夜，离心除去沉淀即得无蛋白的多糖溶液，但此法会引起多糖降解。三氟三氯乙烷法原理与 Sevag 法相似，效率比 Sevag 法高，但由于溶剂易挥发（沸点只有 56℃），需低温操作。酶法是利用蛋白酶降解多糖中的蛋白质而达到除蛋白的目的，需要控制适宜的 pH、温度，操作条件比较苛刻。以上方法均不适用于糖肽。

对于无机盐、单糖、寡糖等小分子质量的物质可以用透析、凝胶过滤或者超滤的方法除去。当样品量较少时，可以根据样品的大致分子质量和分离目的，选择适宜截留分子质量的透析袋或透析纸，透析除去小分子杂质。透析中，为防止透析袋发霉，最好在阴凉处操作，并及时更换透析液。在大量制备多糖样品时，可以选用超滤法迅速除去无机盐等小分子物质，此法操作时，样品需要提前离心或者过滤，除去不溶性的物质，以免堵塞滤膜。

常用去除色素的方法有大孔树脂离子交换法、双氧水法等。对于植物多糖，可能含有酚型化合物而颜色较深，这类色素多为负离子，不能用活性炭吸附脱色，因为活性炭会吸附多糖，可用弱碱性树脂 DEAE-纤维素来吸附。若色素与多糖是结合的，可进行氧化脱色。以浓氨水调 pH 至 8.0，50℃以下滴加过氧化氢（H_2O_2）到浅黄色，保温 2 h 即可。

6.1.3.3　多糖的纯化精制及纯度检查

一般提取的粗多糖是由不同链长和分子质量的多糖组成的混合多糖，要获得均一多糖，还需对多糖进行分离纯化。多糖的分离纯化是一项复杂的工程，要实现多糖的分离纯化，必须采取巧妙的实验设计、选择合适的分离纯化方法，以得到高纯度的目标多糖。常用的方法有如下几种。

1. 分步沉淀法

原理是利用不同分子质量多糖在乙醇等有机溶剂中的溶解度不同，依次加大乙醇的浓度，从而使不同分子质量的多糖顺序沉淀下来。常用沉淀剂有甲醇、乙醇和丙酮。

2. 季铵盐络合物法

原理是根据不同多糖的阴离子电荷密度不同，而与季铵盐生成沉淀的能力不同，从而将多糖分开。常用的有十六烷基三甲基铵溴化物（CTAB）及其碱（CTA-OH）和十六烷基吡啶（CPC）。

3. 盐析法

常用的盐析剂有硫酸铵、氯化钠、氯化钾、醋酸钾。

4. 柱层析法

其原理是不同分子质量多糖在经过层析柱时，所需时间不同，从而将不同分子质量多糖分开，常用的有纤维素阴离子交换柱层析和凝胶柱层析。纤维素阴离子交换柱层析法适用于各种酸性、中性多糖和黏多糖，常用交换剂为 DEAE-纤维素。凝胶柱层析法是一种快速、简易的分离不同分子质量物质的方法，其基本原理是利用了凝胶柱中的立体网状结构的孔径不同而达到分离不同尺寸分子的效果。当含有不同分子质量的糖溶液流经凝胶柱时，小分子易于进入凝胶孔中，而大分子不易进入，洗脱时，大分子质量多糖流经的路径短，比小分子多糖先洗脱下来，从而实现不同分子质量多糖的分离。常用的凝胶有葡聚糖凝胶、琼脂糖凝胶及二乙基氨基乙基-葡聚糖（DEAE-Sephadex）凝胶，展开剂为各种浓度的盐溶液及缓冲液。此外，还可以采用亲和层析、高压液相层析等方法。

多糖纯度标准不能用通常化合物的纯度标准来衡量，因为即使多糖纯品的微观也并不均一。测定多糖纯度的方法有功能团分析、比旋度、水解后糖组分分析、纸色谱和高效液相色谱、超离心和高压电泳、超离心分析法等，一般应用两种以上的方法证明样品的纯度。张翼伸（1994）报道，电泳（醋酸薄膜电泳、聚丙烯酰胺凝胶电泳、玻璃纤维纸电泳等）所检查的带，一般较宽；层析则以各种凝胶的柱层析较好，必须得到单一对称狭窄的峰；高效液相层析配以适合的糖分析柱，则效果更好；超离心分析效果也较好。

6.1.4 多糖的结构研究

与蛋白质、核酸等生物大分子相比，组成多糖的单糖种类多，连接位点多，多糖尤其是分支多的杂多糖的结构更为复杂，多糖结构解析较为困难。多糖的结构分类沿用了蛋白质和核酸的分类方法，也将其分为一级、二级、三级和四级结构。多糖的一级结构是指多糖的单糖残基的组成、排列顺序、相邻单糖残基的连接方式、异头物的构型及糖链有无分支、分支的位置和长短等；二级结构指多糖骨架链间以氢键结合所形成的各种聚合体，关系到多糖分子中主链的构象，不涉及侧链的空间排布；三级结构是指多糖链一级结构的重复顺序，由于糖残基中的羟基、羧基、氨基以及硫酸基之间的非共价相互作用，导致有序的二级结构空间形成有规则而粗大的构象；四级结构是指多糖链间非共价键结合形成的聚集体。其中二、三、四级结构统称多糖的高级结构，与多糖的活性密切相关。

多糖的结构分析手段很多，其中包括化学降解、酶降解、免疫化学或外源凝集素亲和实验、放射层析、薄层色谱、纸色谱、高效液相色谱、红外光谱、核磁共振光谱、质谱、气-液连用、X 射线衍射等。糖的位置、糖环的大小、异头碳的结构、连接的位置、内部排列顺序、分支、非碳端的取代等都不可能通过一种方法解决，必须几种方法结合使用才能完成。常用的多糖结构分析方法见表 6.1。

表 6.1 多糖结构分析方法

项　　目	方法
多糖纯度及相对分子质量测定	HPGPC、渗透压、黏度法、光散射法、聚丙烯酰胺凝胶电泳法等
单糖组成及比例	完全酸水解、HPLC、GC、GC-MS、高效离子色谱等
糖苷的糖环形式(吡喃环、呋喃环)	红外光谱等
单糖残基类型和糖苷键连接位点	甲基化分析、GC-MS 等
糖苷所取代的异头异构形式(α-和 β-)	糖苷酶水解、核磁共振、红外光谱、激光拉曼光谱等
糖苷连接顺序	选择性酸水解、糖苷酶顺序水解、核磁共振等
羟基被取代情况	甲基化、高碘酸氧化、Smith 降解、GC-MS、核磁共振等
糖链-肽链连接方式	稀碱水解法、肼解反应、氨基酸组成分析等

来源：谢明勇和聂少平，2010。

6.1.4.1 多糖的一级结构分析

多糖的结构研究是多糖化学研究的关键，完整的多糖结构分析包括对多糖的一级结构和高级结构的分析。与其他生物大分子一样，糖链的二级以上高级结构是以一级结构为基础的，不同的是，与蛋白质或核酸大分子相比，糖链的一级结构“含义”要丰富得多。测定糖链的一级结构，要解决以下几个问题：①相对分子质量；②糖链的糖基组成，各种单糖组成的摩尔比；③有无糖醛酸及具体的糖醛酸类型和比例；④各单糖残基的 *D*-或 *L*-构型，吡喃环或呋喃环形式；⑤各个单糖残基之间的连接顺序；⑥每个糖苷键所取的 α-或 β-异头异构形式；⑦每个糖残基上羟基被取代情况；⑧糖链和非糖部分连接情况；⑨主链和支链连接位点；⑩糖残基可能连接硫酸酯基、乙酰基、磷酸基、甲基的类型等。

到目前为止，已经建立的多糖一级结构分析的方法有化学法（如酸水解、甲基化、Smith 降解、碱降解、甲基化反应、乙酰解等）、仪器分析法（包括高效液相色谱法、气相色谱法、红外光谱法、核磁共振谱法、质谱分析法等）和生物法（主要是酶化学方法）等。由于多糖结构的复杂性，采取单一的方法都难于确定多糖的结构，需要多种方法联合使用。

1. 化学分析方法

传统的化学方法有酸水解、甲基化分析氧化裂解、高碘酸氧化、Smith 降解、酶解、碱解、旋光度测定及平均分子质量测定等，这些化学方法往往也要依赖于仪器辅助分析，比如酸水解、高碘酸氧化、Smith 降解后得到的单糖或寡糖都要用气相色谱来鉴定，甲基化分析氧化裂解后要进行衍生化，然后进行质谱检测等。

（1）单糖组成测定　多糖水解后生成的单糖混合物或单糖甲基糖苷混合物可以用 TLC、HPLC 或 GC 等方法做定性鉴定和定量分析。GC 分析时，待测样品要转换成易挥发、热稳定性好的衍生物，如糖三甲基硅醚、糖醇乙酸酯、糖三氟乙酸酯等。样品的水解方法有甲醇水解、盐酸水解、硫酸水解和三氟乙酸水解等，其中三氟乙酸水解法最为常用。

（2）相对分子质量的测定　多糖分子质量是影响多糖活性的重要因素之一，测定多糖分子质量具有重要意义。多糖的分子质量测定最常用的是凝胶过滤法（魏远安和方积年，1989）。方法是将充分膨胀好的 Sephadex G-200、G-150 或 G-75 湿法装柱，用一定离子强度的氯化钠水溶液进行平衡，然后将各种不同的已知分子质量的多糖分别相继上柱，同一离子强度的氯化钠水溶液洗脱，分步收集，苯酚-硫酸法监测，分别求得洗脱体积（V_e），然后再将蓝葡聚糖（相对分子质量>200 万）上同一条柱，求出柱的空体积（V_0），根据 V_e/V_0 与 $\log M$（分子质量对数）之间存在着线性关系，可绘制标准曲线。最后，将待测样品按上述不变的条件上柱，求得待测多糖的 V_e。通过标准曲线上的 V_e/V_0，查得待测多糖的分子质量对数，便可求出分子质量。对于黏度大的多糖，可采用黏度法求分子质量。此外还有用蒸汽压渗透法，此法用于一些寡糖的分子质量测定是很有利的，但它最大的缺点是测定的结果是数均分子质量，而由糖复合物（特别是糖蛋白）得到的寡糖在多数情况下是不均一的，因此不能精确地了解某一糖链混合物中各个组分的分子质量。另外，还可以采取超离心法、光散射法、玻璃纤维纸电泳、聚丙酰胺凝胶电泳法及超滤法测定分子质量。利用不同方法测定多糖分子质量可以从不同角度对多糖分子质量进行确证，同时也是对多糖纯度的考察。在测定过程中要注意标准品的选择，尽量使用与被测多糖结构相似的标准品，因为不同结构的标准品虽然其绝对分子质量相同而在一定的条件下所表现的分子质量会有所不同。多糖分子质量的测定没有一种绝对的方法，其分子质量只代表相似链长的平均配布而不是确切的分子大小。往往用不同的方法会得到不同的分子质量（方积年，1986）。

(3)部分酸水解　通过部分酸水解的方法将多糖水解成易于分析的小片段。一般来说，吡喃型糖基比呋喃型糖基稳定，已糖比戊糖稳定，(1→6)糖苷键对酸水解相对稳定，主链的糖基比支链的糖基稳定。因此，通过部分酸水解可以判断糖苷键的断裂次序，推断可能的糖苷键类型。多糖可在温和条件下或剧烈条件(高温、较高浓度酸)下水解。在完全水解前，终止水解，可得到不同的寡糖片段和可能的多糖主链，然后综合采用单糖测定、甲基化分析和核磁共振等方法可深入解析多糖结构。

(4)高碘酸氧化　高碘酸及其盐可以选择性地断裂糖分子中的连二羟基或连三羟基，生成相应的多糖醛、甲醛或甲酸。糖的非还原末端或非末端的(1→6)-键与邻三元醇相似，其与过碘酸盐作用，糖环开裂得一分子比例的甲酸而消耗二分子比例的高碘酸盐。非末端的(1→2)-或(1→4)-键与邻二元醇相似，其开裂后产生二分子醛而消耗一分子比例的过碘酸盐。对于非末端之(1→3)-键或 C-2 和 C-4 有分枝的，则不受高碘酸盐影响。因此多糖氧化后定量测定高碘酸盐的消耗、甲酸的生成和剩余糖的比例，就可确定多糖中各种单糖的键型及其比例。多糖的高碘酸盐氧化一般在 pH 3～5 的水溶液中于暗处进行，过低的 pH 容易导致酸水解，过高的 pH 则引起无选择性氧化。确定糖苷键的位置时，需要与 Smith 降解相结合。

(5)Smith 降解　Smith 降解是将高碘酸氧化的产物还原后进行酸水解。由于糖基之间不同的位置缩合，因此用高碘酸氧化后生成不同的产物。将氧化产物用硼氢化钠还原成稳定的多羟基化合物，水解后用纸层析或者 GLC 鉴定水解产物，由降解的产物推断糖苷键的位置。由于实验中加入乙二醇终止反应，所以检测终产物中乙二醇没有意义，一般以甘油、赤藓醇和其他糖等作为糖苷键的特征终产物。

(6)甲基化分析　甲基化分析是确定寡糖和多糖中单糖间糖苷键位置的重要手段。其原理是：先将多糖中各种单糖残基中的游离羟基全部甲基化，将甲基化多糖水解得到甲基化的单糖进行衍生处理，最后用 GC-MS 方法结合标准谱图分析，可得到部分甲基化单糖衍生物的归属，从而确定单糖残基的连接位点，同时根据不同甲基化单糖的比例推出这种连接键型在多糖重复结构中的比例，但是甲基化分析无法确定异头碳糖苷键构型和单糖残基的顺序信息。多糖甲基化通过一系列的改进，目前有多种方法，如 Purdie 法、Haworth 法、Menzies 法、Hakomori 法、Cicanu 法、Needs 法等，其中 Needs 改良的甲基化方法较为常用(表 6.2)。针对易溶于水、难溶于二甲基亚砜(DMSO)的多糖，可以先用少量水使多糖溶解，再与 DMSO 混合，然后加入分子筛脱水，采用 Needs 法进行多糖甲基化，可得到甲基化程度比较完全的产物。在甲基化分析过程中，需要注意以下几点：①多糖甲基化后用红外检测其是否含有羟基，如果仍有羟基峰存在，则表示甲基化不完全，需重复进行甲基化或者采用氯仿等溶剂将已甲基化的多糖萃取出来并作后续处理分析；②含有糖醛酸或氨基已糖残基的多糖比较难甲基化，可能会产生二级产物。对于含有糖醛酸、氨基己糖以及某些取代基团的多糖，在甲基化分析时需要考虑甲基化和酸水解是否会引发副反应。

表 6.2 多糖的不同甲基化方法比较

方法	原理	特点	不足
Purdie 法	用碘甲烷作为甲基化反应的溶剂和甲基化供体	产物分离方便	主要用于对部分甲基化的多糖进行完全甲基化
Haworth 法	在低温下用 20%～30% NaOH 使羟基解离(同时也作为溶剂)，然后进行甲基化	早期的多糖化学结构测定采用较多	甲基化效果不好，多糖易发生明显降解
Menzies 法	多糖在 TiOH 水溶液中解离，得到的多糖铊衍生物，置于含少量甲醇的碘甲烷中进行甲基化	主要针对酸性多糖进行甲基化，可直接使羧基酯化	产率不高，不能实现全甲基化
Hakomori 法	以 DMSO 为溶剂，甲基亚磺酰负离子为强碱，甲基供体是碘甲烷	需要样品量少，甲基化易于完全，在非水条件下糖的降解少	生成 $C_2H_5SOCH_3$ 副产物，甲基亚磺酰负离子的制备有一定的危
Cicanu 法	以 DMSO 为溶剂，NaOH 为强碱，甲基供体是碘甲烷	省去制备甲基亚磺酰负离子过程	同时加入 NaOH 和碘甲烷，生成较多的副产物
Needs 法	以 DMSO 为溶剂，在惰性气体保护下，加入 NaOH 使糖的羟基充分解离，再加入碘甲烷	反应速度快，产率较高，副产物少，糖的氧化降解少	不溶于 DMSO 的多糖，先用 Hakomori 法甲基化一次；含有糖醛酸残基的样品，需先进行还原

来源：谢明勇和聂少平，2010。

2. 仪器分析方法

仪器分析法能够在化学分析法的基础上更进一步地了解和研究多糖的结构特性。与化学分析法相比，仪器分析法具有快速、准确、灵敏、操作方便等优点，是糖链分析不可缺少的手段。目前，在此方面应用较多的有 UV、IR、GC、HPLC、MS、NMR 及电泳等。这些现代分析技术的出现和发展以及仪器的联用，大大促进了糖链结构研究工作的发展。

(1)紫外分析法(UV) 在多糖的结构研究中应用较广，如苯酚-硫酸法中测定多糖的含量及糖醛酸含量等测定。此外，还可利用在 260 nm、280 nm 处观察有无吸收来判断多糖中是否有蛋白质、多肽及核酸。

(2)红外光谱法(IR) 以多糖的特征吸收峰来鉴定多糖，如 840 cm^{-1}吸收峰可以判别α-糖苷键的存在，890 cm^{-1}吸收峰判别 β-糖苷键的存在，吡喃糖苷在 1 100～1 010 cm^{-1}间有 3 个强吸收峰，呋喃糖苷在相应区域只有 2 个峰，810、870 cm^{-1}是甘露糖的吸收峰，1260 cm^{-1}与 1 730 cm^{-1}是酯基或 O-乙酰基的特征吸收峰，酯在 1 740 cm^{-1}，羧酸离子在 1 600 cm^{-1}、1 414 cm^{-1}，酰胺在 1 650 cm^{-1}、1 550 cm^{-1}附近出现振动吸收等。

(3)气相色谱法(GC)和高效液相色谱法(HPLC) 主要用于单糖和甲基化单糖的分离和

鉴定,使用凝胶柱的水相高效凝胶渗透色谱(HPGPC)法还可以用来测定样品的分子质量。对于 GC 而言,需要进行样品的衍生化,而 HPLC 则可直接进样。GC 的样品可以做成糖醇醋酸酯衍生物,或进行糖腈乙酰化。

(4)质谱法(MS) 近年来各种软电离技术的诞生,如快原子轰击质谱(FAB-MS)、电喷雾质谱(ESI-MS)、基质辅助激光解析离子化质谱(MALDI-MS)等使糖结构分析的研究取得了日新月异的发展。MS 法在糖链结构分析中具有快速灵敏、样品用量少、结构信息直观的特点。

①快原子轰击质谱(FAB-MS)。为 20 世纪 80 年代初发展起来的一种新的软电离质谱技术。其显著区别于传统质谱技术之处在于样品受加速原子或离子的轰击,可直接在基质溶液中电离。因此,FAB-MS 的引入不仅使传统质谱技术难以分析的极性强、难挥发以及热不稳定的化合物不经衍生化就可以直接进行质谱分析,而且对生物大分子的研究取得了重大突破。FAB-MS 已被证明是分析糖结构最为有力的方法之一,它不仅可以测定寡糖及其衍生物的分子质量,而且可以测定聚合度高于 30 的糖的分子质量,同时还可以确定糖链中糖残基的连接位点和序列,已广泛用于糖类的分析。

②电喷雾质谱(ESI-MS)。ESI-MS 是将溶液中分子转变成气相离子非常有效的一种电离方式,其产生的分子离子往往带有多电荷,因此 ESI-MS 可以测定的分子质量范围大大扩展。对多糖而言,ESI-MS 可以分析由 25 个甚至更多单糖残基组成的含有羧基或硫酸根等官能团的多糖。近年来,ESI-MS 已在多糖的结构分析中显示了强大的生命力,它能用于衍生化和非衍生化多糖的测定。ESI-MS 能检测非衍生化 p mol 量级的糖,且灵敏度高,因而无需衍生化就能区分寡糖是 O-还是 N-连接的,确定寡糖的结构、聚合度及组成,并能精确测定糖蛋白的分子质量、其中寡糖的序列及结构均一性以及多糖的结构不均一性。ESI-MS 也可以用于衍生化糖和糖型的测定,在其分析前于溶液中加入 NaAc 或 NH_4Ac 也可以获得很好的正离子图谱。值得一提的是,目前 ESI-MS 易与 HPLC、CE 等技术联用,大大提高了工作效率以及灵敏度和精确度,如 ESI-MS 与 HPLC 联用分析寡糖及其衍生物。人们还发现,由 ESI 产生离子的碎片化反应会因异构体的不同而有所差异,所以寡糖及其缀合物用过碘酸氧化、还原、甲基化前后用 ESI-CID 联用技术可获得不同的碎片离子,由此能够获知 p mol 级的寡糖及其缀合物的分子质量、序列、分支和连接信息。目前,ESI-MS 在多糖结构鉴定中的应用,更多的是对于非共价键的鉴定,即使是很弱的非共价键均可以被检测出,包括静电作用结合的非共价键。ESI-MS 通过质谱提供的碎片离子,可以给出非共价键结合的化学计量数,且在一些情况下,非共价键的结合常数可以通过改变外加电压的大小来获得。

③基质辅助激光解析离子化质谱(MALDI-MS)。MALDI-MS 电离出的离子常用飞行时间(TOF)检测器检测,因此 MALDI-MS 常与 TOF 一起被称为基质辅助激光解析离子化飞行时间质谱(MALDI-TOF-MS),其原理是用激光照射样品与基质形成共结晶,基质从激光中吸收能量传递给生物分子,使生物分子电离,离子在电场作用下飞过飞行管道,根据到达检测器的飞行时间不同而被检测,测定离子的质荷比与离子的飞行时间成正比。MALDI-MS 产生的分子离子十分稳定,不易裂解,所以适用于检测大分子质量的生物样品。和其他质谱方法相比,MALDI-MS 无需衍生化,图谱可以准确地给出样品的组成,而且还可以和其他方法联用,如 HPLC、GC-MS 或外切糖苷酶消化以分析得到碳水化合物结构的详细信息。对于中性寡糖

而言，MALDI-TOF-MS 仅给出单一的$[M+Na]^+$离子峰，而不给出许多碎片峰，而且 MALDI 不受样品中所含添加剂、缓冲液或盐类的影响，其灵敏度也是各种电离方式中最高的（可检测到 10^{-15} mol 级）。

(5)核磁共振法(NMR)　自 20 世纪 70 年代 NMR 被引入多糖结构研究以来，越来越发挥出重要的作用，现已成为多糖研究的常规手段之一。用 NMR 技术研究糖链结构的优点是不破坏样品，糖链的结构特征通过化学位移、偶合常数、积分面积、NOE 及弛豫时间等参数表达。一维的 NMR 包括^1H-NMR 和^{13}C-NMR。在自然界中，^{13}C 的天然丰度很低，使得^{13}C-NMR 的灵敏度低于^1H-NMR，后来出现的微型计算机脉冲傅立叶转换方式使得^{13}C-NMR 能够得到清晰的光谱，其化学位移范围远较^1H-NMR 宽，达到 200 mg/kg。目前，^{13}C-NMR 在多糖结构分析上的应用有：解决异头碳的构型问题、确定多糖残基中取代位置和分支点、判断多糖中各残基的种类和比例。二维 NMR 是 20 世纪 80 年代发展起来的，它使得多糖的^1H-和^{13}C-NMR 谱得到归属，如在确定多糖的单糖组成方面，除了通过^1H-NMR 和^{13}C-NMR 化学位移信息外，还可用^1H-^1HCOSY、^1H-^{13}CCOSY 等二维谱，而^1H-^1HDQF-COSY、RCT、TOCSY、HOHAHA 等可以用来确定单糖的类型和构型。此外，NOE 以及^{15}N、^{31}P 的 NMR 数据对糖链一级结构及其溶液构象的分析也发挥了作用。

(6)电泳技术　主要包括毛细管电泳(CE)和聚丙烯酰胺凝胶电泳(PAGE)等。

①毛细管电泳(CE)。该电泳技术不仅是一种分离手段，还可用于寡糖的组成分析、纯度鉴定和结构归属，并对寡糖的酶解产物进行定性和定量分析，从而得到寡糖链的完整结构。但除少数带有羧基和磺酸基的糖类化合物外，绝大多数糖类化合物不带电荷，极性很大，而且没有发色基团或荧光基团，所以对于一般的高效毛细管电泳(HPCE)，可采用以下几种方法使之产生更好的效果：如衍生化使之带上发色、荧光基团或电荷；与硼酸盐等络合；与缓冲液中的添加剂形成包含络合物；高 pH 缓冲条件下使之电离；加入表面活性剂使之形成胶束等。

②十二烷基磺酸钠-聚丙烯酰胺凝胶电泳-聚偏氟乙烯薄膜电迁移技术(SDS-PAGE-PVDF 技术)。该技术可将电泳凝胶上的糖蛋白基本上定量地转移到聚偏氟乙烯薄膜上，在此膜上可以直接进行酸水解，然后分析其氨基酸和糖基组成，也可在此膜上进行溴化氢降解，各种蛋白酶、糖肽酶和糖苷酶的水解，以及将 PVDF 膜直接置于蛋白质 GC 序列仪或 MS 上进行序列分析，从而获得 p mol 级糖蛋白的肽链和糖链顺序以及糖肽连接方式。

③荧光基团标记的糖的聚丙烯酰胺凝胶电泳(PAGEFS 技术)。为一种寡糖结构分析的简便方法。它是通过对糖类分子的还原端羰基进行荧光基团衍生化标记后进行聚丙烯酰胺凝胶电泳，这样既增强了糖分子的检测灵敏度，又使通常呈中性的糖类分子带上电荷在电泳系统中进行分离，可以用来对多个样品平行地进行分离和定性分析。

3.生物学分析方法

多糖的生物学方法研究主要在于酶学方法和免疫学方法。

(1)酶学方法　酶促反应具有高度的专一性，且副产物少，是糖链结构分析的一种重要手段。利用 α-糖苷酶和 β-糖苷酶对多糖底物的催化反应，可以确认多糖链中糖苷键类型。也可用酶解的方法来分析糖肽连接方式。虽然酶解的高度专一性和放射性标记方法的引入使得这种方法十分有效并广为采用，但此法最大的缺陷在于酶解结束后需要很多次地进行分离和确定产物的流体动力学体积。为了解决这一问题而诞生了试剂阵列分析方法，它将酶解方法的操作简化为只要将纯化的多糖样品等分为几个试样，再将每个试样与某种精确设定的外切糖苷酶混合物保温酶解，这种特定酶混合物称为试剂阵列。合并每次酶水解的产物，再对产物库进行一次凝胶渗透色谱分离，把分离图谱与计算机数据库中的图谱进行对照即可确定结构。根据这一原理，商品化的糖序列仪已经被生产出来。

(2)免疫学方法　抗原和抗体会相互结合，一定结构的多糖(寡糖)会抑制抗原-抗体的结合，不同的糖(半抗原)有不同的抑制常数。当某种未知结构的糖链对抗原和抗体的结合产生了抑制，通过测定其抑制常数再与已知结构的糖链相比较，有相近抑制常数的多糖，其结构也相似，这就是利用免疫法分析糖链结构的原理。

6.1.4.2　多糖的高级结构分析方法

多糖的高级结构的研究更为困难，近年来随着现代仪器分析技术的发展，在多糖高级结构方面取得较大进展，主要采取以下一些方法。

1. X 射线衍射(XRD)

当对某物质(一般为晶体)进行 X 射线衍射分析时，该物质会产生不同程度的衍射现象。物质的组成、晶型、分子内成键方式、分子的构型、构象等决定该物质产生特有的衍射图谱。对于多糖，还可以推测其对称性、螺距等螺旋体参数。进行 X 射线衍射的样品必须高度有序，至少要有足量的微晶，由于绝大多数多糖均不能结晶，所以在做多糖样品 X 衍射前须经过诱导，最简单的方法是将多糖溶液置于纤维扩张器中，让其在控制的湿度下干燥即可。X 射线衍射的另一方式 X 射线纤维衍射则在这方面展示了越来越大的应用空间，此外还可以将 X 射线纤维衍射法和计算机模拟技术相结合，从原子水平对多糖结构进行分析。

2. 二维 NMR 谱

2D-NMR 谱根据不同的需要可以有很多种，一般常用的有二维 J 分解谱和二维化学位移相关谱(COSY)两大类。用 2D-NMR 分析多糖结构的一般思路为：先由 ^{13}C-NMR 谱确定异头碳的数目，然后根据异头碳的位移，在 HSQC(氢碳近程相关)谱中通过交叉峰找出异头碳质子，再从异头碳出发，在 COSY-45 或 DQF-COSY 谱中，通过交叉峰找出其他氢核的化学位移。若不能完全识别，可结合 TQF-COSY、TOCSY、NOESY 等帮助识别。通过氢核的位移，在 HSQC 谱中找出碳的位移。对于个别尚无法识别的碳，可结合单糖组成分析和甲基化结果进行推测。确定了主要的碳和氢后，再从 HMBC(氢碳远程相关)谱中找出相邻糖单元之间连接的异头碳和异头质子，从而推测连接次序。

3. 圆二色谱(CD)

手性分子都具有光学活性，当单色左旋与右旋的圆偏振光通过某一种样品时，该样品对左、右旋圆偏振光的吸收不同，称之为圆二色性。其差值 $\Delta A = \Delta AL - \Delta AR$ 称为圆二色值，按波长扫描，信号放大就得到了圆二色谱(CD 谱)。若外加磁场作用，CD 信号可进一步增大几个量级，即得磁圆二色谱(MCD 谱)。圆二色谱如今已成为糖类、蛋白质、核酸等生物大分子空间结构解析中不可或缺的手段。从 CD 谱可以知道绝对构型、构象等信息，是研究多糖的三维结构的有效办法。中性多糖因缺少一般紫外区可提供信息的结构，难以直接得到由 CD 谱提供的结构信息，通常可进行衍生化或者将多糖与刚果红络合后测定。

4.原子力显微镜(AFM)

AFM用很尖的探针扫描待测样品表面,探针附在一根可活动的微悬臂的底端上,当探针与样品接触时,产生的微小作用力引起微悬臂的偏转,通过光电检测系统对微悬臂的偏转进行检测和放大,信号经过转换可得到样品的三维立体图像。探针是其核心部件,为了克服当样品的尺寸大小与探针的尖端曲率半径相当或更小时,会出现所谓的"加宽效应",可使用尖端更尖的探针,或者对探针进行生物或者化学修饰。AFM样品的载体可用云母片、玻璃片、石墨等,其中最常用的是新剥离的云母片。

6.2 天然生物活性多糖对畜禽免疫功能的影响

6.2.1 多糖对动物免疫器官的影响

免疫器官是淋巴细胞和其他免疫细胞发生、分化、成熟、定居和增殖及动物产生免疫反应的主要场所,它们的发育状况直接影响到机体免疫力的高低。免疫器官包括中枢免疫器官和外周免疫器官。中枢免疫器官发生在胚胎早期,起源于内外胚层连接处,是诱导淋巴干细胞成为免疫活性细胞,并将其输送给外周免疫器官的场所,包括胸腺、骨髓及禽类腔上囊(法氏囊)。胸腺的免疫功能主要是诱导T细胞的分化和成熟,胸腺衍化的T细胞能辅助T细胞产生抗体;骨髓是造血干细胞生长、分化及发育的场所,可提供各种免疫细胞的前体细胞,B细胞、单核巨噬细胞、粒细胞、NK细胞、血小板和红细胞也在此分化成熟;腔上囊是鸟类特有的中枢免疫器官,来自骨髓的淋巴T细胞在其内诱导分化为成熟的B细胞,经淋巴循环和血液循环到外周淋巴器官参与体液免疫。外周免疫器官包括脾脏、淋巴结以及分布于消化道、呼吸道或泌尿生殖道的淋巴小结,是T、B细胞定居和对抗原刺激进行免疫应答的场所。脾脏是机体最大的免疫器官,内含大量的免疫细胞,其中T淋巴细胞约占40%,B淋巴细胞约占60%,在体液免疫中的地位极其重要。因此研究多糖对机体免疫器官的作用是研究多糖免疫调节作用的一个重要方面。

研究表明多糖对动物免疫器官特别是脾脏和胸腺存在影响,尤其对于还没有发育完善或已经受到某种免疫抑制的动物机体的免疫器官作用比较明显。例如,Chen等(2003a)发现,在肉仔鸡日粮中添加200 mg/kg的牛膝多糖,可以提高仔鸡的法氏囊指数;袁学千等(2004)对正常小鼠及免疫抑制小鼠免疫器官细胞数目和体视学参数的研究表明,刺五加多糖能增强小鼠脾脏和肠系膜淋巴结的细胞数目、脾脏白髓总体积和淋巴结皮质总体积;周淑英等(1995)证实了黄芪多糖能增加小鼠脾脏和胸腺重量,具有反转免疫抑制剂环磷酰胺对免疫器官和免疫功能影响的作用;芦殿荣等(2004)也发现香菇多糖可增加小鼠免疫器官重量;梁华平等(1996)在研究黄芪多糖对创伤小鼠模型的影响时发现黄芪多糖可以显著地拮抗创伤对小鼠胸腺和脾脏重量的减轻;杨铁虹等(2005)则观察到10~100 mg/kg当归多糖能对抗环磷酰胺引起的小鼠脾萎缩,增加正常小鼠的脾重,而对处于正常及免疫抑制状态的小鼠胸腺指数影响不大。从这些研究可以看出,活性多糖能够有效地刺激免疫脏器的发育,抵抗免疫抑制导致的免疫脏器缩小,从而提高动物机体的整体免疫能力。

6.2.2 多糖对动物免疫细胞的影响

6.2.2.1 T和B淋巴细胞

T 细胞和 B 细胞来源于骨髓的多能干细胞，在免疫应答过程中起着重要作用。T 细胞又称为胸腺依赖性淋巴细胞，它与细胞免疫功能密切相关；B 细胞又称为骨髓依赖性淋巴细胞，与体液免疫应答密切相关。研究表明，多糖可通过影响淋巴细胞数量、比例以及形态和结构，增强淋巴细胞功能，促进淋巴细胞转化和增殖等途径发挥免疫调节作用。

胡国俊等(1995a)研究了枸杞多糖对 T、B 淋巴细胞增殖和 T 细胞亚群的调节作用，结果表明，枸杞多糖对未经活化的淋巴细胞没有诱导增殖作用，对经植物血凝素(phytohemagglutinin，PHA)活化的淋巴细胞增殖有显著的促进作用，这表明枸杞对活化的 T、B 淋巴细胞的增殖有促进作用；另外，枸杞多糖会导致 $CD8^+/CD4^+$ 细胞比率明显下降，同时使 $CD4^+$ 细胞比率显著上升。梁中琴和盛伟华(1999)也发现，50～100 μg/mL 云芝糖肽(PSP)对经植物凝集素 PHA 诱导的人外周血淋巴细胞增殖有显著的促进作用，该浓度的 PSP 也能促进细胞从 G_1 期进入 S 期，并可使 $CD4^+$ 细胞明显升高，使 $CD4^+/CD8^+$ 细胞比率增加。何彦丽等(2005a)研究了枸杞多糖(LBP)对荷瘤小鼠体内肿瘤微环境 T 淋巴细胞亚群及树突状细胞的影响，结果表明 LBP 可明显抑制肿瘤细胞的生长，增加肿瘤浸润 $CD4^+$、$CD8^+$ 细胞的数量并提高 $CD4^+$ 细胞和 $CD8^+$ 细胞数量的百分比，从而解除机体的免疫抑制状态、增强机体的抗肿瘤免疫功能。袁书林(2006)研究表明，日粮中添加黄芪多糖能显著增加血液白细胞数量和淋巴细胞数量及百分含量、$CD4^+$ 亚群的百分含量以及 $CD4^+$、$CD8^+$ 比率。肖军军等(1994)发现灵芝多糖可使体外培养的小鼠脾细胞核 DNA、RNA 含量显著增加、细胞内超微结构改变、细胞质和细胞核的平均截面积明显增加、核质比呈下降趋势，说明灵芝多糖可诱导脾细胞 DNA 和蛋白质合成，促进细胞增殖。众多报道表明，黄芪多糖可以增强淋巴细胞的功能，促进鸡(Chen 等，2003a；Kong 等，2004)、猪(边传周和王老七，2005；毛晓峰，2004)、鼠(许杜娟和陈敏珠，2003)等动物的淋巴细胞转化。宋淑珍等(2005)观测了黄芪多糖对健康体检者淋巴细胞亚群的调节作用，发现黄芪多糖通过增高 T 辅助细胞和 T 抑制细胞的比值及总淋巴细胞的细胞活性来提高人体免疫水平。郝钰等(2000)以体外培养的人脐静脉内皮细胞(HUVEC)为模型，研究黄芪多糖对淋巴细胞与血管内皮细胞黏附的影响，结果表明，黄芪多糖通过提高细胞表面黏附分子的表达而促进淋巴细胞及内皮细胞的黏附，从而促使淋巴细胞再循环，增加淋巴细胞与抗原接触的机会，这可能是黄芪多糖免疫增强作用的机制之一。

许爱华等(1996)报道，银杏外种皮多糖在体外可促使刀豆素 A(concanavalin A，Con A)诱导的荷瘤小鼠脾脏 T 淋巴细胞增殖以及脂多糖(lipopolysaccharide，LPS)诱导的荷瘤小鼠脾脏 B 淋巴细胞增殖，在体内也可促进荷瘤小鼠 T 淋巴细胞增殖和 B 淋巴细胞增殖。吕世静等(2004)研究表明，白茅根多糖对 PHA 诱导的人外周血 T 淋巴细胞的增殖有显著的促进作用，并能促进细胞从 G_1 期进入 S 期。Kim 等(1996)报道，蘑菇多糖能促进体外 T 淋巴细胞的转化率，以及 NK 细胞、巨噬细胞活性。阮红和吕志良(1999)发现女贞子多糖对正常小鼠和阴虚小鼠的脾淋巴细胞增殖都有显著的增强作用。林志彬(1992)报道，灵芝多糖不仅能增强正常小鼠的细胞免疫反应，还能拮抗免疫抑制药、抗肿瘤药以及应激和衰老所致的免疫功能低下，使之恢复到接近正常水平；对其作用机制的研究表明，灵芝多糖可通过间接激活淋巴细胞中DNA多聚酶而促进DNA合成及T细胞增殖，促进IL-2产生，从而影响T细胞亚群的数量和功能。Chen等(2003b)研究发现，香菇多糖能促进体外培养肉鸡脾淋巴细胞的增殖以及IL-2、NO的分泌。

6.2.2.2 巨噬细胞

巨噬细胞(MΦ)具有识别、吞噬和摧毁异己细胞、生物体和物质(如细菌、病毒、真菌、死细胞、突变细胞或肿瘤细胞)的作用，是主要的抗原呈递细胞(antigen presenting cells，APC)，在特异性免疫应答的诱导和调节中起关键作用。研究表明，多糖能通过促进巨噬细胞一氧化氮(nitric oxide，NO)和细胞因子的分泌，影响巨噬细胞形态和结构，增强其功能而发挥免疫调节作用(Sakurai等，1997)。

游育红和林志彬(2004)研究了灵芝多糖肽对小鼠腹腔巨噬细胞NO产生的影响，结果表明，灵芝多糖肽灌胃给药或体外给药均可促进巨噬细胞NO的释放以及NO合成酶(nitric oxide synthase，NOS)含量的增加。周娅等(2000)发现枸杞多糖(LBP)灌胃与腹腔注射均可明显增加小鼠腹腔静止MΦ的NO诱生量以及胞内溶菌酶和超氧化物歧化酶(SOD)的活性；LBP灌胃还使硫代乙醇酸钠(TG)活化MΦ的上述检测值进一步升高。庞战军等(1999)发现云芝多糖能促进LPS活化的巨噬细胞产生NO。陈伟等(2006)的研究则表明，库拉索芦荟多糖对小鼠腹腔巨噬细胞NO的生成具有双向调节作用：25～400 μg/mL可显著促进正常巨噬细胞NO的生成，而50～400 μg/mL可抑制LPS激活的巨噬细胞NO的生成。唐庆九等(2005)用灵芝多糖刺激体外培养的正常和荷瘤小鼠的巨噬细胞，结果发现，灵芝活性多糖可显著刺激巨噬细胞分泌肿瘤坏死因子-α(tumor necrosis factor-α，TNF-α)和白介素-1β(interleukin-1β，IL-1β)，并产生了大量的NO；小鼠巨噬细胞对乳胶颗粒的吞噬功能也明显增强，而且荷瘤小鼠的巨噬细胞对灵芝多糖的敏感度优于正常小鼠。杨兴斌等(2004)研究发现，当归多糖可促进巨噬细胞释放NO和TNF-α等细胞效应分子，并可通过作用于巨噬细胞而促进TNF-α的分泌，发挥间接的抗肿瘤免疫作用。张庆等(1999)研究发现大枣多糖体外可增强小鼠腹腔巨噬细胞的细胞毒作用，诱导TNF-α、IL-1和NO的产生。姚金凤等(2004)在体外培养的小鼠腹腔巨噬细胞中加入不同浓度的海洋真菌多糖后，结果发现海洋真菌多糖能促进巨噬细胞NO、IL-1的合成，并能显著增强小鼠腹腔巨噬细胞吞噬中性红的作用。苗明三(2004)研究发现，大枣多糖可显著促进免疫低下小鼠腹腔巨噬细胞IL-1α的产生及活性，并可促进体外脾细胞增殖。Jorgensen和Robertsen(1995)报道，酵母多糖促进体外大西洋鲑MΦ细胞的呼吸爆(respiratory burst)，使其超氧离子产生增加，杀菌力增强。张俊平等(1990)等报道，商陆酸性杂多糖(PEP-I)能使小鼠腹腔MΦ对S180和L929肿瘤细胞产生明显的细胞毒作用，促进LPS对IL-1和TNF诱生，其诱生IL-1的能力比卡介苗(BCG)强，说明PEP-I增强MΦ细胞毒的作用与其诱生IL-1和TNF密切相关。李明春等(2000a)采用细胞培养和竞争性蛋白结合分析法测定小鼠腹腔巨噬细胞中cAMP含量，结果表明，灵芝多糖能引起小鼠腹腔巨噬细胞中cAMP浓度的升高；他们认为，灵芝多糖通过引起小鼠腹腔巨噬细胞中cAMP浓度的升高，从而引起蛋白激酶A(protein kinase A，PKA)活化，激活巨噬细胞。张峰等(2006)研究表明，用黄芪多糖与巨噬细胞及结核杆菌共同孵育，黄芪多糖提高巨噬细胞对结核杆菌的吞噬作用，并增加培养液中IFN-γ和IL-1β的含量。

多糖还影响到巨噬细胞形态和结构。张明军等(1994)应用细胞化学技术研究枸杞多糖对小鼠腹腔巨噬细胞的作用,发现枸杞多糖能使巨噬细胞数量增加、体积增大、伪足增多、吞噬活力显著增强,细胞内 DNA、RNA 及糖原含量增加,酸性磷酸酶、酸性酯酶、酸性 ATP 酶及琥珀酸脱氢酶活性均显著增强。胡庆和等(1994)研究发现红毛五加多糖能使巨噬细胞数量明显增多、体积增大,细胞内糖类、酸性磷酸酶、三磷酸腺苷酶、酸性酯酶和琥珀酸脱氢酶活性显著增加,扫描电镜显示表面微绒毛增多、增粗、增长,交错重叠或成簇、密集杂乱,透射电镜可见胞质内糖原颗粒增多、线粒体丰富、溶酶体增加,揭示了巨噬细胞活性增强。

6.2.2.3 NK 细胞和 LAK 细胞

NK 细胞是一类重要的免疫调节细胞,它对 T 细胞、B 细胞、骨髓干细胞等均有调节作用,并通过释放细胞因子对机体免疫功能进行调节。LAK 细胞能杀伤对 NK 细胞敏感和不敏感的实体瘤细胞,具有广谱的抗肿瘤作用。

研究表明,多糖可提高 NK 细胞的活性。例如,张金明和杨晓萍(2004)研究表明,小鼠灌服油菜花粉多糖能明显促进小鼠脾 NK 细胞对靶细胞的细胞毒作用,提高 NK 细胞的杀伤活性。韩纪举等(2002)研究表明,灵芝多糖可以诱导和促进 NK 细胞的活性。吴洁等(1999)发现螺旋藻多糖能提高小鼠的 NK 细胞杀伤活力,促进 IL-2 产生及淋巴细胞和混合淋巴细胞转化功能。黄芪多糖也能增强 NK 细胞的活性,刺激 NK 细胞增殖,与 IL-2 合用更佳。研究表明,IL-2 和黄芪多糖处理能提高小鼠和人的 NK 细胞增殖,增大 NK 细胞胞体、降低核质比等(张晓明和杨景山,1991;张晓明等,2000)。

黄芪多糖具有明显的增强 LAK 细胞毒作用,有效剂量范围为 1～100 μg/mL(王光等,1995)。杨海贤和赵钢(1998)以 IL-2、黄芪多糖激活的 LAK 细胞与 Hela 细胞共育,用电镜和电脑图像分析系统观察和测定 LAK 细胞的存活、坏死、凋亡细胞及各期凋亡细胞不同阶段的体密度,结果表明,对照组 16 h 时 Hela 细胞大部分死亡,LAK 细胞本身死亡率 57%。8 h、16 h 时实验组的 LAK 细胞存活、坏死、凋亡细胞各自的体密度与对照组比均有显著差异,证明应用黄芪多糖可提高 IL-2/LAK 细胞活性。王光等(1994)用 C57BL/6 鼠和其自发产生的黑色素瘤 B16 细胞,以生存期为指标,建立了黄芪多糖增强 IL-2/LAK 抗肿瘤作用的动物模型,结果表明,黄芪多糖能增强 IL-2/LAK 活性,具有一定的抗肿瘤作用。

6.2.2.4 树突状细胞

树突状细胞 (dendritic cells,DC)是目前发现具有最强提呈抗原功能的专职抗原递呈细胞,能激活初始 T 细胞,在诱导特异性免疫反应过程中起着重要作用。

多糖可影响 DC 的结构和功能。以黄芪多糖为例,邵鹏和赵鲁杭(2006)报道黄芪多糖能够提高 DC 表面分子 MHCⅡ的表达,并且呈黄芪多糖浓度依赖性,DC 吞噬功能都明显下降,并促进 DC 表达 IL-12,电镜下观察 DC 的超微结构,可见黄芪多糖处理组 DC 的突起增多,形态上更成熟,说明黄芪多糖能促进小鼠骨髓来源的 DC 表型及功能的成熟。Shao 等(2006)研究表明黄芪多糖可以使 DC 突起增多,促进 DC 的成熟、吞噬功能增强。邓旻等(2007)观察到黄芪多糖体外培养可使 DCs 特异性抗原 CDla、CD80、CD83 和 CD86 显著升高,诱导脐血单核细胞(DCs 前体细胞)定向分化为功能性(成熟)DCs。黄芪多糖诱生的 DCs 具有明显刺激同种异体 T 淋巴细胞增殖的能力,且随 DCs 细胞数量的增加而作用增强。骆殊等(2009)采用外周血来源的树突状细胞的体外培养中加入或不加入黄芪多糖的方法，动态观察树突状细胞形态、数量的变化及用流式细胞仪检测免疫学活性的不同，结果表明在体外诱导培养 DC 时用黄芪多糖进行干预可以促进 DC 的成熟及对 T 细胞的增殖反应。

6.2.2.5　多糖与红细胞免疫

红细胞(RBC)作为血液主要细胞成分，其功能早被学术界认为行使呼吸、参与代谢、维持内环境稳定。但随着免疫学深入发展，人们对红细胞认识有了突破性进展。研究证实，红细胞具有很多与免疫有关的物质，如 CR1、CR3、DAF(补体衰变加速因子)、MCP(人类补体膜辅助因子蛋白)，SOD 酶(超氧化物歧化酶)、CD54、CD55、CD58、CD59、HRF(组胺释放因子)、NKEF(NK 细胞增强因子)，它们在神经内分泌的调控下，广泛参与非特异性和特异性免疫反应，在抗感染、抗肿瘤及自身稳定的免疫反应及调控中都具有重要作用。

高学军和李庆章(2003)报道，将 150 只 1 d 健康 AA 肉用雏鸡随机分为黄芪多糖组、香菇多糖组和健康对照组，每组 50 只，分别作不同处理，并分别于 7、14、28、42 和 56 日龄测定各组雏鸡红细胞 E-C_3bR、E-IC 花环率，结果黄芪多糖、香菇多糖组雏鸡 E-C_3bR 在大部分检测时期高于对照雏鸡，黄芪多糖和香菇多糖组雏鸡在大部分检测时期 E-IC 花环率低于对照雏鸡，表明黄芪多糖和香菇多糖对雏鸡红细胞免疫功能具有继发性增强作用。段县平等(2006)研究发现，灌服 0.6%和 3%的姬松茸多糖灭菌溶液 1 mL/只能显著提高鸡的红细胞花环率及疫苗免疫力，表明姬松茸多糖能够增强鸡的红细胞免疫功能。佟书娟等(2000)报道，枸杞多糖能明显增强正常小鼠红细胞 C_3b 受体(RBC-C_3bR)花环率及红细胞免疫复合物(RBC-IC)花环率的形成，并能使环磷酰胺引起的 RBC-C_3bR 花环率及 RBC-IC 花环率下降显著回升，表明枸杞多糖能增强小鼠红细胞免疫功能，并对环磷酰胺所致的红细胞免疫功能的抑制具有明显的拮抗作用。

季宇彬等(2004)报道，仙人掌多糖可提高荷瘤小鼠(S_{180})红细胞膜带蛋白含量，降低膜蛋白高聚物形成，改善膜流动性，降低膜微黏度，从而部分恢复红细胞膜结构和生理功能，增强红细胞免疫功能。刘景田等(2002)用黄芪、灵芝、茯苓等、党参、当归、天花粉等进行试验研究发现中药多糖对红细胞免疫有促进和调节作用，作用机理是提高了红细胞膜相 CD35 免疫活性，进而促进红细胞与补体致敏酵母菌的黏附作用，使 RBC-C_3bR 花环率增高，从而达到调节和增强其红细胞免疫功能的作用。

6.2.3　多糖对动物免疫分子的影响

6.2.3.1　抗体

多糖可以促进抗体的产生或作为疫苗佐剂以促进抗体的产生，提高机体体液免疫水平。杨光等(2004)分别以绵羊红细胞(sheep red blood cell，SRBC)和卵清蛋白(ovalbumin，OVA)为抗原给小鼠注射后，灌服茶叶多糖，结果表明，茶叶多糖可以促进 SRBC 抗体和 OVA 抗体生成，并提高血清中 IL-2、IFN-γ 的水平。Obaid 等(1989)报道，用葡聚糖作为佐剂，给仓鼠免疫利什曼原虫抗原，可以显著提高其抗体滴度和对利什曼原虫的抵抗力。屈洪岩等(1998)研究了玉米花粉多糖对鸡新城疫弱毒疫苗免疫应答的影响，发现玉米花粉多糖能显著促进 HI

抗体(新城疫血凝抑制抗体)的产生,使抗体提前产生并维持较高滴度。史彬林(2005)也发现,饲料中添加0.5%壳聚糖可以提高肉仔鸡的新城疫抗体滴度。黄芪多糖还可作为免疫增强剂,提高北京白鸡新城疫弱毒疫苗免疫后的新城疫血凝抑制抗体水平(孙惠玲等,2005)。研究表明,黄芪多糖 100 mg/kg 腹腔注射 6 d 可增加正常小鼠脾脏重量,而对去胸腺与抗胸腺细胞血清处理过的小鼠(Tx-ATS)的作用明显降低;黄芪多糖能够显著提高正常小鼠 SRBC 免疫后脾细胞直接溶血空斑(d-PFC)和间接溶血空斑(I-PFC)数量,但对 Tx-ATS 小鼠不能促进 d-PFC数升高。黄芪多糖可提高 Tx-ATS 小鼠在 LPS 免疫后 d-PFC 数,但这种作用与黄芪多糖对正常小鼠 SRBC 免疫后的效应相比明显降低,表明黄芪多糖促进抗体形成作用可能是通过 T 细胞介导(李先荣等,1989;耿长山等,1995)。

多糖本身也可作为一种抗原,刺激机体产生相应的抗体,但作用较弱。Vancott 等(1996)证明用肺炎球菌多糖皮下注射小鼠可刺激小鼠产生特异的免疫球蛋白 M(immunoglobulin M,Ig M)抗体,在有霍乱毒素作为佐剂时还可刺激产生特异的免疫球蛋白 A(immunoglobulin A,Ig A)抗体。Lees 等(1996)证明,将肺炎球菌多糖与小牛血清白蛋白(bovine serum albumin,BSA)结合做成复合物,可有效刺激小鼠产生既抗 BSA 又抗肺炎球菌多糖的免疫球蛋白 G(immunoglobulin G,Ig G)抗体。

6.2.3.2 补体

补体是血液中一组具有酶原活性的蛋白质系列,有补充抗体作用的能力,能协同抗体杀死病原微生物或协助、配合吞噬细胞杀灭病原微生物。研究表明,许多生物活性多糖具有激活补体系统的作用。例如,Matsushita (1990) 报道,从粪产碱菌提取的葡聚糖在体外能激活豚鼠血清补体的经典途径和替代途径,静脉注射能激活豚鼠补体的替代途径。Bagni 等(2000)在鲍鱼饲料中添加葡聚糖和维生素 E、维生素 C,可显著提高血液补体替代途径和溶菌酶活性。

6.2.3.3 细胞因子

细胞因子是免疫系统重要的信息分子,在免疫调节中充当十分重要的角色。研究表明,多糖能在体内或体外通过提高细胞因子的分泌或其基因表达、或者增强细胞因子的作用而发挥免疫调节功能。目前研究比较多的细胞因子有 IL-1、IL-2、TNF-α、IL-6、IFN-γ 和巨噬细胞集落刺激因子(macrophage colony stimulating factor,M-CSF)等。

胡庭俊等(2005a)通过给小鼠腹腔注射 100 mg/kg 环磷酰胺,建立免疫抑制模型,观察了100、200、400 mg/kg 剂量蕨麻多糖配合应用后对小鼠血清中细胞因子 IL-6、IFN-γ 和 TNF-α 水平的影响;结果表明,蕨麻多糖能升高正常小鼠血清中的 IL-6 和 IFN-γ 水平,而对 TNF-α 水平无明显影响,环磷酰胺降低了小鼠血清中 IL-6、IFN-γ 和 TNF-α 水平,蕨麻多糖能拮抗环磷酰胺导致的免疫抑制,升高小鼠血清中 IL-6、IFN-γ 和 TNF-α 水平,从而提高机体的免疫功能。何彦丽等(2005b)研究了枸杞多糖对荷瘤小鼠机体免疫逃逸的干预作用,发现枸杞多糖可通过降低血清中血管内皮细胞生长因子(vascular endothelial growth factor,VEGF)、转化生长因子-β(transforming growth factor-β,TGF-β)两种免疫抑制因子的水平,从而改善肿瘤机体内的免疫抑制状态。Tokunaka 等(2000)观察到,念珠菌葡聚糖能促进体外小鼠巨噬细胞 IL-6、TNF 的合成,并有显著的抗肿瘤作用。Ando 等(2002)发现,红花多糖可以促进人及小鼠腹腔巨噬细胞分泌细胞因子 IL-1、IL-6 和 TNF-α 的产生,并能剂量依赖性的促进 IL-12 和

IFN-γ的产生。林志彬(1992)研究发现,灵芝多糖能直接作用于巨噬细胞和T淋巴细胞,使其产生TNF-α和IFN-γ等细胞因子,进而抑制肿瘤细胞或促使其凋亡。李丹等(2004)则发现,香菇多糖能促进感染艾滋病病毒(human immunodeficiency virus,HIV)的人外周血单核细胞(peripheries blood monocyte cell,PBMC)分泌IL-2、IL-12和IFN-γ,抑制IL-4、IL-10和TNF-α的分泌。刘永杰等(1999)报道,给雏鸡注射黄芪多糖能促进鸡脾淋巴细胞体外增殖和IL-2分泌。高文学和李庆章(2000)也发现黄芪多糖促进鸡巨噬细胞分泌IL-1。梁华平和张艳(1995a)应用小鼠烧伤模型,对黄芪多糖的免疫增强作用进行了体内外研究,结果表明,体内应用黄芪多糖(250 mg/kg,1次/d,连续5 d)可明显提高烧伤小鼠T淋巴细胞的转化、IL-2的产生及IL-2 R的表达,体外分别应用50、100、250 μg/mL的黄芪多糖,发现其可纠正烧伤小鼠T淋巴细胞转化、IL-2产生及IL-2R表达的受抑状态,并促进巨噬细胞产生IL-1,抑制前列腺素E2(prostaglandin E2,PGE2)合成且呈剂量依赖关系;体外去除烧伤小鼠脾细胞中巨噬细胞后,黄芪多糖对T淋巴细胞转化、IL-2产生及IL-2R表达的调节作用消失,说明黄芪多糖对烧伤小鼠的免疫调节作用依赖于巨噬细胞,通过刺激其分泌IL-1、抑制PGE2合成,从而促进IL-2产生及IL-2R表达,进而增强T淋巴细胞增殖。曾广仙等(2004)的研究也表明,黄芪多糖可以减少创伤后小鼠胸腺、脾脏组织中NF-κB mRNA、IL-2和IL-10 mRNA的表达,增加胸腺、脾脏组织中$CD4^+$抗原水平、升高$CD4^+/CD8^+$比值。赵克胜等(1993)发现相对分子质量为20 000～25 000的黄芪多糖组分对正常人及肿瘤患者PBMC在体外分泌肿瘤坏死因子具有明显的促进作用,进一步将PBMC分离成黏附和非黏附细胞后发现,黄芪多糖的这一组分对两者分别产生TNF-α和TNF-β均有增强作用。

Liu等(1999)发现云芝多糖均可提高小鼠腹腔滤液细胞(peritoneal exudate cells,PEC)和脾细胞中M-CSF、IL-1α、IL-1β、TNF-α、IFN-γ以及PEC中TNF-α、IL-1α的基因表达。胡国俊等(1995b)报道,枸杞多糖可以促进IL-2的产生,并且可以显著地促进淋巴细胞表面IL-2受体α和β的表达。Guo等(2000)也发现,从紫云英中提取的果胶多糖可促进体外培养的鼠B细胞分泌IL-6,其机制也是IL-6 mRNA转录活性增加。李兴玉等(2004)的研究表明,巴西蘑菇多糖可以增加造血干、祖细胞生成的粒单细胞克隆刺激因子mRNA的表达量。宁勇等(2005)对体外培养正常成人外周血单核细胞的研究则表明,牛膝多糖能显著诱导单核细胞表达TNF-α和IL-6,增加单核细胞胞质内溶酶体量,从而激活单核细胞、增强单核细胞的吞噬作用。灵芝多糖也能剂量依赖性的升高体外巨噬细胞内IL-1、TNF-α mRNA浓度(李明春等,2000b)。

多糖还与细胞因子有协同作用。例如,李金锋等(1996)研究了猪苓多糖、香菇多糖和分枝杆菌多糖在体外对淋巴因子活化杀伤细胞(lymphokine activated killer cell,LAK细胞)活性的影响,发现三种多糖在一定浓度范围内与r-IL-2合用能增加LAK细胞活性42.0%～56.9%,降低r-IL-2用量50%。Sakurai等(1997)报道真菌多糖和IFN-γ合用,能显著促进巨噬细胞的NO(一氧化氮)、IL-1、IL-6和TNF-α分泌,而单用则效果不明显,表明真菌多糖和IFN-γ具有协同作用。

6.3 天然生物活性多糖免疫调节作用机制的研究

多糖类免疫增强剂的作用机制是当前多糖研究的重点内容，已经深入至基因和分子水平。多糖通过与淋巴细胞表面受体结合，从而影响淋巴细胞的信息传递过程，进而影响淋巴细胞基因表达和淋巴细胞功能，是目前比较公认的多糖的作用机制，目前的研究主要集中在多糖作用受体以及信号传导途径的研究上。

6.3.1 多糖受体的研究

多糖的作用可能是通过与细胞表面多糖受体结合来完成的，目前已有一些对多糖作用受体的研究和探索。已经发现的候选受体主要有 TLR4 受体、补体 3 型受体（CR3）、Dectin-1、Scavenger 受体、乳糖苷神经酰胺（lactosylceramide）等，对后两种受体研究很少，其在免疫中的作用尚不清楚。

TLR4 受体是 Toll 受体超家族中最早被发现的成员之一，主要识别革兰氏阴性细菌细胞壁脂多糖结构。在 TLR4 未被发现以前，普遍的观点认为哺乳动物细胞表面 CD_{14} 分子是脂多糖的天然受体分子。CD_{14} 分子识别结合脂多糖分子能够引起免疫细胞发生免疫应答，然而，CD_{14} 分子作为一种细胞膜锚定蛋白，缺乏跨膜结构，自身并不能将信号传递到细胞内，CD_{14} 分子与脂多糖结合后还需要与 TLR4 结合，引起 TLR4 细胞内分子结构域的改变，才能将信号传递至细胞内，从而激活细胞免疫反应。因此，TLR4 是革兰氏阴性菌真正的天然受体分子。TLR4 广泛分布在巨噬细胞、B 淋巴细胞、T 淋巴细胞以及脾脏、肝脏、肺脏及胎盘等组织中。随着对 TLR4 的分子结构、识别受体、信号传导途径及基因缺陷型动物模型等研究的深入，TLR4 在机体免疫系统中的重要性也日益得到认识。TLR4 信号转导可以通过核因子 κB（NF-κB）激活细胞因子基因转录，介导 B7 家族成员表达活化，进而通过 APC 而活化 T 细胞。NF-κB 是 Rel 蛋白家族成员，它以异源体的形式广泛存在于各种细胞中，一般状况下，NF-κB 在胞浆内与抑制蛋白 IκBα、IκBβ、IκBγ、IκBδ 等结合，形成无活性的蛋白复合物。IκB 通过锚蛋白重复序列与 NF-κB 的 Rel 同源结构域相互作用，覆盖了 NF-κB 上的核定位序列，使其在胞浆中处于非活性形式。胞外刺激，如细胞因子、脂多糖及氧化应激等均可激活 NF-κB 信号传导通路，IκBα N 端调节区的 Ser 32/36 磷酸化后该区 Lys 21/22 在 E3 遍在蛋白连接酶作用下发生遍在蛋白化，此时 IκB 仍和 NF-κB 结合存在于胞浆中，最后经 26S 蛋白水解酶降解，释放出 NF-κB，这个过程暴露了核定位序列，随后 NF-κB 二聚体从胞浆移至胞核内，与 NF-κB 反应基因上启动子区域的 NF-κB 结合位点相结合，从而启动相关基因的转录。随着 NF-κB 的激活，一系列在免疫反应和炎症反应中发挥重要作用的炎症因子、干扰素、趋化因子也相应被激活，如 TNF-α、IL-1β、IL-6、RANTES 等。目前，越来越多的研究认为，除作为识别 LPS 受体外，TLR4 也是其他免疫活性多糖的受体之一，许多研究揭示了多糖免疫调节作用与 TLR4/NF-κB 信号传导系统的关系。例如，Yoon 等（2003）研究了桔梗多糖对巨噬细胞膜表面受体及细胞内信号的影响，结果表明，桔梗多糖可以促进正常 C3H/HeN 小鼠 NO 的分泌，而对 TLR4 功能性缺失 C3H/HeJ 小鼠 NO 的分泌却没有明显影响，同时，TLR4 单克隆抗体阻止了 NO 的分泌，说明桔梗多糖对巨噬细胞的激活作用是通过 TLR4 介导的；进一步的研究表明，桔梗多糖能促进 IκB 的降解、活化 NF-κB 的 DNA 捆绑，而加入 NF-κB 抑制剂后，桔梗多糖对巨噬细胞的 NO 分泌以及 iNOS 基因表达的促进作用消失。以上结果显示，桔梗多糖对巨噬细胞的免疫调节作用与 TLR4/NF-κB 信号传导系统密不可分。Ando 等(2002)的研究也表明，红花多糖对巨噬细胞的激活作用也是通过 TLR4/NF-κB 介导的。

CR3 受体存在于巨噬细胞、NK 细胞、B 细胞、细胞毒 T 细胞和中性细胞表面，又叫 Mac-1、cd11/cd18 或 αMβ 2 凝集素，属于黏附分子整合素家族中的成员，是 ic3b(灭活的补体 3 的裂解片段 b)的特异受体。Yan 等(1999)研究了巨噬细胞的 CR3 受体结构，发现该受体有两个不同区域，一个与葡聚糖特异结合，一个与 ic3b 特异结合。CR3 受体与葡聚糖结合后，可促进巨噬细胞对 ic3b 调理的靶细胞的吞噬作用，CR3 受体也可与含甘露糖和 N-乙酰-葡萄糖胺的多糖结合。Xia 等(1999)研究了葡聚糖与受体的结合特性，发现 I^{125} 标记的酵母多糖与巨噬细胞和 NK 细胞的结合呈饱和性及可逆性，这种凝集素特性可被抗 CD11 抗体阻止，大麦多糖可完全竞争抑制酵母多糖的结合，而酵母甘露糖则不能，同时 CR3 受体缺乏的中性细胞与酵母多糖不能结合。葡聚糖介导的细胞毒性可被抗 CR3 抗体抑制，而对没有 CR3 受体的白细胞不起作用。可溶性酵母多糖与中性细胞和自然杀伤细胞的 CR3 受体的凝集素位点结合，从而激活受体结构，使其变形，从而调节对 ic3b 调理靶细胞的细胞毒性作用，这种受体的激活需要酪氨酸蛋白激酶的参与，并且在受体的 I-结构域有一个 Mg^{2+} 依赖的变形。在加入多糖前，将淋巴细胞用抗 CR3 抗体处理，能阻止受体的激活，而加入多糖后再加入抗 CR3 抗体，能阻止激活的 CR3 受体与 ic3b 靶细胞的结合。

葡聚糖受体不仅仅是 CR3 型。Michalek 等(1998)报道，PGG-葡聚糖与缺失 CR3 的巨噬细胞系 NR8383 也呈受体结合特性，表明存在不同于 CR3 的葡聚糖受体。Brown 和 Gorden (2001)也发现在巨噬细胞上存在不同于 CR3 受体的葡聚糖受体，称为 Dectin-1。Willment 等(2001)研究了人 Dectin-1 的结构。发现是一种二型跨膜受体，在膜外有一个碳水化合物的识别结构域，在胞浆有一个丝氨酸激活免疫受体识别区。Dectin-1 分布广泛，可识别(1→3)、(1→6)葡聚糖和酵母细胞。人的 Dectin-1 也可与 T 细胞结合，但结合位点不同于与葡聚糖结合的位点，因此 Dectin-1 可识别内源和外源配体。

田庚元(1999)报道，相对分子质量为 50 万的香菇多糖存在一个以 7 糖为重复单元的活性中心。因此，多糖与受体结合时，可能与蛋白质和酶一样，也是只有分子中的几个寡聚糖与受体结合，分子中存在一个或几个寡糖片段的活性中心。

Mueller 等(2000)报道，裂褶菌多糖可与巨噬细胞系 U937 表面受体结合，而甘露聚糖、右旋糖苷、大麦葡聚糖则不能与之结合，并且裂褶菌多糖的三螺旋结构对这种结合是必须的。因此，多糖与其受体的结合也可能和酶一样是特异的。

多糖受体也受一些环境因素的影响。Abel 和 Czop(1992)发现多糖受体对胰蛋白酶敏感，如酵母多糖体外能促进单核细胞 TNF、IL-1 mRNA 和蛋白质的合成，而将单核细胞用胰蛋白酶处理，则 TNF、IL-1 合成减少，这是因为胰蛋白酶使细胞表面受体破坏。Konopski 等(1993)报道，葡聚糖受体受细胞因子和前列腺素调控，IL-1、IL-2 和 IFN 能增强葡聚糖受体的功能，使其介导的吞噬能力增强，而 PGE_2 的作用相反。Sakurai 等(1997)报道，淋巴因子如 IFN 等可促进巨噬细胞表面葡聚糖受体的表达。

6.3.2 多糖对基因表达影响的研究

生物活性多糖能够影响淋巴细胞的基因表达，多糖促进细胞因子的分泌，原因在于促进细胞因子的基因表达。如 Ohno 等（1993）报道真菌多糖能促进小鼠脾淋巴细胞 IL-1、IL-6 和 TNF 基因的表达，使其蛋白质合成增加。Adachi 等（1994）报道从（*Grifola frondosa*）提取的葡聚糖，能剂量性的促进巨噬细胞系 RAW264.7 IL-6 的分泌，用 RT-PCR 技术研究发现，该多糖能促进 IL-6 mRNA 的转录水平和含量。Guo 等（2000）报道从紫云英中提取的果胶多糖促进体外培养的鼠 B 细胞的 IL-6 分泌，其机制是 IL-6 mRNA 转录活性增加。王庆彪等（1998）报道，灵芝多糖体外能促进小鼠脾细胞 IL-1、IL-2、IL-3 和 TNF mRNA 的表达，并呈剂量依赖关系。灵芝多糖也能剂量依赖性的升高体外巨噬细胞内 IL-1、TNF mRNA 浓度（李明春等，2000b）。香菇多糖也可促进基因表达，如 Liu 等（1998）用 RT-PCR 技术研究了香菇多糖对淋巴细胞基因表达的影响，发现能促进脾单核细胞和外周单核细胞 IL-2、TNF 基因表达，使相应 mRNA 含量增加。梅兵和蒋建平（2001）报道 5 mg/kg 和 30 mg/kg 剂量的香菇多糖体内注射均能提高肝中 IFN mRNA 和 SOD mRNA 的表达量，且以 5 mg/kg 剂量的作用稍强。庞战军等（1999）发现腹腔注射云芝多糖可以提高小鼠腹腔巨噬细胞的总超氧化物歧化酶活性，并使其锰超氧化物歧化酶 mRNA 含量增加；应用放线菌素等阻断剂的研究发现，云芝多糖对巨噬细胞锰超氧化物歧化酶表达的影响发生在转录水平。

Young 等（2001）研究了酵母多糖促进巨噬细胞 TNF 合成的分子机制，发现 NF-κB 的激活对 TNF 的合成是必需的。TNF 合成与 TNF 基因启动子活性有关，而激活 TNF 基因启动子依赖于 NF-κB 的激活，酵母多糖可显著提高 NF-κB 活性，进而提高 TNF 基因启动子活性和 TNF 的表达，而将 NF-κB 激活的启动子结合区突变，可使酵母多糖诱导的基因转录大大降低。

多糖还促进淋巴细胞 DNA 的合成。王洪斌等（1996）研究发现商陆多糖显著增强 ConA 诱导的小鼠脾淋巴细胞增殖及其 DNA 多聚酶 α 的活性。

6.3.3 多糖对淋巴细胞信息传导的影响

研究较多的主要有 Ca^{2+}、NO、cAMP、cGMP 和蛋白激酶等信使分子和酶类。

Ca^{2+} 是一种重要的信使分子，对淋巴细胞功能有重要作用，如调节淋巴细胞的分裂，促进 IL-2 的释放，介导巨噬细胞的吞噬作用等。研究表明多糖可引起淋巴细胞内钙离子浓度改变。Zhang 等（1997）发现酵母多糖可通过与鼠肺巨噬细胞表面受体结合，激活受体依赖的钙通道，引起钙离子内流，如果去掉细胞外钙，则不能引起细胞内钙离子升高。孙伟等（2000）也发现，螺旋藻多糖可剂量依赖性引起小鼠腹腔巨噬细胞 Ca^{2+} 的明显升高，其升高是胞外钙内流和胞内钙释放共同作用的结果。崔金英和林志彬（1997）报道，银耳多糖在一定剂量范围内可剂量依赖地增加脾淋巴细胞内游离钙离子浓度，并与 Con A 有协同作用，钙通道阻断剂可阻断这一作用。齐春会和张永祥（1999）则发现枸杞多糖迅速诱导脾脏细胞和腹腔巨噬细胞内 Ca^{2+} 增加，并呈剂量依赖关系。李明春和雷林生（1999）研究表明，灵芝多糖也可剂量依赖性的引起小鼠腹腔巨噬细胞胞浆游离 Ca^{2+} 浓度升高。

Mörk 等(2000)研究了多糖影响 Ca^{2+} 的机制，发现激活葡聚糖受体能激活巨噬细胞调控的通道引起 Ca^{2+} 内流，其机制与蛋白激酶 C(PKC)有关，用 Calphostin C 和 Bisindolymaleimide 抑制 PKC 活性，则酵母多糖引起的 Ca^{2+} 内流显著下降，而 PKC 激活剂能模仿酵母多糖的作用。Ca^{2+} 内流需要细胞外钙的存在，而 Ca^{2+} 拮抗剂可抑制 Ca^{2+} 的内流。酵母多糖也可使 PKC 从细胞质转移到细胞膜，而用 Genistein 抑制蛋白质酪氨酸激酶(PTK)阻止了酵母多糖引起的 Ca^{2+} 内流和 PKC 转移，表明 PKC 的转移依赖于 PTK 活性。IP_3/DAG 系统是和 Ca^{2+} 密切相关的第二信使系统，灵芝多糖通过影响小鼠腹腔巨噬细胞的三磷酸肌醇(IP_3)和二酰基甘油(DAG)信息传导系统，使小鼠 MΦ 中 IP_3 和 DAG 浓度升高，进而影响细胞 Ca^{2+} 浓度(李明春和雷林生，1999)。

NO 是新发现的一种重要的信使分子，具有重要的生理作用，多糖影响淋巴细胞尤其是巨噬细胞中 NO 含量已有大量报道。Nose 等(1998)报道，甘草多糖能促进体外培养的巨噬细胞分泌 NO。黄迪南等(1999)报道香菇多糖或协同干扰素对小鼠巨噬细胞 NO 的产生均具有明显的促进作用，这一作用可被 RNA 转录抑制剂放线菌素 D 和 NO 合酶抑制剂所抑制。牛膝多糖也具有促进巨噬细胞产生 NO 和激活 NO 合成酶的作用(田庚元，1999)。侯敢等 (2000) 观察了猪苓多糖(PPS)对小鼠腹腔巨噬细胞 NO 生成和诱导型一氧化氮合酶(*i*NOS)的影响，发现 PPS 对小鼠腹腔巨噬细胞 NO 生成具有明显的促进作用，呈剂量依赖关系，并与干扰素具有协同促进作用；这一促进作用能被 RNA 转录抑制剂放线菌素 D、蛋白质合成抑制剂放线菌酮和 *i*NOS 抑制剂 LNMA 所抑制；因此 PPS 可能诱导巨噬细胞 *i*NOS 从头合成，促进巨噬细胞 NO 生成，起到杀伤微生物和肿瘤细胞的作用。王瑾雯等(1999)研究了云芝多糖促进巨噬细胞分泌 NO 的机制，发现云芝多糖能促进 NO 合成酶基因的表达，使 mRNA 转录和蛋白质合成增加；因此，多糖促进 NO 合成的机制可能是通过促进诱导型 NO 合成酶的基因表达，使其合成增加，进而促进 NO 的合成与分泌。

cAMP、cGMP 是细胞内重要的第二信使，对机体免疫功能具有重要作用，众多研究表明，多糖能够调节淋巴细胞内 cAMP、cGMP 的含量和相对比值。白润江和马端端(1997)研究发现香菇多糖能够增加小鼠血浆、脾脏和胸腺中 cGMP 的含量，降低胸腺和脾脏中 cAMP 含量，可见香菇多糖的免疫调节作用部分是通过调节 cAMP、cGMP 含量实现的。俞发和张彬(1999)发现螺旋藻多糖可剂量性引起小鼠脾细胞中 cAMP 浓度升高。Chen 等(2003b)通过对体外培养肉鸡脾淋巴细胞的研究也发现，80～160 μg/mL 的香菇多糖在培养 20 min 能提高细胞内游离 Ca^{2+} 浓度以及 cAMP、cGMP 浓度。张新等(1997)研究了枸杞多糖对淋巴系统信息传导的影响，发现 50～400 μg/mL 枸杞多糖可剂量依赖性引起小鼠淋巴细胞内 cAMP、cGMP 浓度升高，50 μg/mL 可升高 PHA 活化的脾细胞内 cGMP 含量，100 μg/mL 可增加 ConA 活化的小鼠淋巴细胞膜的 PKC 活性。李明春等(2000a)对灵芝多糖影响淋巴细胞信息传导的作用进行了系统研究，发现灵芝多糖能剂量依赖性引起小鼠腹腔巨噬细胞中 cAMP 浓度快速升高，5 min 达峰值，之后缓慢下降，至 30 min 时基本恢复原来水平；其作用可能是与受体结合，激活 G 蛋白，活化腺苷酸环化酶，进而使 cAMP 浓度升高；灵芝多糖(GLB_7)也能剂量依赖性引起小鼠腹腔中 cGMP 浓度快速升高。

蛋白激酶 C 是细胞信息传递过程中的效应分子，李明春等(2000c)研究了灵芝多糖对小鼠腹腔巨噬细胞蛋白激酶 C 活性的影响，发现灵芝多糖(40 mg/L)能引起小鼠腹腔 MΦ 中 PKC 活性明显升高，30 min 达峰值，2 h 恢复到基础水平；GLB_7 还可引起 MΦ 中 PKC 发生质膜转位,并拮抗抑制剂 Staurosporine 对巨噬细胞中 PKC 活性的抑制作用。

黄芪多糖在体外或体内对 NO、Ca^{2+}、cAMP、cGMP、PKC 等信号传导过程中的信使分子和酶均存在一定影响。陈洪亮(2002)研究了黄芪多糖对肉鸡脾淋巴细胞转化率及细胞内信息分子 NO、Ca^{2+} 及 cAMP、cGMP 的影响,发现黄芪多糖能剂量依赖性促进脾淋巴细胞转化率及细胞内 NO、Ca^{2+} 浓度;当作用时间为 20 min 时,40 μg/mL 黄芪多糖能增加 cAMP 浓度,降低 cGMP 浓度($P<0.01$);而当作用时间为 60 min,对 cAMP 和 cGMP 浓度无显著影响,说明黄芪多糖的免疫增强作用是通过改变细胞内信息传导实现的。毛晓峰(2004)也研究了黄芪多糖对断奶仔猪淋巴细胞内第二信使分子 NO、Ca^{2+}、cAMP/cGMP 和 NO 合成酶活性的影响,发现黄芪多糖能够显著增加仔猪外周血淋巴细胞 NO 的产生和 NOS 活性,引发细胞内 Ca^{2+} 内流,并显著地提高了淋巴细胞内 cAMP 的浓度,而对 cGMP 浓度的影响具有时间和剂量依赖性。胡庭俊等(2001)观察了黄芪多糖对体外培养的鸡脾脏淋巴细胞内游离钙离子水平的影响,发现 200 μg/mL 的黄芪多糖可显著升高细胞内游离钙离子的水平,说明黄芪多糖通过调节细胞内游离钙离子的浓度而影响机体免疫细胞的信号转导。黄芪多糖可引起小鼠腹腔巨噬细胞 NO 生成,脾淋巴细胞内游离钙离子水平和 PKC 活性的明显升高,说明黄芪多糖可通过 NO 介导信号传递通路、调节脾淋巴细胞内游离钙离子的浓度、提高细胞蛋白激酶活性而影响机体免疫细胞的信号转导,发挥其免疫调节作用(胡庭俊等,2003,2005b)。

梁华平等(1995b)利用小鼠闭合性创伤模型,观察创伤后 4 d 小鼠的血浆、免疫细胞内 cAMP、cGMP 的含量变化及黄芪多糖的调节作用;结果显示,创伤后小鼠血浆内 cAMP 水平增高,cGMP 水平下降,cAMP/cGMP 比值升高;腹腔巨噬细胞及脾细胞、胸腺细胞、肠系膜淋巴细胞在静息状态和激活状态时 cAMP、cGMP 的含量也显示相似的改变。黄芪多糖(250 mg/kg)体内应用(1 次/ d,连续 4 d)可明显降低创伤小鼠血浆及免疫细胞内 cAMP 水平,升高 cGMP 水平;一定浓度范围内的黄芪多糖(50～250 μg/mL)在体外可明显拮抗创伤小鼠激活状态的巨噬细胞和脾细胞内的 cAMP/cGMP 比值的增高。

6.4 影响天然生物活性多糖作用的因素

6.4.1 多糖的物理化学性质:分子质量、高级结构、pH、溶解性

1. 分子质量和糖苷键类型

多糖分子质量和糖苷键类型是影响多糖活性的重要因素,如 Cleary 等(1999)用不同分子质量和 1,6-糖苷键含量的葡聚糖处理小鼠巨噬细胞,均可促进巨噬细胞活性和 NO 的产生,但分子质量越大,1,6-糖苷键越多,葡聚糖的作用越强。Mork 等(1998)报道了不同分子质量酵母多糖对巨噬细胞钙的影响,发现低分子质量多糖(<11 000) 对细胞钙无影响,而高分子质量多糖能升高细胞钙。Roubroeks 等(2000)研究了相对分子质量 79 800～13 900 的黑麦葡聚糖对人单核细胞分泌 TNF 的影响,发现相对分子质量为 18 900 的多糖能最有效地刺激 TNF 合成。Okazaki 等(1995)研究了体外灰树花多糖(Grifolan,GRN)促进细胞因子产生与分子质量的关系,发现分子质量最大的 GRN(>45 000)促进 TNF 的能力最强。多糖的分支度对细

胞因子产生也有影响，如天然葡聚糖（相对分子质量 >200 万）对 TNF 产生无影响，而用化学处理将其侧链去掉，则可以诱生 TNF。葡聚糖的分支度与其抗肿瘤活性密切相关，分支度在 0.2～0.33 的分子具有较高生物活性。例如从隐孔菌（*Cryptoporus volvatus*）提取的分支度为 0.25 的多糖具有较高的抗肿瘤活性，而分支度分别为 0.75 和 0.06 的黑木耳（*Auricularia auricula-judae*）多糖和灵芝（*Ganoderma lucidum*）多糖抗肿瘤活性较低（Kitamura 等，1994）。一般多糖分子质量越大，作用越强，但有些寡糖也可以增强免疫。如 Saksena 等（1999）从水牛乳中提取的五糖可增强鼠的迟发超敏反应和巨噬细胞迁移指数。

2. 溶解性

多糖的溶解性也能影响多糖的作用，如 Michalek 等（1998）报道颗粒性 PGG-葡聚糖能促进体外培养的小鼠的白细胞分泌 TNF，而可溶性葡聚糖则不能。Gallin 等（1992）报道颗粒性葡聚糖比可溶性葡聚糖能更有效地促进巨噬细胞分泌 NO 和 IL-1。

3. 高级结构

多糖的高级结构对多糖活性有重要影响。多糖的立体结构可分为 4 种，即拉伸带状结构、曲状螺旋结构、皱型结构和屈曲线状结构。研究表明，所有多糖必须具有曲状螺旋结构才有较高生理活性，β-(1→3)葡聚糖就能形成这样的结构，所以活性较高，而 α-(1→3)葡聚糖不能形成这样的结构，所以活性较低。同是 β-(1→3)连接的多糖其一级结构完全相同，但由于二级、三级结构不同，其生理活性差异很大，如茯苓多糖，具有 β-(1→3)葡聚糖结构，由于是单一螺旋而不具备活性，但经化学法制成羧甲基衍生物，具有显著的抗肿瘤作用，经 X 射线衍射分析发现，其立体结构已从单螺旋变为三螺旋。高级结构的决定因素是多糖分子链内和链外的氢键，而这些氢键又受外界条件影响。如香菇多糖和裂褶菌多糖均具有三螺旋立体结构，但如果在其溶液中加入尿素，则其活性消失，这是由于尿素能使分子链内和外的氢键发生改变，从而使其立体结构改变。进一步说明高级结构比一级结构在活性方面起更大作用。Falch 等（2000）研究了裂褶菌多糖、香菇多糖分子质量和结构与活性的关系，发现具有线形、三螺旋结构、相对分子质量大于 10^6 的多糖能更有效地刺激单核细胞产生细胞因子，而将多糖用 NaOH 处理，使其线形结构和三螺旋破坏，则多糖的作用减弱。

4. pH

pH 影响多糖构型，如 Jamas 等（1997）报道，在 pH=4 时，水溶性酵母多糖呈三螺旋结构，而 pH=13 时，呈单螺旋结构，因此 pH 对于多糖活性也有一定影响。

5. 取代基

多糖中的取代基对多糖的活性影响很大，如牛膝多糖没有抗病毒活性，但经过化学修饰，分子中引入硫酸基团，就具有显著的抗乙肝病毒活性。茯苓多糖经过羧甲基化活性也显著提高。陈春英等（1998）将箬叶多糖采用氯磺酸-吡啶作为硫酸酯化试剂进行处理，得硫酸酯化多糖，发现硫酸酯化会使多糖构象发生一定的改变，硫酸酯多糖在特性黏度、比旋光度、圆二色谱等性质方面有不同程度的变化；体外抗艾滋病病毒（HIV）实验表明硫酸酯化箬叶多糖比箬叶多糖具有更高的抑制 HIV 引起的 MT_4 细胞病变性的作用，其最低有效浓度达 5～10 μg/mL，细胞毒性浓度为 25 mg/mL。

6.4.2 动物自身状况

动物的种类、年龄以及自身免疫状态都影响多糖的免疫调节作用，多糖对于免疫功能较弱或免疫缺陷的动物可能效果更好。例如，有研究表明香菇多糖对幼龄小鼠的免疫功能影响不大，但对老龄鼠则有显著影响。

6.4.3 给药方式和用量

多糖的给药方式可分注射（又分皮下、肌肉、腹腔、静脉注射）和口服，注射方式用药少，作用快，效果好。多糖也可口服给药，但用量大。如 Suzuki 等（1989）报道，SSG-葡聚糖给鼠口服，同样可以提高鼠的 T-淋巴细胞分裂活性和 NK 巨噬细胞吞噬能力，但用量是注射的 2～3 倍。也有些多糖口服效果很差或无效，而必须注射。多糖的用量也是影响多糖作用的一个关键因素，用量过小，起不到作用，而用量过大，有时不但起不到作用，还会引起免疫抑制。如用羧甲基茯苓多糖进行抑瘤试验，采用 500、100、50 和 25 mg/kg 四个剂量，其抑瘤结果分别为 75.5%、92.7%、78.6%和 79.4%，其中以 100 mg/kg 为最佳。香菇多糖的抑制小鼠 S-180 肉瘤试验，采用 5、0.5 和 0.1 mg/kg 三个剂量，其抑瘤结果分别为 44%、94.7%和 19.1%，其中以 0.5～2 mg/kg 为最佳（田庚元，1999）。Miura 等（2000）报道裂褶菌多糖超量应用时，可使荷瘤小鼠 TNF 产量和巨噬细胞黏附能力下降，使其抑制肿瘤的能力大大下降。因此多糖在最佳剂量时，活性最高，超过或低于最佳剂量，活性就会降低。陈丽娟等（1981）发现，除腹腔注射（ip）外，用黄芪多糖其他途径给药（iv、po、im），对小鼠腹腔巨噬细胞吞噬功能均无增强作用。给药后取腹腔巨噬细胞作扫描电镜观察，只有 ip 给药后可见高度伸展的扁平状细胞数增多，表明它们的活性升高，而 iv 给药与对照组相似；说明黄芪多糖对腹腔巨噬细胞吞噬功能的促进可能是一种非特异性的刺激结果。

6.5 天然生物活性多糖在畜禽生产中的应用

6.5.1 提高动物生产性能

多糖可作为动物的生长促进剂，提高动物的生产性能。王丽荣等（2004）将所提甘草多糖添加到艾维茵肉仔鸡日粮中，结果表明甘草多糖能明显提高艾维茵肉仔鸡的生长性能，与对照组相比差异显著。朱新产等（2002）在肉鸡日粮中添加 1.5%海藻多糖，也能影响酶和蛋白质表达水平，促进机体生长代谢活动，使体重、饲料利用率及生长性能明显提高，说明海藻多糖可调控基因表达，有利于改善鸡体能量代谢和养分利用。高仕英等（2000）用适量的酵母多糖对肉鸡进行肌内注射（2.5 mg/只）和饮服（40 mg/kg）后发现，酵母多糖可促进肉鸡增重，且增重效果显著，分别为 6.30%和 6.03%。金光明（2008）等在各组雏鸡的饮水中添加 100、200、300、400 mg/L 的黄芪多糖，发现黄芪多糖可提高雏鸡日增重，并降低采食量和料重比。李同洲等(2007)通过在日粮中添加 0.02%、0.05%和 0.1%黄芪多糖，测定其对断奶仔猪生长性能、营养物质消化率、平均腹泻率的影响，结果表明，添加黄芪多糖可以提高断奶仔猪的日增重，改善饲料增重比，降低腹泻率，同时提高了断奶仔猪对营养物质的消化率。Yin 等(2009)研究表明饲粮添加黄芪多糖能够改善早期断奶仔猪的生长性能，其机制可能是黄芪多糖能促进氨基酸的消化和吸收、调节氨基酸代谢及增加氨基酸系统循环。

李同洲等(2009)发现在仔猪基础日粮中添加香菇多糖，能够显著提高试验前期、试验后期和试验全期的日增重，还能够显著提高试验前期与试验全期仔猪的采食量，而料重比在各时期没有显著降低。张国锋等(2010)将不同梯度的蜂花粉多糖添加到 14～70 日龄犊牛代乳品中，试验期结束后，发现蜂花粉多糖能显著提高犊牛的平均日增重和改善饲料转化率。殷海成等(2009)在基础饲料中添加 0.20%、0.30%和 0.40%的酵母免疫多糖来饲喂黄河鲤鱼，发现其生长性能显著高于对照组，且确定酵母免疫多糖的最适添加量为 0.30%。梁英等(2010)发现在添加 200 mg/kg 黄芩多糖的条件下肉仔鸡 49 日龄平均体重、平均日增重显著提高，并且料重比显著降低。袁书林(2006)研究了不同剂量的黄芪多糖对断奶仔猪生长性能的影响(表 6.3)，并通过对平均日增重 broken-line 和二次回归分析，确定了适宜的添加剂量(图 6.1)。

表 6.3 黄芪多糖对断奶仔猪生长性能的影响

项目	每千克日粮中黄芪多糖含量/mg						SEM	P 值	
	0	100	250	500	750	1000		线性	二次
平均日增重/(kg/d)									
0～14 d	0.304	0.308	0.322	0.331	0.313	0.311	0.004	0.587	0.105
14～21 d	0.428	0.435	0.486	0.498	0.491	0.467	0.010	0.109	0.025
0～21 d	0.345	0.351	0.376	0.386	0.373	0.363	0.005	0.197	0.024
饲料转化率/%									
0～14 d	1.27	1.27	1.25	1.24	1.26	1.28	0.02	0.991	0.144
14～21 d	1.90	1.91	1.86	1.80	1.81	1.85	0.05	0.189	0.430
0～21 d	1.53	1.53	1.51	1.48	1.51	1.52	0.02	0.386	0.170
平均日采食量/(kg/d)									
0～14 d	0.387	0.391	0.401	0.412	0.396	0.397	0.011	0.415	0.264
14～21 d	0.811	0.826	0.900	0.889	0.888	0.861	0.036	0.172	0.137
0～21 d	0.528	0.536	0.567	0.571	0.560	0.552	0.016	0.163	0.102

SEM：平均标准误差；下同。

来源：袁书林，2006。

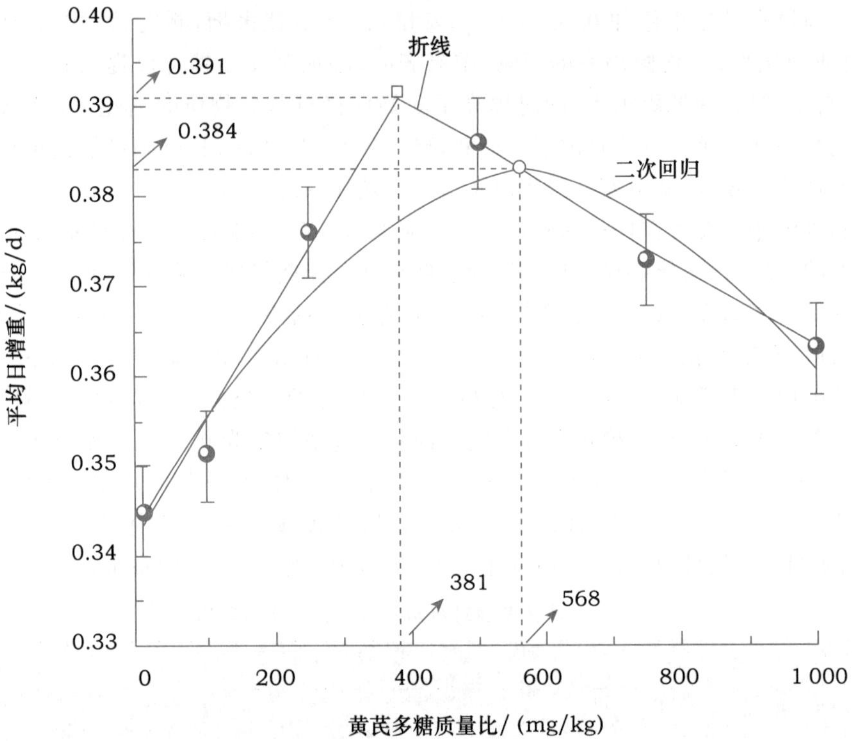

图 6.1　**黄芪多糖最佳添加量的折线和二次回归分析(以最大日增重为衡量指标)**(袁书林,2006)

注:折线的拐点为 381 mg/kg,二次回归分析平均日增重顶点时 APS 的剂量为 568 mg/kg。

6.5.2　逆转动物免疫抑制

幼龄动物的免疫系统发育尚不成熟,自身产生的主动免疫抗体水平和细胞免疫能力较低,容易造成抗病力下降、生长受抑、死亡率上升等不良后果。给免疫低下的动物以多糖处理,可使其免疫功能恢复,如给地塞米松处理的牛注射燕麦多糖,可使受损的免疫功能恢复,使白蛋白抗体生成增加,T-淋巴细胞转化率提高,淋巴细胞数增加。刘玉涛等(1996)研究发现枸杞多糖可抑制地塞米松诱导的小鼠胸腺细胞 DNA 片段化,其抑制作用具有剂量依赖性,并可阻止地塞米松诱导的胸腺细胞内 Ca^{2+} 升高。袁书林(2006)用环磷酰胺(cyclophosphamide,CY)构造了仔猪免疫抑制模型,通过对断奶仔猪三次大剂量腹腔注射 CY 后,断奶仔猪平均日增重(ADG)、胸腺指数、脾指数、血液白细胞(WBC)数量、淋巴细胞(leukocytes)及 $CD4^+$ 百分含量、$CD4^+/CD8^+$ 比率、外周血淋巴细胞以及脾淋巴细胞转化率、血清溶血素(HA)、Ig G 含量、脾定量溶血分光光度(QHS)以及血清细胞因子 IFN-γ、IL-2、IL-4 的含量显著降低,表明细胞免疫功能和体液免疫功能都受到强烈的抑制;日粮中添加 500 mg/kg 的黄芪多糖饲喂 21 d 后,由 CY 引起的 ADG、脾指数、WBC、淋巴细胞、$CD4^+$、$CD4^+/CD8^+$、淋巴细胞转化率、HA、Ig G、QHS、IFN-γ、IL-2 的下降得到有效缓解,免疫抑制得到逆转。周淑英等(1995)的研究也表明,黄芪多糖能增加小鼠脾脏和胸腺重量,具有反转免疫抑制剂 CY 对免疫器官和免疫功能影响的作用。

6.5.3 增强疫苗保护力

多糖可以用做免疫佐剂，用于增强疫苗保护力。如黄芪多糖可增强疫苗对动物的保护力，并且对疫苗具有很好的保护效果。王旭贞等（2008，2009）应用黄芪多糖分别与 NDⅠ 系苗、ND Ⅳ系苗、ND 油乳剂苗和 IBD 冻干苗以肌内注射、皮下注射、点眼、滴鼻不同方式配合使用，均可使血清 ND 和 IBD 抗体效价在相同日龄、不同日龄、不同黄芪多糖用量三种情况下明显高于未使用黄芪多糖组，具有明显的免疫增强作用。谢明权等（2002）研究报道黄芪多糖能增强鸡球虫免疫保护力的效果，能有效抵抗 5 万和 25 万柔嫩艾美尔球虫（*E. Tenella*）卵囊的攻击。此外，樊福好等（2001）报道，黄芪多糖作为免疫调节剂与抗球虫药物合用，可明显提高抗球虫药物的抗球虫指数，缓解球虫感染鸡的临床症状，提高体重。

6.5.4 抗病毒作用

目前多糖抗病毒的机制主要是通过提高机体免疫力，还可通过影响或抑制病毒吸附、抑制病毒的穿入或脱衣实现的。许多多糖对免疫系统都有调节作用，可以激活 T 淋巴细胞、B 淋巴细胞、自然杀伤细胞等免疫细胞参与机体免疫，可刺激干扰素（INF）的产生，活化补体，在抗病毒作用上具有独特的作用。辜红梅等（2003）研究了黄精多糖对单纯疱疹病毒的作用，结果表明黄精多糖对 Vero 细胞有保护作用。刘颖华等（2004）通过体外抗病毒试验，研究了多糖硫酸酯化后对单纯疱疹病毒 2 型的作用，结果显示牛膝多糖硫酸酯衍生物具有抗病毒活性，其抗病毒机制主要为干扰病毒与细胞的吸附阶段，从而阻止病毒进入细胞，产生抗病毒活性。国外也有较多关于多糖抗病毒作用的报道，Zhu 等（2006）研究表明从褐色海藻多糖分离得到的硫酸多糖能抑制 HSV-1 的复制，浓度在 1.5～5.3 μg/mL 时抑制率能达到 50%。

6.5.5 抗炎、抗感染作用

幼龄动物除了免疫系统不完善、免疫机能低下以外，免疫应激也是经常遇到的一个问题，表现为免疫系统出现严重的炎症反应，动物行为、代谢和神经内分泌发生改变，最终导致生长抑制、死亡率上升等不良后果，给畜牧生产带来很大损失。因此，通过营养调控措施来缓解因免疫应激造成的生产性能下降，具有重要的意义。

黄芪多糖在体外可明显减轻内毒素对白蛋白合成的抑制，并显著提高腹腔感染大鼠血浆白蛋白水平，减少内毒素吸收是防治腹腔感染后低白蛋白血症的重要环节，黄芪多糖具有明显防治效果（李维勤等，1997）。黄芪多糖加入人胎血诱生 IFN 效价比常规法要高三个滴度以上，对 SL_7 二倍体传代细胞体外培养，不传代只在每次换液时加黄芪多糖液 0.15%可以使细胞生长旺盛，细胞生长可维持 44～60 d。黄芪多糖液处理 SL_7 传代细胞用 VSV 攻击，1% 黄芪多糖在 48 h 只出现 50%病变（夏英等，1994）。张凤翎等（1995）应用黄芪多糖治疗肝炎，结果表明治疗组氨基酶转换率（ATL）的复常率、E 抗原（HBesg）、乙肝病毒-DNA（HBV-DNA）、转阴率均优于对照组，对口服黄芪多糖的肝炎患者体内诱导干扰素（IFN）的实验结果用药后较用药前血浆中 IFN 含量提高三个滴度。

王立新和韩哲武(1992)发现,黄芪多糖可以拮抗 *E. coli* 内毒素(LPS)对小鼠的毒性作用,提高内毒素注射小鼠的成活率。郝艳红等(1999a,b)报道雏鸡感染马立克强毒后注射黄芪多糖,可显著降低马立克发病率以及脾脏、法氏囊、胸腺、心脏和肝脏中脂质过氧化物含量,黄芪多糖还可以降低感染马立克强毒雏鸡的自由基损伤。Shon 等(2002)采用 LPS 诱导人膜细胞炎性变,研究了黄芪多糖的抗炎作用,发现黄芪多糖对内毒素诱生的 IL-1β、PGE_2 和白三烯 C4 有明显抑制作用;Shon 和 Nam(2003)对于 IL-1β 诱导人膜细胞炎性变的研究也得到类似的结果。黄芪多糖也能不同程度地抑制 LPS 激活巨噬细胞对 TNF-α、NO 与 IL-1 的分泌(路景涛等,2004);Mao 等(2005)通过对断奶仔猪的研究也发现,黄芪多糖可以通过降低皮质醇等血浆炎性介质而起到抗 LPS 应激的作用。袁书林(2006)用 LPS 建立仔猪免疫应激模型,模拟仔猪免疫炎性反应,从整体生长性能、糖代谢、细胞因子、激素释放以及 GH/IGF-I 轴的角度阐述 APS 对断奶仔猪的免疫抗炎作用机理,结果表明,炎性细胞因子过度分泌以及 GH/IGF-I 轴的异常是 LPS 刺激导致断奶仔猪发生免疫炎症和生长速度下降的重要原因,同时还伴随着糖代谢紊乱(血糖升高)、糖皮质激素(皮质醇)上升等,黄芪多糖通过降低炎性细胞因子以及 GH、血糖、皮质醇的含量,增加抗炎性因子如 IL-10 的合成,恢复 GH/IGF-I 轴的正常而发挥其免疫抗炎作用。

前列腺素在机体免疫反应中起重要作用,可介导炎症反应和抗感染。有报道指出,多糖可以影响淋巴细胞前列腺素的分泌,如 McAnalley 等(1988)报道芦荟多糖能促进体外培养的人外周淋巴细胞 PGE_2 和 IL-1 的分泌。Cisneros 等(1996)报道 PGG-葡聚糖促进小鼠脾淋巴细胞前列腺素 PGE_2的产生。Czop 和 Austen(1985)报道葡聚糖通过与人单核细胞表面受体结合促进淋巴因子和 PGE_2的产生。

6.5.6 改善肠道微生态系统

动物胃肠道内存在着大量的微生物,微生物群系之间及微生物与动物宿主之间相互依存、相互作用,菌群和宿主之间相互传递信息,交换能量物质,对宿主有营养、免疫、刺激生长等作用,在胃肠道系统中起重要作用。正常状态下,这些微生物群在种类、数量和定位等方面保持相对稳定,形成了胃肠道的微生态平衡。多糖在调理肠道微生态平衡方面可以发挥很多积极作用,包括促进营养物质的消化吸收、抵御病原体侵袭、刺激机体免疫器官的成熟、激活免疫系统及参与合成多种维生素、调节物质代谢等作用,对促进动物生长和预防疾病的发生具有重要意义。Hsu Cheng Kuang 等(2004)报道,用添加 6%植物活性多糖的日粮饲喂小鼠,可使其盲肠的 pH 显著降低,改善小鼠体内有益微生物的生存环境。胡新俊和李春香(2010)报道,用林可霉素给小鼠灌胃来建立肠道微生态失调的小鼠模型,以马齿苋多糖来进行治疗,治疗后小鼠肠道乳酸杆菌和双歧杆菌数量明显上升,肠内容物中挥发性脂肪酸含量明显上升,损伤肠黏膜基本被修复。张运涛和谷文英(1999)研究发现,在蛋用雏鸡饮水中添加酵母多糖,可使雏鸡肠道内大肠杆菌和沙门氏菌数极显著降低,且对乳酸杆菌数的提高有积极作用。李树鹏和赵献军(2005)报道,将黄芪多糖和益生菌添加到雏鸡基础日粮中,发现均能有效促进雏鸡肠道内乳酸菌和双歧杆菌的增殖,并对肠道内大肠杆菌有抑制作用,且二者混合添加效果远超过单纯添加,表明黄芪多糖和益生菌剂有协同作用,共同维持肠道微生态的平衡。李万坤等(2007)报道,用中药多糖作为抗生素替代品,来研究其对肉用仔鸡的肠道微生态体系的影响,结果发现,中药多糖使有益菌大量增生,同时抑制有害菌的生长。徐永杰等(2009)研究牛蒡多糖对小鼠肠道菌群的调节作用，发现与空白对照组相比，添加牛蒡多糖可以有效地促进小鼠肠道中乳酸杆菌与双歧杆菌的增殖，且随着剂量的增加，增殖效果越明显。高杨等(2011)报道，在蛋鸡饲粮中添加不同水平黄芪多糖来进行饲喂，研究黄芪多糖对蛋鸡肠道菌群的影响，结果表明，添加适量的黄芪多糖可以降低盲肠内大肠杆菌的数量，增加乳酸杆菌和双歧杆菌的数量。

参考文献

白润江，马端端. 1997. 香菇多糖对小鼠血浆、胸腺、脾脏 cAMP、cGMP 含量的影响. 西安医科大学学报，18：58-59.

毕可东，崔尚金，宋晓华，等. 2000. 中药多糖对鸡淋巴细胞转化百分率及 $ANAE^{+}$ 淋巴细胞百分率影响的研究. 中国预防兽医学报，20：289-291.

边传周，王老七. 2005. 黄芪多糖对断奶仔猪免疫功能及腹泻的影响. 畜牧与兽医，37：10-12.

陈洪亮. 2002. 植物免疫活性多糖的制备、结构分析及对肉鸡免疫功能和作用机制的研究(博士学位论文). 北京：中国农业科学院.

陈丽娟，沈美玲，王美瑛. 1981. 黄芪多糖对小鼠吞噬功能的影响. 中国药理学报，2：200-203.

陈伟，林新华，黄丽英，等. 2006. 库拉索芦荟多糖对小鼠腹腔巨噬细胞一氧化氮生成的影响. 中国现代应用药学杂志，23：17-19.

崔金英，林志彬. 1997. 银耳多糖对小鼠脾细胞内钙离子浓度的影响. 药学通报，32：561-564.

段萍，王再谟. 2002. 黄芪在恶性肿瘤化疗中的增效减毒作用的临床研究. 中国中西医结合杂志，22：515-517.

邓旻，窦晓兵，史亦谦，等. 2007. 黄芪多糖定向诱生脐血来源树突状细胞及其对 T 细胞增殖作用的研究. 中国免疫学杂志，23(6)：539-544.

樊福好，谢明权，林辉环. 2001. 3 种免疫增强剂对鸡的免疫促进效果试验. 中国兽医杂志，37(2)：12-13.

高仕英，吴纪经，吴英华. 2000. 酵母多糖对肉用仔鸡免疫系统的影响. 中国实验动物学报，8(3)：187-189.

高学军，李庆章. 2003. 黄芪多糖和香菇多糖对雏鸡红细胞免疫功能的影响. 东北农业大学学报，31(1)：69-71.

高文学，李庆章. 2000. 黄芪多糖和香菇多糖对雏鸡巨噬细胞活性和 IL-1 体外诱生活性的影响. 中国兽医杂志，26：39-40.

高杨，王洪芳，陈辉，等. 2011. 饲粮添加黄芪多糖对蛋鸡免疫功能及肠道菌群的影响. 动物营养学报，23 (3) ：447-451.

耿长山，邢善田，周金黄. 1995. 黄芪多糖对去 T 细胞小鼠促进抗体产生机理的探讨. 上海免疫学杂志，5：69-71.

辜红梅，蒙义文. 2003. 黄精多糖的抗单纯疱疹病毒作用. 应用与环境微生物，(9)：21-23.

郝艳红，李庆章，魏萍. 1999a. 黄芪多糖对 vMDV 感染雏鸡体内脂质过氧化物含量的影响. 中国预防兽医学报，21：173-175.

郝艳红，李庆章. 1999b. 黄芪多糖和香菇多糖对 vMDV 所致雏鸡自由基损伤的保护作用研究. 中国预防兽医学报，21：471-473.

郝钰，邱全瑛，吴君. 2000. 黄芪多糖对淋巴细胞与血管内皮细胞粘附的影响及分子机制. 中国免疫学杂志，16：206-209.

韩纪举，邓文，亓新国，等. 2002. 灵芝多糖对 NK 细胞活性影响的研究. 泰山医学院学报，23：155-156.

何彦丽，应逸，许艳丽，等. 2005a. 枸杞多糖对荷瘤小鼠肿瘤微环境 T 淋巴细胞亚群及树突状细胞的影响. 中西医结合学报，3：374-376.

何彦丽，应逸，王斌，等. 2005b. 枸杞多糖对荷瘤小鼠免疫抑制因子 VEGF、TGF-β 水平的影响. 中药药理与临床，21：28-29.

侯敢，黄迪南，祝其锋. 2000. 猪苓多糖对小鼠腹腔巨噬细胞一氧化氮生成的影响及其机理. 中国老年学杂志，20：233-235.

胡国俊，白惠卿，杜守英，等. 1995a. 枸杞对 T、B 淋巴细胞增殖和 T 细胞亚群变化的调节作用. 中国免疫学杂志，11：163-166.

胡国俊，白惠卿，杜守英，等. 1995b. 枸杞对 IL-2 产生和 IL-2 受体(α,β)表达的调节. 中国免疫学杂志，11：253-256.

胡新俊，李春香，王广，等. 2010. 马齿苋多糖对肠道微生态失调小鼠的调整作用研究. 中国微生态学杂志，22 (9)：781-783.

黄迪南，侯敢，祝其锋. 1999. 香菇多糖对小鼠腹腔巨噬细胞一氧化氮生成的影响及其机理. 基础医学与临床，3：43-47.

洪介民，邱健行，胡祖光，等. 1998. 黄芪多糖在体内对小鼠 CFU-E 和 BFU-E 生成的影响. 新中医，30：35-36.

胡庭俊，梁纪兰，程富胜，等. 2001. 黄芪多糖对鸡脾脏淋巴细胞内游离钙离子浓度的影响. 中兽医医药杂志，20：4-6.

胡庭俊，梁纪兰，程富胜，等. 2003. 黄芪多糖对小鼠脾淋巴细胞蛋白激酶 C 活性的影响. 中兽医医药杂志，22：11-12.

胡庭俊，陈炅然，程富胜，等. 2005a. 蕨麻多糖对小鼠血清中三种细胞因子水平的影响. 中国兽医科技，35：653-656.

胡庭俊，程富胜，陈炅然，等. 2005b. 黄芪多糖对小鼠免疫细胞信号转导相关分子的影响. 畜牧兽医学报，36：616-619.

胡庆和，谢锦玉，张莅峡. 1994. 红毛五加多糖对巨噬细胞细胞化学和超微结构的影响. 中国组织化学与细胞化学杂志，4：45-48.

季宇彬，汲晨锋，邹翔，等. 2004. 2 种仙人掌多糖对 S180 小鼠红细胞膜蛋白和膜脂流动性影响的研究. 中国中药杂志，29(10)：967-970.

金光明，赵桂芳，陈娟. 2008. 黄芪多糖对雏鸡生长性能的影响. 安徽科技学院学报，22(4)：1-4.

金淑英，李斯华，黄挺进. 2001. 酵母多糖对断奶仔猪抗病促生长作用的试验研究. 浙江畜牧兽医，3：3-4.

李丹，尚红，姜拥军，等. 2004. 香菇多糖体外抗 HIV 的免疫调节作用的实验研究. 中国免疫学杂志，20：253-255.

李金锋,郭静文,黄信孚.1996.猪苓多糖、香菇多糖和分枝杆菌多糖对淋巴细胞因子活化杀伤细胞活性增强作用的研究.中国中西医结合杂志,14:224-226.

李树鹏,赵献军.2005.黄芪多糖及益生菌合生元对雏鸡肠道微生态区系的影响.家畜生态学报,26(3):21-25.

李同洲,侯伟革,臧素敏,等.2007.黄芪多糖对断奶仔猪生产性能的影响.中国饲料,(12):36-38.

李同洲,薛凌峰,臧素敏,等.2009.香菇多糖对仔猪生产性能、部分血清激素和免疫指标的影响.动物营养学报,21(1):101-106.

李万坤,郭福存,赵兴绪.2007.天然免疫活性多糖替代抗生素添加剂的作用研究.家畜生态学报,28(1):10-17.

李维勤,黎介寿,顾军,等.1997.腹腔感染后低白蛋白血症的分子机理和防治实验研究.中华外科杂志,35:100-103.

梁华平,张艳.1995a.黄芪多糖调节创伤小鼠白介素2及白介素2受体基因表达的实验研究.中医药学报,3:27-29.

梁华平,王正国,田丰群,等.1995b.黄芪多糖、人参茎叶皂苷对创伤子鼠血浆及免疫细胞内cAMP、cGMP的影响.中国病理生理杂志,11:595-599.

梁华平,王正国,耿波,等.1996.黄芪多糖及人参茎叶皂苷对创伤小鼠免疫器官影响.中医研究,9:15-17.

梁英,姜宁,何雯娟,等.2010.黄芩多糖对肉仔鸡生长性能和免疫功能的影响.动物营养学报,22(04):1031-1036.

廖兰,郑小波,林祥水,等.2002.黄芪多糖对获得性免疫抑制小鼠血液中NO、GPT及CHOL的影响.四川畜牧兽医学院学报,16:86-88.

李明春,雷林生.1999.灵芝多糖对小鼠腹腔巨噬细胞胞浆 Ca^{2+} 浓度的影响.中国药学杂志,34:805-807.

李明春,梁东升,许自明,等.2000a.灵芝多糖对小鼠巨噬细胞cAMP含量的影响.中国中药杂志,25:41-43.

李明春,雷林生,梁东升.2000b.灵芝多糖对小鼠巨噬细胞白介素1α和肿瘤坏死因子αmRNA表达的影响.中国药理学和毒理学杂志,14:237-240.

李明春,雷林生,梁东升.2000c.灵芝多糖对小鼠腹腔巨噬细胞蛋白激酶C活性的影响.中国药理学通报,16:36-38.

李兴玉,刘丹丹,魏立强,等.2004.巴西蘑菇多糖对造血干、祖细胞生成的影响.中国临床药学杂志,13:204-207.

李先荣,康永,牛艳艳.1989.注射用黄芪多糖药理作用的研究:2.对免疫药理作用的研究.中成药,5:26-29.

梁中琴,盛伟华.1999.云芝糖肽对人外周血淋巴细胞增殖和T细胞亚群变化的调节作用.中草药,30:37-39.

林志彬.1992.灵芝多糖的免疫药理学研究及其意义.北京医科大学学报,24:271-274.

刘景田,党小军,王惠萍,等.2002.中药多糖对红细胞膜相CD35免疫活性的调节作用.中国现代医学杂志,12(1):7-9.

刘星谐，王美英，吴厚生，等. 1994. 黄芪多糖的分离及其免疫活性的研究. 天然产物研究与开发，16：23-31.

刘颖华，何开泽，杨敏，等. 2004. 川牛膝多糖硫酸酯的体外抗单纯疱疹病毒2型活性. 应用与环境生物学报，10(1)：48-50.

刘永杰，李庆章，郝艳红. 1999. 黄芪多糖和香菇多糖对雏鸡IL-2活性和淋巴细胞增殖反应的影响. 吉林农业大学学报，3：21-25.

刘玉涛，周禾，白小薇，等. 1996. 枸杞多糖对小鼠胸腺细胞凋亡的调节. 北京医科大学学报，28：111-112.

骆殊，邵佳. 2009. 黄芪多糖对树突状细胞免疫活性的影响. 中医药临床杂志，21(1)：66-69.

吕世静，黄槐莲，袁汉绕，等. 2004. 白茅根多糖对人T淋巴细胞免疫调节效应的研究. 中国新药杂志，13：834-835.

芦殿荣，祝彼得，芦殿香，等. 2004. 香菇多糖对正常小鼠以及免疫抑制小鼠免疫功能的影响. 甘肃中医学院学报，21：20-22.

路景涛，杨雁，陈敏珠. 2004. 黄芪多糖对细菌脂多糖诱导大鼠腹腔巨噬细胞释放TNF-α、NO及IL-1的影响. 安徽医科大学学报，39：139-141.

毛晓峰. 2004. 黄芪多糖影响断奶仔猪免疫功能及作用机理的研究（硕士学位论文）. 北京：中国农业大学.

毛小娟，王军志. 1989. 红黄芪多糖的免疫调节作用. 中国药理学通报，5：367-371.

茅苏萍，程凯灵，周韵芬. 2004. 黄芪对单疱病毒性角膜炎患者Th1/Th2细胞因子的调节作用. 中国中西医结合杂志，24：121-123.

苗明三. 2004. 大枣多糖对免疫抑制小鼠腹腔巨噬细胞产生IL-1α及脾细胞体外增殖的影响. 中药药理与临床，20：21-22.

宁勇. 姚彩萍. 王宇学，等. 2005. 牛膝多糖对外周血单核细胞的激活作用. 华中科技大学学报（医学版），34：413-415.

牛永新. 2003. 中西医结合治疗家畜细菌性痢疾66例. 中兽医学杂志，(5)：20-21.

潘惠娟，宋涛. 1998. 黄芪多糖对抗环磷酰胺免疫抑制作用的实验研究. 武警医学，9：54-56.

庞战军，陈瑗，周玫. 1999. 腹腔注射云芝多糖对小鼠腹腔巨噬细胞一氧化氮产生的影响. 中国动脉硬化杂志，2：54-57.

齐春会，张永祥. 1999. 枸杞多糖体外对正常及衰老小鼠免疫细胞功能的作用研究及作用机制的研究. 中国免疫学杂志，15：419-421.

屈洪岩，郭玉璞，陆刚. 1998. 花粉多糖对新城疫弱毒苗效果的影响. 中药新药与临床药理，9：15-17.

阮红，吕志良. 1999. 女贞子多糖免疫调节作用研究. 中国中药杂志，24：191-194.

单俊杰，王易，翁颖琦，等. 2002. 黄芪毛状根多糖与黄芪多糖化学组成及免疫活性的比较. 中草药，33：1096-1099.

段县平，赵锁花，马吉飞，等. 2006. 口服姬松茸多糖对鸡疫苗免疫力及红细胞免疫功能影响的研究. 中国畜牧兽医，33(6)：17-19.

邵鹏，赵鲁杭. 2006. 黄芪多糖对树突状细胞表型及功能成熟的影响. 中华生物学和免疫学杂志，26(7)：637- 640.

史彬林. 2005. 壳聚糖对肉仔鸡生长性能和免疫功能的影响及其机理的研究(博士学位论文). 北京：中国农业大学.

宋淑珍，田亚平，汪德清，等. 2005. 黄芪多糖对健康体检者淋巴细胞亚群的调节作用. 中国临床康复，9：130-131.

孙惠玲，苗得园，龚玉梅，等. 2005. 黄芪、岩藻和油菜 3 种植物提取多糖对新城疫弱毒疫苗免疫效果的影响. 中国预防兽医学报，27：205-208.

孙伟，李静，韩志武. 2000. 螺旋藻多糖对小鼠细胞免疫功能的影响. 中国药房，11：205-206.

孙月平，王金宝，张乐萃，等. 1999. 黄芪多糖对免疫抑制鸡某些免疫指标影响的研究. 莱阳农学院学报，16：61-63.

唐庆九，张劲松，潘迎捷，等. 2005. 灵芝活性多糖 GLIS 对正常和荷瘤小鼠骨髓巨噬细胞的激活作用. 现代免疫学，25：49-52.

田庚元. 1999. 中药免疫调节剂的研究开发. 中国新药杂志，11：721-724.

佟书娟，王宁萍，王大军，等. 2000. 枸杞多糖对小鼠红细胞免疫功能的影响. 宁夏医学杂志，22(5)：262-263

王光，周正任，娄丹，等. 1994. 黄芪多糖对重组白介素 2 激活 LAK 活性的调节作用. 中国免疫学杂志，10：359-361.

王光，丁桂林，史晓丹，等. 1995. 黄芪多糖和白细胞介素 2 对 LAK 细胞毒活性的调节作用. 中国微生态学杂志，7：11-14.

王丽荣，张海棠，刘保国，等. 2004. 甘草多糖的提取及其对肉仔鸡生长性能的影响. 饲料工业，25(8)：44-45.

王立新，韩哲武. 1992. 黄芪多糖对内毒素致小鼠毒性损伤的作用. 药学学报，27：5-9.

王瑾雯，陈媛，周枚. 1999. 云芝多糖对巨噬细胞氧化 LDL 的抑制作用与 iNOS 基因表达. 第一军医大学学报，19：25-28.

王旭贞，李宏全. 2008. 黄芪多糖对接种 NDⅣ系疫苗雏鸡抗体效价的影响. 中兽医医药杂志，(4)：26.

王旭贞，李宏全，孙杰，等. 2009. 黄芪多糖对接种 IBDV 雏鸡抗体滴度的影响. 中兽医医药杂志，(3)：55.

魏远安，方积年. 1989. 高效凝胶渗透法测定多糖纯度和分子质量. 药学学报，24(7)：532-534.

翁玲，刘学英，刘彦，等. 2003a. 黄芪多糖对小鼠骨髓及外周血造血干细胞的增殖及动员作用. 基础医学与临床，23：306-309.

翁玲，刘彦，刘学英，等. 2003b. 黄芪多糖粉针剂对小鼠脾细胞分泌细胞因子及 NK 杀伤能力的影响. 中医药学刊，21：1522-1524.

武彩红，宋建德，李宏全，等. 2002. 红细胞免疫研究进展. 畜牧兽医杂志，21(3)：22-24.

吴洁，张成武，刘义峰. 1999. 极大螺旋藻胞外多糖 EP 的分离、纯化极其免疫学研究. 药物生物技术，6：614-618.

夏洪生，李克松，张永锋，等. 2001. 黄芪多糖对地塞米松诱导的脾淋巴细胞凋亡的影响. 深圳中西医结合杂志，11：193-198.

夏英，李家琦，阎佩君，等. 1994. 黄芪多糖（APS）免疫作用的实验研究. 上海中医药杂志，28：42-43.

夏星，Dao Nguyen. 2003. 黄芪多糖对丝裂霉素 C（MMC）致骨髓抑制小鼠骨髓及脾脏造血祖细胞的生成作用的影响. 中国药理学通报，19：812-814.

肖军军，雷林生，赵翔. 1994. 灵芝多糖引起的小鼠脾细胞核 DNA、RNA 含量及核质比的变化. 中国药理学和毒理学杂志，8：196-198.

谢明权，李繁，林辉环，等. 2002. 免疫增强剂对鸡球虫免疫保护力的作用. 畜牧兽医学报，33(1)：93-99.

谢明勇，聂少平. 2010. 天然产物活性多糖结构与功能研究进展，中国食品学报，10(2)：1-8.

徐永杰，张波，张讳腾. 2009. 牛蒡多糖的提取及对小鼠肠道菌群的调节作用. 食品科学，30(23)：428-431.

袁学千，王淑梅，高权国. 2004. 刺五加多糖增强小鼠免疫功能的实验研究. 中医药学报，32：48-49.

许爱华，陈华圣，夏叶玲，等. 1996. 银杏外种皮多糖对荷瘤小鼠免疫功能的影响. 中药新药与临床药理，7：22-24.

许杜娟，陈敏珠. 2003. 黄芪多糖对小鼠免疫功能的影响. 安徽医药，7：418-419.

徐红薇，许蔓芬，王丽群，等. 1992. 黄芪对免疫功能低下小鼠补体功能影响的研究. 免疫学杂志，2:141.

杨光，李发胜，罗红，等. 2004. 茶叶多糖对小鼠激发态免疫功能影响的研究. 中医药学刊，22：2294-2295.

杨海贤，赵钢. 1998. 免疫杀伤中 LAK 细胞的坏死和凋亡及黄芪多糖的影响. 中国肿瘤临床，25：669-672.

杨铁虹，贾敏，梅其炳. 2005. 当归多糖对细胞免疫功能的增进作用. 细胞与分子免疫学杂志，21(6)：782-783，788.

杨兴斌，梅其炳，周四元，等. 2004. 当归多糖对小鼠腹腔巨噬细胞释放细胞效应分子的诱导作用. 细胞与分子免疫学杂志，20：747-749.

杨再昌，景诗韵，谢百炼，等. 2000. 鸡球虫病红细胞免疫功能检. 中国兽医杂志，26(10)：10-11.

姚金凤，吴亮，吴希哲，等. 2004. 海洋真菌多糖 YCP 对巨噬细胞免疫功能的影响. 中国药科大学学报，35：573-575.

殷海成. 2009. 酵母免疫多糖对黄河鲤鱼生长和非特异性免疫力的影响. 粮食与饲料工业，(6)：38-39，45.

袁书林. 2006. 黄芪多糖对断奶仔猪免疫调控作用及其机理（博士学位论文）. 北京：中国农业大学.

俞发，张彬. 1999. 螺旋藻多糖对小鼠脾细胞中环状腺苷酸浓度的影响. 中国医药学杂志，19：17-20.

游育红，林志彬. 2004. 灵芝多糖肽对小鼠腹腔巨噬细胞一氧化氮产生的影响. 中国药理学通报，20：1398-1401.

曾广仙，刘俊英，熊金蓉，等. 2004. 黄芪多糖调节创伤应激小鼠免疫功能的研究. 中华微生物学和免疫学杂志，24：942-945.

张峰,高鹏,彭俊华. 2006. 黄芪多糖及黄芪甲苷对巨噬细胞吞噬结核杆菌作用的研究. 西北国防医学杂志,26: 434-436.

张国锋,刁其玉,屠焰,等. 2010. 蜂花粉及其多糖对犊牛生长性能及血液生化指标的影响. 中国畜牧杂志,46(13): 52-55.

张凤翎,孙德显,李明秀. 1995. 黄芪多糖的制备及治疗肝炎的研究. 药物生物技术,2: 26-28.

张俊平,钱定华,郑钦岳. 1990. 商陆多糖 Ⅰ 对小鼠腹腔巨噬细胞毒作用及诱生肿瘤坏死因子和白细胞介素的影响. 中国药理学报,11: 375-377.

张金明,杨晓萍. 2004. 油菜花粉多糖对小鼠机体免疫功能的影响. 公共卫生与预防医学,15: 45-46.

张明军,胡庆和,贾本立. 1994. 枸杞多糖对小鼠腹腔巨噬细胞作用的定量细胞化学研究. 宁夏医学院学报,4: 20-24.

张庆,雷林生,孙莉莎. 1999. 大枣多糖体外对小鼠腹腔巨噬细胞功能的影响. 中药药理与临床,3: 12-15.

张晓明,杨景山. 1991. 白细胞介素 2 和黄芪多糖对小鼠 NK 细胞活性和增殖及形态的影响. 北京医科大学学报,22: 176-178.

张晓明,苗榕生,唐岩,等. 2000. 白细胞介素 2 和黄芪多糖对人 NK 细胞活性和增殖的影响. 北京中医药大学学报,23: 37-39.

张新,项树林,崔小燕. 1997. 枸杞多糖对小鼠淋巴细胞信号系统的效应. 中国免疫学杂志,13: 289-292.

张琰,程建峰,贺建荣,等. 2003. 黄芪多糖对环磷酰胺致小鼠骨髓抑制及毒性的保护作用. 第四军医大学学报,24: 447-448.

张翼伸. 1994. 有关复合物的分级纯化、结构确定、生物活性的几个问题. 生命的化学,14(6):42-46.

张运涛,谷文英. 1999. 酵母多糖对雏鸡肠道微生物区系调控作用的研究. 粮食于饲料工业,(7): 37-38.

赵克胜,丁丽轩,孔海燕. 1993. 黄芪多糖增强人外周血单核细胞产生肿瘤坏死因子的研究. 中国中西医结合杂志,13: 263-265.

朱新产,王宝维,张庭荣. 2002. 海藻多糖对肉鸡生长性能的影响. 动物营养学报,14(4): 54-58.

周淑英,卢振初,王佾先,等. 1995. 黄芪多糖 APS 抗肿瘤作用的实验研究. 药物生物技术,2: 22-25.

周娅,佟书娟,王宁萍. 2000. 枸杞多糖对小鼠巨噬细胞内酶活性及 NO 诱生的影响. 山东中医杂志,6: 31-34.

Abel G,Czop J K. 1992. Stimulation of human monocyte beta-glucan receptors by glucan particles induces production of TNF-alpha and IL-1 beta. Int J Immunopharmacol,14: 1363-1373.

Ando I,Tsukumo Y,Wakabayashi T,*et al*. 2002. Safflower polysaccharides activate the transcription factor NF-kB via Toll-like receptor 4 and induce cytokine production by macrophages. Int Immunopharmacyol,2: 1155-1162.

Bagni M,Archetti L,Amadori M,*et al*. 2000. Effect of long-term oral administration of an immunostimulant diet on innate immunity in sea bass(*Dicentrarchus labrax*). J Vet Med B,47：745-751.

Bin-Hafeez B,Ahmad I,Haque R,*et al*. 2001. Protective effect of *Cassia occidentalis* L. on cyclophosphamide-induced suppression of humoral immunity in mice. J Ethnopharmacol, 75：13-18.

Brown G D, Gordon S. 2001. Immune recognition. A new receptor for beta-glucans. Nature,413：36-37.

Chen H L,Li D F,Chang B Y,*et al*. 2003a. Effects of Chinese herbal polysaccharides on the immunity and growth performance of young broilers. Poult Sci,82：364-370.

Chen H L,Li D F ,Chang B Y,*et al*. 2003b. Effects of Lentinan on broiler splenocyte proliferation,interleukin-2 production,and signal transduction. Poult Sci,82：760-766.

Dritz S S, Shi J, Kielian T L, *et al*. 1995. Influence of dietary beta-glucan on growth performance,nonspecific immunity,and resistance to streptococcus suis infection in weanling pigs. J Anim Sci,73：3341-3350.

Guo Y,Matsumoto T,Kikuchi Y,*et al*. 2000. Effects of a pectic polysaccharide from a medicinal herb,the roots of Bupleurum falcatum L. on interleukin 6 production of murine B cells and B cell lines. Immunopharmacol,49：307-316.

Hsu Cheng Kuang,Liao Jiunn Vang,Chung Yun Chin,*et al*. 2004. Xylooligosacc-harides and fructooligosaccharides affect the intestinal microbiota and precancerous colonic lesion development in rates. Nutr Cancer,134：1523-1528.

Jorgensen J B,Robertsen B. 1995. Yeast β-glucan stimulates respiratory burst activity of Atlantic salmon (Salmo salar L.) macrophages. Dev Comp Immunol,19：43-57.

Kim H M, Han S B, Oh G T, *et al*. 1996. Stimulation of humoral and cell mediated immunity by polysaccharide from mushroom Phellinus linteus. Int J Immunopharmacol, 18：295-303.

Kiyohara H,Uchida T,Takakiwa M,*et al*. 2010. Different contributions of side-chains in β-D-(1→3,6)-galactans on intestinal Peyer's patch-immunomodulation by polysaccharides from Astragalus mongholics Bunge. Phytochemistry,71:180-193.

Kong X F,Hu Y L,Rui R,*et al*. 2004. Effects of Chinese herbal medicinal ingredients on peripheral lymphocyte proliferation and serum antibody titer after vaccination in chicken. Int Immunopharmacol,4：975-982.

Konopski Z,Seljelid R,Eskeland T. 1993. Cytokines and PGE2 modulate the phagocytic function of the beta-glucan receptor in macrophages. Scand J Immunol,37：587-592.

Lee Y S, Han O K, Park C W, *et al*. 2003. Immunomodulatory effects of aqueous-extracted Astragali radix in methotrexate-treated mouse spleen cells. J Ethnopharmacol,84：193-198.

Lees A,Nelson B L,Mond J J. 1996. Activation of soluble polysaccharides with 1-cyano-4-dimethylaminopyridinium tetrafluoroborate for use in protein-polysaccharide conjugate vaccines and immunological reagents. Vaccine,14：190-198.

Li S G,Zhang Y Q ,Zhao J X. 2007. Preparation and suppressive effect of Astragalus polysaccharide in glomerulonephritis rats. Int Immunopharmacol,7: 23-28.

Li S G,Zhang Y Q. 2009. Characterization and renal protective effect of a polysaccharide from Astragalus membranaceus. Carbohyd Polym,78: 343-348.

Ling P R,Bistrian B R,Mendez B,*et al*. 1994. Effects of systemic infusions of endotoxin, tumor necrosis factor, and interleukin-1 on glucose metabolism in the rat: relationship to endogenous glucose production and peripheral tissue glucose uptake. Metabolism, 43: 279-284.

Liu M,Li J,Kong F,*et al*. 1998. Induction of immunomodulating polysaccharide-peptide complex from culture mycelia of cytokines by a new Lentinus edodes. Immunopharmacology, 40(3): 187-198.

Liu F,Ooi V E C,Fung M C. 1999. Analysis of immunomodulating cytokine mRNAs in the mouse induced by mushroom polysacchrides. Life Sci,12: 1005-1011.

Mao X F,Piao X S,Lai C H,*et al*. 2005. Effects ofβ-glucan obtained from the Chinese herb Astragalus Membranaceus and lipopolysaccharide challenge on performance, immunological, adrenal, and somatotropic responses of weaned pigs. J Anim Sci,83: 2775-2782.

Matsushita M. 1990. Curdlan, a (1→3)-beta-D-glucan from Alcaligenes faecalis var. myxogenes IFO 13140, activates the alternative complement pathway by heat treatment. Immunol Lett,26: 95-97.

Michalek M,Melican D,Brunke-Reese D,*et al*. 1998. Activation of rat macrophages by Betafectin PGG-glucan requires cross-linking of membrane receptors distinct from complement receptor three (CR3). J Leukoc Biol,64: 337-344.

Mörk A C,Sun X H,Liu X B,*et al*. 2 000. Regulation of (1-3)-β-glucan-stimulated Ca^{2+} influx by protein kinase C in NR8383 alveolar macrophages. J Cell Biochem,78: 131-140.

Mueller A,Raptis J,Rice P J,*et al*. 2000. The influence of glucan polymer structure and solution conformation on binding to (1→3)-β-D-glucan receptors in a human monocyte-like cell line. Glycobiol,10: 339-346.

Nose M,Terawaki K,Oguri K,*et al*. 1998. Activation of macrophages by crude polysaccharide fractions obtained from shoots of Glycyrrhiza glabra and hairy roots of Glycyrrhiza uralensis in vitro. Biol Pharm Bull,21: 1110-1112.

Obaid K A,Ahmad S,Khan H M,*et al*. 1989. Protective effect of L. donovani antigens using glucan as an adjuvant. Int J Immunopharmacol,11: 229-235.

Sakurai T,Kaise T, Yadomae T,*et al*. 1997. Different role of serum components and cytokines on alveolar macrophage activation by soluble fungal (1→3)-β-*D*-glucan. Eur J Pharmacol,334(2): 255-263.

Shao P,Zhao L H,Zhi Chen,*et al*. 2006. Regulation on maturation and function of dendritic cell by Astragalus mongholicus polysaccharides. Int Immunopharmacol, 6 (7): 1161-1166.

Shao B M,Xu W,Dai H,*et al*. 2004. A study on the immune receptors for polysaccharides from the roots of Astragalus membranaceus, a Chinese medicinal herb. Bio Chem Biophys Res Commun,320(4): 1103-1111.

Shon Y H , Kim J H, Nam K S. 2002. Astragali radix extract on lipopolysaccharide-induced inflammation in human amnion. Biol Pharm Bull, 25: 77-80.

Shon Y H, Nam K S. 2003. Protective effect of Astragali radix extract on interleukin 1β -induced inflammation in human amnion. Phytother. Res, 17: 1016-1020.

Tzianabos A O. 2000. Polysaccharide immunomodulators as therapeutic agents: structural aspects and biologic function. Clin Microbiol Rev, 13: 523-533.

Tokunaka K, Ohno N, Adachi Y, *et al*. 2000. Immunopharmacological and immunotoxicological activities of a water-soluble (1→3)-β-D-glucan, CSBG from Candida spp. Int J Immunopharmacol, 22: 383-394.

Vancott J L, Kobayashi T, Yamamoto M, *et al*. 1996. Induction of pneumococcal polysaccharide-specific mucosal immune responses by oral immunization. Vaccine, 14: 392-398.

Willment J A, Gordon S, Brown G D. 2001. Characterization of the human β-glucan receptor and its alternatively spliced isoforms. J Biol Chem, 276: 43818-43823.

Xia Y, Vētvîcka V, Yan J, *et al*. 1999. The β-glucan-binding lectin site of mouse CR3 (CD11b/CD18) and its function in generating a primed state of the receptor that mediates cytotoxic activation in response to iC3b-opsonized target cells. J Immunol, 162: 2281-2290.

Yan J, Větvîcka, V, Xia Y, *et al*. 1999. β-Glucan, a "specific" biologic response modifier that uses antibodies to target tumors for cytotoxic recognition by leukocyte complement receptor type 3 (CD11b/CD18). J Immunol, 163: 3045-3052.

Yin F G, Liu Y L, Yin Y L, *et al*. 2009. Dietary supplementation with Astragalus polysaccharide enhances ileal digestibilities and serum concentrations of amino acids in early weaned piglets. Amino Acids, 37: 263-270.

Yoon Y D, Han S B, Kang J S , *et al*. 2003. Toll-like receptor 4-dependent activation of macrophages by polysaccharide isolated from the radix of Platycodon grandiflorum. Int Immunopharmacol, 3: 1873-1882.

Yuan S L, Piao X S, Li D F, *et al*. 2006. Effects of dietary Astragalus polysaccharide on growth performance and immune function in weaned pigs. Anim Sci, 82: 501-507.

Zhang G H, Helmke R J, Mork A C, *et al*. 1997. Regulation of cytosolic free Ca^{2+} in cultured rat alveolar macrophages (NR8383). J Leukoc Biol, 62: 341-348.

Zhao K S , Mancini C, Doria G. 1990. Enhancement of the immune response in mice by Astragalus membranaceus extract. Immunopharmacol, 20: 225-233.

Zhu W, Chiu L C, Ooi V E, *et al*. 2006. Antiviral property and echanisms of a sulphated polysaccharide from the brown alga Sargassum patens against Herpes simplex virus type 1. Phytomedicine, 13: 695-701.

Zuckermann F A, Husmann R J, Schwartz R, *et al*. 1998. Interleukin-12 enhances the virus-specific interferon gamma response of pigs to an inactivated pseudorabies virus vaccine. Vet Immunol Immunopathol, 63: 57-67.

（本章由江苏食品职业技术学院袁书林副教授主笔，中国农业大学朴香淑研究员、裔家庆参编）

第7章

壳聚糖生产及其对畜禽的生物学作用

7.1 壳聚糖的来源、结构和性质

7.1.1 壳聚糖的来源与结构

甲壳素(chitin),又名甲壳质、几丁质,化学名称是β-(1,4)-2-乙酰氨基-2-脱氧-*D*-葡萄糖,分子式为$(C_8H_{13}NO_5)_n$,是一种天然来源的氨基多糖。天然的甲壳素广泛存在于低等生物(如真菌、藻类、酵母等)的细胞壁及节肢动物(如昆虫、蜘蛛、甲壳动物等)的外壳中。此外,动物的关节、蹄、足的坚硬部分以及动物肌肉和骨的接合处均存在甲壳素。甲壳素是自然界中产量仅次于纤维素的第二大丰富天然有机物。据估计,甲壳素每年的生物合成量为$(1\times10^9)\sim(1\times10^{11})$t(张廷军,1999),是一种巨大的可再生资源。表7.1列出了甲壳素在自然界中的主要来源。甲壳素的结构与纤维素相比,分子中除存在羟基外,还含有乙酰氨基和氨基等功能基团,可供结构修饰的基团较多。

壳聚糖(chitosan),又名几丁聚糖、脱乙酰甲壳素,化学名称是β-(1,4)-2-氨基-2-脱氧-β-D-葡聚糖,分子式为$(C_6H_{11}NO_4)_n$,理论含氮量为6.9%,是一种可溶性氨基多糖,由甲壳素脱乙酰基得到,通常将脱乙酰度55%以上的甲壳素称为壳聚糖。壳聚糖为直链,极性强,是自然界唯一的碱性多糖,其分子结构与纤维素相似。根据分子主链的排列方式可将壳聚糖分为α、β两种,α分子主链的排列方式为反平行排列方式,β分子的排列方式则与α分子相反。甲壳素、壳聚糖和纤维素的化学结构十分相似,如图7.1所示。甲壳素分子上的乙酰氨基用羟基(·OH)取代,即成为纤维素;甲壳素脱去乙酰基即成为壳聚糖。壳聚糖与其他高分子化合物一样,实际上是不同分子质量的同系混合物。

表 7.1　甲壳素和壳聚糖的主要来源

海洋生物	昆虫	微生物
环节动物	蝎	绿藻
软体动物	蜘蛛	酵母
腔肠动物	鳃足	真菌
甲壳动物	蚂蚁	青霉菌
龙虾	蟑螂	褐藻
蟹	甲虫	孢子
小虾		壶菌
对虾		芽枝霉
磷虾		子囊菌

来源：郑建仙，1999。

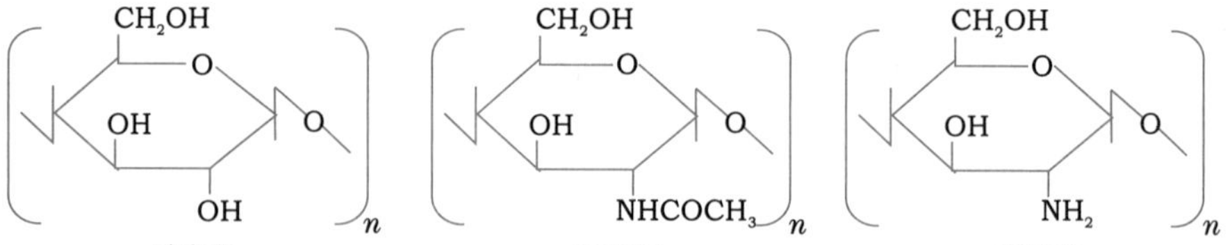

图 7.1　甲壳素、壳聚糖和纤维素的化学结构

7.1.2　壳聚糖的理化性质

甲壳素为白色或微黄色半透明片状固体，溶解性较差，化学性质也不活泼。由于大分子间有强的氢键作用，所以甲壳素不溶于水、稀酸、稀碱、醇及其他有机溶剂中，但能溶于浓硫酸、浓盐酸、78%～97%磷酸、无水甲酸和某些配合物溶剂中。另外，甲壳素是多晶型物，其存在形式有 α,β,γ 三种，其中 α 型最丰富，最稳定，且不易分解，不溶于水、稀酸、稀碱、乙醇、乙醚及一般的有机溶剂（但能溶于醋酸），可溶于无机酸（主链发生降解）。

壳聚糖是由甲壳素脱乙酰基后生成的一种天然来源的碱性多糖，呈白色或淡黄色，为半透明片状固体，略有珍珠光泽，其化学稳定性与生物相容性好，不溶于水、有机溶剂和碱溶液中，但可溶于稀酸溶液中（盐酸、硝酸、醋酸、甲酸、乳酸、苹果酸、抗坏血酸等）。壳聚糖溶解后，溶液中的 H^+ 可与壳聚糖分子的氨基结合，生成带正电荷的壳聚糖分子，这种带正电荷的高分子物质具有许多特殊的性质和功能。另外，由于壳聚糖结构中含有羟基、乙酰基和氨基，所以壳聚糖可发生交联、接枝、酰化、醚化、酯化、羧甲基化、烷基化等反应，生成具有不同特性的壳聚糖衍生物。壳聚糖还可通过络合反应和离子交换作用吸附蛋白质、氨基酸、核酸、酚、卤素等物质。

反映壳聚糖理化性质的指标主要有脱乙酰度、平均分子质量（聚合度）、黏度、含氮量、含水量等。脱乙酰度是壳聚糖的重要质量指标之一，直接影响到壳聚糖溶液的性质，脱乙酰度越高，壳聚糖在稀酸中的溶解性越好。分子质量对壳聚糖的溶解性也有影响，分子质量越大，壳聚糖在水中的溶解性越小，在稀酸中溶解后即成为具有一定的黏度的高聚物溶液。另外，壳聚糖的脱乙酰度还决定着溶液中壳聚糖分子所带的正电荷。壳聚糖分子中的氨基和羟基能与Cu^{2+}、Ag^{2+}、Au^{2+}、Hg^{2+}和Ni^{2+}等重金属离子形成稳定的螯合物，随着脱乙酰度的提高，壳聚糖的螯合作用增强，而壳聚糖的许多生理活性和特殊功能与壳聚糖分子所带的正电荷有关。由于其界面性质，壳聚糖最多能结合自身重量4～5倍的脂肪。壳聚糖可与脂肪酸结合形成络合物，该络合物在体内还能进一步吸收脂类物质。由于壳聚糖在体内不会被消化吸收，因此，食糜中的脂肪就会有部分随壳聚糖被排出体外，在食品工业上就是利用壳聚糖的这种特性生产减肥食品。壳聚糖的另外一项重要质量指标是黏度。在酸性溶液中，壳聚糖会缓慢降解，使其溶液的黏度逐渐下降，因此壳聚糖溶液的黏度不稳定。目前国内外根据黏度不同将壳聚糖分为以下三类：高黏度壳聚糖，其黏度大于1000 mPa・s；中黏度壳聚糖，其黏度为100～500 mPa・s；低黏度壳聚糖，其黏度为25～50 mPa・s（蒋挺大，2001）。

壳聚糖无味、无臭，结构稳定。将壳聚糖添加于食品中，进行汤煮或一定程度的煎炸、焙烤等加热处理，其结构不会发生变化。在有氮气保护下加热至250℃，壳聚糖仍不会发生分解现象。此外，壳聚糖具有良好的贮藏稳定性。室温下将壳聚糖粉末置于无直射阳光处的自然环境中可保藏6个月，在外观、溶解性和脱乙酰度等方面都没有发生明显的变化。添加壳聚糖的饼干，在包装状态下置于温度40℃、相对湿度75％的环境中保存80 d，样品中的膳食纤维与壳聚糖含量都没有变化（郑建仙，1999）。

壳聚糖分子中存在游离氨基，在稀酸溶液中可发生质子化而带正电荷，形成阳离子聚电解质，既有阳离子性质，又有高分子阳离子特性。NH_3^+的存在是壳聚糖具有吸湿性、保湿性以及抗菌、抑菌作用的结构基础，而高分子结构使壳聚糖具有良好的絮凝作用，尤其对于带负电荷的大分子物质。壳聚糖也可通过静电吸引或离子交换方式，吸附小分子离子或其他类物质。

7.2 壳聚糖的制备及其主要质量指标

7.2.1 壳聚糖的制备

尽管自然界中甲壳素资源十分广泛，存在于许多生物体内，但相对而言，虾壳和蟹壳中含量更为丰富，且提取工艺也较为简便。因此，长期以来，虾壳和蟹壳一直是工业上生产甲壳素的主要原料。通常，在虾壳和蟹壳中主要有三种物质，即碳酸钙、蛋白质和甲壳素，此外还含有痕量的虾红素或虾青素等色素，其中甲壳素的含量视其品种不同一般在15％～50％，占甲壳动物体有机物总量的50％～80％。

目前，甲壳素和壳聚糖的生产原料主要来自海鲜加工业的废弃物。将这种废弃物用于生产甲壳素和壳聚糖，不仅解决了水产加工业的废弃物处理问题，同时开发了新资源，减少了自然资源的浪费。为了进一步减少壳聚糖生产过程中造成的资源浪费和环境污染，蒋挺大（2001）提出了资源化处理法，其工艺流程如图7.2所示。从图7.2中可以看出，生产壳聚糖有三个关键步骤：脱钙、脱蛋白和脱乙酰基。通过脱钙和脱蛋白，可分离得到甲壳素，再经过脱乙酰基，即可得到壳聚糖产品。

1. 脱钙

甲壳素的分离过程主要包括脱钙和脱蛋白。虾壳和蟹壳中含有大量的无机盐，其中主要是碳酸钙，此外，还有少量碳酸镁及半微量和微量的铅、汞、砷、锰、铁等。这些金属的盐酸盐都能溶于水，因此，用稀盐酸浸泡虾壳和蟹壳时，壳中的碳酸钙等无机盐转化为它们的盐酸盐而溶解于水，通过洗涤、分离，即可除去壳中的无机盐。在用盐酸浸泡时，不溶于水的碳酸钙转变成水溶性的氯化钙，同时产生碳酸，碳酸不稳定，立即分解为二氧化碳气体和水：

$$CaCO_3 + 2HCl \rightarrow CaCl_2 + H_2CO_3$$

$$H_2CO_3 \rightarrow CO_2 \uparrow + H_2O$$

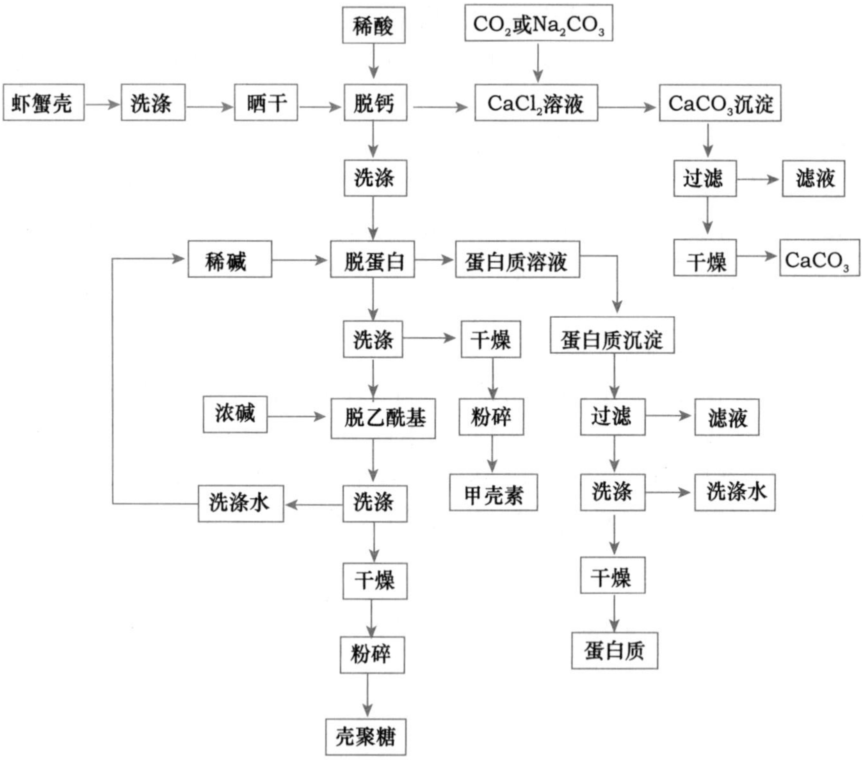

图 7.2　**甲壳素和壳聚糖生产工艺流程**

虾壳和蟹壳通常采用 4%～6%的稀盐酸浸泡脱钙，浓度再加大，不仅不会明显提高脱钙效果，而且还会促进甲壳素主链的降解。所需的浸泡时间与虾壳和蟹壳起始颗粒大小有关。张亦飞(1996)的研究表明，虾、蟹壳粒度越小，所需的浸酸时间就越短，可见脱钙的反应速率与颗粒外表面积成正比(表 7.2)。对于不粉碎的甲壳而言，浸酸时间约需一个昼夜。颗粒太小，尽管所需浸酸时间很短，但过滤困难，损失较多，所以在生产中通常以 20 目大小的粒度为宜。一般来说，不管粒度大小如何，在用稀酸浸泡的开始阶段，脱钙反应速率很快，1 h 后反应即趋于缓慢。在实际生产中，脱钙过程究竟需要多长时间，可根据脱钙反应的进行情况而定。甲壳在脱钙反应过程中会产生 CO_2 气泡，一旦停止气泡冒出，就说明大部分钙已脱下，再适当延长 1～2 h，即可保证完全脱钙。

表 7.2 甲壳粒度对浸酸时间的影响

甲壳粒度/mm^2	浸酸时间/h	盐酸浓度/(mol/L)	盐酸体积/mL	甲壳质量/g	灰分/%
300	27	1.0	1 000	100	2.42
100	25	1.0	1 000	100	2.46
40	16	1.0	1 000	100	2.08
5(20 目)	1	1.0	1 000	100	1.58
2(50 目)	0.5	1.0	1 000	100	1.31

2. 脱蛋白

甲壳中的蛋白质含量很多,在脱钙后还需进行脱蛋白处理。蛋白质是两性化合物,既能溶于碱,也能溶于酸。通常蛋白质在碱液中溶解较快,而且也较完全。在用稀酸浸泡虾壳和蟹壳时,只会有一部分蛋白质溶解出来;而用稀碱浸泡,则可将甲壳中的蛋白质全部溶解萃取出来。除碱处理法外,也可用蛋白酶水解法来除去甲壳中的蛋白质。甲壳通过上述脱钙和脱蛋白处理之后,剩余下来的即为甲壳素。在脱蛋白时,采用碱处理或酶处理两种不同的方法,对壳聚糖产品的黏度会产生不同的影响。用稀碱液(3%~5%)脱蛋白不会明显地破坏甲壳素分子链,因此得到的壳聚糖黏度较高,而用酶法脱蛋白得到的壳聚糖黏度较低。在实际生产中,由于碱法脱蛋白的工艺简单,而且成本较低,因此,目前多采用碱法。为了加快脱蛋白速度,在用稀碱液浸泡时需进行加热处理,使碱液温度保持 90~100℃,或者进行煮沸处理。碱煮时间与虾、蟹壳的粒度有关,粒度越小,则脱蛋白所需的碱煮时间越短。甲壳不粉碎时,碱煮时间约需 4 h,而粉碎粒度为 20 目时,碱煮时间可缩短到 0.67 h(蒋挺大,2003)。

3. 脱乙酰基

目前,由甲壳素制备壳聚糖主要采用碱法脱乙酰基,具体做法主要有两种:一种是将甲壳素与固体烧碱加热共熔,称为碱熔法;另一种是将甲壳素与浓 NaOH 水溶液加热,称为碱液法。为了得到黏度较高的壳聚糖,通常在惰性气体如 N_2 的保护下进行脱乙酰基处理。此外,一些学者(曹根庭和周涛,1995;张宗恩等,2000;蒋霞云和王造,2000;周家华等,2002)仍致力于新方法、新工艺的研究,以求提高壳聚糖的脱乙酰度和黏度,其中超声波处理技术是一种很有发展前途的壳聚糖制备新技术。周家华等(2002)根据甲壳素的结构和超声波的作用原理,在不同反应介质中进行了甲壳素超声波脱乙酰反应的研究,结果表明,与传统方法相比,利用超声波进行脱乙酰反应,可提高反应速度,得到脱乙酰度和黏度较高的产物,而且,在超声波中进行脱乙酰处理时,反应温和、不用加热,对生产设备的要求也较低。

在目前的实际生产中,较为多用的脱乙酰方法是碱液法。采用碱液法时,脱乙酰效果受多种因素影响。谢雅明(1983)在生产实践基础上提出了脱乙酰基的速度与碱液浓度和温度的关系:

①碱液浓度不能低于 30%。当 NaOH 浓度在 30%以下时,不论处理过程中的温度多高,时间多长,只能脱除甲壳素中半数的乙酰基,即壳聚糖的脱乙酰度只能达到 50%。

②反应温度越高,脱乙酰基的速度越快。碱液浓度为 40%时,当反应温度保持在 135~140℃,1~2 h 即可基本脱净乙酰基;若温度在 50~60℃,则需要一昼夜的时间。

可见,采取不同的生产工艺,会使产品具有不同的脱乙酰度。当甲壳素的脱乙酰度在

55%以上时，其溶解性增强，可溶于1%乙酸或盐酸中，称之为壳聚糖；而脱乙酰度低于50%时，则不能溶于上述浓度的稀酸，被称为甲壳素。所以说，甲壳素并非脱乙酰度全部为0，壳聚糖亦非脱乙酰度均为100%。通常把脱乙酰度在55%～70%的壳聚糖定义为低脱乙酰度壳聚糖；70%～85%的定义为中脱乙酰度壳聚糖；85%～95%的定义为高脱乙酰度壳聚糖；95%～100%的定义为超高脱乙酰度壳聚糖。事实上，脱乙酰度100%的壳聚糖是极难制备的(蒋挺大，2003)。

7.2.2 壳聚糖的主要质量指标

1. 脱乙酰度

壳聚糖的脱乙酰度(degree of deacetylation，D. D.)就是指壳聚糖分子中脱除乙酰基的糖残基数占壳聚糖分子中总的糖残基数的百分比，是壳聚糖极为重要的质量技术指标之一。脱乙酰度越高，说明壳聚糖分子链上自由氨基的含量越高。壳聚糖脱乙酰度的高低，直接关系到它在稀酸中的溶解性、黏度、离子交换能力、絮凝性能及其与氨基有关的化学反应能力。

壳聚糖脱乙酰度的测定方法很多，如酸碱滴定法、电位滴定法、氢溴酸盐法、胶体滴定法和红外光谱法等。其中酸碱滴定法是最常用、最简单的测定方法，不需要特殊的仪器，重复性较好，适合于生产过程中的质量监控(蒋挺大，2001)。

酸碱滴定法的原理是：壳聚糖的自由氨基呈碱性，可与酸定量地发生质子化反应，形成壳聚糖胶体溶液，溶液中游离的 H^+ 用碱反滴定。这样，用溶解壳聚糖的酸量与滴定用去的碱量之差即可推算出壳聚糖自由氨基结合酸的量，从而计算出壳聚糖中自由氨基的含量。其计算公式如下：

$$\text{氨基含量}=\frac{(C_1V_1-C_2V_2)\times 0.016}{G(1-W)}\times 100\% \qquad (7.1)$$

式中：C_1 为盐酸标准溶液的浓度，mol/L；C_2 为氢氧化钠标准溶液的浓度，mol/L；V_1 为加入的盐酸标准溶液的体积，mL；V_2 为滴定所耗用的氢氧化钠标准溶液的体积，mL；G 为样品重，g；W 为样品的水分含量；0.016为与1 mol/L盐酸溶液1 mL相当的氨基量，g。

壳聚糖的脱乙酰度就是壳聚糖样品中的氨基含量($-NH_2$)占理论氨基含量的百分数。理论氨基含量为壳聚糖分子中氨基葡萄糖残基中的氨基占其相对分子质量的百分数：

$$\text{理论氨基含量}=16/161\times 100\%=9.94\%$$

因此，脱乙酰度可按如下公式计算：

$$\text{脱乙酰度(D. D.)}=\frac{\text{样品中氨基含量}}{9.94\%}\times 100\% \qquad (7.2)$$

2. 黏度

黏度是壳聚糖的另一项重要质量指标，可反映壳聚糖相对分子质量的大小。黏度的测定方法很多，其物理意义亦有差异。生产中常用旋转黏度计来测定壳聚糖的黏度，这种方法测得的黏度是表观黏度，其数值可大体反映出壳聚糖相对分子质量的大小，但不能由此计算出相对分子质量。另一个重要的黏度是特性黏度[η]，表示单个高分子对溶液黏度的贡献，其数值不随浓度变化而发生改变，是最常用的高分子溶液黏度的表示方法。特性黏度与相对分子质量之间的关系由如下的 Mark-Houwink 经验式来描述：

$$[\eta]=K M^{\alpha} \tag{7.3}$$

式中：M 为相对分子质量；K 为常数，与温度有关，而与体系性质关系不大；α 为一个与相对分子质量有关的数值，通常在 1/2～1，当溶液中加入不良溶剂时，α 逐渐减少，到接近沉淀点时，α 接近 1/2。K 值和 α 值是由实验来确定的。

国内外有不少学者测定了壳聚糖的 K 值和 α 值，结果差异很大。其原因，一是所用溶剂不同，二是忽略了脱乙酰度不同对 K 值和 α 值的影响。王伟等(1990)测定了不同脱乙酰度壳聚糖 Mark-Houwink 方程的 K 值和 α 值。该实验所用的溶剂是 0.1 mol/L CH_3COONa＋0.2 mol/L CH_3COOH，用黏度法测定样品的特性黏度$[\eta]$，再用光散射法测定同一样品的相对分子质量 M_w，通过最小二乘法线性回归处理，得到以下四个方程：

D. D.(%)	M-H 方程	线性相关系数 r
69	$[\eta]=0.104\times10^{-3}M_w^{1.12}$ mL/g	$r=0.991$
84	$[\eta]=1.424\times10^{-3}M_w^{0.96}$ mL/g	$r=0.999$
91	$[\eta]=6.589\times10^{-3}M_w^{0.88}$ mL/g	$r=0.997$
100	$[\eta]=16.800\times10^{-3}M_w^{0.81}$ mL/g	$r=0.993$

由以上结果可以看出，壳聚糖脱乙酰度不同，K 值和 α 值也不同，且呈现一定规律性。脱乙酰度越大，K 值越大，而 α 值越小。所以说，由黏度法测定的壳聚糖相对分子质量是特定脱乙酰度壳聚糖的相对分子质量。

3. 灰分

在制备食品级和医药级壳聚糖时，灰分也是一项重要的质量指标。壳聚糖灰分的测定可按常规的测定方法进行。

4. 重金属离子

食品级和医药级壳聚糖对砷含量有极严格的限制，是一项重要的质量指标。壳聚糖中的铅也是一种有害且含量较高的重金属，食品级和医药级中也要严格控制。此外，用来生产甲壳素和壳聚糖的虾、蟹壳对水中汞的吸收能力很强，尤其是工业发达地区的近海岸海水中汞含量很高，用此处的虾、蟹壳生产的甲壳素和壳聚糖，其含汞量也很高，因此汞含量也是评价壳聚糖的一项质量指标。

5. 含氮量

甲壳素和壳聚糖是含有氨基的多糖，没有脱去乙酰基、氨基和乙酰氨基且不含结晶水的甲壳素，其理论含氮量为 6.9%；而脱乙酰度为 100%且没有脱去氨基的壳聚糖，其理论含氮量为 8.7%(表 7.3)。通过含氮量的分析，可根据表 7.3 中的数据查找到壳聚糖的脱乙酰度，或对已知脱乙酰度的样品计算氨基丢失情况。

6. 水分

水分含量也是壳聚糖的质量指标之一。壳聚糖水分含量按照常规的方法进行测定。

表 7.3 含氮量与脱乙酰度的关系 %

含氮量	6.9	7.0	7.1	7.2	7.3	7.4	7.5	7.6	7.7	7.8
脱乙酰度	0	6	11	17	22	28	33	39	44	50
含氮量	7.9	8.0	8.1	8.2	8.3	8.4	8.5	8.6	8.7	
脱乙酰度	56	61	67	72	78	83	89	94	100	

7. 微生物

对于食品级和医药级的壳聚糖，微生物的检测很重要。微生物指标主要包括细菌总数、大肠杆菌、沙门氏菌、梭状芽孢杆菌以及霉菌等。

关于壳聚糖的上述各项质量技术指标，目前尚无国家标准或部颁标准，只有一些地方标准或企业标准。以下列出一些作为参考(表 7.4，表 7.5)。

表 7.4 福建省壳聚糖质量指标

项 目	食品级	医药、化妆品级
外观	白色或淡黄色(片状或粉状)	白色粉末
水分/%	≤12	≤12
灰分/%	≤0.5	≤0.2
酸不溶物/%	≤0.5	≤0.3
脱乙酰度/%	≥80	≥90
黏度/(mPa·s)	≥300	≥300
重金属含量(以 Pb 计)/%	≤0.002	≤0.002
砷含量/%	≤0.000 2	≤0.000 1

来源：蒋挺大，2003。

表 7.5 山东省某公司的企业标准

项 目	工业级壳聚糖(高黏度)	食品级壳聚糖(低黏度)	医药级壳聚糖(中黏度)
颜色	淡黄色	原白色	原白色
灰分/%	<1	<1	<1
水分/%	<10	<10	<10
pH 值	7～8	7～8	7～8
脱乙酰度/%	80～90	93～95	90～93
黏度/(mPa·s)	800～2 000	<100	100～800
粒度/目	20～100	20～100	20～100
细菌总数/(个/g)	<3 000	<2 000	<2 000
砷的质量分数/(mg/kg)	<1	<1	<1
重金属的质量分数/(mg/kg)	<10	<10	<10

来源：蒋挺大，2003。

7.3 壳聚糖对动物生产性能的影响

7.3.1 对鸡生产性能的影响

已有许多关于壳聚糖对鸡生产性能影响的研究，但结果不尽一致。有研究认为，壳聚糖对鸡生长具有促进作用；也有研究认为，壳聚糖对鸡的生长有负效应。

Razdan 和 Pettersson(1994) 研究指出，在试验第 10 天和第 18 天时，30 mg/kg 的日粮壳聚糖显著改善了肉仔鸡的饲料转化率。朱立贤等 (2003) 研究发现，随着壳聚糖添加浓度(0、200、600、1 000 mg/kg)的上升，肉仔鸡生产性能呈上升趋势，其中以 1 000 mg/kg 剂量组效果较好。王秀武 (2003) 试验表明，0.1%的日粮壳聚糖可显著提高肉仔鸡体重和增重，降低料重比。张克胜等 (2005) 研究发现，200 mg/kg 的日粮壳聚糖可显著提高肉鸡平均体重，显著降低料重比。史彬林 (2005) 试验结果显示，0.02%～0.30%壳聚糖对肉仔鸡的生长性能有一定的促生长作用，尤以 0.05%剂量组的促生长作用最明显。郑晓灵 (2007) 试验表明，0.10%～0.30%日粮壳聚糖能提高早期黄羽肉鸡的日增重和改善饲料转化率，提高生产性能。卢美鸾等(2007) 研究表明，壳聚糖复合剂对家禽有促生长作用，且壳聚糖复合剂的浓度与其促生长效果强度相关，适当浓度的壳聚糖有利于提高家禽的促生长作用，而浓度过低或过高都可能会影响其促生长作用。

也有研究认为，高剂量壳聚糖因与脂肪络合而抑制脂肪吸收，导致机体营养素供给不足，进而影响鸡的生长性能。Razdan 等(1997)报道认为，3%日粮壳聚糖(脱乙酰度为 89%)可降低肉仔鸡体重、采食量、血浆 TC 及 HDL-C 浓度。韩杰 (2007)试验表明，饲料中添加壳聚糖能促进肉仔鸡生长性能和脂类代谢，其中 2%的壳聚糖为最适添加量，而更高水平的添加量则对肉仔鸡的生长性能有负面效应，与马小珍等(2001)和刘海英(2003)的报道相似。赫刚(2005)研究表明，10 g/kg 日粮壳聚糖对 1～21 日龄肉仔鸡的日增重和采食量无显著影响，而 20、30 g/kg 的壳聚糖却显著降低日增重和采食量。还有研究认为，高剂量壳聚糖抑制脂肪吸收，但不一定影响饲料效率。Kobayashi 等(2002)研究表明，低黏度壳聚糖可减少肉仔鸡的脂肪沉积，但不降低采食量和体增重。郭玉英(2005) 研究指出，肉仔鸡的生长性能还受壳聚糖的添加方法与时间以及其他因素的影响。史彬林(2005)在肉仔鸡日粮添加 200～300 mg/kg 壳聚糖均表现出一定的促生长作用，添加量为 500 mg/kg 时促生长作用最明显，而当添加量达到 5 000 mg/kg 时，未表现出促生长效果(表 7.6)。金晓(2008)研究表明，添加剂量为 50、200 mg/kg 壳聚糖组与对照组相比，表现出了不同程度的促生长作用，其中 200 mg/kg 壳聚糖组促生长效果最好，其平均采食量、日增重及饲料转化效率最佳；而较高剂量的壳聚糖组不仅未表现出促进生长效果，而且饲料转化效率也下降。

此外，还有研究表明，壳聚糖对鸡生长性能无显著影响。王述柏等(1998)试验表明，2%日粮壳聚糖对肉鸡生产性能无显著影响。Fuentes 等(1999)试验发现，2%～3%日粮壳聚糖对蛋鸡的采食量、饲料转化率、产蛋量及蛋重等均无显著影响。王敦等(2004)研究表明，0.1%、0.2%、1.0%、2.0%的虫源性日粮壳聚糖对蛋鸡采食量、平均蛋重、料蛋比等无明显影响。吕丹娜等(2006)研究发现,不同脱乙酰度的日粮壳聚糖对肉仔鸡生长性能无显著影响。

表 7.6 壳聚糖对肉仔鸡生长性能的影响

性 能	日粮壳聚糖水平/%						金霉素	SEM	*P* 值
	0.00	0.02	0.05	0.10	0.30	0.50			
平均日增重/g	40.8[b]	42.2[ab]	45.2[a]	43.0[ab]	43.8[ab]	41.3[b]	41.8[b]	1.02	0.067
平均日采食量/g	81.7	83.5	88.0	84.4	86.8	85.7	84.0	2.27	0.517
饲料转化率/%	2.01[ab]	1.98[b]	1.95[b]	1.96[b]	1.98[b]	2.08[a]	2.02[ab]	0.03	0.040

注:同行肩标不同字母者表示差异显著($P<0.05$);SEM 表示平均标准误差。

来源:史彬林,2005。

7.3.2 对猪生产性能的影响

有关壳聚糖对猪生产性能影响的报道较多。顾振权和宋锦昌(1994)研究表明,添加稀土甲壳素 0.2%~1.0%,试验组生长猪较对照组日增重提高 5.35%~10.17%,节省饲料 3%~14.37%;Khajarern J 和 Khajarern S(2002) 将甲壳素、壳聚糖和壳寡糖混合添加剂 Fermkito 以不同剂量(0、0.3%、0.6%)添加到日粮中,研究其对哺乳和断奶仔猪生产性能的影响,结果表明,与对照组相比饲喂添加剂 Fermkito 日粮的哺乳仔猪其日增重分别提高 5.67%和 8.30%,断奶仔猪分别提高 2.86%和 6.37%;哺乳仔猪的饲料转化率分别改善 6.93%和 9.85%,断奶仔猪分别提高 3.59%和 6.59%,仔猪腹泻率均有所下降。Tang 等(2005)认为,壳聚糖能够通过改善机体能量、蛋白质、脂肪代谢,提高仔猪生产性能。赵燕等(2007)研究指出,仔猪日粮中添加 0.04%壳聚糖,改善饲料转化率,促进仔猪生长。综上所述,壳聚糖可促进动物的生长性能。张彩芬(2008)试验表明,与较大剂量壳聚糖日粮组(0.1%)相比,仔猪在采食小剂量壳聚糖日粮(0.01%、0.05%)时,呈现促生长作用,尤其添加 0.05%壳聚糖时促生长效果最明显(表 7.7)。然而,也有一些研究认为:壳聚糖对猪生长性能没有影响或具有抑制作用。周晓容等(2007)研究得出,日粮中添加壳聚糖对肥育猪生产性能无显著影响,但可降低猪皮下脂肪及体脂沉积,提高瘦肉率,并可降低血清中胆固醇及高密度脂蛋白胆固醇含量。

表 7.7 不同水平壳聚糖对仔猪生长性能的影响

性 能	壳聚糖添加水平/%				SEM	*P* 值	
	0.00	0.01	0.05	0.1		线性	二次
平均日增重/(kg/d)	0.441	0.509	0.511	0.408	0.035	0.080	0.003
平均日采食量/(kg/d)	0.982	1.087	1.106	0.909	0.041	0.355	0.172
增重耗料比(G/F)	0.455	0.469	0.462	0.451	0.008	0.597	0.784

注:SEM 为平均标准误差.

来源:张彩芬,2008。

7.3.3 对奶牛生产性能的影响

目前，关于壳聚糖对动物生产性能影响的研究主要集中在单胃动物，有关壳聚糖对奶牛生产性能的影响及其机理的研究报道极其罕见。孙先明等（2005）研究发现，日粮中添加 0.5% 水溶性壳聚糖对奶牛的产奶量具有明显的增强作用。田丰（2009）试验得出，日粮中添加0.1% 壳聚糖可使奶牛产奶量明显增加，如表 7.8 所示，但对乳成分含量没有明显影响，平均乳脂量有明显的增加趋势，与商常发等（2005）研究结果一致。

表 7.8 **0.1%壳聚糖对奶牛产奶量的影响** kg/（头·d）

组别	试验期（60 d）平均产奶量						平均值
	1～10 d	10～20 d	20～30 d	30～40 d	40～50 d	50～60 d	
对照组	17.8±2.61	16.69±2.11	16.43±2.22	16.55±2.72	15.21[a]±2.41	14.19[a]±2.69	16.15±1.26
壳聚糖组	18.38±1.99	17.84±1.67	17.22±1.09	17.77±1.94	17.01[b]±1.99	16.30[b]±2.73	17.44±0.73
增加量	0.58	1.15	0.90	1.22	1.80	2.11	1.29
P	0.57	0.08	0.22	0.15	0.05	0.01	0.01

注：表中同行肩标含相同小写字母表示差异不显著（$P>0.05$）；同行肩标不含相同小写字母表示差异显著（$P<0.05$）。

来源：田丰，2009。

综合以上报道结果，壳聚糖对动物生产性能的影响与添加剂量有关，即较低剂量的壳聚糖促进生长，而较高剂量的壳聚糖抑制生长，其可能的原因是高剂量壳聚糖因与脂肪络合而抑制脂肪吸收，导致机体营养素供给不足，进而影响动物的生长性能。然而，实际生产中壳聚糖对动物生产性能的影响还受到壳聚糖来源、脱乙酰度、黏度、分子质量、试验动物和条件等因素的影响，因此，得出的试验结果不尽一致。

有关壳聚糖促进动物生产性能的机理，目前有以下几种观点：①壳聚糖可促进生长激素（GH）的生成，并进一步增加胰岛素样生长因子-1（IGF-1）的合成和释放（Tang，2005），GH 可直接促进肌肉蛋白质的合成，而 IGF-1 对肌肉组织的增长具有强大作用。②壳聚糖可促进肠道双歧杆菌和乳酸杆菌的增殖，改善肠道内环境，从而促进机体消化吸收营养物质（陈超群，2000）。③壳聚糖通过增强巨噬细胞的吞噬功能和水解酶活性，进而促进巨噬细胞产生淋巴因子，增强机体免疫力（储益平等，1997；雷朝亮等，1999），间接发挥其促生长作用。④壳聚糖通过抑制炎性细胞因子 TNF-α、IL-1 等的形成，促进抗炎症因子白介素-10（IL-10）的生成，缓解动物的免疫应激反应，从而使营养物质得到合理利用（Chou，2003）。

7.4　壳聚糖对动物营养物质消化代谢的影响

7.4.1　脂肪

7.4.1.1　降低血清和产品中胆固醇的含量

已有研究表明,壳聚糖不仅可降低家禽血清胆固醇,还可降低肌肉和蛋黄中胆固醇含量。王宝维等(1996)的研究发现,日粮中添加红花籽油,血清胆固醇低的组,蛋黄胆固醇的含量也低,二者呈正相关。壳聚糖是一种有效的降胆固醇物质,它能阻止胆固醇和甘油三酯的吸收,促进这些物质从体内排出(Sugano 等,1980;吴加罗等,1996;董爱森等,2001)。Razdan 等(1997)在 1 日龄肉仔鸡的日粮中添加 3%壳聚糖脱乙酰度为 89%,第 12 天血浆总胆固醇及高密度胆固醇的浓度显著下降。王述柏等(1998)在肉鸡饲粮中添加 2%壳聚糖(脱乙酰度为 91%),经过 30 d 的试验,血清胆固醇含量比对照组降低 43.06 mg/100 mL,腿肌和胸肌中胆固醇含量分别较对照组降低 5.08%和 4.96%。张丽英等(1998)在试验组蛋鸡饲料中添加 4%壳聚糖,血清、蛋黄胆固醇的含量分别由对照组的 108.11 mg /100 mL 和 21.04 mg/g 降低至试验组的 85.94 mg/100 mL 和 19.02 mg/g,尤其在添加猪大油情况下效果更为明显。蛋黄中胆固醇含量低,可能与血清胆固醇浓度的降低有关。Nogueira 等(1999)报道在 8 周龄蛋鸡饲料中添加 2%或 3%壳聚糖可显著降低蛋黄中胆固醇含量。Suk 和 Sung(2002)也得出相似的结论,即蛋鸡饲粮中添加 0.03%和 0.06%壳聚糖可使蛋黄中胆固醇水平比基础饲粮组降低 0.46～2.8 mg/g。刘海英等(2003)试验结果表明,日粮中添加 0.5%、1%、2%、3%、4%壳聚糖均可不同程度降低肉鸡血清中总胆固醇、甘油三酯和总脂含量。丁晓岚(2005)研究表明,壳聚糖具有降低血清胆固醇和甘油三酯的作用,0.5%高剂量壳聚糖组效果较为明显。壳聚糖对血清胆固醇和甘油三酯浓度的影响可能与脂肪代谢受到影响有关(表 7.9)。

表 7.9　壳聚糖对肉仔鸡血清胆固醇和血清甘油三酯的影响　mmol/L

壳聚糖添加水平	胆固醇		甘油三酯	
	28 d	42 d	28 d	42 d
0.00	3.500[a]	3.273[a]	0.579	0.594
0.02	3.272[ab]	3.158[a]	0.628	0.572
0.05	3.386[ab]	3.247[a]	0.625	0.552
0.10	3.090[ab]	3.237[a]	0.552	0.588
0.30	3.284[ab]	3.258[a]	0.545	0.546
0.50	2.915[b]	2.866[b]	0.545	0.537
SEM	0.147	0.097	0.036	0.033
P 值	0.103	0.080	0.365	0.798
一次	0.020	0.017	0.099	0.236
二次	0.069	0.011	0.215	0.492

注:同列肩标不同字母者表示差异显著($P<0.05$);SEM 表示平均数的标准误差。

来源:丁晓岚,2005。

7.4.1.2 **降低消化道中脂肪的吸收**

鸡的脂肪过多是一个国际性问题，肉鸡85%以上的体脂作为能源贮存于脂肪组织（如腹部脂肪、皮下脂肪、肌间脂肪等），虽经过新品系选育等手段来控制体脂的沉积，但仍存在较大的问题。皮下脂肪和腹部脂肪在鸡肉加工中要被剔除，因此，皮下脂肪和腹部脂肪的沉积都是浪费。而脂肪是高能量物质，肉鸡大量沉积脂肪不仅导致饲料成本上升（Kobayashi 等，1997），而且也不能满足人们对鸡肉品质日益提高的需求。

目前，国内外有关壳聚糖对肉仔鸡脂肪代谢影响的试验研究表明，在饲粮中添加壳聚糖可降低脂肪回肠消化率，增加粪中脂肪的排出量，降低脂肪吸收，从而减少体脂的沉积量。Razdan A 等（1994）研究表明，在饲粮中添加3%壳聚糖可使肉仔鸡的脂肪回肠消化率降低26%。Razdan A 和 Pettersson D 等（1996）在1日龄肉仔鸡基础日粮中分别添加1.5%低、中、高黏度的壳聚糖，研究不同黏度壳聚糖对肉仔鸡的影响，结果表明，与基础日粮相比，高黏度壳聚糖组肉仔鸡粗蛋白和粗脂肪的回肠消化率显著降低，低、中、高黏度壳聚糖组肉仔鸡脂肪回肠消化率比基础日粮组平均降低8%。Kobayashi 等（1997）试验结果表明，肉仔鸡日粮中添加壳聚糖减少了脂肪吸收率（基础日粮组为74%，基础日粮＋壳聚糖组为60%；高脂日粮组为91%，高脂日粮＋壳聚糖组为84%）和腹脂日增重（基础日粮组为2.0 g/只，基础日粮＋壳聚糖组为0.9 g/只；高脂日粮组为3.1 g/只，高脂日粮＋壳聚糖组为2.0 g/只），降低了饲喂高脂日粮导致的高血浆甘油三酯（高脂日粮组为87 mg/100 mL，高脂日粮＋壳聚糖组为72 mg/100 mL）。Gallaher C M 等（2000）小鼠试验研究表明，壳聚糖能降低脂肪表观消化率8%～15%。另外，马小珍等（2001）试验结果表明，日粮中添加1%、2%、3%的壳聚糖能显著降低肉仔鸡腹脂（$P<0.01$）、皮下脂肪（$P<0.05$）、肌间脂肪（$P<0.05$）的沉积；能显著减少血清甘油三酯（$P<0.05$）、总胆红素的含量（$P<0.05$），减少脂肪的吸收。Kobayashi 等（2002）报道，饲粮中添加低黏度壳聚糖可使肉仔鸡小肠内脂肪酶活性降低，脂肪吸收减少，从而降低脂肪沉积。刘海英等（2003）试验结果表明，日粮中添加壳聚糖可降低肉鸡的腹脂率和肝脂率，并说明添加各剂量壳聚糖在各生长阶段均可降低肉仔鸡的腹脂率和肝脂率，且随饲喂时间的延长，壳聚糖降低腹脂和肝脂沉积的作用越明显。丁晓岚（2005）研究表明，日粮中中低剂量（0.02%～0.3%）壳聚糖对脂肪代谢无明显影响，而高剂量（0.5%）壳聚糖可降低肉仔鸡脂肪表观消化率（表7.10）。

表7.10 壳聚糖对肉仔鸡脂肪代谢的影响 %

壳聚糖添加水平	脂肪表观代谢率	
	19～21 d	40～42 d
0.00	83.47[a]	84.09
0.02	83.81[a]	83.79
0.05	83.81[a]	83.92
0.10	81.71[ab]	83.53
0.30	81.21[ab]	83.11
0.50	78.24[b]	81.41

续表 7.10

壳聚糖添加水平	脂肪表观代谢率	
	19～21 d	40～42 d
SEM	1.433	0.997
P 值	0.070	0.443
一次	0.002	0.030
二次	0.008	0.087

注：同列肩标不同字母者表示差异显著（$P<0.05$）；SEM 表示平均数的标准误差。

来源：丁晓岚，2005。

7.4.1.3 壳聚糖影响脂肪代谢的可能机理

壳聚糖主要来源于动物，但作为一种多糖，壳聚糖仍具有与日粮纤维相似的特性，即不被哺乳动物消化酶消化，且被动物摄入后又可产生明显的生理作用（席鹏彬等，2003）。目前小鼠、鸡、兔等许多动物试验均表明，壳聚糖具有显著的降胆固醇或降脂作用，然而至今关于壳聚糖降脂或降胆固醇的作用机理仍未确定。

一些研究指出，壳聚糖由于组成中的葡聚糖胺链带有 4 价氨离子，因此具有较高的阴离子交换性能；但壳聚糖作为一种弱阴离子交换树脂，在体外又具有非常的滞性（席鹏彬，2003）；所以这两种性质都可能成为其发挥降脂作用的原因。

作为一种阴离子交换树脂，带正电荷的壳聚糖与负电性的胆汁酸结合排出体外，使重吸收进入肝脏中的胆汁酸减少，胆囊排空，而胆囊中必须有一定量的胆汁酸储备，这就促进肝脏将胆固醇转化成胆汁酸，以维持胆汁酸储备，从而降低了血浆或肝脏中胆固醇浓度（魏涛，2000；Cynthia 等，2000）。此外，Cynthia 等（2000）研究表明，饲粮中添加壳聚糖可使胆固醇吸收效率降低 74.9%，粪中胆汁酸的排出量增加 4.5 倍，粪脂排出增加 7.5 倍，说明壳聚糖可引起胆汁酸和脂肪排出增加，胆固醇吸收降低。结果也表明，壳聚糖与胆汁酸结合排出体外，脂肪不被乳化，影响脂肪的消化吸收，降低了血清甘油三酯含量。

Deuchi 等（1994）提出了不同的降脂机理，即壳聚糖在胃中不被胃酸溶解，而与日粮脂肪混合形成壳聚糖－脂肪复合物，该复合物进入小肠后形成胶体，可吸附脂肪、胆固醇和胆汁，阻止脂解作用，使未消化脂肪、胆固醇、胆汁与壳聚糖凝胶随粪便排出，从而降低了机体对脂肪和胆固醇的吸收。Razdan A 等（1997）研究表明，饲粮中壳聚糖可使肉仔鸡十二指肠内胆汁酸浓度和血浆总胆固醇含量降低，与基础日粮比，壳聚糖饲粮组总胆汁酸浓度降低 55%，说明饲粮中壳聚糖可能导致胆汁酸损失增加，从而降低了胆汁酸浓度。

目前许多试验研究排除了壳聚糖可能通过增加肠道内容物表面滞性来降低胆固醇吸收的说法。Sugano 等（1988）报道，在体外滞性不同的壳聚糖表现出相同的降胆固醇作用。Razdan A 和 Pettersson D 等（1996）的肉仔鸡试验表明，饲喂添加壳聚糖日粮的肉仔鸡回肠食糜表面滞性与未添加壳聚糖日粮的肉仔鸡相同。Cynthia 等（2000）试验也证明，饲喂添加壳聚糖饲粮后小鼠肠道内容物表面滞性没有提高。

综合前人的研究，壳聚糖降低脂肪消化吸收的可能机理为：

（1）壳聚糖可结合日粮脂肪　Kanauchi 等（1995）通过体外法和体内法相结合的手段研究

发现，壳聚糖能够结合日粮中的脂肪，从而阻止脂肪在肠道中吸收。在体外试验中发现，壳聚糖能够结合相当于自身质量4～5倍的脂肪，而且与胆盐结合的能力很强。

(2)壳聚糖抑制肠内容物中脂肪酶的活性　Kobayashi等(2002)报道，日粮中添加壳聚糖可使肉仔鸡小肠内脂肪酶活性降低，脂肪吸收减少，从而降低脂肪沉积。Razdan A等(1997)的报道表明，壳聚糖能够抑制肉仔鸡肠内容物中脂肪酶活性的升高，是由于十二指肠内胆酸浓度减少所致。

(3)壳聚糖干扰胆汁酸的肝肠循环　壳聚糖成分中的聚葡糖胺链带有4价氨离子，因此具有较高的阴离子交换性能，可黏合胆汁酸，干扰胆汁酸循环，降低脂肪吸收，增加粪便中脂肪的排出量(Kobayashi，1997)。

7.4.2 矿物质

Wada等(1997)研究了壳聚糖对大鼠钙代谢的影响，结果显示，与饲喂纤维素相比，饲喂含5%壳聚糖的日粮可显著减少机体的钙存留，但与饲喂无纤维日粮组之间差异不显著。各日粮组大鼠从粪中排出的钙量无显著差异，但与纤维素组相比，饲喂壳聚糖组从尿中排出的钙量显著增加。这些结果说明，日粮壳聚糖会影响动物的钙代谢。此外，Deuchi等(1995)研究了连续大量摄食壳聚糖对大鼠矿物质和脂溶性维生素营养状况的影响，结果表明，饲喂壳聚糖可减少矿物质的吸收，降低骨骼中矿物质的含量，同时降低脂肪的表观消化率和血清中维生素E的水平。丁晓岚(2005)试验结果表明，中低剂量(＜0.3%)壳聚糖对钙磷代谢无明显影响，但在后期有增加钙磷代谢率的趋势，壳聚糖添加量达到0.5%时，降低了钙在体内的存留。结合血清钙水平的变化，添加较低剂量的壳聚糖时，血清钙浓度较高，而较高剂量(0.5%)的壳聚糖有降低血清钙浓度的趋势，与钙代谢的结果相吻合(表7.11)。

表7.11　壳聚糖对肉仔鸡钙磷代谢的影响　%

壳聚糖添加水平	钙代谢率		磷代谢率	
	19～21 d	40～42 d	19～21 d	40～42 d
0.00	38.28[a]	25.34	51.22	34.03
0.02	38.21[a]	22.84	51.19	36.77
0.05	33.27[ab]	26.26	50.52	37.48
0.10	34.44[ab]	27.41	49.14	35.06
0.30	31.80[b]	27.43	49.45	35.83
0.50	31.64[b]	20.25	48.42	36.15
SEM	1.941	2.248	1.284	1.685
*P*值	0.062	0.188	0.549	0.752
一次	0.011	0.212	0.080	0.862
二次	0.015	0.037	0.195	0.983

注：同列肩标不同字母者表示差异显著($P<0.05$)；SEM表示平均数的标准误差。

来源：丁晓岚，2005。

关于壳聚糖对动物钙磷代谢的影响机制，尚不清楚。前人的一些试验结果表明，高剂量壳聚糖的添加可抑制脂肪的吸收，因此高剂量壳聚糖对钙代谢的影响是否与脂肪吸收受限引起钙排出增加有关，还有待于进一步探讨，而对磷代谢的影响可能与钙磷在体内的代谢相互影响有关。

7.4.3 蛋白质

关于壳聚糖对动物蛋白质消化代谢影响的研究报道极少。Razdan 和 Pettersson(1996)研究发现，在肉仔鸡日粮中添加 1.5%高黏度壳聚糖，可显著减少肉仔鸡对粗蛋白(N×6.25)的回肠消化率。然而，陈振兴等(2001)曾就复方壳聚糖对消化功能的影响进行了研究，结果表明，复方壳聚糖可显著提高小鼠胃肠的蠕动能力，并可增强胃蛋白酶的活力，说明壳聚糖可能会提高日粮蛋白质的消化率。丁晓岚(2005)试验结果表明，在肉仔鸡日粮中添加中低剂量(0.02%～0.3%)壳聚糖可不同程度提高日存留 N 量，而高剂量(0.5%)壳聚糖组与对照组相比，其日存留 N 量及 N 利用率并没有增加，尤其后期的效果更为明显。说明壳聚糖对肉仔鸡蛋白质消化代谢的影响与壳聚糖的添加剂量有关，中低剂量壳聚糖可提高日存留 N 量和 N 代谢率(表 7.12)。

表 7.12 壳聚糖对肉仔鸡 N 沉积、N 代谢的影响

壳聚糖添加水平/%	日存留 N/(g/d)		N 代谢率/%	
	19～21 d	40～42 d	19～21 d	40～42 d
0.00	1.63	2.80[b]	63.91[a]	55.54[b]
0.02	1.70	3.05[ab]	63.56[a]	56.54[ab]
0.05	1.79	3.29[a]	62.73[ab]	59.79[a]
0.10	1.82	3.07[ab]	62.22[ab]	57.23[ab]
0.30	1.78	3.05[ab]	60.12[b]	57.70[ab]
0.50	1.64	2.83[b]	62.21[ab]	54.82[b]
SEM	0.070	0.122	0.898	1.077
P 值	0.262	0.084	0.077	0.042
一次	0.622	0.290	0.058	0.214
二次	0.091	0.155	0.006	0.065

注：同列肩标不同字母者表示差异显著($P < 0.05$)；SEM 表示平均数的标准误差。

来源：丁晓岚，2005。

7.5 壳聚糖对动物的免疫调节作用

7.5.1 壳聚糖对动物免疫功能的影响

许多研究已经表明壳聚糖对动物免疫系统具有多方面的调节作用，既可有效提高非特异性免疫功能，增强巨噬细胞的吞噬能力，又可对特异性免疫功能产生调节作用，促进细胞免疫功能与体液免疫功能。由于壳聚糖分子结构中的氨基可被机体免疫系统识别，所以，壳聚糖在一定程度上可激活巨噬细胞，刺激血液中抗体的产生（Tokura 等，1999），促进体液免疫。免疫球蛋白是一组具有抗体活性的动物蛋白，主要存在于血浆中，也见于其他体液、组织和一些分泌液中，是检查机体体液免疫功能的一项重要指标。免疫球蛋白是机体受抗原（如病原体）刺激后产生的，其主要作用是与抗原起免疫反应，生成抗原-抗体复合物，从而阻断病原体对机体的危害，使病原体失去致病作用。

免疫球蛋白大致分为五类，免疫球蛋白 G（IgG）、免疫球蛋白 M（IgM）、免疫球蛋白 A（IgA）、免疫球蛋白 D（IgD）和免疫球蛋白 E（IgE）。IgG 是动物血清中含量最高的免疫球蛋白，是动物机体抗感染免疫的主力。其在动物体内可发挥抗菌、抗病毒等免疫学活性。IgM 是动物机体初次体液免疫反应最早产生的免疫球蛋白，其含量仅占血清免疫球蛋白的 10%左右。IgM 在体内产生最早，但持续时间短，在抗感染免疫的早期起着十分重要的作用，具有抗菌、抗病毒、中和毒素等免疫活性。IgA 单体存在于血清中，称为血清型 IgA，可介导调理吞噬和 ADCC（抗体依赖性细胞介导的细胞毒作用）作用。血清型 IgA 以无炎症形式清除大量的抗原，这是维持机体内环境稳定的最有益免疫效应。在体液免疫中，IgA 产生最迟，常在 IgG 产生后 2 周至 1～2 个月才能在血液中检出，而且含量最少。血清中 IgD 含量极低，而且不稳定，研究认为与免疫记忆有关，也有报道认为与某些过敏反应有关。IgE 血清中含量极低，在个体发育中合成较晚，主要由鼻咽部、扁桃体、支气管、胃肠等膜固有层的浆细胞产生，可介导Ⅰ型过敏反应，在抗寄生虫、某些真菌感染方面也有重要作用。

许多研究结果表明，壳聚糖的添加可增加动物机体的免疫球蛋白 IgG、IgA 与 IgM 的含量。Lim 等（1997）研究发现，饲喂果胶和壳聚糖的大鼠肠系膜淋巴结（mesenteric lymph node，MLN）中免疫球蛋白 IgA、IgG 和 IgM 含量高于饲喂纤维素的大鼠，而 IgE 含量却低于饲喂纤维素的大鼠。Jabbal-Gill 等（1998）试验发现，疫苗中添加壳聚糖可提高血清 IgG 和呼吸道分泌型免疫球蛋白 A（secreted immunoglobulin A，sIgA）的水平。常海艳等（2004）研究表明，壳聚糖-流感疫苗经腹部免疫可诱导小鼠产生分泌型抗体 IgG1 和 IgG2α，壳聚糖和流感病毒混合滴鼻免疫可促进小鼠产生 IgG 抗体，且诱导产生 sIgA。陈利玉等（2004）研究发现，壳聚糖与重组日本血吸虫铁蛋白（rSjFer）结合后滴鼻免疫，可使小鼠唾液中 sIgA 和血中 IgG 和 IgA 水平均有明显提高。Wu 等（2006）研究表明，壳聚糖纳米片段可显著提高小鼠血清 IgG、IgM 和 IgA 水平，从而增强小鼠的体液免疫功能。杨正平（2007）试验表明，100 mg/kg 日粮壳聚糖可显著提高肉鸡 21 d 血清中 IgA 水平，42 d IgA 和 IgG 水平以 150 mg/kg 和50～100 mg/kg 组较高。Huang 等（2007）研究表明，100 mg/kg 的日粮低分子壳聚糖可显著提高肉仔鸡血清 IgG、IgM 和 IgA 的水平。张彩芬(2007)研究指出,在日粮中添加壳聚糖可增加仔猪血清免疫球蛋白,其中以 0.01%～0.05%的壳聚糖组较好,且血清中 IgG、IgM 及 IgA 含量与日粮中壳聚糖添加量呈显著的二次剂量依赖关系。李慧英(2009)试验结果表明,日粮壳聚糖对肉鸡血清免疫球蛋白 IgG、IgM 与 IgA 的水平均有一定的促进效果,尤其对 IgG 的促进作用更大,随壳聚糖添加剂量的增加,血清 IgG 浓度呈二次曲线增加趋势($P<0.10$)。许多研究得出壳聚糖对免疫功能的影响与细胞因子水平有关,因此壳聚糖对肉鸡免疫功能的促进效果及高剂量添加的促进作用减弱可能与免疫细胞因子的分泌发生改变有关,因此值得进一步的研究探讨。壳聚糖促进免疫球蛋白分泌的机制可能是:壳聚糖的正电荷与巨噬细胞和 T 淋巴细胞表面的负电荷相互吸引,激发这些免疫细胞向 B 细胞发出产生抗体群指令,产生各种免疫球蛋白,而 IgG 可与吞噬细胞及 NK 细胞上的相应受体结合,进一步增强巨噬细胞的吞噬功能(陈慰峰,2005)。

Kosaka 等(1996)试验发现,皮下埋植壳聚糖后 24～96 h 内,犬血液中嗜中性粒细胞的数量增加,且巨噬细胞有较高活性。Suzuki 等(1986)研究表明,小鼠腹膜内注射壳聚糖可促进腹膜分泌巨噬细胞和巨噬细胞分泌活性氧的能力,增强机体对念珠病菌的抵抗力。表明壳聚糖是一种有效的免疫增强剂。此外,小鼠试验证实壳聚糖不仅能激活吞噬细胞,刺激单核细胞激活因子的产生,还能促进 T 淋巴细胞的分化增殖,提高 NK 细胞活性,并诱导 IL-1、IL-2 等的产生(Nishimura 等,1986)。梅学文等(1994)报道指出,壳聚糖可促进小鼠脾淋巴细胞分泌 IL-2,使脾 NK 细胞活性明显增强。Nishimura(1984)报道认为,经醋酸处理的壳聚糖可刺激小鼠产生白介素、IgM 和 IgG,壳聚糖的分解产物氨基葡萄糖也能活化 LAK、NK 细胞。Marcinkiewicz 等(1991)经试验发现,注射不溶于水的壳聚糖悬浮液可增强小鼠抗绵羊红细胞(SRBC)体液免疫反应。邹丽宜等(2007)研究证明,桑白皮低壳聚糖可明显增加 S180 小鼠的胸腺质量。石明建(1999)报道指出,壳聚糖可促进巨噬细胞功能,增加刀豆蛋白(concanavalin A,ConA)诱导的淋巴细胞增殖,从而增强体液免疫和 T 淋巴细胞免疫功能。应自忠(2000)研究发现,壳聚糖能使小鼠外周血液中淋巴细胞总数和 T 淋巴细胞阳性率明显增高,并能提高机体红细胞的免疫功能。杨桂芹等(2004)研究显示,添加 2%日粮壳聚糖可增加肉仔鸡免疫器官指数,提高 T 淋巴细胞百分率,从而增强肉仔鸡免疫功能。吕丹娜等(2006)研究也表明,添加 10 g/kg 的壳聚糖对肉仔鸡 T 淋巴细胞有提高的趋势。研究认为多糖可提高机体的 T 淋巴细胞亚群含量。邱妍等(2008)试验表明,黄芪多糖、板蓝根多糖、牛膝多糖和山药多糖均能显著提高雏鸡新城疫 HI 抗体效价,促进外周血 T 淋巴细胞增殖,提高 $CD4^+$、$CD8^+$ T 淋巴细胞含量和 $CD4^+/CD8^+$ 值,低剂量的黄芪多糖和板蓝根多糖的效果最好。研究证明,米糠多糖也能提高健康雏鸡外周血 $CD4^+$ T 淋巴细胞比率,对 $CD8^+$ T 淋巴细胞作用不明显(李淑芳,2008)。许爱华等(2008)研究认为,银杏外种皮多糖可提高模型小鼠外周血 $CD3^+$ 和 $CD4^+$ T 细胞百分率,降低血清可溶性白介素 2 受体(sIL-2R)含量,促进脾脏 T 细胞 IL-2 活性以及血清 IgM,IgG 和 IgA 的生成。但关于壳聚糖对肉鸡外周血 T 淋巴细胞亚群的研究报道罕见。

研究认为,除肠道给药方式外,口服给药(饲喂或灌胃)方式也可对动物免疫功能产生影响。壳聚糖虽不能在动物体内被消化吸收,但可产生明显的生理作用(Gallaher,2000)。研究已经表明,口服壳聚糖可增强动物的体液免疫功能和细胞免疫功能,壳聚糖灌胃可使小鼠的单核-巨噬细胞功能和 NK 细胞活性提高,细胞免疫和体液免疫功能增强(雷朝亮,1997)。Siwicki 等(1994)研究发现,日粮壳聚糖(0.5%)可提高虹鳟鱼的非特异性免疫功能。Lim 等(1997)

研究也发现，饲喂壳聚糖可提高大鼠 MLN 中淋巴细胞的 IgG、IgM 和 IgA 含量，降低 IgE 含量。

研究也表明，壳聚糖对动物免疫功能的影响与壳聚糖的添加量有关，但研究得出的可刺激免疫机能增强的壳聚糖添加剂量并不完全一致。郝钢等(2005)研究表明，添加壳聚糖不能提高日粮营养物质的利用率，但能提高肉仔鸡免疫功能。储益平等(1999)报道指出，每千克体重添加 2.14 g 和 2.86 g 壳聚糖可明显增强小鼠网状内皮系统的吞噬功能，每千克体重添加 2.86 g壳聚糖能增加血清溶血素的形成，明显抑制小鼠的迟发型变态反应。吕中明等(2001)研究发现，每千克体重添加 333.3 mg/d 和 1 000 mg/d 的壳聚糖可显著增强小鼠的迟发型变态反应、血清溶血素反应和单核-巨噬细胞的吞噬功能。朱立贤等(2003)研究发现，日粮壳聚糖可促进肉仔鸡的免疫机能，其中法氏囊、脾脏指数以 600 mg/kg 处理组最高，而新城疫抗体水平则以 200 mg/kg 处理组最高。Huang 等(2007)研究表明，日粮壳聚糖(50、100、150 mg/kg)可促进肉仔鸡免疫器官发育，100 mg/kg 的低分子壳聚糖可使肉仔鸡血清 IgG、IgM、IgA 的含量显著提高。日粮壳聚糖对肉仔鸡胸腺和法氏囊质量及器官指数有增加的趋势，但添加量为 0.5%处理组对肉仔鸡脾脏生长的影响较明显(吴秋小，2003)。史彬林等(2005)研究发现，壳聚糖可提高肉仔鸡的免疫功能，其中抗体滴度以 0.50%剂量组最高，吞噬指数以 0.05%～0.30%组较高，淋巴细胞转化率以 0.10%～0.50%组较高，试验表明，壳聚糖对肉仔鸡免疫功能的影响与添加剂量有关，高剂量对免疫机能的促进效果较好，低剂量的促进效果较小。然而，吕丹娜等(2006)关于不同脱乙酰度的壳聚糖对肉仔鸡免疫功能影响的试验结果表明，与对照组比较，添加 10 g/kg 壳聚糖组对肉仔鸡全期的新城疫抗体水平有提高的趋势，T 淋巴细胞也有提高趋势。

7.5.2 壳聚糖的免疫调节机理

目前，关于壳聚糖促进免疫功能的确切机制尚不清楚，相关的研究报道也较少。黄俊文(2002)报道，其机理可能主要表现在以下几个方面：①壳聚糖吸引单核细胞从血管中游出，在组织中聚集形成巨噬细胞；②壳聚糖刺激局部组织的细胞增生，进而演变为巨噬细胞；③壳聚糖可活化巨噬细胞，使其吞噬能力和杀灭肿瘤细胞等功能增强，巨噬细胞分泌的多种免疫因子又参与调节其他细胞免疫与体液免疫(徐鑫，2002)；④壳聚糖可活化 T 淋巴细胞，促使其释放各种淋巴因子，壳聚糖还可显著促进脾脏细胞生成抗体的能力(周纪宁，1998；Matsumoto T，1996)。

综合前人的研究资料，壳聚糖可能通过以下途径对免疫功能产生影响。

7.5.2.1 壳聚糖对免疫细胞因子的影响

白介素家族(interleukin，IL)是由白细胞分泌的一类调节细胞生长与分化的因子，家族庞大，目前已被发现和命名的就有 33 种(IL-1～33)。其中各种白介素又有其亚型。IL-1 是一种分子质量为 17.1 ku 的多肽，主要来源于单核巨噬细胞系，此外亦可来源于上皮细胞、滑膜细胞和软骨细胞，通过自分泌、旁分泌发挥作用。IL-1 为体内作用最强的炎症介质之一，其生物学作用非常广泛，能介导多种炎症反应，如诱导细胞黏附分子表达、吸引中性白细胞聚积、激活免疫细胞、诱导致炎性细胞因子的基因表达及其分泌、刺激细胞增殖和细胞外基质分泌等。在免疫反应过程中，能刺激 T 淋巴细胞分泌 IL-2 并表达其受体，协同 IL-2 促进 LAK 细胞的产生，激活 NK 细胞并诱导杀肿瘤活性。Nishimura 等(1986)报道指出，壳聚糖可增强细胞免疫、体液免疫、单核-巨噬细胞功能和 NK 细胞活性，刺激小鼠巨噬细胞产生 IL-1、IL-2。Tokoro 等(1988)研究表明，壳寡糖可促进鼠淋巴因子 IL-1、IL-2 等的产生，通过促进淋巴细胞增殖，从而起到抗肿瘤作用。Wu 等(2006)研究发现，壳聚糖纳米片段可显著增加 IL-2、IL-4 和 IL-6 水平，增强小鼠的体液免疫和细胞免疫能力。张彩芬(2008)研究报道，日粮中添加0.01%～0.05%壳聚糖提高了仔猪血清中 IL-1 和 IL-2 水平，进而促进仔猪的免疫功能；当壳聚糖添加量提高到 0.1%时 IL-1 和 IL-2 水平都有不同程度的降低趋势。

IL-2 是一种重要的细胞因子，由活化的 T 淋巴细胞产生，其主要生物活性是促进 T 淋巴细胞和 NK 细胞的增殖。IL-2 具有广谱的免疫增强活性，是机体最主要的 T 细胞生长因子，是保障机体正常免疫功能的关键环节(林清华，1999)。IL-2 还可诱导 T 与 B 细胞的增殖、分化和抗体的分泌，并促进细胞毒性 T 淋巴细胞(cytotoxicity t lymphocyte，CTL)、NK 细胞等多种杀伤细胞的分化和效应功能，产生干扰素-γ(interferon-γ，IFN-γ)，TNF-α 等细胞因子(金伯泉，1997)。梅学文等(1994) 研究表明，壳聚糖可使小鼠脾淋巴细胞分泌的 IL-2 明显升高，脾 NK 细胞活性明显增强。史彬林(2004)的研究指出体外培养的肉仔鸡脾淋巴细胞 IL-2 活性在壳聚糖添加剂量为 80 μg/mL 时趋于显著上升，且呈二次曲线上升趋势。

TNF 有 α 和 β 两种，前者主要产生于单核巨噬细胞，后者主要产生于 T 淋巴细胞。在体内产生 TNF-α 的主要细胞是单核巨噬细胞，在体外许多细胞能产生 TNF-α，包括：单核巨噬细胞、NK 细胞、T 细胞、B 细胞、嗜酸性粒细胞、肥大细胞、成纤维细胞、平滑肌细胞、脂肪细胞和一些肿瘤细胞等。TNF-α 可直接杀伤和抑制肿瘤细胞，或通过调节机体免疫功能，促进 T 细胞及其他杀伤细胞对肿瘤细胞的杀伤作用。TNF-α 还能提高中性粒细胞的吞噬能力，可促进细胞分化和增殖。TNF-α 是具有多种生物活性的细胞因子，不仅能够抗肿瘤，而且对多种免疫和炎症反应的效应细胞都有调节作用。Lim 等(1997) 认为，壳聚糖及其衍生物可通过上调巨噬细胞对 TNF、IL-1 和集落刺激因子(colony-stimulating factor，CSF)的生成，进而发挥其免疫调节作用。Chou 等(2003) 研究报道，壳聚糖可促进抗炎症因子 IL-10 的产生，抑制促炎症细胞因子 TNF-α 和 IL-1β 等的形成。Peluso 等(1994) 研究证明，壳聚糖可刺激大鼠巨噬细胞，增加 NO、IL-1 和 TNF-α 的分泌量。李慧英(2009)研究表明，壳聚糖对肉鸡腹腔巨噬细胞培养液中免疫细胞因子 IL-1、IL-2、TNF-α 浓度的影响呈一定剂量依赖关系，所有壳聚糖组的 IL-1、IL-2、TNF-α 浓度均不同程度高于对照组，说明壳聚糖的添加对腹腔巨噬细胞的分泌功能有一定促进效果，但促进效果与壳聚糖的添加剂量有关。当壳聚糖添加剂量为 40 μg/mL 时，IL-1、IL-2、TNF-α 浓度较低，促进效果较小，添加剂量为 80～160 μg/mL 时，IL-1、IL-2、TNF-α 浓度较高，促进效果较大，但当壳聚糖添加量增加到 320 μg/mL 时，IL-1、IL-2、TNF-α 浓度均表现出不同程度的降低趋势。

研究也表明，巨噬细胞分泌的免疫细胞因子释放到血液中，血清 TNF、IL-2 等水平升高，机体免疫功能增强，说明血清水平也可反映机体的免疫功能(陈芝喜，2005)。李慧英(2009)研究显示，壳聚糖对肉鸡血清 IL-1、IL-2 浓度的影响呈现剂量依赖关系。随壳聚糖添加量的增加，IL-1 及 IL-2 浓度均呈现显著二次曲线增加，其中，以 500～1 000 mg/kg 壳聚糖组较高，当日粮壳聚糖添加量为 2 000 mg/kg 时，血清 IL-1 及 IL-2 浓度都有不同程度的降低趋势。壳聚糖对血清 TNF-α 浓度的影响也呈现一定剂量依赖关系，其中以 200～1 000 mg/kg 壳聚糖组血清 TNF-α 浓度较高，当日粮壳聚糖添加量为 2 000 mg/kg 时，血清 TNF-α 浓度呈一定降低趋势（表 7.13）。

表 7.13 壳聚糖对肉鸡血清 IL-1、IL-2 及 TNF-α 浓度的影响 ng/mL

项目	壳聚糖水平						SEM	P 值	
	0	50	200	500	1 000	2 000		一次	二次
IL-1									
14 d	0.108	0.123	0.153	0.159	0.168	0.139	0.022	0.492	0.060
28 d	0.166	0.169	0.176	0.188	0.195	0.171	0.020	0.691	<0.0001
42 d	0.131	0.179	0.162	0.207	0.222	0.114	0.039	0.628	0.040
IL-2									
14 d	7.35	7.51	7.54	7.77	8.02	7.56	0.552	0.496	0.008
28 d	7.03	8.31	8.27	8.47	8.65	6.51	0.906	0.360	0.078
42 d	6.16	7.33	7.35	7.77	8.77	8.48	0.423	0.069	0.047
TNF-α									
14 d	0.983	1.101	1.480	1.236	1.142	0.803	0.116	0.029	0.032
28 d	0.789	0.940	1.137	1.072	0.990	0.885	0.071	0.947	0.153
42 d	0.707	0.804	0.948	0.983	0.909	0.786	0.102	0.916	0.232

注：SEM 表示平均数的标准误差；$P<0.05$ 表示回归关系显著，$P<0.10$ 表示回归关系趋于显著。

来源：李慧英，2009。

7.5.2.2 壳聚糖对与免疫有关的激素分泌的影响

1. 壳聚糖对前列腺素 E_2（prostaglandin E_2，PGE_2）水平的影响

前列腺素（prostaglandin，PG）家族是脂源性自身分泌物，广泛分布在各种组织中。它们调节着各个生理系统如心血管系统、胃肠系统、内分泌系统、呼吸系统以及免疫系统的活动。前列腺素家族有五类：前列腺素 E（prostaglandin E，PGE）、前列腺素 D（prostaglandin D，PGD）、前列腺素 F（prostaglandin F，PGF）、前列腺素 I（prostaglandin I，PGI）和血栓素（thromboxan A_2，TXA_2），它们分别是经过各自的合成酶转换成为稳定的形式（Chell，2006）。PGE_2 主要由巨噬细胞合成和释放，它的化学本质是一个含有二十碳的不饱和脂肪酸的化合物。PGE_2 是花生四烯酸（arachidonic acid，AA）在环氧化酶（cycloxygenase，COX）催化下合成的。PGE_2 的生物合成有 3 步：①受细胞因子等因素的刺激，细胞膜磷脂上的磷脂酶 A_2（phospholipase A_2，PLA_2）被活化，将膜磷脂水解，释放出 AA。②游离的 AA 在 COX 催化下，生成前列腺素 H_2（prostaglandin H_2，PGH_2）。③PGH_2 是各个前列腺素的共同前体，可被不同的合成酶作用，转化成具有生物活性的终末产物如 PGE_2（Barnett 等，1994）。PGE_2 可影响机体体液免疫和细胞免疫，以及巨噬细胞的吞噬功能，是免疫功能的重要调节物，能调节 T、B 淋巴细胞、自然杀伤细胞和巨噬细胞的功能，以及淋巴细胞分化、炎症反应及免疫反应强度和持续时间，还可诱导未成熟胸腺细胞分化成为成熟 T 细胞。已知 IFN 能激活巨噬细胞对肿

瘤的抑制作用,而 PG 则可降低干扰素激活的巨噬细胞对肿瘤的抑制作用。但某些肿瘤和巨噬细胞又都能产生 PG。PGE_2 还是免疫抑制剂,通过减少 IL-2 的释放抑制创伤机体 T 细胞、巨噬细胞和粒细胞的活性和功能(Schwacha 等,1998)。受刺激的巨噬细胞既能产生足够浓度的 PGE_2,又是 PGE_2 的自分泌作用靶位。PGE_2 是一重要的免疫调节因子,用外源性 PGE_2 作体内外实验表明:PGE_2 对免疫反应有多方面影响,且与剂量有关,高浓度 PGE_2(10^{-7}~10^{-6} mol/L)可提高细胞内的环腺苷酸(cyclic adenosine monophosphate,cAMP)水平,不仅抑制抗体的产生,而且抑制巨噬细胞、T 杀伤细胞、NK 细胞的毒性及 TNF-α、IFN-γ、IL-1、IL-2 等淋巴因子的产生而有利于肿瘤细胞的生长,低浓度 PGE_2(10^{-9}~10^{-8} mol/L)可提高细胞内环鸟苷酸(cyclic guanylic acid,cGMP)水平,促进机体的免疫反应(Skinner 等,1989)。PGE_2 还具有轻度的吸引白细胞作用,皮内注射 PGE_2 后在血管周围及皮肤腺体周围引起单核细胞的浸润。体外试验结果表明 PGE_2 可加强单核细胞、中性粒细胞的趋化反应。前列腺素在机体免疫反应中起重要作用,可介导炎症反应和抗感染。有报道指出,多糖可以影响淋巴细胞前列腺素的分泌,如 McAnalley 等(1988)体外研究指出,芦荟多糖可促进人外周淋巴细胞对 PGE_2 和 IL-1 等的分泌。Cisneros 等(1996)研究认为,PGG-葡聚糖可促进小鼠脾淋巴细胞 PGE_2 的合成。Czop 和 Austen(1985)报道指出,葡聚糖可与人单核细胞表面受体结合,从而促进淋巴因子和 PGE_2 的产生。Chou 等(2003) 研究发现,壳聚糖可显著抑制脂多糖(lipopolysaccharide,LPS)处理的 RAW264.7 巨噬细胞 PGE_2 的过量产生。李慧英(2009)研究表明,壳聚糖对肉鸡血清 PGE_2 浓度的影响呈显著二次剂量依赖关系,其中以 500~1 000 mg/kg 壳聚糖组较高。当日粮壳聚糖添加量为 2 000 mg/kg 时,肉鸡血清 PGE_2 浓度有不同程度的降低趋势。

2. 壳聚糖对白细胞三烯 B_4(leukotrienes B_4,LTB_4)水平的影响

白细胞三烯简称白三烯(leukotrienes,LTs),是 AA 经脂氧化酶(lypoxygenase,LOX)代谢途径而生成的一簇非前列腺素物质,LTs 及其代谢产物作用广泛,特别是作用于炎症过程、呼吸系统、心血管系统、肾脏系统及变态反应性疾病等。LTB_4 主要由嗜中性细胞和巨噬细胞产生,为目前已知最强的白细胞趋化因子,是 I 型变态反应中的重要介质。LTB_4 介导内皮细胞和多型核白细胞表面黏附蛋白的表达,促进炎症细胞的渗出及迁移,是重要的炎症介质(Henderson,1994;Daniel,1986;王治荣,1988)。LTB_4 也参与调节免疫应答反应中的淋巴细胞亚型,抑制辅助/诱导 T(helper t lymphocyte,TH)细胞的增殖,刺激抑制细胞毒性 T 细胞的增殖,调节淋巴细胞活素和单核细胞活素的产生。LTs 是 AA 经 5-LOX 途径生成的具有高度生物活性的炎性介质,由具有化学趋向性的脂类白细胞三烯 C_4(leukotrienes C_4,LTC_4)、白细胞三烯 D_4(leukotrienes D_4,LTD_4)及白细胞三烯 E_4(leukotrienes E_4,LTE_4)等组成,为过敏反应中的慢反应物质(Samuelsson,1982)。LTs 具有促使平滑肌收缩机能,并参与过敏反应、休克、炎症反应和血浆外渗等病理生理过程(Wu ,1985)。Usami 等(1998)研究发现,壳聚糖能刺激犬多形核细胞合成 LTB_4 和 PGE_2。李慧英(2009)研究表明,壳聚糖对血清 LTB_4 浓度的影响呈现一定剂量依赖关系,其中以 500~1 000 mg/kg 壳聚糖组较高。当日粮壳聚糖添加量为 2 000 mg/kg 时,肉鸡血清 LTB_4 浓度有不同程度的降低趋势。

3. 壳聚糖对血清应激激素水平的影响

应激可产生广泛而复杂的生物学效应,应激因子一方面可刺激外周血白细胞产生促肾上腺皮质激素(adrenocorticotrophic hormone,ACTH)及内啡肽等;另一方面也可作用于中枢神经系统,中枢神经系统对应激信息接收、整合,传递到下丘脑,然后通过下丘脑—垂体—肾上腺

皮质轴影响 ACTH 和皮质酮(cortisone,COR)等内分泌激素的合成和分泌。ACTH 是由垂体前叶在下丘脑促肾上腺皮质素释放激素(corticotrophin releasing hormone,CRH)的作用下,在腺垂体嗜碱细胞内合成分泌的,其主要作用是促进肾上腺皮质增生及肾上腺皮质激素的合成与释放。ACTH 具有多种生理功能,如心血管功能调节、神经损伤恢复与再生及神经、内分泌免疫调节作用等。在应激情况下 ACTH 的分泌会增加,随即激发肾上腺皮质激素的释放,增进抵抗力。COR 是由肾上腺皮质分泌的一种糖皮质激素,它可参与机体的应激反应,维持许多组织器官的正常功能,调节糖、脂肪和蛋白质的代谢,且具有抗免疫作用(王玢,2001)。因此,血液中 ACTH 和 COR 含量可作为衡量发生应激及应激状态的重要指标(徐彤等,2002)。血浆 COR 升高既是机体对应激的正常反应,又是衡量机体应激反应大小的客观指标。ACTH 和 COR 在介导应激反应中起关键作用(Blang-Louvry 等,2000)。在下丘脑-垂体-肾上腺轴中,ACTH 同时受到下丘脑 CRH 的促进性影响和血浆 COR 的负反馈影响。此外,当动物发生免疫应激反应时,应激原会刺激体内巨噬细胞分泌 IL-1, TNF-α 和白介素-6(interleukin-6,IL-6)等炎性细胞因子(Beutler, 1986;Klasing,1988)。这些细胞因子可直接作用于外周组织,导致一系列代谢变化;也可作用于中枢神经系统,引起神经内分泌发生变化,提高血浆 COR 和儿茶酚胺等激素的水平,从而促进机体的分解代谢。

Chou 等(2003)研究首次发现,壳聚糖可显著抑制 LPS 处理的 RAW264.7 巨噬细胞 PGE_2 的过量产生,抑制 COX-2 蛋白的表达和活性,减少促炎症细胞因子 TNF-α 和 IL-1β 等的产生,促进抗炎症因子 IL-10 等的形成,说明日粮壳聚糖对动物的免疫应激反应可能有缓解作用。史彬林(2005)研究表明,利用大肠杆菌 LPS 刺激肉仔鸡产生免疫应激反应,壳聚糖可抑制肉仔鸡因免疫应激引起的生长性能下降和 COR 水平的升高。张彩芬(2008)研究发现,壳聚糖可使仔猪血清 COR 含量呈二次曲线趋势降低,且以 0.01%壳聚糖日粮组的 COR 较低。李慧英(2009)研究显示,壳聚糖对肉鸡血清 ACTH 及 COR 浓度的影响呈剂量依赖关系。随日粮壳聚糖添加量的增加,血清 ACTH 及 COR 浓度呈现显著二次曲线降低,其中,以 500～1 000 mg/kg 壳聚糖组较低,这进一步说明壳聚糖对免疫功能的促进作用与血清应激激素 ACTH 及 COR 浓度的降低有关。研究也显示高剂量(2 000 mg/kg) 则升高血清 ACTH 及 COR 浓度(表 7.14)。

表 7.14 壳聚糖对肉鸡血清 ACTH 及 COR 浓度的影响

项目	壳聚糖水平/(mg/kg)						SEM	*P* 值	
	0	50	200	500	1 000	2 000		一次	二次
ACTH(pg/mL)									
14 d	23.38	22.00	20.72	20.69	16.23	23.59	2.388	0.982	0.058
28 d	22.87	22.16	19.05	16.54	21.85	22.17	1.437	0.678	0.205
42 d	20.44	18.04	19.11	17.52	13.91	15.69	1.881	0.048	0.049
COR(ng/mL)									
14 d	336.40	325.35	327.25	305.40	293.23	348.29	24.111	0.727	0.010
28 d	407.93	305.98	345.06	327.97	315.36	335.09	16.560	0.127	0.034
42 d	333.20	317.17	322.06	302.17	300.46	331.84	24.111	0.898	0.046

注:SEM 表示平均数的标准误差;$P<0.05$ 表示回归关系显著,$P<0.10$ 表示回归关系趋于显著。

来源:李慧英,2009。

7.5.2.3 壳聚糖对免疫机能影响的分子机理

1. 诱导型 NO 合酶(inducible nitric oxide synthase,iNOS)途径

(1)NO 在免疫调节中的作用　NO 是迄今为止生物体内发现的第一个气体信息分子,是一种结构简单、分子质量小的生物自由基,有高度化学反应能力,呈脂溶性,易透过细胞膜扩散,半衰期极短。NO 的化学性质不稳定,极易生成 NO_2 和 NO^-,以硝酸根和亚硝酸盐(NO_3^-/NO_2^-)的形式存在于细胞内外液中,从而使 NO 失去活性(Hope,1991)。内源性 NO 是由一氧化氮合酶(nitric oxide synthase,NOS)催化左旋-精氨酸(*L*-Arg)与氧分子经多步氧化还原反应产生的。根据其产生部位和调节机制的不同,NOS 可以分为三种同工酶:神经型 NOS、内皮型 NOS 和 iNOS,前两型又合称为构成型 NOS,正常情况下存在于神经细胞和内皮细胞内,其活性与钙离子和钙调素有关,又称钙离子依赖型,它能产生短时效的少量 NO,主要参与机体正常生理功能的维持,作为神经递质和起局部血液调节作用,介导一系列生理功能。iNOS 为 Ca^{2+} 非依赖型,存在于几乎所有的组织细胞中,以巨噬细胞和血管平滑肌细胞内含量最多。iNOS 在正常生理情况下细胞不表达,而在炎症、肿瘤等病理状态下,如感染、内毒素、TNF-α、IFN-γ、IL-1、IL-2 等都可以诱导巨噬细胞、中性粒细胞、T 淋巴细胞、血管平滑肌细胞等表达 iNOS mRNA,再翻译成 iNOS,产生持续时间长、高浓度的 NO,杀灭细菌、寄生虫、肿瘤细胞以及引起肿瘤细胞坏死(Radomski,1993)。目前大多数研究主要集中在 iNOS 表达和 NO 合成的调控方面。由于 *L*-精氨酸是 iNOS 和精氨酸酶的共同底物,*L*-精氨酸在 iNOS 作用下转化为 *L*-瓜氨酸和 NO,而在精氨酸酶作用下则转化为 *L*-鸟氨酸和尿素,因此,抑制精氨酸酶的活性也可以促进巨噬细胞合成 NO(Chang 等,2000)。

NO 作为一种信使参与炎症反应、信号传递、血管调节及免疫调节等多种功能的调节。在某些病理条件下,过量的 NO 可抑制核糖核苷还原酶,影响 DNA 复制和 DNA 损伤,诱导细胞毒效应,与氧自由基形成过氧亚硝酸盐,导致细胞脂质过氧化损伤。NO 也参与巨噬细胞介导的细胞毒反应,是巨噬细胞杀伤靶细胞效应的信使分子(Henry,1993)。同时,NO 还具有免疫抑制作用,在植物血凝素刺激的淋巴细胞增殖反应中,巨噬细胞产生的 NO 可抑制淋巴细胞增殖反应。此外,NO 还是可溶性鸟苷酸环化酶的激动剂,后者催化 cGMP 的生成,继而活化蛋白激酶 G(张树政,2002)。Mills 等(1991)研究发现,NO 大量产生会抑制哺乳动物的淋巴细胞增殖,通过降低 iNOS 活性可缓解 NO 的抑制作用。然而,Takahashi 等(1999)研究发现,NO 分泌量增加不一定会导致肉仔鸡脾淋巴细胞转化率的下降。Liew(1995)认为,NO 对 T 淋巴细胞的作用与 NO 浓度有关。Badovinac(2000)研究也发现,NO 对淋巴细胞增殖的作用与其浓度有关,低浓度促进,高浓度抑制。

研究表明,巨噬细胞的抗菌作用、肿瘤杀伤作用和细胞毒作用等均与其合成的 NO 有关。许多细胞因子和微生物可促进巨噬细胞 iNOS 的基因表达,进而引起 NO 产量增加。巨噬细胞可以受多种细胞因子诱导而合成 NO,如 IL-1、IL-2、TNF 和 IFN,某些细菌内毒素(如 LPS)可以单独或联合激活巨噬细胞产生 NO(Marletta,1988),即正向调节;而另一些细胞因子如肿瘤生长因子(tumor growth factor,TGF-β)、IL-4、IL-10、血小板源性生长因子(platelet-derived growth factor,PDGF)、巨噬细胞灭活因子等可抑制巨噬细胞产生 NO(Josef,1993),即负向调节。巨噬细胞产生的 NO 对细胞因子的产生也具有调节作用。因此,作为免疫调节

因子,NO的产生受细胞因子严格调节,处于复杂的细胞因子网络监视之中。

NO对机体免疫功能的影响是多方面的。一方面,它通过非特异杀伤胞内细菌、寄生虫及恶性肿瘤细胞等而增强机体的非特异性免疫功能;另一方面,它通过抑制刺激后的T淋巴细胞的增殖而抑制机体的特异性免疫。更为重要的是,NO可调节多种免疫活性介质如TNF、IFN、PGE_2、IL的合成,进而影响机体的免疫功能。NO还可以调节白细胞与内皮细胞黏附,抑制T细胞的增殖,提高NK细胞活性等,这些都显示了NO与机体免疫功能密切相关。一些免疫性刺激如LPS、IFN-γ和TNF等可激活巨噬细胞、枯否氏细胞以及中性粒细胞,使其产生大量的NO(Crawford,1994)。

(2)壳聚糖对NO和iNOS生成及iNOS基因表达的影响　目前,已有许多关于多糖对iNOS活性及NO生成影响的报道,主要以体外法研究为主,且以对小鼠的研究居多。研究表明,多糖可促进巨噬细胞iNOS基因表达,使iNOS活性增强,NO分泌增加,从而增强机体免疫功能。Nose等(1998)研究指出,甘草多糖能促进体外培养的鼠腹膜巨噬细胞分泌NO。香菇多糖和猪苓多糖对小鼠腹腔巨噬细胞NO生成具有明显的促进作用,且呈剂量依赖关系,并与干扰素具有协同促进作用,这一促进作用能被iNOS抑制剂所抑制(黄迪南等,1999;侯敢等,2000)。王瑾雯等(1999)研究表明,云芝多糖能促进巨噬细胞NOS基因的表达,使mRNA转录和蛋白质合成增加。田庚元(1999)研究认为,牛膝多糖也可促进巨噬细胞产生NO和NOS。另外,陈洪亮等(2003)研究发现,黄芪多糖可促进cAMP合成,进而促进鸡iNOS基因的表达和NO的合成。

有关壳聚糖对动物NO和iNOS合成的影响研究较少,Peluso等(1994)发现,壳聚糖可刺激大鼠巨噬细胞,增加NO的分泌量。史彬林(2004)在体外条件下研究发现,壳聚糖对肉仔鸡脾淋巴细胞iNOS及NO的生成具有影响,呈现剂量依赖效应,但对iNOS的基因表达尚未进行研究。李慧英(2009)研究表明,随壳聚糖添加量的增加,肉鸡腹腔巨噬细胞iNOS基因表达呈显著二次曲线增加,巨噬细胞培养液NO含量和iNOS的活性也呈一定二次曲线增加趋势,说明壳聚糖的添加对巨噬细胞的iNOS基因表达有明显促进效果,对iNOS的活性和NO含量也有一定促进效果,且促进效果与壳聚糖添加量呈剂量依赖关系。

然而,目前关于壳聚糖对动物iNOS基因表达影响的研究很少,而且研究方法主要采用体外培养法。Porporatto等(2003)体外研究发现,0.05%~0.1%壳聚糖可显著增加巨噬细胞培养液中NO含量,其中以0.1%处理组最高。同时,巨噬细胞iNOS的表达也略有提高。香菇多糖也可增加脾细胞增殖,IL-2产生,脾细胞NO产生及细胞溶质的钙释放,且呈剂量依赖关系(Chen等,2003)。Yu等(2004)研究表明,壳寡糖可显著增加鼠巨噬细胞iNOS活性,诱导NO的合成。Deng等(2008)报道指出,日粮壳寡糖可增加主要免疫器官质量,促进IgM分泌,刺激小噬细胞释放TNF-α,IL-1,IL-6和IFN-β,激活iNOS,诱导NO产生,从而提高肉鸡的免疫功能。Li(2009)研究显示,肉鸡血清NO含量及iNOS表达和活性与壳聚糖添加量有剂量依赖关系,且随壳聚糖添加量的增加呈现显著二次曲线增加,其中以500~1 000 mg/kg的壳聚糖日粮添加组较好。但当日粮壳聚糖添加量为2 000 mg/kg时,肉鸡血清NO含量及iNOS表达和活性均有不同程度的降低趋势(表7.15,表7.16)。由此推测,壳聚糖促进动物免疫机能的机制之一可能是通过促进iNOS的基因表达,使其合成增加,促进了NO的合成与分泌,进而致使免疫机能加强,但其确切的机制还需进一步的探讨。

表 7.15 壳聚糖对肉鸡血清 NO 含量及 iNOS 活性的影响

项目	壳聚糖水平/(mg/kg)						SEM	P 值	
	0	50	200	500	1 000	2 000		一次	二次
NO/(μmol/L)	10.03	12.34	12.72	16.20	18.12	8.74	1.69	0.785	0.005
iNOS/(U/mL)	8.33	9.14	9.98	10.35	11.39	9.35	2.25	0.595	0.018

注：SEM 表示平均数的标准误差；$P<0.05$ 表示回归关系显著，$P<0.10$ 表示回归关系趋于显著。

来源：Li H Y，2009。

表 7.16 壳聚糖对肉鸡小肠 iNOS mRNA 相对表达的影响($2^{-\Delta Ct}$)

项目	壳聚糖水平/(mg/kg)						SEM	P 值	
	0	50	200	500	1000	2000		一次	二次
十二指肠	0.016 8	0.017 4	0.019 0	0.027 0	0.028 6	0.026 6	0.006	0.090	0.010
空肠	0.012 6	0.017 9	0.019 6	0.023 5	0.023 7	0.022 0	0.003	0.209	0.083
回肠	0.010 4	0.015 9	0.017 7	0.027 6	0.030 7	0.019 8	0.005	0.407	0.008

注：SEM 表示平均数的标准误差；$P<0.05$ 表示回归关系显著，$P<0.10$ 表示回归关系趋于显著。

来源：Li H Y，2009。

2. 磷脂酶 A_2(phospholipase A_2，PLA_2)途径

(1)PLA_2 的生理功能　PLA_2 在生物界分布广泛，迄今为止人们已经从细菌、酵母、多种植物、动物体内分离提纯得到 PLA_2，尤其在哺乳动物、爬行动物、节肢动物的细胞、组织和体液中含量较高。根据其存在部位、氨基酸顺序、同源性和生化功能特征，可将 PLA_2 分为 3 种类型，其结构的微小差别就能导致功能的明显差异。①分泌型 PLA_2(secretory phospholipase A_2，$sPLA_2$)，存在于胞质的颗粒中或在细胞受刺激后合成并释放到细胞外，对磷脂 Sn-2 位的脂肪酸无选择特异性。②胞浆型 PLA_2(cytosolic phospholipase A_2，$cPLA_2$)，$cPLA_2$ 和其他 PLA_2 不具有序列上的同源性，分子质量为 85 ku，是唯一的已明确对 Sn-2 位的 AA 具有优先选择性的 PLA_2。活化时需要 Ca^{2+} 的参与和上游激酶的磷酸化作用，并能优先选择性地水解磷脂 Sn-2 位释放 AA。$cPLA_2$ 广泛存在于机体各种组织的细胞中且含量相对稳定。从细胞水平来说，$cPLA_2$ 定位在细胞的胞质内，在单核巨噬细胞中含量丰富，亦存在于其他细胞中。该酶具有溶血磷脂酶和转酰基酶的作用。由于在 $cPLA_2$ 的 N_2 端存在 Ca^{2+}-依赖型的磷脂结合结构域，$cPLA_2$ 可以以一种 Ca^{2+}-依赖型的方式从胞质中被转移到膜上。由于 Ca^{2+} 结合区域的存在和 Ca^{2+} 依赖性，认为 $cPLA_2$ 与 Ca^{2+} 的信号转导有关，该酶的 C_2 端包含有磷酸化位点和催化位点(Kanfer，1988)。虽然 $cPLA_2$ 基因顺序中有许多可能的磷酸化部位，但有研究证实 Ser 505 是 $cPLA_2$ 借助微管相关蛋白的磷酸化部位(Leslie，1997)。这种磷酸化作用在 Ca^{2+} 结合区域存在时达到顶点，进一步说明 $cPLA_2$ 参与细胞信号转导。③非 Ca^{2+} 依赖型(Ca^{2+}-independent phospholipase A_2，$iPLA_2$)，这一类型的分子质量通常较高，可达 70 ku，不需 Ca^{2+} 维持其催化活性。

PLA_2 超家族成员的多样性，结构间的差异及基因表达上的特异性暗示其具有多种多样的生理功能。PLA_2 具有产生二十烷酸类炎性介质、参与磷脂重建、肺泡表面活性物质代谢、细胞信号传递、宿主反应、促进血液凝固等多种生物学作用，可调节体内磷脂类物质平衡和动物新陈代谢。

细胞膜磷脂中甘油骨架上由 C_2 位羟基形成的酯键可以被 PLA_2 水解成 AA，而机体内的类二十烷酸就是由 AA 在 COX 和 LOX 作用下产生的一系列激素类物质。其中，通过 COX 途径，AA 转化为 PGE_2 等，而通过 LOX 途径，AA 则转化为 LTB_4、氢过氧化二十碳四烯酸和脂毒素。这些激素类物质在生物体内起着重要作用，而 PLA_2 是这些物质产生的限速酶，除了一般性的水解功能外，PLA_2 的活性与功能必然与脂类介质在有机体内的功能密不可分，并通过它们表达出来。此外，PLA_2 也参与炎症反应，对膜完整性有影响，还与某些病症有关。

(2)$cPLA_2$ 在免疫调节中的作用　在炎性反应中 AA 的大量出现是通过 $cPLA_2$ 与 $sPLA_2$ 两者相互作用而产生的。研究表明，炎症时大量 AA 的产生主要受 $cPLA_2$ 的调控。实验结果也显示，在同时表达 $cPLA_2$ 和 $sPLA_2$ 细胞中，AA 的大量产生在某种程度上取决于 $cPLA_2$ 的活化(Kuwata，2000；Morioka，2002)。$cPLA_2$ 水解膜磷脂释放 AA，AA 通过环加氧酶和脂加氧酶途径分别代谢转化为一系列的活性物质，如 PG、PGI_2、血栓素、LTs 等，它们虽然含量很少，但具有极强的生物活性，既可作为某些激素、递质、生物活性因子的第二信使或与其他第二信使共同调节细胞功能，也可能起局部激素或局部调节物质的作用，并在炎症和免疫反应中起重要调节作用(Graber，1994)。AA 除作为具有广泛生物活性物质类花生酸前体外，其本身还是一个十分重要的细胞内第二信使，直接参与细胞内信号转导，影响其他信号转导通路以调控细胞的生物活性。主要包括对细胞内磷脂酶的调节作用、对蛋白激酶的调节作用、对离子通道的调节作用以及直接参与细胞内钙信号转导过程(罗大力，2002)。AA 及其代谢产物的生理作用，还包括舒张血管、激活和抑制血小板聚集、参与造血和免疫调节、诱导和抵抗致炎作用、调节神经内分泌和促进细胞分裂等(Bell，1996；袁成凌，2000)。

$cPLA_2$ 的激活及表达与多种细胞因子如 TNF-α、IL-1、IL-6 及 IL-8 等的表达密切相关。$cPLA_2$ 水解膜磷脂产生 AA，AA 代谢生成的 TXA_2 可促进 TNF-α 和 IL-1β 的合成，AA 代谢生成的 LTB_4 能够增加单核细胞、巨噬细胞生成 IL-1、IL-2、TNF 的能力(Rocha，2003)；反过来，IL-1 与其特异受体结合后，可刺激不同鼠肾小球膜细胞的 $cPLA_2$ 基因表达及其蛋白合成，并使其活性增加(Schalkwijk，1992；Pfeilschifter，1993)。IL-1 还可通过诱导 COX-2 活化使 AA 代谢生成的 PGE_2 增加(王玉，1998；王键，1997)。研究也表明，LPC 可诱导产生 TNF-α 等多种促炎性细胞因子、巨噬细胞炎性蛋白-1A(macrophage inflammatory protein-1A，MIP-1A)、单核细胞趋化蛋白-1(monocyte chemoattractant protein，MCP-1)和粒细胞-巨噬细胞集落刺激因子(granulocyte macrophage colony stimulating factor，GM-CSF)；反过来，这些因子可通过正反馈方式上调 $cPLA_2$ 的表达，导致更多的炎性因子产生(Ousman，2001)。另外，由于 NOS 基因的启动子带有核转录因子-B(nuclear factor-B，NF-B)的结合元件，故炎症时 $cPLA_2$ 活化，其下游酶 5-LOX 通过产生中间介质活性氧激活 NF-B，可上调 NOS 的表达，促进 NO 的合成。

(3)壳聚糖对 AA、$cPLA_2$ 及 $cPLA_2$ 基因表达的影响　有限的研究资料报道了壳聚糖等多糖对 $cPLA_2$ 活性及 AA 释放的影响，但研究主要集中在哺乳动物，且以体外法为主。研究表明，多糖可增强 $cPLA_2$ 活性，促进巨噬细胞 AA 的释放。如庞辉等(2006)研究表明，200 mg/kg的螺旋藻多糖能降低肝脏线粒体氧化损伤大鼠肝匀浆线粒体 PLA_2 活性。Bianco 等(2000)研究发现，壳聚糖能通过影响 AA 的释放来活化巨噬细胞，并以剂量和时间依赖方式促进 AA 的释放。当壳聚糖水平低于 0.01%(W/V)时，鼠巨噬细胞外无 AA 释放，在 0.01%～0.05%时，随着壳聚糖水平提高，膜磷脂向细胞外释放 AA 的量在增加，而在

0.05%以上则无显著变化。此外,随着处理时间的延长,AA 的释放量在增加。研究已经表明 $cPLA_2$ 可水解膜磷脂释放 AA,而 AA 的释放可引起与免疫调节作用有关的 PGE_2 的生成与释放(Rocha,2003),因此与免疫机能密切相关。当机体出现异常状况或病变时,机体免疫系统启动,血清 PLA_2 水平均有不同程度的升高,说明血清 PLA_2 水平可以作为衡量机体免疫功能的指标(廖璞,2001;张建新,2003;肖仁飞,2004)。李慧英(2009)研究显示,肉仔鸡血清 AA 含量及 PLA_2 活性,十二指肠、空肠、回肠 $cPLA_2$ mRNA 表达均以 1 000 mg/kg 的壳聚糖日粮添加组为最高,且均随壳聚糖添加量的增加呈现显著二次曲线增加趋势。由此说明,壳聚糖可能是通过调控 PLA_2 的活性及 $cPLA_2$ mRNA 的表达,影响 AA 的生成,进而调节肉仔鸡的免疫功能。当日粮壳聚糖添加量为 2 000 mg/kg 时,肉仔鸡血清 AA 含量及 PLA_2 活性,十二指肠、空肠、回肠 $cPLA_2$ mRNA 表达都有不同程度的降低趋势(表 7.17 和表 7.18)。由此也推测,壳聚糖对免疫机能影响的分子机制可能与壳聚糖调控 $cPLA_2$ mRNA 的表达有关,但关于该领域的研究尚未见资料报道,因此,确切的分子机理尚待进一步研究探索。

表 7.17　壳聚糖对肉仔鸡血清 AA 含量及 PLA_2 活性的影响

项　目	壳聚糖水平/(mg/kg)						SEM	P 值	
	0	50	200	500	1 000	2 000		一次	二次
AA/(mg/mL)	0.551	0.589	0.678	0.843	1.079	0.624	0.092	0.496	0.000 3
PLA_2/(μg/L)	224.14	228.96	230.31	238.78	260.49	191.54	17.014	0.375	0.022

来源:李慧英,2009。

表 7.18　壳聚糖对肉鸡小肠 $cPLA_2$ mRNA 相对表达的影响($2^{-\triangle Ct}$)

项　目	壳聚糖水平/(mg/kg)						SEM	P 值	
	0	50	200	500	1 000	2 000		一次	二次
十二指肠	0.021 4	0.027 7	0.040 2	0.044 6	0.048 2	0.030 3	0.001	0.562	0.036
空肠	0.018 7	0.019 2	0.020 0	0.020 6	0.021 2	0.019 5	0.001	0.670	0.007
回肠	0.015 4	0.017 2	0.018 3	0.018 4	0.021 1	0.017 2	0.005	0.592	0.056

注:SEM 表示平均数的标准误差;$P<0.05$ 表示回归关系显著,$P<0.10$ 表示回归关系趋于显著。

来源:李慧英,2009。

综上所述,国内外研究者对壳聚糖的结构、性质、生物学作用及其对动物生产性能、免疫机能的影响进行了不同程度的研究,取得了较大的进展。但是,目前的研究大多集中在壳聚糖对动物生产性能尤其是脂肪代谢的影响方面,关于壳聚糖对肉仔鸡免疫功能影响的研究虽有一些报道,但在机理研究方面不够深入,尤其是在分子生物学机制方面的研究缺乏深入的探讨。总结前人的研究资料可知,壳聚糖对免疫机能影响的机理:一是壳聚糖影响了细胞因子的分泌,二是影响了与免疫有关的激素分泌,但关于其影响的分子机理尚不明确,可能与壳聚糖调控诱导 iNOS mRNA 的表达,增加 iNOS 的合成,调节 iNOS 的活性,促进 NO 的分泌有关;也可能与壳聚糖调控 $cPLA_2$ mRNA 表达与 $cPLA_2$ 活性,影响巨噬细胞 AA 的释放有关,但还有待于进一步研究探讨。

7.5.3 壳聚糖对动物免疫应激的缓解作用

当微生物攻击动物机体时，尽管有时不导致临床疾病，但通常会引起一种免疫反应，表现为机体代谢发生变化，免疫系统出现炎症反应，这种现象称为免疫应激(Klasing 等，1987)。免疫应激反应改变了日粮养分在动物体内的分配，较多地用于免疫反应和抵抗疾病的代谢过程，而用于生长和骨骼肌沉积的比例减少。在此过程中，骨骼肌蛋白质降解加强，肝脏中急性相蛋白合成增多、葡萄糖氧化加强、机体代谢率和体温升高。同时导致微量矿物质代谢的改变，食欲下降，并引起高血脂(Beisel，1977)。免疫应激引起的大部分反应是由细胞因子介导产生的。对于鸡、大鼠和小鼠而言，参与免疫应激的主要细胞因子有 IL-1、TNF-α 和 IL-6(Beutler 和 Cerami，1986；Klasing，1988)。在这样的应激反应下，动物表现为精神萎靡、厌食，导致生长减慢，饲料转化效率降低，营养需要量发生改变(Klasing，1991)。动物经常性地接触多种微生物会产生环境应激。接触越多，则应激造成的危害就越大。例如，在普通鸡舍内饲养的鸡，由于受到微生物的攻击，生长速度较慢；而饲养在无菌舍内的鸡则生长速度较快(Coates 等，1963)。在实际动物养殖环境中，较差的卫生条件尽管没有导致鸡出现明显的临床疾病症状，但也会降低鸡的生长速度和饲料转化效率分别达 15% 和 10%(Hill 等，1952；Libby 和 Schaible，1955)。

动物在发生免疫应激反应时，应激原刺激体内巨噬细胞产生并分泌炎性细胞因子，如 ILZ1、TNF-α 和 IL-6 等。这些细胞因子可直接作用于外周组织，导致一系列代谢变化；也可作用于中枢神经系统，引起神经内分泌发生变化，如降低生长激素(GH)和类胰岛素生长因子(IGF-I)的分泌，提高血浆促肾上腺皮质激素、皮质醇(酮)和儿茶酚胺等激素的水平，从而促进机体的分解代谢，降低增重和饲料转化效率(Johnson，1997；Spurlock，1997)。机体的免疫系统受到各种各样的免疫原刺激时，动物的增重率、采食量均降低，饲料转化率反而上升。而采食量减少可能是机体对病原菌感染或内毒素注射的特征性反应(Murray 和 Murray，1979；Waalkes 和 Udenfriend，1957)，是急性相反应的一部分，这种反应至少部分地由 IL-1 介导产生(McCarthy 等，1985)。Klasing 等(1987)通过试验发现，动物在免疫原刺激时，一方面，采食量减少使得摄入的养分用于维持的比例增大，而用于组织沉积的比例减小，从而导致用于生长的饲料利用率下降；另一方面，免疫系统受到刺激会导致机体代谢发生变化，从而降低用于增重的养分利用率。这种代谢变化可能表现在营养物质吸收、代谢率和组织沉积类型上的变化。注射 LPS 的鸡，其基础体温升高，基础代谢率增加。Klasing 等(1987)认为，免疫系统被刺激后动物机体出现生长和饲料利用率下降等代谢变化的机制有以下几种：其一是，免疫系统与内分泌腺相互作用增加或减少有关激素的释放；其二是，免疫系统的细胞自身释放激素，导致代谢发生变化。这些激素可能与内分泌腺所分泌的相同，也可能是新类型的激素。

经典的应激反应激素如糖皮质激素也部分地对免疫原诱导的代谢变化发生作用。由病毒刺激的淋巴细胞可释放促肾上腺皮质激素(ACTH)，这种激素又可促进肾上腺产生和分泌糖皮质激素。给鸡注射免疫原可使 ACTH 和皮质醇含量升高(高文伟和任家琰，2001；徐彤等，2002)。IL-1 可刺激垂体释放 ACTH(Woloski 等，1985)，从而导致循环中皮质醇水平升高(Besedovsky 等，1986)，这可能是免疫反应后皮质醇水平上升的原因之一。Klasing 等(1987)发现，与注射生理盐水相比，注射皮质醇可引起生长速度、饲料效率和血清 Zn 浓度下降，但不影响采食量、血清 Cu 浓度和直肠温度。皮质醇也是一种对免疫应激反应具有调节作用的重要激素，它影响骨骼肌蛋白质合成和脂肪代谢。Bartov(1982)发现注射皮质醇可以降低生长速度和饲料效率，但会提高鸡的采食量，同时增加腹脂，减少蛋白质沉积。

关于日粮壳聚糖对动物免疫应激是否有缓解作用，目前尚无定论。但在医学研究领域，发现壳聚糖可加速创伤愈合，具有抗炎症作用。Chou 等(2003)研究了壳聚糖对 LPS 处理的 RAW264.7 巨噬细胞的环氧酶途径和细胞因子产生的影响，结果首次发现壳聚糖可显著抑制 PGE_2 的过量产生及环氧酶-2(COX-2)蛋白的表达和活性，同时减少促炎症细胞因子如 TNF-α 和 IL-1β 等的产生，而促进抗炎症因子 IL-10 的形成。这一研究结果说明日粮壳聚糖可能对动物的免疫应激反应有缓解作用，但还有待于进一步证实。史彬林(2005)试验发现，壳聚糖对注射 LPS 引起的采食量和体增重下降及应激激素升高有一定的缓解作用，表明日粮壳聚糖可在一定程度上减弱免疫应激的不良影响(表 7.19)。

表 7.19 壳聚糖和 LPS 对肉仔鸡血浆应激激素水平的影响

项目	对照		壳聚糖		SEM	P 值		
	生理盐水	LPS	生理盐水	LPS		壳聚糖	LPS	互作
试验第 1 天								
皮质酮/(ng/mL)	26.226^b	58.070^a	30.384^b	48.324^a	3.764	0.467	<0.001	0.08
ACTH/(pg/mL)	117.381^b	214.355^a	112.937^b	190.734^a	9.31	0.147	<0.001	0.315
试验第 5 天								
皮质酮/(ng/mL)	27.717^{bc}	43.754^a	24.146^c	35.320^b	2.817	0.046	<0.001	0.398
ACTH/(pg/mL)	115.029^c	197.770^a	119.101^c	168.311^b	8.396	0.146	<0.001	0.06

注：同列肩标不同字母者表示差异显著($P<0.05$)；SEM 表示平均数的标准误差。

来源：史彬林，2005。

7.6 壳聚糖的抑菌作用及其对动物肠道微生态的影响

7.6.1 壳聚糖的抑菌作用

许多资料已经报道了壳聚糖具有抑菌作用，且抑菌作用的强弱与壳聚糖的浓度和细菌的种类有关。通常，对革兰氏阳性菌与白色念珠菌的抑菌作用较革兰氏阴性菌强，且浓度较高时抑菌作用较强。车炳坤等(2000)报道，壳聚糖在浓度为 0.6%时，大部分菌属的革兰氏阴性菌中有 50%～70%的菌株被抑制；浓度为 1%时，抑菌率达 70%～100%，但对某些菌抑制水平低，如枸橼酸杆菌属不敏感。壳聚糖对革兰氏阳性菌及白色念珠菌的敏感性高于革兰氏阴性菌，当浓度为 0.5%时，对革兰氏阳性菌的抑菌率高达 75%～100%，而对大部分菌属的革兰氏阴性菌的抑菌率只有 20%～30%，但对大肠杆菌的抑制度为 56%；当浓度为 0.6%时，临床上常见的致病性金黄色葡萄球菌能被 100%抑制和杀灭。壳聚糖对白色念珠菌也较敏感，当浓度为0.3%时，55%的受试菌被抑制；当浓度为0.6%时，抑菌率达82%。张燕婉和王光华(1991)的研究也发现pH 5.5、浓度为0.5%壳聚糖溶液对体外培养的金黄色葡萄球菌有明显的抑菌作用。然而，张澄波等(1993)进行的体外抑菌试验结果表明，壳聚糖不能直接杀死细菌，但通过腹腔注射壳聚糖，可明显提高昆明小鼠对金黄色葡萄球菌或大肠杆菌抗感染能力，因此认为，壳聚糖是通过增强机体免疫功能而间接发挥抗感染作用。

除浓度外，壳聚糖的脱乙酰度也会影响其抑菌效果。王鸿和沈月新(2001)对不同脱乙酰度(81.8%、78.4%和61.3%)的大分子质量[$(9.3\sim9.8)\times10^5$]壳聚糖的抑菌性进行了研究，发现随着脱乙酰度的增加，壳聚糖对大肠杆菌和金黄色葡萄球菌的抑菌作用增强。这与夏文水等(1998)用不同脱乙酰度甲壳低聚糖(M_r=1 500)所得出的结论相似，即脱乙酰度较大，抑菌性则较强。

对于壳聚糖的抑菌机理，目前尚未完全清楚。宋献周和沈月新(2000)推测可能是低分子质量的壳聚糖通过进入菌体细胞内，与带负电荷的细胞质发生作用，扰乱细胞正常代谢，从而实现抑菌作用。车炳坤等(2000)的研究认为，细菌受壳聚糖作用后，发生明显的形态学变化，革兰氏阳性菌如金黄色葡萄球菌细胞壁变薄或破损，复制受到抑制；革兰氏阴性菌如大肠杆菌细胞质浓缩，空隙明显扩大；白色念珠菌细胞壁仍存在，但细胞内结构消失或分布异常。而杨冬芝等(2000)根据电镜分析结果初步推测壳聚糖的抗菌机理有如下两种模型：①在酸性条件下，壳聚糖分子中的质子化铵-NH_3^+ 具有正电性，吸附带有负电荷的细菌，使细菌细胞壁和细胞膜上的负电荷分布不均，干扰细胞壁的合成，打破了在自然状态下细胞壁合成与溶解的平衡，使细胞壁趋向于溶解，细胞膜因不能承受渗透压而变形破裂，细菌溶解而死亡。②壳聚糖吸附细菌后，穿过多孔的细胞壁进入细菌细胞内，可能与DNA形成稳定的复合物，干扰DNA聚合酶或RNA聚合酶的作用，阻碍了DNA或RNA的合成，从而抑制细菌的繁殖。

7.6.2 壳聚糖对动物肠道微生态的影响

已有研究表明，虽然壳聚糖在胃里不能被消化吸收，但当到达肠道时可被乳酸杆菌利用。在鸡饲料中添加壳聚糖，可使鸡肠道中的双歧杆菌增殖，阻止有害菌生长，产生大量消化乳糖所需的乳糖酶，这对消化乳糖有困难的家禽来讲是非常有意义的。张澄波等(1993)报道，给昆明小鼠腹腔注射壳聚糖[300 mg/(kg·次)，3次]，然后以金黄色葡萄球菌或大肠杆菌进行腹腔感染，结果体重增加，死亡率降低。陈超群等(2000)给昆明小鼠分别灌胃壳聚糖的冰醋酸溶液400 mg/(kg·d)(试验组)和0.5%冰醋酸(对照组)，连续7 d，而后检测两组肠道菌群的变化。结果发现，试验组双歧杆菌、乳杆菌数量比对照组明显增多，大肠杆菌、肠球菌数量在两组间无明显差异，说明壳聚糖溶液能促进双歧杆菌、乳酸杆菌的增殖。车炳坤等(2000)报道壳聚糖在浓度为0.6%时，大部分菌属的革兰氏阴性菌50%～70%的菌株被抑制；浓度为1%时，抑菌率达70%～100%；壳聚糖对革兰氏阳性菌及白色念珠菌的敏感性高于革兰氏阴性菌，浓度为0.5%时，对革兰氏阳性菌的抑菌率高达75%～100%，而对大部分菌属的革兰氏阴性菌的抑菌率只有20%～30%；浓度为0.3%时，55%的白色念珠菌被抑制，浓度为0.6%时，抑菌率达82%。宋献周等(2000)研究表明，壳聚糖对大肠杆菌、金黄色葡萄球菌、枯草杆菌、产气荚膜杆菌均有抑制作用，并且抑菌效果随壳聚糖相对分子质量的降低而增高。朱立贤(2002)报道，壳聚糖对大肠杆菌、金黄色葡萄球菌、枯草芽孢杆菌均有抑制作用，壳聚糖浓度为

0.062%时即可起到一定的抑菌效果。史彬林(2005)研究发现,日粮中添加壳聚糖可使肉仔鸡肠道乳酸杆菌有增加的趋势,而大肠杆菌有减少趋势,其中添加 0.05%壳聚糖组的效果最好。郝刚等(2005)试验结果表明,壳聚糖对大肠杆菌、鸡白痢沙门氏菌、金黄色葡萄球菌和禽多杀性巴氏杆菌 4 种鸡常见病原菌均具有抑制作用。金晓(2008)试验也得到类似研究结果,日粮中添加一定剂量的壳聚糖能降低盲肠和回肠内容物中大肠杆菌数量,增加乳酸杆菌和双歧杆菌的数量,添加剂量较高的壳聚糖组效果较好。

7.6.3 壳聚糖对动物肠膜形态的影响

小肠特别是空肠膜是机体吸收养分的主要部位,小肠绒毛、微绒毛形态上的变化直接反映了机体对养分的吸收状况(许梓荣,2003),微绒毛是小肠的特有结构,它的高度、宽度和密度直接影响小肠的吸收面积,尤其是密度加大时,可使吸收面积明显扩大,有利于营养物质的吸收(王秀武,2004)。通常,微绒毛高度增加、宽度减小及隐窝深度增加,可促进小肠吸收面积增加,有利于营养物质的吸收。绒毛高度与细胞数量呈显著相关,只有成熟的绒毛细胞才具有养分吸收功能。因此绒毛高时,成熟细胞多,养分吸收能力强。隐窝深度反映了细胞的生成率,隐窝变浅,表明细胞成熟率上升,分泌功能强。此外,肠壁厚度增大可增强回肠的蠕动能力,使食糜与绒毛细胞接触更充分,利于营养物质的吸收。Ritz 等(1995)报道,在雄性火鸡的玉米基础日粮中添加淀粉酶,两周之后日增重和饲料转化率得到改善,同时空肠和回肠的绒毛长度明显增加,这说明肠绒毛的高度与生产性能是呈正相关的。王秀武(2003)在肉仔鸡日粮中添加 0.1%壳寡糖的试验结果表明,壳寡糖的添加使回肠绒毛密度增加,同时也有变细、变高的倾向,可明显提高肉仔鸡日增重。王秀武(2004)的试验结果表明,在肉仔鸡日粮中添加 0.1%卡拉胶寡糖可使回肠绒毛密度增加,增重提高 9%,料重比降低 2.9%。

近几年少数研究报道表明,日粮中添加壳聚糖可对肠道绒毛形态结构产生影响。Tellez 等(1993)报道:在肉仔鸡日粮中添加 5%的乳糖,肉仔鸡肠道绒毛高度显著增加。陈振兴等(2001)观察不同剂量复方壳聚糖对小鼠消化功能的影响,发现复方壳聚糖可显著提高小鼠胃肠的蠕动能力。张宏福等(2002)报道,在断奶仔猪日粮中添加 0.05%异麦芽糖低聚糖,显著增加盲肠和结肠的绒毛高度。王秀武等(2005)试验研究结果显示,壳聚糖组微绒毛变细,而且密度有增加的趋势,表现出小肠吸收机能提高。其机制可能与壳聚糖抑制肠道微生物,改善了肠内微环境利于肠黏膜上皮生长发育有关。王秀武等(2005)还发现,与对照组相比,壳聚糖组仔猪十二指肠绒毛长度、回肠绒毛长度和回肠肠壁厚度极显著增加,盲肠绒毛长度和肠壁厚度显著增加;十二指肠隐窝深度极显著降低。丁晓岚等(2005)试验结果表明,与对照组相比,添加壳聚糖可使肉仔鸡的小肠绒毛变高、变细,绒毛密度加大,尤以添加 0.02%~0.3%壳聚糖效果较好,表现出小肠的吸收机能增强。而添加 0.5%壳聚糖时,对小肠的绒毛结构没有明显的改善,反而小肠绒毛长度趋于变短、绒毛宽度趋于变宽、绒毛密度趋于降低。金晓(2008)试验研究结果表明,日粮中添加一定剂量的壳聚糖能提高十二指肠、空肠及回肠的绒毛高度和绒毛隐窝深度,降低绒毛宽度,其中添加剂量为 200、500 mg/kg 的壳聚糖组效果较好。壳聚糖能促进肠道绒毛的生长发育,改善了消化道结构,加强了消化道对营养物质的吸收功能。

7.6.4 壳聚糖对肠道内容物 pH 值及 VFA 的影响

挥发性脂肪酸（VFA）是碳链为 1～6 的脂肪酸，包括乙酸、丙酸、丁酸、异丁酸、戊酸、异戊酸等，其中对动物体代谢作用最为重要的是直链乙酸、丙酸和丁酸。Freter 等（1983）指出，VFA 是肠道中抑制病原微生物的重要因素，与动物免疫机能有关，当 VFA 浓度升高时可抑制沙门氏菌的生长。肠道中 VFA 抑制病原微生物的能力还与 pH 有关，而肠道内 pH 又与 VFA 含量有关。VFA 主要是由乳酸杆菌、双歧杆菌等有益菌发酵产生的，用来维持肠道酸度，调节肠道 pH 平衡。pH 是衡量动物肠道中微生态环境是否正常的重要指标，适宜的 pH 有利于维持肠道内正常的微生物菌群，抵御病原微生物的入侵（秦泽荣等，2000）。

有少数报道表明，壳聚糖对机体肠道挥发性脂肪酸（动物消化道内容物乙酸、丙酸、丁酸含量）有一定的影响。Kobayashi（1991）报道，低聚糖具有促进消化道乳酸杆菌、双歧杆菌、链球菌等有益菌的增殖，并因此提高肠道内容物中挥发性脂肪酸，降低 pH 值。Tsai 等（1998）和 chen 等（1998）的实验研究认为，壳聚糖起到类似低聚糖的作用，吸附 H^+，降低机体内环境 pH 值。卢庆萍等（2002）报道，添加 0.4%异麦芽低聚糖极显著地提高了肉仔鸡后段肠道中挥发性脂肪酸的含量。马小珍等（2002）研究表明，日粮中添加壳聚糖，可使肉仔鸡盲肠内容物 pH 下降。丁晓岚等（2005）研究认为，壳聚糖促进肉仔鸡生长的机理与壳聚糖可增加盲肠内容物 VFA 含量、降低 pH 值，改善消化道内环境有关。然而，壳聚糖的添加剂量增加到 0.5%时，虽然可提高盲肠内容物的 VFA 含量、降低 pH 值，但其生长性能并没有得到改善，说明盲肠 VFA 含量并不是愈高愈好，应该有一适宜范围。金晓（2008）研究结果表明，日粮中添加壳聚糖可在一定程度上提高肉仔鸡盲肠内容物中乙酸、丙酸和丁酸的含量，有利于肠道内环境的改善。

7.7 壳聚糖的其他生物学作用

作为生物医学材料，壳聚糖具有独特的生理活性。除具有以上生物学作用外，还可活化增殖双歧杆菌、消炎止痛、抗心肌缺血、抗心律失常、提高细胞附着性、促进血管内皮生长及创伤再生修复和愈合，并可帮助伤口愈合及骨质形成等（夏文水，1997）。由于壳聚糖可吸附 H^+，所以壳聚糖可与酸性物质结合，抑制胃酸分泌，调节 pH，从而保护胃膜，改善机体内环境。壳聚糖也可通过有机吸附促使肝脏及肠道内有害毒素排出体外，以减轻肝脏的解毒负荷，从而强化肝脏功能。壳聚糖还具有很强的凝血作用，壳聚糖硫酸酯与肝素类似物具有相似的抗凝血作用。此外，壳聚糖还具有良好的生物相容性，可制成手术缝合线、人工皮肤等。

壳聚糖具有絮凝作用、螯合作用，在果蔬饮料的澄清及废水处理中也得到广泛应用（邵建华，1999；李雪清，1997）。在化妆品、食品、医疗卫生、组织工程方面，壳聚糖也都有广泛的应用，在制膜、固定酶等方面也得到了广泛的应用和开发（何萍芬，1998；郭开宇，2000）。

参考文献

曹根庭，周涛. 1995. 高黏度、高脱乙酰度壳聚糖的研制. 浙江水产学院学报，14(4)：267-274.

常海艳，陈建军，方芳，等. 2004. 流感病毒灭活疫苗新型佐剂-壳聚糖增强免疫作用研究. 中国生物制品学杂志，17(6)：383-384.

车炳坤，刘彩怡，龙峰，等. 2000. 甲壳胺体外抑菌活性试验研究. 中国公共卫生，16(3)：212-213.

陈超群，任林，吴移谋，等. 2000. 壳聚糖对小鼠肠道菌群的影响. 实用预防医学，7(6)：413-414.

陈洪亮，李德发，常碧影，等. 2003. 黄芪多糖对肉鸡脾淋巴细胞转化及信息分子的影响. 中国兽医杂志，39(10)：11-13.

陈利玉，易新元，曾宪芳，等. 2004. 日本血吸虫重组铁蛋白的黏膜免疫效果研究. 中国寄生虫学与寄生虫病杂志，22(3)：129-130.

陈慰峰. 2005. 医学免疫学. 4版. 北京：人民卫生出版社.

陈振兴，叶美美，朱惠，等. 2001. 复方壳聚糖对消化功能的影响. 海峡药学，13(4)：24-25.

陈芝喜，周名璐，徐焱琛，等. 2005. 黄芪四君汤对脾虚大鼠血清细胞因子水平的影响. 中华医药杂志，(1)：7-9.

储益平，殷书梅. 1999. 甲壳聚多糖降脂降胆固醇实验研究. 时珍国医国药，10(3)：178.

丁晓岚. 2005. 壳聚糖对肉仔鸡生长性能的影响及其促生长机理的研究(硕士学位论文). 呼和浩特：内蒙古农业大学.

董爱森. 2001. 复方壳聚糖对高脂血症作用的研究. 福建医药杂志，23(2)：104-106.

高文伟，任家琰. 2001，实验性免疫应激对雏鸡促肾上腺皮质激素的影响. 中国兽医科技，31(3)：26-28.

顾振权，宋锦昌. 1994，稀土甲壳素对生长肉猪的效应研究. 中国畜牧杂志，3：36-38.

郭开宇，赵谋明. 2000. 甲壳素/壳寡糖的研究进展及其在食品工业中的应用. 食品与发酵工业，26(1)：59-64.

郭玉英. 2005. 壳聚糖对不同品种不同日龄仔鸡生长和饲料报酬的影响. 江西饲料，(6)：24-29.

韩杰，于宁. 2007. 壳聚糖对肉仔鸡生长性能和脂类代谢的影响. 粮食与饲料工业，2：31-32.

郝刚，许丽. 2005. 壳聚糖对肉仔鸡生长性能与免疫功能的影响. 中国饲料，(24)：19-21.

郝刚，许丽，等. 2005. 壳聚糖对鸡常见病原菌的体外抑菌试验. 黑龙江畜牧兽医，(7)：45-46.

何萍芬. 1998. 人体必需的第六大生命要素甲壳质・壳糖胺. 中国公共卫生，14(3)：187-189.

侯敢，黄迪南，祝其锋. 2000. 猪苓多糖对小鼠腹腔巨噬细胞一氧化氮生成的影响及其机理. 中国老年学杂志，20(4)：233-235.

黄迪南，侯敢，祝其锋. 1999. 香菇多糖对小鼠腹腔巨噬细胞一氧化氮生成的影响及其机理. 基础医学与临床，19(2)：68-70.

黄俊文. 2002. 一类有潜力的饲料添加剂——甲壳素及其衍生物. 兽药与饲料添加剂，7(4)：21-23.

蒋挺大. 2003. 甲壳素. 北京：化学工业出版社.

蒋挺大. 2001. 壳聚糖. 北京：化学工业出版社.

蒋霞云，王造. 2000. β-壳聚糖的制备工艺. 上海水产大学学报，9(1)：373-375.

金伯泉. 1997. 细胞与分子免疫学. 西安：世界图书出版公司.

雷朝亮，钟昌珍，宗良炳，等. 1997. 蝇蛆几丁质的免疫调节作用研究. 华中农业大学学报，16(3)：259-262.

李慧英，史彬林，闫素梅，等. 2009. 壳聚糖对肉仔鸡血清花生四烯酸含量、磷脂酶 A_2 活性及小肠胞内磷脂酶 A_2 mRNA 表达的影响. 动物营养学报，21(4)：580-584.

李慧英，闫素梅，史彬林，等. 2009. 壳聚糖对肉仔鸡血清中免疫细胞因子水平的影响. 饲料工业，30(22)：1-3.

李慧英，闫素梅，史彬林. 2009. 壳聚糖对肉仔鸡血清应激激素水平的影响. 饲料工业，30(6)：1-3.

李慧英. 2009. 壳聚糖对肉鸡免疫功能的影响及其分子机理研究. (博士学位论文). 呼和浩特市：内蒙古农业大学.

李淑芳，李英，张继东，等. 2008. 米糠多糖对不同免疫状态雏鸡外周血 $CD4^+$ 和 $CD8^+$ T 淋巴细胞亚群的影响. 河北农业科学，12(5)：74-76.

李雪清. 1997. 壳聚糖在水处理中应用. 福建环境，14(6)：14-16.

廖璞，王淑琴，康格非. 2001. 乳腺癌患者血清磷脂酶 A_2 活性变化的研究. 医学研究生学报，14(6)：483-484.

林清华. 1999. 免疫学实验. 武汉：武汉大学出版社.

刘海英，于森，杨桂琴. 2003. 壳聚糖对肉鸡生产性能、脂肪代谢的影响. 饲料博览，(5)：1-4.

卢美鸾，宋玉芳，付天保，等. 2007. 壳聚糖复合剂在家禽养殖中替代抗生素的研究. 环境化学，26(2)：255-257.

卢庆萍，方路，张莉，等. 2002. 肉仔鸡日粮中添加异麦芽低聚糖效果的研究. 中国饲料，(24)：15-16.

吕丹娜，刘正伟，王喜明，等. 2006. 不同脱乙酰度壳聚糖对肉仔鸡生长性能与免疫功能的影响. 中国家禽，28(20)：20-23.

吕中明，石根勇，陈新霞，等. 2001. 壳聚糖免疫调节作用的研究. 实用预防学，8(5)：330-332.

罗大力，张幼怡，韩启德. 2002. 花生四烯酸的生物活性及其钙信号转导作用. 生理科学进展，33(3)：251-254.

马小珍，杨烨，谢新东，等. 2001. 壳聚糖对肉仔鸡(公鸡)生长性能和脂肪代谢的影响. 福建农业学报，16(4)：30-34.

马小珍. 2002. 壳聚糖对肉仔鸡脂类代谢和免疫机能的影响(硕士学位论文). 武汉:华中农业大学.

梅学文,庞宝森,刘二庆,等. 1994. 脱乙酰壳多糖对小鼠脾脏 NK 细胞活性及 IL-2 分泌的影响. 首都医学院学报, 15(2):141-143.

庞辉,汤桂芳,玉艳红. 2006. 螺旋藻多糖对大鼠肝脏线粒体氧化损伤的保护作用. 广东医学, 27(12):1786-1787.

秦泽荣,孔繁瑶. 2000. 柔嫩艾美尔球虫感染对鸡盲肠中氧化-还原电位及 pH 值的影响. 畜牧兽医学报, 31 (2) :161-164.

邱妍,崔保安,胡元亮,等. 2008. 4 种多糖对免疫雏鸡抗体效价和 T 淋巴细胞的影响. 南京农业大学学报,31(1):77-81.

商常发,刘世清,等. 2005. 壳聚糖对奶牛乳品质的影响. 维科动保,(4):64-65.

邵建华,叶振奇. 1999. 壳聚糖的生产及三废处理. 陕西化工,28(4):35-38.

石明健,刘惟莞,王红英. 1999. 壳聚糖免疫调节作用的实验观察. 上海免疫学杂志,19(2):116-118.

史彬林,李德发,朴香淑. 2005. 壳聚糖对肉仔鸡生长性能及免疫功能的影响. 中国畜牧杂志,41(1):9-11.

史彬林,朴香淑,李德发,等. 2005. 壳聚糖对肉仔鸡免疫应激的缓解作用研究. 中国畜牧杂志, 41(6):6-8.

史彬林. 2004. 壳聚糖对肉仔鸡生长性能和免疫功能的影响及其机理的研究. (博士学位论文). 北京:中国农业大学.

宋献周,沈月新. 2000. 不同平均分子质量的 α-壳聚糖的抑菌作用. 上海水产大学学报, 9 (2): 138-141.

孙先明,刘思当,等. 2008. 壳聚糖对奶牛免疫功能及生产性能的影响. 中国兽医杂志, 44(1):40-41.

田丰,任海军,等. 2009. 壳聚糖对奶牛产奶性能、乳体细胞数及血清免疫球蛋白的影响. 饲料工业, 30(5):31-33.

田庚元. 1999. 中药免疫调节剂的研究和开发. 中国新药杂志,8(11): 721-724.

王宝维,张丽英,等. 1996. 饲料中添加红花籽油对产蛋母鸡生产性能、蛋黄中多聚不饱和脂肪酸和胆固醇的影响. 中国畜牧杂志, 32(6):39-40.

王敦,徐英男,崔少伟. 2004. 虫源性壳聚糖对产蛋鸡生产性能及蛋品质的影响. 中国家禽, 26 (17):8-9.

王玢,左明雪. 2001. 人体及动物生理学. 北京:高等教育出版社.

王鸿,沈月新. 2001. 不同脱乙酰度壳聚糖的抑菌性. 上海水产大学学报,10(4):380-382.

王瑾雯,陈瑗,周玫,等. 1999. 云芝多糖对巨噬细胞氧化 LDL 的抑制作用与 iNOS 基因表达. 第一军医大学学报,19(4):25-28.

王述柏,王宝维,张丽英,等. 1998. 壳聚糖对肉鸡生产性能及血液生化指标的影响. 中国饲料, (12):19-20.

王伟,薄淑琴,秦汶. 1990. 不同脱乙酰度壳聚糖 Mark-Houwink 方程的订定. 中国科学(B 辑),(11):1126-1131.

王秀武，杜昱光，白雪芳，等. 2004. 卡拉胶寡糖对肉仔鸡肠道菌群、小肠微绒毛及免疫功能和生产性能的影响. 中国兽医学报，24(5)：498-500.

王秀武，张丽，杜昱光，等. 2005. 海洋寡聚糖对仔猪结肠内容物营养成分、肠道形态和肠道微生态的影响. 中国动物保健，(1)：31-32.

王秀武，张丽，杜昱光，等. 2004. 壳聚糖对肉仔鸡矿物资微量元素代谢、肠道菌群及微绒毛形态密度的影响. 中国粮油学报，19(6)：94-97.

王秀武，杜昱光，白雪芳，等. 2003. 壳聚糖对肉仔鸡肠道主要菌群、小肠微绒毛密度、免疫功能及生产性能的影响. 动物营养学报，15(4)：32-35.

王玉，李晓玫. 1998. 生理科学进展，29(1)：59-62.

治荣. 1986. 生理科学进展，17(3)：250-253.

魏涛，唐桃芳，等. 2000. 壳聚糖降血脂、降血糖及增强免疫作用的研究. 食品科学，21(4)：48-52.

吴加罗，等. 1996. 壳聚糖对大鼠血脂水平的影响. 营养学报，(2)：197.

吴秋小，黄冠庆，潘俊福，等. 2003. 壳聚糖对 0～3 周龄三黄肉仔鸡生产性能和免疫力影响的初探. 饲料工业，28(2)：46-48.

席鹏彬，郑春田. 2003. 壳聚糖及其在家禽饲料中的应用. 饲料工业，24(11)：32-36.

夏文水，王璋. 1993. 壳聚糖澄清果汁作用的研究. 无锡轻工大学学报，(3)：111.

夏文水，吴焱楠. 1997. 甲壳素/壳聚糖水解酶的研究进展. 中国海洋药物，16(2)：31-35.

夏文水，张帆，何新益. 1998. 甲壳低聚糖抗菌作用及其在食品保藏中的应用. 无锡轻工大学学报，17(4)：10-14.

肖仁飞，刘军麟，李祥福，等. 2004. 病毒性肝炎患者血清 PLA_2 活性、ALT 水平及其临床意义. 海南医学院学报，10(4)：226-228.

谢雅明. 1983. 可溶性甲壳质的制造和用途. 化学世界，(4)：118-121.

徐彤，高文伟，任家琰，等. 2002. 实验性免疫应激对雏鸡血液激素与免疫功能的影响. 华北农学报，17(1)：114-118.

徐鑫，王静. 2002. 甲壳质和壳聚糖的开发及应用. 哈尔滨工业大学学报，34(1)：95-100.

许爱华，任莉，郑媛媛，等. 2008. 银杏外种皮多糖对环磷酰胺诱导的免疫抑制小鼠免疫反应的调节作用. 中国药理学与毒理学杂志，22(1)：69-72.

许梓荣，卢建军. 2003. 稻谷型日粮添加非淀粉多糖酶对生长猪消化道结构和功能的作用研究. 中国农业科学，36(2)：201-207.

杨冬芝，刘晓非，李治，等，2000. 壳聚糖抗菌活性的影响因素. 应用化学，17(6)：598-602.

杨桂芹，刘海英. 2004. 壳聚糖对艾维因肉仔鸡免疫机能的影响. 中国家禽，(21)：10-12.

杨正平. 2007. 壳聚糖对肉仔鸡生长性能、免疫功能以及小肠组织形态发育的影响(硕士学位论文). 杨凌：西北农林科技大学.

应自忠，张慧，韩志红. 2000. 壳聚糖对荷瘤小鼠红细胞免疫功能的影响. 中国公共卫生，16(9)：831-834.

袁成凌，姚建铭，余增亮. 2000. 花生四烯酸及其代谢物的生物学作用. 中国药物化学杂志，10(1)：75-78.

张彩芬，史彬林，金晓，等. 2008. 壳聚糖对仔猪生长性能及血清中类胰岛素生长因子-Ⅰ

和生长激素水平的影响. 动物营养学报，20(3)：1-4.

张彩芬. 2008. 壳聚糖对仔猪生长性能及免疫机能的影响(硕士学位论文). 呼和浩特：内蒙古农业大学.

张澄波，陈瑞，赵慧芳，等. 1993. 脱乙酰壳多糖的抗细菌感染作用. 首都医学院学报，14 (3)：175-177.

张宏福，张莉，方路，等. 2002. 异麦芽低聚糖对断奶仔猪肠道 VFA 浓度、pH 值及膜形态结构的影响. 动物营养学报，14(1)：19-24.

张建新，瞿建国，程国祚，等. 2003. 急性坏死性胰腺炎模型大鼠肠血流量及血清磷脂酶 A_2、白介素 1β 的变化. 基础医学与临床，23(5)：556-558.

张克胜，管其红，吴海泉，等. 2005. 壳聚糖对肉鸡生长发育的影响. 安徽农业科学，33(5)：856-868.

张丽英，王宝维，等. 1998. 壳聚糖对产蛋鸡血清和蛋黄胆固醇含量的影响. 饲料研究，(10)：31-32.

张树政. 2002. 糖生物学与糖生物工程. 北京：清华大学出版社.

张廷军. 1999. 甲壳素/壳聚糖及其衍生物的应用情况. 水产科技情报，26(6)：243-247.

张燕婉，王光华. 1991. 壳聚糖对五种食物中霉菌生长的影响. 微生物学通报，18(6)：344-347.

张亦飞. 1996. 壳聚糖制备工艺改进. 精细化工，13(4)：50-52.

张宗恩，王明华，王子飞，等. 2000. 完全水溶性壳聚糖的制备工艺. 上海水产大学学报，9(4)：373-375.

赵燕，周杰，陈安国. 2006. 壳聚糖对断奶仔猪生产性能和非特异性免疫功能的影响. 中国饲料，(21)：26-28.

郑建仙. 1999. 功能性食品. 北京：中国轻工业出版社.

郑晓灵，黄冠庆，刘铀，等. 2007. 壳聚糖对黄羽肉鸡早期生长性能与脂肪代谢的影响. 饲料广角，(5)：27-30.

周纪宁，江体乾. 1998. 甲壳素/壳聚糖及其衍生物在固定化酶中的应用. 化工新型材料，(5)：19-23.

周家华，刘永，曾颢，等. 2002. 超声波新技术制备壳聚糖的研究. 粮油加工与食品机械，(8)：42-43.

周晓容，杨飞云，姚焰础，等，2007. 壳聚糖对肥育猪生产性能、体脂沉积及血脂的影响. 中国饲料，(14)：21-23.

朱立贤，宋志刚，等. 2002. 壳聚糖的体外抑菌试验. 饲料博览，(11)：38-39.

朱立贤，宋志刚，林海，等. 2003. 壳聚糖对肉仔鸡生长与免疫功能的影响研究. 中国饲料，(4)：15-17.

邹丽宜，陈忻，吴铁，等. 2007. 桑白皮低聚壳聚糖体内抗肿瘤作用研究. 现代中西医结合杂志，16(1)：28-29.

Badovinac V，Trajkovic V，Mostarica-Stojkovic M. 2000. Nitric oxide promotes growth and major histocompatibility complex-unrestricted cytotoxicity of interleukin-2-activated rat lymphocytes. Scand J Immunol，52(1)：62-70.

Barnett J, how J, ves D, *et al*. 1994. urification, characterization and selective inhibition of human prostaglandin G/H synthase 1 and 2 expressed in the baculovirus system. Biochim Biophys Acta, 1209: 130-139.

Bartov I. 1982. Corticosterone and fat deposition in broiler chicks: effect of injection time, breed, sex and age. Br Poult Sci, 23:161-170.

Beisel, W. R. 1977. Magnitude of host nutritional response to infection. Am J Clin Nutr, 30:1236-1247.

Bell J G, Ashton I, Secombes C J, *et al*. 1996. Dietary lipid affects phospholipid fattya acid compositions, eicosanoid production and immune function in Atlantic salmon (Salmo salar). Prostaglandins Leukot, Essent Fat Acids, 54:173-180.

Besedovsky H, Del Rey A, Sorkin E, *et al*. 1986. Immunoregulatory feedback between interleukin-1 and glucocorticoid hormones. Science (Washington, DC), 233: 652-654.

Beutler B, Cerami A. 1986. Cachectin and tumour necrosis factor as two sides of the same biological coin. Nature (London), 320:584-588.

Bianco I D, Balsinde J, Beltramo D M, *et al*. 2000. Chitosan-induced phospholipase A_2 activation and arachidonic acid mobilization in P388D1 macrophages. FEBS Letters, 466:292-294.

Blang-Louvry I L, Coquerel A, Koning E, *et al*. 2000. Operative stress response is reduced after laparoscopic compared with open cholecystectomy: the relationship with postoperative pain and ileus. Dig Dis Sic, 45:1703-1713.

Chell S, Kadi A, Williams A C, *et al*. 2006. Mediators of PGE_2 synthesis and signaling downstream of COX-2 represent potential targets for the prevention/treatment of colorectal cancer. Biochimica et Biophysica Acta, 1766:104-119.

Chen H L, Li D F, Chang B Y, *et al*. 2003. Effects of lentinan on broiler splenocyte proliferation, interleukin-2 production, and signal transduction. Poult Sci, 82:760-766.

Chen S H, Chen C J. 1998. Effects of bacteria-degraded chitin hydrolysate on physiological changes of rats by oral administration. Ltd, (3):291-298.

Chou T C, Fu E, Shen E C. 2003. Chitosan inhibits prostaglandin E_2 formation and cyclooxyenase-2 induction in lipopolysaccharide-treated RAW 264. 7 macrophages. Biochem Biophys Res Commun, 308(2):403-407.

Cisneros R L, Gibson F C, Tzianabos A O. 1996. Passive transfer of Poly-(1-6)-beta-glucotriosyl- (1-3)-beta-glucopyranose glucan protection against lethal infection in an animal model of intra-abdominal sepsis. Infect Immun, 64:2201-2205.

Coates M E, Fuller R, Harrison G F, *et al*. 1963. A comparison of the growth of chicks in the Gustafsson germ-free apparatus and in conventional environment, with and without dietary supplements of penicillin. Br J Nutr, 17:141-150.

Crawford R M, Leiby D A, Green S J, *et al* . 1994, Macrophage activation: a riddle of immunological resistance. Immunol Res, 60 : 29-33.

Cynthia M medi, Gallaher J M, Robert H Jr , *et al*. 2000. Cholesterol reduction by glucomannan and chitosan 15ated by changes in cholesterol absorption and bile acid and fat excretion in rats. J Nutri,130 : 2753-2759.

Czop J K,Austen K F. 1985. A beta- glucan inhibitable receptor on human monocytes: its identity with the phagocytic receptor for particulate activators of the alternative complementpathway. J Immunol, 134:2588-2593.

Daniel W G. 1988. Regulation of the receptor system for leukotriene B4 on hunan neutrophils. Ann N Y Acad Sci,524:181-185.

Deng X Z, Li X J, Liu P, *et al*. 2008. Effect of chito-oligosaccharide supplementation on immunity in broiler chickens. Asian-Aust J Anim Sci, 21(11):1651-1658.

Deuchi K, Kanauchi O, Shizukuishi M, *et al*. 1995. Continuous and massive intake of chitosan affects mineral and fat-soluble vitamin status in rats fed on a high-fat diet. Biosci Biotechnol Biochem, 59(7):1211-1216.

Deuchi K, Kanauchi O, Imasato Y, *et al*. 1994. Decreasing effect of chitosan on the apparent fat digestibility by rats fed on a high-fat diet. Biosci Biotechnol Biochem, 58: 1613-1616.

Freter R, Stauffer E, Cleven D, *et al*. 1983. Continuous-flow cultrues as in vitro models of the ecology of large intestinal flora. Infection and Immumity, 39(2) : 666-675.

Fuentes M, Aguiar E. 1999. The effect of shark cartilage and chitosan added to hen diets on egg yolk and plasma lipids. Pout Sic, 78(suppl):79-82.

Gallaher C M, Munion J M, Hesslink R Jr, *et al*. 2000. Cholesterol reduction by glucomannan and chitosan is mediated by changes in cholesterol absorption and bile acid and fat excretion in rats. J Nutri, 2000, 130:2753-2759.

Graber R, Sumida C, Nunes E A. 1994. Fatty acids and cell signaling transduction. J Lipid Mediators Cell Signal, 9(1):91-116.

Li H Y, Yan S M, Shi B L, *et al*. 2009. Effect of chitosan on nitric oxide content and inducible nitric oxide synthase activity in serum and expression of inducible nitric oxide synthase mRNA in small intestine of broiler chickens. Asian-Aust J Anim Sci, 22 (7): 1048-1053.

Henderson W R Jr. 1994. The role of leukotrienes in inflammation. Ann Intern Med, 121(9):684-697.

Henry Y,Lepoiver M,Drapler J C,*et al*. 1993. EPR characterization of molecular targets of Noin mammalian cells and organelles. FASEB, 7(12):1124-1134.

Hill D C, Branion H D, Slinger S J, *et al*. 1952. Influence of environment on the growth response of chicks to penicillin. Poult Sci,32:462-466.

Hope B T, michael G J, Knigge K M, *et al*. 1991. Neuronal NADPH diaphorase is a nitric synthase. Proc Natl Acad Sci USA, 43(2):2811-2814.

Huang R L, Deng Z Y, Yin Y L, *et al*. 2007. Dietary oligochitosan supplementation enhances immune status of broilers. J Sci Food Agric, 87:153-159.

Jabbal-Gill I, Fisher A N, Rappuoli R, *et al*. 1998. Stimulation of mucosal and systemic antibody responses against Bordetella pertussis filamentous haemagglutinin and recombinant pertussis toxin after nasal administration with chitosan in mice. Vaccine, 16(20):2039-2046.

Johnson R W. 1997 Inhibition of growth by pro-inflammatory cytokines: An integrated view. J Anim Sci,75:1244-1255.

Kanauchi O, Deuchi K, Imasato Y, *et al*. 1995. Mechanism for the inhibition of fat digestion by chitosan and for the synergistic effect of ascorbate. Biosci Biotechnol Biochem, 59:786-790.

Kanfer J N, Sorrentino G, Sitar D S. 1998. Phospholipases as mediators of amyloid beta peptide neurotoxicity: an early event contributing to neurodegeneration characteristic of Alzheimer 's disease. Neuroscience Letters,257:93-96.

Kettler M,Border W A,Noble N A. 1994. Cytokines and L-arginine in renal injury and repair. Am J Physiol,267:F197.

Khajarern J, Khajarern S. 2002. Probiotic product lifts performance in layers. Asian Poult, (April):38-39.

Klasing K C. 1988. Nutritional aspects of leukocytic cytokines. J Nutr,118:1436-1446.

Klasing K C. 1991. Avian inflammatory response: Mediation by macrophages. Poult Sci, 70:1176-1186.

Klasing K C, Laurin D E, Peng R K, *et al*. 1987. Immunologically mediated growth depression in chicks: influence of feed intake, corticosterone and interleukin-1. J Nutr, 117: 1629-1637.

Kobayashi S, Itoh H. 1991. Effect of dietary chitin and chitosan on growth and abdominal fat deposition in chicken. Japanese Poultry Science, 28:88-94.

Kobayashi S, Terashima Y, Itoh H. 2000. Effects of dietary chitosan on fat deposition and lipase activity in digesta in broiler chickens. British Poultry Science, 43(2):270-273.

Kobayashi,等. 1997. 壳聚糖对脂肪代谢的调控及饲用效果. 张倩摘,译. 国外畜牧科学, 24(2):26-28.

Kosaka T, Kaneko Y, Nakada Y, *et al*. 1996. Effect of chitosan implantation on activation of canine macrophages and polymorphonuclear cells after surgical stress. J Vet Med Sci, 58(10):963-967.

Kuwata H, Yamamoto S, Miyazaki Y, *et al*. Studies on a mechanism by which cytosolic phospholipase A_2 regulates the expression and function of type IIA secretory phospholipase A_2. J Immunol, 2000, 165: 4024-4031.

Leslie C C. 1997. Properties and regulation of cytosolic phospholipase A_2. Journal of Biological Chemistry, 272(27): 16709-16712.

Libby D A, Schaible P J. 1955. Observations on growth response to antibiotics and arsenic acids in poultry feeds. Science (Washington, DC),121:733-734.

Liew F Y. 1995. Regulation of lymphocytes function by nitric oxide. Curr Opin Immunol,7:396-400.

Lim B O, Yamada K, Nonaka M, *et al*. 1997. Dietary fibers modulate indices of intestinal immune function in rats. Nutr, 127(5): 663-667.

Marcinkiewicz J, Polewska A, Knapczyk J. 1991. Immunoadjuvant properties of chitosan. Arch Immunol Ther Exp(Warsz), 39(1-2): 127-132.

Marletta M A. 1988. Bio chem, 27: 8706.

Matsumoto T, Ono Y, Watanabe T, *et al*. 1996. Effect of long term oral administration of chitin, partilly degraded chitin and N-acetylchitooligosaccharide on immunological and blood enzyme levels in aged mice. Chitin and Chitosan Research, proceedings of the 10th Symposium. [s. l]: Jap Soc Chitin and Chitosan(abstract A3), (2): 94-95.

McAnalley H, Carpenter B, McDaniel H R, *et al*. 1998. United States Patent, Patent NO. 5106616.

McCarthy D O, Kluger M J, Vander A J. 1982, Suppression of food intake during infection: is interleukin-1 involved. Am J Clin Nutr, 42: 1179-1182.

Mills C D. 1991, Molecular basis of "suppressor" macrophages: Arginine metabolism via the nitric oxide synthase pathway. J Immunol, 146: 2719-2723.

Morioka N, Takeda K, Kumagai K, *et al*. 2002. Interleukin-1beta-induced substance P release from rat cultured primary afferent neurons driven by two phospholipase A_2 enzymes: secretory type IIA and cytosolic type IV. J Neurochem, 80: 989-997.

Murray M J, Murray A B. 1979. Anorexia of infection as a mechanism of host defense. Am J Clin Nutr, 32: 593-596.

Nishimura K, Nishimura S, Ni shi N*et al*. 1984. Immunological activity of chitin and its derivatives. Vaccine, 2(1): 93-99.

Nishimura K, Nishimura S, Seo H, *et al*. 1986. Macrophage activation with multi-porous beads prepared from partially deacelylated chitin. Biom Mater Res, 20(9): 1359-1372.

Nogueira C, Zapata J, Fuentes M, *et al*. 1999, The effect of shark cartilage and chitosan added to hen diets on egg yolk and plasma lipids. Poultry Science, 78(supp/): 79.

Nose M, Terawaki K, Oguri K, *et al*. 1998. Activation of macrophages by crude polysaccharide fractions obtained from shoots of Glycyrrhiza glabra and hairy roots of Glycyrrhiza uralensis in vitro. Biol Pharm Bull, 21(10): 1110-1112.

Ousman S S, David S. 2001. MIP-1alpha, MCP-1, GM-CSF, and TNF-alpha control the immune cell response that mediates rapid phagocytosis of myelin from the adult mouse spinal cord. J Neuro Sci, 21: 4649-4656.

Peluso G, Petillo O, Ranieri M, *et al*. 1994. Chitosan-mediated stimulation of macrophage function. Biomaterials, 15(15): 1215-1220.

Porporatto C, Bianco I D, Riera C M, *et al*. 2003, Chitosan induces different L-arginine metabolic pathways in resting and inflammatory macrophages. Biochem Biophys Res Commun, 304(2): 266-272.

Radomski M W, Moncada S. 1993, Regulation of vascular hemeostasis by nitric oxide. Thromb Haemost, 70: 36-41.

Razdan A, Pettersson D, Pettersson J. 1997. Broiler chicken body weights, feed intakes, plasma lipid and small-intestinal bile acid concentrations in response to feeding of chitosan and pectin. Br J Nutrition, 78(2): 283-291.

Razdan A, Pettersson D. 1994. Effect of chitin and chitosan on nutrient digestibility and plasma lipid concentrations in broiler chickens. British Journal of Nutrition, 72 (2): 277-288.

Razdan A, Pettersson D. 1996, Hypolipidaemic gastrointestinal and related responses of broiler chickens to chitosans of different viscosity. Br J Nutr, 76(3): 387-397.

Ritz C W, Hulet R M , Self B B, *et al*. 1995, Endogenousamylase levels and response to supplemental feed enzymes in maleturkeys from hatch to eight weeks of age. Poult Sci , 74 (8): 1317 - 1322.

Rocha P N, Plumb T J, Coffman T M. 2003. Eicosanoids: lipid mediators of inflammation in transplantation. Springer Semin Immunopathol, 25: 215-227.

Samuelsson B, Hammarstrom S. 1982. Leukot rienes : a novel group of biologically active compounds. Vitam Horm, 39: 1-5.

Schwacha M G, Samy T S, Catania R A, 1998. Thermal injury alters macrophage responses to prostaglandin E_2: contribution to the enhancement of inducible nitric oxide synthase activity. J Leukoc Biol, Dec, 64(6): 740-746.

Siwicki A K, Anderson D P, Rumsey G L. 1994, Dietary intake of immunostimulants by rainbow trout affects non-specific immunity and protection against furunculosis. Vet Immunol Immunopathol, 41: 125-139.

Skinner M, Skinner S, Marbrook J. 1989, The effect of prostaglandins and indomethacin on cytotoxic T-lymphocytes and their precursors. Int J Immunopham, 11(3): 267-273.

Spurlock, M. E. 1997. Regulation of metabolism and growth during immune challenge: An overview of cytokine function. J Anim Sci, 75: 1773-1783.

Sugano M, Watanabe S, Kishi A A. 1988, Hypocholesterolemic action of chitosans with different viscosity in rats. Lipids, 23: 187.

Suk Y O, Sung H C. 2002, Line-by-level of chitosan interaction on egg traits and yolk cholesterol level in laying hens. Korean Journal of Poultry Science, 29(2): 81-88.

Suzuki K, Mikami T, Okawa Y, *et al*. 1986. Antitumor effect of hexa-N-acetylchitotohexaose and chitohexaose. Carbohydr Res, 151: 403-408.

Takahashi K M, Akiba Y. 1999, Dietary L-arginine level alters plasma nitric oxide and apha-1 acid glycoprotein concentrations, and splenocyte proliferation in male broiler chickens following Escherichia coli lipopolysaccharide injection. Comp Biochem Physiol, Part C, 124: 309-314.

Tang Z R, Yin Y L, Charles M Nyachoti, *et al*. 2005. Effects of dietary supplementation of chitosan and galacto-mannan-oligosaccharide on serum parameters and the insulin-like growth factor-1 mRNA expression in early-weaned piglets. Domest Anim Endocrin, 28: 430-441.

Tellez G, Dear C E . 1993. Effect of dietary lactose on cecal pH, morphology, organicacids and salmonella enteritidis organ invasion in leghorn chicks. Poult Sci,72: 636-642.

Tokoro A, Tatewari N, Suzuki K, *et al*. 1988. Growth-inhibitory effect of hexa-N-acetylchitohexaose and chitohexaose against Meth-A solid tumor. Chem Pharm Bull,36(2):784-790.

Tokura S, Tamura H, Azuma I. 1999. Immunological aspects of chitin and chitin derivatives administered to animals. EXS, 87:279-292.

Tsai G J, Su W H. 1998. Extrinic factors on the antibacterial activity of chitosan. Ltd, (3): 323-327.

Usami Y, Okamoto Y, Takayama T, *et al*. 1998. Chitin and chitosan stimulate canine polymorphonuclear cells to release leukotriene B_4 and prostaglandin E_2. Journal of Biomedical Materials Research, 42(4):517-522.

Waalkes T P,Udenfriend S. 1957. A fluorometric method for the estimation of tyrosine in plasma and tissues. J Lab Clin Med,50:733-736.

Wada M, Nishimura Y, Watanabe Y, *et al*. 1997. Accelerating effect of chitosan intake on urinary calcium excretion by rats. Biosci Biotechnol Biochem,61(7): 1206-1208.

Woloski M R N J, Smith E M, Meyer W J, *et al*. 1985. Corticotropin-releasing activity of monokines. Science (Washington, DC),230: 1035-1037.

Wu K Y, Wu M, Fu M L, *et al*. 2006. A novel Chitosan CpG Nanoparticle Regulates Cellular and Humoral Immunlty of Mice. Biological and environmental sciences,(19):87-95.

Wu X H, Zhao Y J, Sun T, *et al*. 1985,The relation of check of IgE in chronic hepatitis serum and hepatic pathology and function of liver. Chinese J of Infectious Diseases, 3(1): 8 -13.

Yu Z, Zhao L,Ke H. 2004. Potential role of nuclear factor-kappa B in the induction of nitric oxide and tumor necrosis factor-alpha by oligochitosan in macrophages. Int Immunopharmacol,4(2):193-200.

（本章由内蒙古农业大学史彬林教授、乌兰察布职业学院李慧英主笔，中国农业大学张宏宇协助）

第8章

壳寡糖研究现状及其在畜牧业中的应用前景

近年来，单分子物理、单分子化学、单分子生物学等新学科在 *Nature*、*Science* 和一些基金委遴选优先支持的学科领域中频频出现，表明这个领域的研究正在不断细化和深入。同时，伴随着欧盟 2006 年全面禁止饲料中抗生素的添加，超级细菌的报道不断涌现，畜牧业正在步入“尾抗生素时代”。杆菌肽锌(zink-bacitracin)、泰乐菌素(thylosin-phosphat)、维吉利亚霉素(virginiamycin)等促生产抗生素，以及卡巴氧(carbadox)和喹乙醇(olaquindox)等对生产效益有提高作用的抗生素的使用在欧洲已被禁止。美国纽约曼哈顿联邦法院已在 2012 年 3 月作出判决，下令美国食品药品监督管理局(FDA)采取措施禁止在动物饲料中使用常用抗生素。我国也制定了相应的法制、法规限制一些抗生素的使用，鼓励使用天然生物制剂。寻求开发天然、绿色和环保的抗生素替代品势在必行。前几个章节分别探讨了壳聚糖、连翘提取物、黄连提取物以及其他精油类天然抗氧化物质的研究现状，本章着重探讨小分子物质壳寡糖的研究现状及其在畜牧业中的应用前景。

“当前的抗生素时代即将过去，随之而来的将是低聚糖促生长物质时代”。目前，欧美和日本各国特别重视开发益生菌、寡糖类益生元和合生元这类产品，日本厚生省批准的特定健康用食品产品中有 40％的产品是利用低聚糖制成，具有改善胃肠道功能。自 20 世纪 90 年代至今，日本开发研制的寡糖食品有 10 多种，消费需求量逐年上升，年均消费达数万吨。亚洲的韩国和菲律宾也先后开发生产寡糖产品，如婴儿寡糖断奶食品就是由日本和菲律宾的营养学家共同研制的能促进婴幼儿生长发育的儿童食品，该食品畅销亚洲市场。也有把寡糖作食品添加剂融合到面包、糕点、糖果、饮料、奶制品及酒类之中的食品。

壳寡糖是通过化学法、酶降解法或物理法降解壳聚糖制得的产物，是 *D*-葡萄糖胺通过 β-1,4 糖苷键连接的 α-氨基-2-脱氧-*D*-吡喃葡萄糖键而成的 2～10 个单元的低聚糖。其生产原材料为昆虫、甲壳类动物外壳、真菌细胞壁及一些藻类中的甲壳质(chitin)。甲壳质、壳聚糖及其衍生物在抗肿瘤、防治病源微生物方面的功能已有大量报道，然而其水溶性差、黏度高，所以在开发应用上受到很大限制(陈红梅，2004；黎新明和姚钧健，2004；杨新超等，2005)。壳聚糖降解后形成由 *D*-葡萄糖胺通过 β-1,4 糖苷键连接的 α-氨基-2-脱氧-*D*-吡喃葡萄糖键而成的

2～10 个单元的低聚糖，称为壳寡糖（又称寡聚氨基葡萄糖、甲壳低聚糖，chitooligosaccharide，chitosan oligosaccharide），目前认为相对分子质量（M_r）＜5 000 的都可以称为 COS（图 8.1）。

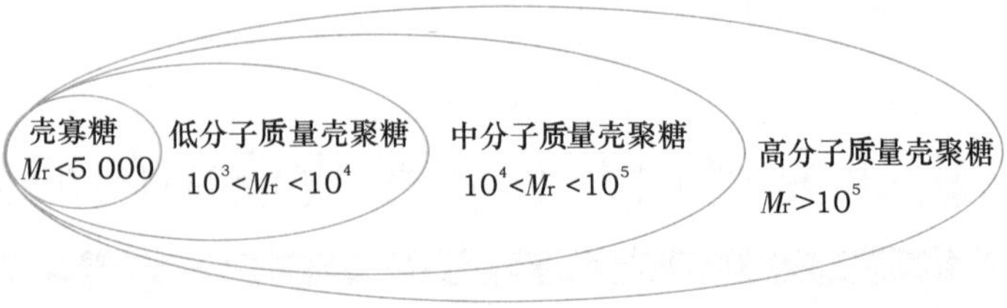

图 8.1 壳寡糖及壳聚糖相对分子质量范围（乔莹等，2008）

壳寡糖作为壳聚糖的降解产物，不但分子质量低，水溶性好，黏度低，而且生物活性比壳聚糖更强。壳寡糖及其衍生物的总还原能力强于甲壳质，可以有效清除羟基自由基、超氧阴离子（Feng 等，2007；Kim 和 Thomas，2007），减少脂质过氧化产物丙二醛（malondialdehyde，MDA）的生成量，增加超氧化物歧化酶（superoxide dismutase，SOD）、谷胱甘肽过氧化物酶（glutathione peroxidase，GSH-Px）活性等（高晚霞，2009），还同时具有抑菌（刘碧源等，2004）、调节免疫（窦江丽等，2005）、抗肿瘤（王海生等，2005）、抗氧化（吴宏军和陈筱春，2004）、调脂（刘冰等，2006）和促生长（Huang 等，2005；Tang 等，2005）等多种生理功能。壳寡糖及其衍生物在精细化工、生物医药、保健食品及农林畜牧等方面都具有独特的应用价值（胡志鹏，2003）。作为新型的饲料添加剂，壳寡糖及其衍生物具有绿色、无毒和无副作用等众多优势。

8.1 壳寡糖的概况

8.1.1 研究发展历程

自 1811 年法国学者 Braconnot 首次发现甲壳素以来，人们对其的研究开发不断深入，研究和利用的范围已涉及农业、医学、环境保护、食品、日用化工等领域。1894 年德国科学家 Hoppeseyler 把部分脱乙酰基的甲壳素命名为 Chitosan，即壳聚糖。1977 年关于甲壳质和壳聚糖的第一次国际学术研讨会在美国波士顿召开，从而把对壳聚糖的研究应用带入了一个新的高潮。近 10 多年来，人们又陆续发现壳聚糖对人体具有免疫、降脂、抑制癌细胞生长等功效。欧美科学家于 1991 年起将壳聚糖列为继糖、蛋白质、脂肪、维生素、矿物质之后人体所需要的第六生命元素。1996 年甲壳素又相继通过了美国药品食品管理局与欧共体的质量体系鉴定，允许在欧美市场销售，至今美国已有超过 200 个关于壳聚糖的专利。近年来我国对壳聚糖的研究和应用也取得了较大进展，壳聚糖于 1996 年获得国家保健品批文，目前已有多种壳聚糖保健品投入生产。其高级品壳寡糖已于 2004 年 11 月经农业部批准允许作为饲料添加剂在部分动物饲料中使用（表 8.1）。

表 8.1　饲料添加剂品种目录(2008)摘选

类别	通用名称	适用范围
多糖和寡糖	低聚木糖(木寡糖)	蛋鸡和水产养殖动物
	低聚壳聚糖	猪、鸡和水产养殖动物
	半乳甘露寡糖	猪、肉鸡、兔和水产养殖动物
	果寡糖、甘露寡糖	养殖动物

8.1.2　理化性质概述

低聚糖(oligosaccharides)也称寡糖,指 10 个以下的单糖分子通过糖苷键连接起来的,一般指带有分支的糖类的总称。它包括功能性低聚糖和普通低聚糖,其中只有功能性低聚糖不被机体消化,有些功能性低聚糖还能选择性的促进双歧杆菌的生长。常见的低聚糖有:甘露寡糖(mannan-oligosaccharide,MOS)、果寡糖(fructo-oligosaccharide,FOS)、大豆寡糖(soy oligosaccharide,SOS)、异麦芽寡糖(isomalto-oligosaccharide,IOS)、壳寡糖(chito-oligosaccharide,COS)、寡乳糖(galacto-oligosaccharide,GOS)和木寡糖(xylo-oligosaccharide,OS)等。

壳寡糖属于益生元的一种,是 *D*-葡萄糖胺通过 β-1,4-糖苷键连接的 α-氨基-2-脱氧-*D*-吡喃葡萄糖键合而成的 2～10 个单元的低聚糖。壳聚糖为几丁质(或甲壳素)不完全脱乙酰基后的产物,而几丁质广泛分布于自然界甲壳纲动物(虾、蟹、昆虫)的甲壳,真菌和植物的细胞壁中,蕴藏量在地球的天然有机高分子物质中占第二位,仅次于纤维素,年产量可达约 1 000 亿 t (Anversa 等,1998;胡继飞,1994)。所以,壳寡糖生产原料来源广泛,具有广阔的开发利用前景。

壳寡糖包括甲壳素、壳聚糖降解后得到的寡糖和单糖,属于天然无毒制品,由于分子质量的不同具有不同的理化性质和功能。壳寡糖的每个糖单元都带有—NH_2 功能基团,通过化学衍生后可产生不同性质、功能和用途的新产品,其衍生反应主要包括对甲壳素、壳聚糖进行羧甲基化、酰基化、烷基化、硫酸、磷酸及硝酸酯化等(房子,2004)。

壳寡糖水溶性大于 99%,人体吸收率大于 99.88%,与壳聚糖相比,壳寡糖的分子质量小、黏度低、水溶性好、易被人体吸收,从而比壳聚糖具有更优越的生物活性(胡志鹏,2003)。

8.1.3　制备方法

8.1.3.1　化学法

化学法是最早应用于制备壳寡糖的方法,它主要有酸降解法和氧化降解法两种。

酸降解法是利用壳聚糖在酸性溶液中不稳定的特点来进行的,在强酸(硫酸、盐酸等)和弱酸(乙酸、磷酸等)溶液中,壳聚糖分子中存在众多的游离氨基酸与溶液中氢离子结合的特点,引起壳聚糖分子间与分子内部的糖苷键断裂,使分子结构舒展,形成许多聚合度不等的分子片段,即壳寡糖。酸对壳寡糖的解聚是一种最基本最简单的方法。一般用浓盐酸水解,Barker

等(1958)将壳聚糖溶解于盐酸溶液中，在 100℃条件下反应 32 h 后得到壳寡糖。但盐酸降解的产物多在四糖以下，而且化学反应条件十分严格，不易控制，后处理也繁琐，故不够理想。利用醋酸法制备的寡糖产品具有可以长期保存的优点，特别适用于食品及化妆品寡糖的生产(张虎等，1999)。此外，采用浓硫酸、硝酸、磷酸、氢氟酸、三氧乙酸和甲酸等无机酸和有机酸降解甲壳质也可得到壳寡糖。过硼酸钠也可降解壳聚糖为壳寡糖。该方法简单易行，所制备的壳寡糖不仅能溶于水，而且在二甲乙酰胺和二甲亚砜等有机溶剂中也有很好的溶解性(Kubota 等，2000)。也有学者精心设计基质，通过化学合成的方法制得特殊结构的低聚糖(陈海燕等，2007)。然而，化学法反应条件较为苛刻，不易控制，后处理也较为繁琐，主要得到价值不大的单糖、双糖等，且对环境污染严重，已逐渐被淘汰。

氧化降解法是近年来国内外研究比较多的壳寡糖降解方法。H_2O_2 氧化降解法，因其成本低、降解速度相对较快、产品分子质量低且分布窄，无残毒、易实现工业化生产而备受关注。直接用酸性或者中性的过氧化氢溶液对高分子质量、高脱乙酰度的壳聚糖进行非均相降解即可得到聚合度为 3～7 的寡糖(卢凤琦等，1997；卢凤琦等，1997)。水解温度 80～90℃，过氧化氢浓度 8%～10%，水解时间 0.5～1.0 h 时，水溶性壳寡糖产品的得率可达到 40%～45%，聚合度为 3～7 的寡糖占水解产物的 36%～50%(李邦良等，1999)。丁盈红等(2002)利用微波辐射对过氧化氢法进行了改进，得到最优化反应条件为：5%过氧化氢、5%壳聚糖、微波辐射功率 400 W，辐射时间 3 min，所得壳寡糖相对分子质量为 11 000，收率可达 60%。但是利用 H_2O_2 制备 COS 也存在缺点，如 H_2O_2 含量和反应时间控制不好都会引起合成 COS 速度下降等(占今舜和张彬，2011)。

8.1.3.2 酶降解法

酶降解法分为专一性酶和非专一性酶降解法。非专一性酶降解法，是利用如脂肪酶、纤维素酶、溶菌酶等壳聚糖非专一性水解酶，降解壳聚糖。但其降解程度有限，到一定程度后，即使再增加酶量也难以提高水解程度，而且产物复杂，不易分离，酶量使用大，成本高。专一性酶降解法，是利用以壳聚糖为专一性底物的壳聚糖酶，通过控制反应时间和反应条件控制水解产物，为大规模生产壳寡糖提供了可能，是一种较为理想的壳寡糖制备方法(杨文鸽等，2001)。

壳聚糖酶广泛分布于细菌和真菌中，其主要作用于 β-1,4-氨基糖苷键。Zhang 等(1999)研究复合酶降解法制备壳寡糖，发现用纤维素酶、α-2 淀粉酶和蛋白酶复合降解与膜分离耦合使用，可将脱乙酰度为 24%的壳聚糖降解为聚合度为3～10 的壳寡糖。杜昱光等(2001)和戴大章等(2005)以壳聚糖酶和黑曲酶为降解酶，考察了底物浓度、酶量、温度、pH 值、溶解介质等因素对降解反应的影响(图 8.2 至图 8.4、表 8.2)，探讨了提高和控制壳寡糖聚合度的方法。在此基础上进行了扩大试验，确认了该过程实现工业化生产的可行性。

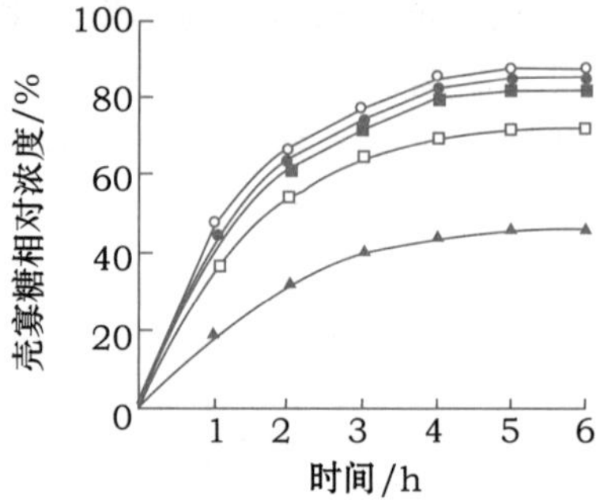

图 8.2　底物浓度对壳寡糖产量的影响

浓度：▲，0.005 g/mL；□，0.01 g/mL；■，0.02 g/mL；●，0.03 g/ml；○，0.04 g/mL

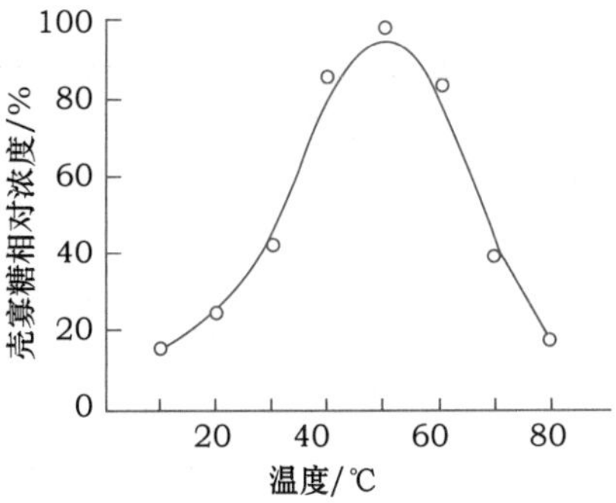

图 8.3　温度对壳寡糖酶活性的影响

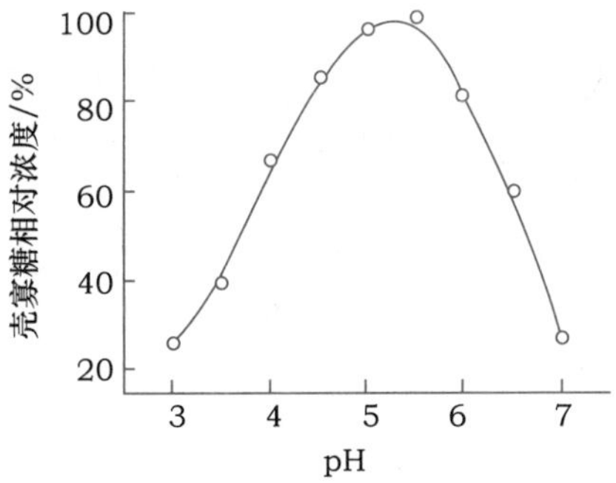

图 8.4　pH 对壳寡糖酶活性的影响

壳聚糖酶的稳定性不高，寿命短，且无法循环使用，在生产中的应用受到极大限制。壳聚糖酶通过固定化可提高其稳定性，并使其循环使用。在壳聚糖酶的应用研究中，固定化是一个重要的研究方向。常采用的固定化方法和固定化酶的性质如表 8.3 所示。

表 8.2　金属离子浓度对壳寡糖酶活力的影响

金属离子	浓度/(mmol/L)	糖分分解量/(mg/L)	壳寡糖酶相对活性/%
未加金属离子		0.395	100.0
Ca^{2+}	2	0.428	108.4
	10	0.474	120.1
Mg^{2+}	2	0.416	105.7
	10	0.442	112.3
Na^{+}	2	0.389	98.7
	10	0.387	98.2
K^{+}	2	0.382	97.2
	10	0.379	96.4
Al^{3+}	2	0.287	72.9
	10	0.284	72.1
Cu^{2+}	2	0.175	44.3
	10	0.171	43.3
Zn^{2+}	2	0.143	36.7
	10	0.138	35.4

表 8.3 常用壳聚糖酶的固定化方法及固定化酶的性质

固定方法	最适温度/℃	最适 pH 值	酶活力/(U/mL)	米氏常数 K_m/(g/L)
几丁质为载体、戊二醛为交联剂交联吸附固定化酶	60	4.0	ND	17.66
几丁质为载体、戊二醛为交联剂交联吸附固定化酶	65	4.0	ND	14.71
几丁质为载体、戊二醛为交联剂交联吸附固定化酶	60	4.0	ND	41.29
DEAE-22 纤维素为载体、戊二醛为交联剂交联吸附固定化酶	50	4.5	ND	14.29
DEAE 纤维素为载体、戊二醛为交联剂交联吸附固定化酶	60	4.0	ND	18.87
多孔玻璃吸附固定化酶	32	6.5	4.5	ND
海藻酸钠和纤维素包埋法固定化酶	35	5.5	ND	5.91
玉米芯颗粒吸附、海藻酸钠包埋固定化酶	28.6	5.0	101.3	ND

注：ND 表示未确定(屠洁和张荣华，2009)。

酶降解法与其他降解方法相比，具有反应条件温和，降解过程及降解产物相对分子质量分布容易控制，制备的壳寡糖生物活性高，产物不用除盐，且不对环境造成污染等优势，是较为理想的降解方法。

8.1.3.3 物理法

物理法主要是利用加热、加压、微波法等的方式造成的辐射作用来制备 COS，又可分为超声波法、微波法、γ 射线照射法和光降解法。

辐射降解是在放射性射线照射下，使壳聚糖分子产生电离或激发的物理效应，进而导致分子链断裂。用放射性钴在大气和真空下照射相对分子质量为 2.74×10^5 的壳聚糖，得到一系列壳寡糖，其中的氨基结构不但没有被破坏，反而含量增加(李治等，2001；陈海燕等，2007)。

紫外线、可见光和红外线对壳聚糖的辐照也可以降解壳聚糖，当辐照的波长小于 360 nm 时降解反应较明显。红外光谱表明，光降解过程中壳聚糖分子链上的乙酰氨基葡萄糖单元发生脱乙酰化反应，导致氨基的数量增加，同时使 β-1，4-糖苷键断裂，但是降解过程中生成羰基(陈海燕等，2007)。

采用近临界水降解壳聚糖的适宜条件为 25 MPa、250℃，5 min(高浩其等，2004)。将一定量的壳聚糖加入含有 NaCl、KCl、CaCl 的电解质中，以 480～800 W 的微波辐射能量，降解反应 3～12 min，冷却至室温，再用 2 mol/L 的 NaOH 液中和得淡黄色絮状沉淀；再经 4℃冷藏柜中沉淀 30 min，抽滤，所得滤饼 60℃下烘干，粉碎后，也可获得壳寡糖(李鹏程等，2004)。

8.1.4 壳寡糖的分析测定方法

8.1.4.1 比色法

比色法是在初步分析壳寡糖时经常采用的检测方法。本方法使用3,5-二硝基水杨酸显色,通过建立壳寡糖平均聚合度及平均相对分子质量与其溶液吸光度值之间回归关系,检测其中壳寡糖的含量(邬建敏,2001)。比色法技术简单,对设备要求不高,成本较低;但由于其准确性不高,因此有必要开发一种新的可准确测定壳寡糖的分析方法。

8.1.4.2 色谱法

1.薄层色谱法

薄层色谱法是在纸层析法的基础上发展起来的,其分辨效率高,分离效果好,简便易行,重现性好,在同一块薄板上可同时分析多个样品。当展开剂正丁醇∶水∶乙酸、氨水比利为20∶10∶10∶2;展开温度为25℃,检测方法最为经济、简便(王礼等,2011)。薄层层析法虽然可以分析壳寡糖,价格低廉,但操作时间长,只能进行微量生产检测,无法定量,可用于壳寡糖常规检验。

2.高效液相色谱

高效液相色谱法是定量分析低聚糖类及其他糖类最常用的方法。早期多采用示差检测器来检测糖类物质,由于示差检测器无法进行梯度洗脱,其所检测寡糖的聚合度多在8以下。随着科技发展,目前多采用蒸发光散射检测器或脉冲安培检测器,分离柱常用氨基柱或阴离子交换柱。这种方法不需要预先衍生就能分析壳寡糖,不仅节约了大量的时间和金钱,而且避免了一些有毒的衍生试剂的使用,减少了环境污染,在组成结构大小上非常相近的单糖也可得到很好的分离,且灵敏度很高,检测限量可达到几十个 p g/L 水平。高效液相色谱法虽然具有方便、快速、分离效果好、分辨率高、重现性好和不破坏样品等优点,但该方法需要大型的仪器,流动相和标准品花费昂贵,对于一般的实验室来说,初期筛选不宜使用高效液相色谱法。

3.气相色谱

气相色谱法亦可检测壳寡糖,但是相关研究较少。该方法测定结果较比色法准确,但分析步骤较多,且对设备要求较高。

4. 凝胶渗透色谱

凝胶渗透色谱只可测定壳寡糖的相对分子质量,但将光散射法与凝胶渗透色谱法联用,即可以将相对值转化为绝对值。

8.1.4.3 质谱法

质谱法是检测壳寡糖聚合度最有效的方法。时间飞行质谱可直接测定壳寡糖的分子质量,并能测定壳寡糖是否带有N-乙酰基。基体辅助激光解吸电离飞行时间质谱也可分析壳寡糖。质谱法对大型仪器依赖度高,设备的价格限制了质谱分析方法的使用。

8.1.4.4 电泳法

用电泳法分析壳寡糖的报道不多，采用这种方法难以实现较大规模的分离纯化，它仅仅为我们提供了一条新的思路。20 世纪 90 年代，国外一些科学家通过荧光辅助毛细管电泳法来分析壳寡糖，国内的李邦良等用高效毛细管电泳测定了寡糖的聚合度。王亮等(2005)用 SDS-聚丙烯酰胺凝胶电泳方法分析检测壳寡糖组成，能够简单快速有效地定性检测壳寡糖，当浓缩胶浓度为 3%，分离胶浓度为 17.5%，上样量为 10 μL，恒定电流为 45 mA，电泳时间 50 min，可获得了最佳壳寡糖分析图。

目前大部分的应用还只处于实验室阶段，而真正可以用于实际样品测定的方法和体系并不多，进一步提高分析的准确性和灵敏度仍是重要的研究课题。

8.2 壳寡糖的生物学功能及其作用机制

壳寡糖(特别是聚合度为 2～6 的壳寡糖)因具有诸多独特的性质而著称，如抑菌、调节免疫、抑制肿瘤、抗氧化、调脂等作用。壳寡糖的聚合度、乙酰度以及电荷数等均影响着它的生物活性。与高分子质量的壳聚糖不同，壳寡糖很容易被肠道吸收，快速进入血液，并随血液进入各组织内发挥生物活性。

壳寡糖不易被动物消化，可通过肠道上皮细胞被吸收。哺乳动物内源性消化碳水化合物的酶(如唾液淀粉酶、胰淀粉酶)作用于碳水化合物的 α-1,4-糖苷键(杨曙明，1999)。壳寡糖单糖以 β-1,4-糖苷键结合，因此不易被哺乳动物胃酸和消化酶消化降解。利用跨上皮电阻研究不同分子质量和脱乙酰度的壳寡糖在肠道上皮细胞的渗透性，可发现高脱乙酰度、高聚合度的壳寡糖可打开细胞间连接，间接表明壳寡糖可通过肠道上皮细胞被机体吸收，较快地进入血液，随血液进入组织器官内发挥生物活性。壳寡糖的生物活性可分为 6 个方面，即调节肠道微生态、提高免疫、抗肿瘤、抗氧化、降低血压、调脂等作用。

8.2.1 改善肠道组织形态，调节肠道菌群

壳寡糖可使小肠微绒毛密度增加，并有变细、变高的倾向。肠道微绒毛高度增加，密度加大，有利于增大小肠的吸收面积，促进营养物质的吸收，提高饲料的利用率。王秀武等(2003)试验证实，日粮添加 0.1%壳寡糖可促进肉用仔鸡回肠微绒毛生长发育，提高生产性能。Huang 等(2005)试验表明，在日粮中添加 100～150 mg/kg 的壳寡糖可提高肉用仔鸡回肠的消化性能，改善生产性能。还有试验表明，壳寡糖可使大鼠十二指肠绒毛高度增加，十二指肠和空肠肠黏膜增厚，单位面积内的肠黏膜碱性磷酸酶活性增强(何亚男等，2006)。Liu 等(2008)在仔猪日粮中添加 100、200 和 400 mg/kg 壳寡糖也得到类似结果，添加 200 mg/kg 壳寡糖显著改善空肠和回肠的绒毛高度及绒毛高度与隐窝深度比(表 8.4)。

壳寡糖的抑菌作用在体内外试验中已得到广泛证明。刘碧源等(2003)采用涂布法和滴注法测定了壳寡糖对金黄色葡萄球菌、大肠埃希菌、枯草芽孢杆菌、白假丝酵母菌的抗菌作用效果。结果发现，壳寡糖对金黄色葡萄球菌的抑制作用最强，0.5%的浓度可完全抑制其生长；大

肠埃希菌次之，需 1%的浓度；枯草芽孢杆菌需 2%；对白假丝酵母菌的作用最弱，需 4%的浓度，并且抗菌活性随壳寡糖的浓度增加而增强。

表 8.4 日粮中添加壳寡糖对断奶仔猪小肠绒毛形态的影响

项目	空白对照组	壳寡糖组/(mg/kg)			金霉素组	SEM	P 值
		100	200	400			
绒毛高度/μm							
十二指肠	407.2	412.5	414.1	411.7	416.1	8.07	0.142
空肠	406.2[c]	411.4[abc]	416.3[ab]	410.0[bc]	417.7[a]	8.70	0.013
回肠	330.5[c]	343.9[ab]	350.9[ab]	339.8[bc]	353.4[a]	16.00	0.006
隐窝深度/μm							
十二指肠	220.5	214.7	214.2	215.2	212.0	10.22	0.447
空肠	227.7	224.8	224.2	227.9	224.2	6.70	0.543
回肠	204.0	203.7	201.4	205.1	200.2	7.66	0.614
绒毛高度与隐窝深度比							
十二指肠	1.85	1.92	1.94	1.92	1.97	0.11	0.178
空肠	1.78[b]	1.83[ab]	1.86[a]	1.80[b]	1.86[a]	0.06	0.005
回肠	1.62[c]	1.69[abc]	1.75[ab]	1.66[bc]	1.77[a]	0.12	0.023

注：同一行的肩标不同为差异显著($P<0.05$)。

来源：Liu 等，2008。

壳寡糖是双歧杆菌促生长因子的重要成员。双歧杆菌和乳酸杆菌是维持肠道正常的微生态环境的优势菌群，二者功能比较相似。壳寡糖能调节动物肠道内微生物的代谢活动，改善肠道微生物区系分布，促进双歧杆菌生长繁殖，从而提高机体免疫力，使肠道内 pH 值下降，抑制肠道有害菌生长，增进蛋白质吸收。壳寡糖在肠道内被双歧杆菌吸收利用后，可使双歧杆菌大量增殖，同时壳寡糖也可被发酵降解成短链脂肪酸和一些抗生素物质，降低肠道内的 pH 值和电位，并竞争性地与病原菌结合使其无法附植在肠壁上，抑制外源性病菌和肠道内固有腐败菌的增殖，致使病原菌丧失优势而失去致病力，减少有毒发酵产物及有害细菌酶的产生，增强动物非特异性免疫功能(香红星等，2001)。

壳寡糖的抑菌作用与分子质量的大小密切相关。夏文水等(1998)通过对大肠埃希菌等菌种的抑菌活性试验，证明其抑菌作用是随壳寡糖分子质量的降低而逐渐增强的，尤以分子质量为 1 500 u 左右时抗菌效果较好。当分子质量大于 10^5 u 时，只能作为黏合剂和载体。当分子质量在 10^3～10^4 u 时，壳寡糖可以调节免疫应答和减少有害细菌在肠道的定殖。一般认为，分子质量大于 10^5 u 的壳寡糖具有吸附和载体功能，分子质量介于 10^3～10^4 u 具有免疫调节和抑菌功能，小分子质量具有促进双歧杆菌增殖的功能。

壳寡糖可能通过两种机制发挥抑菌效果，即影响细胞膜通透性，或者干扰细菌 RNA 的转录。壳寡糖分子表面所带的正电荷可与细菌的细胞膜上的负电荷位点相结合，从而降低细菌从外界摄取营养物质的能力，进一步导致细菌死亡(Choi 等，2001)。Kim 和 Rajapakse(2005)

则认为可能是由于壳寡糖干扰了细菌 RNA 的转录,最终起到抑菌作用。目前,被公认的抑菌机制为:壳寡糖能够改变微生物细胞膜的通透性,进而阻止外界营养物质的渗入,最终导致细菌死亡。

近年来,越来越多的研究报道表明,饲料中添加壳寡糖,能提高畜禽的日增重,改善肠道微生态环境,增加乳酸菌和双歧杆菌等有益菌的数量,减少埃希氏大肠杆菌等有害菌在肠道内的定殖(Vishu 等,2005;夏文水等,1998;李晓晶,2007;Liu 等,2010)。壳寡糖对肠道组织形态影响的报道较少。饲料中添加壳寡糖在抑制肠道有害菌生长,促进有益菌增殖,提高肠道健康的作用效果还处在初级研究阶段,仍需要大量工作。

8.2.2 免疫调节作用

免疫系统是动物机体抵抗疾病,特别是抵抗感染性疾病的完整组织系统,它由免疫组织、免疫器官、免疫细胞以及免疫分子四部分组成。各层次不同类型的免疫组织和细胞在体内发挥不同的功能,通过淋巴细胞再循环和各种免疫分子将各部分的功能协调统一起来。各种免疫细胞能及时清除自身体内的一些异常细胞和代谢物,消除其对机体正常生理功能的影响,维持自身内环境的稳定性。随着现代医学、细胞生物学及分子生物学的发展,人们认识到许多疾病的发生都与免疫系统的紊乱有密切关系。巨噬细胞是一种免疫细胞,也是重要的抗原递呈细胞。它通过吞噬、抗原递呈、分泌细胞因子、激活淋巴细胞和产生活性氧、一氧化氮等,发挥免疫应答和免疫调节、抗感染、抗肿瘤等作用,是机体免疫系统的重要组成部分,也是免疫功能的重要行驶者。当动物受到外界适当的免疫刺激时,巨噬细胞会分泌白细胞介素(interleukin, IL)和肿瘤坏死因子(tumor necrosis factor, TNF)等炎性细胞因子,以促进免疫细胞增殖和分化、提高其机体抵抗力。

壳寡糖作为自然界唯一带有正电荷的寡糖,具有较强的抗感染和提高免疫的作用。动物饲喂壳寡糖、几丁寡糖后,包括巨噬细胞在内的多种免疫细胞被激活,释放出各种免疫活性分子,彼此间相互调节,使整个免疫系统功能增强。Kim 和 Rajapakse(2005)将壳寡糖作用于小鼠,结果发现壳寡糖对细胞增殖有促进作用,同时对刀豆蛋白(concanavalin A, Con A)和脂多糖(lipopolysaccharide, LPS)诱导的小鼠淋巴细胞的增殖也有促进作用,而且壳寡糖可以显著增加血清中免疫球蛋白 G(immunoglobulin G, IgG)和免疫球蛋白 M(immunoglobulin M, IgM)的功能。

壳寡糖能够提高巨噬细胞的吞噬能力,并能激活多种巨噬细胞,增强其杀伤活性,诱导如 IL-1β、IL-10 和 TNF-α 等多种细胞因子的分泌,提高 T 细胞和 NK 细胞的活性,进而极大地增强机体的免疫功能和抗肿瘤能力。壳寡糖激活巨噬细胞后,促使其分泌 TNF-α、IL-1β 以及 γ-干扰素(γ-interferon, γ-IFN),并能促进巨噬细胞细胞因子 IL-1β、TNF-α 和 IL-18 基因的表达,提高细胞因子的表达量(Yu 等,2004;Feng 等,2004;吴海明等,2005)。侯丽娜和赵鲁杭(2006)在细胞试验中发现,壳寡糖能够显著增加巨噬细胞 IL-1β 的基因表达量,对预刺激巨噬细胞有增强作用,同时高浓度壳寡糖能够引起巨噬细胞胞浆游离 Ca^{2+} 浓度升高,从而参与壳寡糖与巨噬细胞表面的甘露糖受体介导结合并激活巨噬细胞的过程,最终增强巨噬细胞的杀伤活性,提高机体对外界的免疫力。

壳寡糖也可发挥佐剂的作用,增加免疫系统对疫苗、药物和抗原免疫应答能力。壳寡糖通过降低机体对疫苗的吸收，延缓疫苗的释放，加长疫苗刺激机体的时间，从而增加机体初次和再次免疫应答的抗体效价，增加细胞因子的释放，如提高白细胞介素的作用等。以 IFN-T 细胞和 NK 细胞释放的细胞因子为例，它们可增强白细胞、补体、蛋白质向感染部位的迁移，并活化巨噬细胞以杀灭所包围的细菌。干扰素等细胞因子的活性可因一些寡聚糖的存在而得到增强。这是功能性寡聚糖提高动物细胞免疫功能的另一条途径（陈文学和史俊华，2002）。

壳寡糖还可促进动物机体免疫器官发育，从而提高其免疫力。日粮中添加壳寡糖可使肉仔鸡胸腺和法氏囊相对重量增加，促进免疫器官发育和 IL-1β 的释放（王秀武等，2003；李晓晶，2007）。

虽然多数研究认为壳寡糖对细胞因子分泌量的提升可提高机体免疫力，这却是一把双刃剑。细胞因子分泌量适度增加时，它们可反馈激活巨噬细胞和 NK 细胞，形成网络状的反馈调节关系，从而极大地增强机体的免疫功能和抗肿瘤能力。当这些细胞因子过度分泌时，则会导致营养物质的重新分配，用于维持生长和骨骼肌沉积的营养物质将转向于维持免疫反应，从而降低了营养物质的利用效率、加快骨骼肌蛋白质分解等，最终会影响动物的生长性能（Johnson，1997；Klasing 等，1987）。

8.2.3　抗肿瘤作用

壳寡糖能提高机体的免疫活性和抗癌能力，特别是甲壳六糖（聚合度为 6 的壳寡糖）具有很强的生理活性。早在 1985 年，就有学者用甲壳六糖对小鼠进行抗肿瘤测试试验，得到了明显效果；王中和等（1997）用壳寡糖对临床患者进行辅助治疗，发现白细胞和淋巴细胞的总数保持稳定，T 淋巴细胞的数量显著上升，也说明了壳寡糖的抗肿瘤辅助疗效。杜昱光等（2002）在小鼠 Sarcima 2180 癌细胞抑制作用的试验中发现壳寡糖对癌细胞 DNA 合成的抑制率最高可达 98.5%。

壳聚糖及其衍生物的抗肿瘤作用虽已被许多学者所证实，但其抗肿瘤的机理目前尚不清楚。肖航等（1998）报道，肿瘤的毛细血管分为无毛细血管内皮细胞和有毛细血管内皮细胞两类，只有具有毛细血管内皮细胞的毛细血管才能延伸加长。癌细胞沿着毛细血管向四周浸溶，肿瘤体积不断增大。甲壳素及其衍生物能抑制毛细血管的生长，切断其营养转移的介质，使癌细胞体积不再扩大，将其控制在局部范围内。据推测，壳聚糖及其衍生物抑制肿瘤的机制并不是由于免疫细胞的活化或是诱导出杀伤肿瘤活性，而是由于壳聚糖及其衍生物能和血管内皮表面黏附分子相结合，封锁癌细胞对血管内皮的黏附和运动。

壳寡糖可能通过促进免疫细胞因子的分泌起到抗肿瘤的作用（吴海明等，2005；曹秀明等，2006）。一般认为，壳寡糖与巨噬细胞表面受体结合后，激活巨噬细胞释放 IL-1，同时引起 T 细胞表面 IL-2 受体表达，而这又加速了 T 细胞成熟而释放 IL-2，IL-2 与受体结合后，进一步加速 T 细胞分化成熟为细胞毒性 T 细胞，从而产生抗肿瘤作用。杜昱光等（2002）的研究也发现，酶法降解壳聚糖制备的壳寡糖对肝癌细胞有明显抑制作用，抑制率平均达 76%，同时对小鼠肝癌腹水细胞的生长也有一定影响。王中和等（1997）用壳寡糖对临床患者进行辅助治疗，发现白细胞、淋巴细胞的总数保持稳定，T 淋巴细胞的数量显著上升。壳寡糖对小鼠实体瘤有显著的抑制作用，能够提高小鼠的胸腺指数和脾脏指数；体外试验表明，壳寡糖还能提高小鼠腹腔巨噬细胞吞噬中性红细胞的能力（曹秀明等，2006）。壳寡糖抑制肿瘤细胞生长的可能机理为壳寡糖对机体免疫力有保护和调节作用，而不是直接对肿瘤细胞产生毒性作用。

8.2.4 抗氧化作用

在新陈代谢过程中，活性氧自由基的产生和清除保持着一种动态平衡。氧自由基过剩，就会攻击生物膜中的多不饱和脂肪酸，引发脂质过氧化作用。氧化代谢的终产物丙二醛等引起膜质、膜蛋白交联，使膜蛋白构象发生改变，进而影响膜蛋白活性和细胞的各种功能。根据自由基学说，动物机体脂质过氧化作用不断加剧，过氧化的终产物丙二醛等物质的含量不断增加，而相应的清除剂超氧化物歧化酶和谷胱甘肽过氧化物酶的活性逐渐降低，进而导致生理功能的减退，使生长机能下降（申瑞玲和王俊东，2000）。

壳寡糖可提高机体自由基清除系统酶途径中关键酶的活性，提高机体抗氧化能力。壳寡糖具有较强的清除自由基的能力，保护机体免受自由基的侵害（Yang 等，2006a）。Yang 等（2006b）用壳寡糖饲喂高胆固醇的大鼠，发现壳寡糖能够激活肝脏抗氧化防御系统，起到降低氧化损伤的作用。陈筱春等（2005）研究了壳寡糖对运动小鼠自由基代谢的影响，发现壳寡糖能够提高小鼠血浆中 SOD 的活性，加速清除氧自由基的过程，减轻高强度运动中氧自由基引发的脂质过氧化对红细胞膜结构的损伤。许青松等（2006）报道，壳寡糖能够提高小鼠体内 SOD 的活性，减轻自由基对脂膜及线粒体膜的攻击，使得脂质过氧化的产物丙二醛含量降低，从而对四氯化碳造成的急性肝损伤有较好的保护作用。

壳寡糖上的大量活性羟基可能是抑制超氧阴离子的重要因素。壳寡糖对亚油酸酯类自由基抑制作用的过程可能发生在两个阶段：一是由 Fenton 反应产生的羟基自由基从壳聚糖结构单元上 5 位上的 α-碳抽氢，生成的醇自由基互相连接，形成非自由基，从而在链引发阶段猝灭了羟基自由基，阻止了链反应的引发；二是低分子质量壳聚糖螯合亚油酸脂类自由基产生体系中的金属离子（Cu^{2+}），从而影响羟基自由基的形成（蒋烜等，2002）。

8.2.5 调脂作用

壳寡糖作为壳聚糖的降解产物，不仅具有与壳聚糖相似的性质，而且一些生理活性和功能更加显著。壳聚糖的调脂作用在上一章节中已有描述，壳聚糖能够与日粮中的脂肪结合，从而阻止肠道吸收脂肪，起到降脂作用。壳寡糖同样可以降低胆固醇的水平，尤其能够降低肝脏中的胆固醇水平。与高分子质量的壳聚糖不同，壳寡糖在降低胆固醇的同时，不会导致胆固醇补充合成的增加，也不会造成必需脂肪酸、脂溶性维生素和微量元素的流失（Muzzarelli，1997）。

近几年来，学者们对壳寡糖调脂的作用机理进行了大量的研究。一般认为：壳寡糖分子中的聚葡萄糖胺链带有的四价铵离子能黏合胆汁酸，阻止胆汁酸循环，降低脂肪吸收，增加粪中脂肪的排出量，从而减少体脂的沉积量；同时，小肠内胆汁酸的减少促使肝内胆固醇向胆汁酸转化，从而降低肝脏中胆固醇的含量（刘派，2008）。但是，壳寡糖的降脂作用与其分子质量的大小密切相关，对于其具体的作用机理仍存在争议（Chae 等，2005）。刘冰等（2006）通过向大鼠日粮中添加不同剂量的壳寡糖，发现壳寡糖可以降低血清甘油三酯的浓度和载脂蛋白 B 质量浓度，但对胆固醇和载脂蛋白 A1 的质量浓度无影响，说明壳寡糖的调节血脂机理可能与壳聚糖有所不同，主要是通过降低载脂蛋白 B 的质量浓度来实现的。

8.3 壳寡糖的应用

壳寡糖因其独特的生物活性，已经逐步应用于精细化工、生物医药领域、保健食品领域和农林领域，并显现出广阔的市场前景（胡志鹏，2003）。在畜牧生产中，人们常用抗生素来预防病菌感染，促进动物生长，但长期使用抗生素不仅使细菌产生耐药性，同时药物的残留及对畜产品品质的影响更是一个亟待解决的问题。2004 年 11 月，壳寡糖经全国饲料评审委员会审定，批准壳寡糖作为饲料添加剂应用于仔猪和肉鸡饲料中。壳寡糖作为新型绿色饲料添加剂，资源丰富，无毒、无残留以及无副作用，被誉为继抗生素时代最有潜力的促生长物质，在畜牧业生产的研究利用正方兴未艾。

8.3.1 精细化工领域

壳寡糖来源于生物提取物，其特殊的分子结构决定了壳寡糖具有优良的保湿增湿性能，同时可抑制皮肤表面细菌，活化表皮细胞，增强皮肤弹性。与传统的保湿增湿剂相比，保湿效果较佳，因而可应用于美容、化妆、护肤以及抗衰老等精细化工领域。据报道，欧洲现有 60 多个与壳寡糖相关的化妆品品牌，年需求壳寡糖 1 500 t。壳寡糖绿色天然的特性符合世界日化产品的发展趋势，含天然活性物质的化妆品顺应回归自然和科学美容的消费趋势。因此，壳寡糖具有很大的发展潜力（Majeti 和 Kumar，2000）。

8.3.2 生物医药领域

壳寡糖在生物医药领域的重要用途之一是利用其抑制肿瘤作用来制备抗癌制剂。壳寡糖特别是聚合度为 6～8 的壳寡糖，可通过活化人体中的淋巴细胞、抑制癌细胞的繁殖和扩散达到抗癌作用。癌细胞的形成会释放大量癌毒素，降低人体中的铁质并造成贫血和食欲减退。然而，壳寡糖在人肠内形成的小分子基团容易被肠道吸收，抑制癌毒素在体内的释放。同时壳寡糖作为一种良好的聚电解质能被吸附在血管壁细胞的表面，从而抑制癌细胞的转移。目前，关于甲壳质和壳聚糖在调血脂、降胆固醇方面的功能已有很多报道。由于壳寡糖无毒、不产生变态反应以及对机体产生非常温和的免疫刺激，使其在调血脂和降胆固醇药物方面具有独特的优势（王德源等，2003）。

8.3.3 保健食品领域

壳寡糖作为自然界中唯一的碱性多糖，具有生物活性高、无毒副作用以及可被人体快速吸收的特点。以壳寡糖为主要原料生产的保健食品能够提高机体的免疫力、活化细胞、促进肠道双歧杆菌等有益菌的增生并抑制有害菌的生成。其医药保健作用可总结为免疫调节作用、抗肿瘤活性、抑制糖尿病、降血脂、促进钙的吸收和调节肠道健康等（乔莹等，2008）。目前壳寡糖的主要消费地在日、韩、美、法、俄等国家。韩国于 1996 年批准壳寡糖为功能性保健食品，我国壳寡糖的年需求量也正高速递增。

8.3.4 农林领域

壳寡糖在诱导植物产生抗病性，促进作物生长，改善作物品质，延长果实保鲜期等诸多方面的研究都正在进行。我国因长期使用化学农药，病虫害的抗药性越来越强，传统农药的用量越来越大，对生态环境保护和资源的可持续开发与利用造成较大的负面影响。壳寡糖具有良好的抗病虫害功能，且有安全、微量、高效和成本低等优势，可使水果、蔬菜及粮食增产 10%～30%。因而，可以应用于生物农药产品，替代部分化学农药（Yamada 等，1993；娄予强等，2009）。

8.3.5 畜牧领域

2004 年 11 月，壳寡糖经全国饲料评审委员会审定被批准作为饲料添加剂应用于仔猪和肉鸡饲料。壳寡糖作为新型绿色饲料添加剂，资源丰富、无毒、无残留以及无副作用。在畜牧生产中，长期使用抗生素不仅使细菌产生了耐药性，而且药物在动物体内的残留会严重影响畜产品的品质。研究开发绿色、环保的抗生素替代品是当今畜牧业亟待解决的问题之一，壳寡糖具有完全替代或者部分抗生素的潜力。

8.3.5.1 提高生产性能

在家禽的研究上表明，壳寡糖可明显提高肉仔鸡和鹌鹑对营养物质消化率，并提高生长性能，具有替代抗生素的潜力。在肉仔鸡日粮中 125 mg/kg 添加水平的壳寡糖组各周龄平均体重均比对照组增加，7 周龄出栏时平均体重增加 140 g，料重比降低 3.93%（王秀武等，2005a）。Huang 等（2005）对 0～42 日龄肉仔鸡日粮中添加壳寡糖（0、50、100 和 150 mg/kg）替代抗生素对生长性能和营养物质利用率进行了研究。结果表明，添加水平为 100 mg/kg 的壳寡糖组显著提高了日增重并与抗生素的作用相当；同时还提高了干物质、钙、磷、粗蛋白和多种氨基酸的回肠消化率。陈虹（2006）通过向鹌鹑的日粮中添加 0.05%壳寡糖的试验发现，适量添加壳寡糖可以明显改善鹌鹑生产性能，其中日增重提高 7.6%。但目前的研究对促生长的作用阶段还没有达成一致的意见。聂新志等（2004）报道，生长前期（1～3 周）的效果要好于后期（4～6 周），并将 100 mg/kg 作为最佳添加剂量。Huang 等（2005）报道，添加 100 mg/kg 的壳寡糖组的饲料转化率在 1～21 d 时与空白对照组相比并无显著差异，而饲料转化率在 22～42 d 时却明显好于空白对照组。李晓晶（2007）的试验却表明，肉仔鸡日粮中添加适量的壳寡糖对生长前期 1～21 d 肉仔鸡的促生长效果要明显好于后期 22～42 d。

仔猪上的试验结果类似，日粮中添加 100、125 和 200 mg/kg 壳寡糖均能够显著改善平均日增重、平均日采食量和饲料利用（Liu 等，2008；王秀武，2005b）。日粮中添加过量则可能对生产性能产生负面影响（图 8.5）。Chae 等（2003）试验表明，仔猪日粮中处理组添加 0.3%壳寡糖时，与金霉素组和 0.1%壳寡糖处理组相比，日采食量和饲料转化率显著下降；而添加 0.1%壳寡糖处理组生长指标却均没有受到影响，达到了替代金霉素的效果。

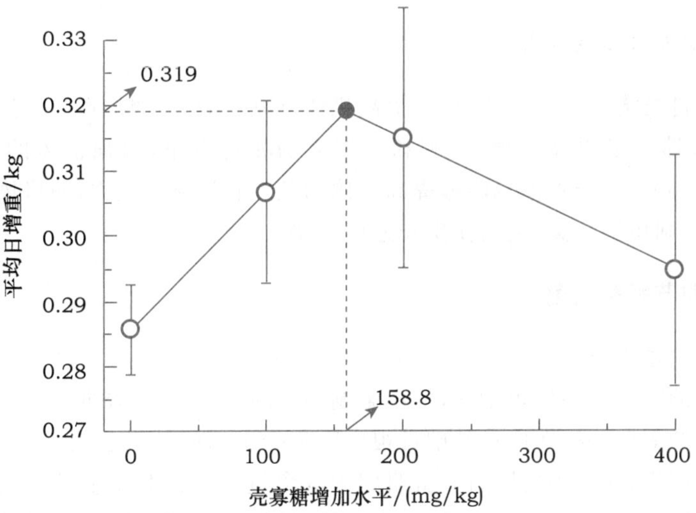

图 8.5 壳寡糖最佳添加水平的 Broken-line 分析(以最大日增重为衡量指标,Liu 等,2008)

8.3.5.2 改善肠道发育

壳寡糖可改善畜禽肠道微生物组成,有益于有益微生物的增殖,并改善肠道形态。日粮中添加 0.1%壳寡糖能够显著改善肉仔鸡的日增重和饲料转化率,并降低盲肠内容物中大肠杆菌的数量,增加回肠的微绒毛密度,促进胸腺和法氏囊的生长和发育(王秀武等,2003)。日粮中添加 125 mg/kg 壳寡糖日粮组肉仔鸡空肠和回肠的绒毛高度和十二指肠、空肠、回肠的隐窝深度均增加,而绒毛宽度减小,肠壁和黏膜厚度下降(王秀武等,2005a)。鹌鹑上的试验结果类似,日粮中添加壳寡糖可改善盲肠微生物区系,试验组盲肠内容物双歧杆菌数均显著高于对照组,大肠杆菌数显著低于对照组(陈虹,2006)。壳寡糖在猪饲料中的应用效果表明在提高仔猪生长性能的同时,还具有改善肠道微生态和减少腹泻的作用(王秀武等,2005b;Liu 等,2008,表 8.5)。

表 8.5 日粮中添加壳寡糖对断奶仔猪腹泻率(%)和粪便内菌群数量(log CFU/g 湿重)的影响

项目	空白对照组	壳寡糖组/(mg/kg)			金霉素组	SEM	P 值
		100	200	400			
乳酸杆菌							
第 0 天	7.37	7.34	7.39	7.40	7.42	0.16	0.820
第 7 天	6.88	7.05	7.10	7.07	6.94	0.24	0.190
第 14 天	6.72[b]	7.07[a]	7.11[a]	7.06[a]	6.65[b]	0.40	0.009
第 21 天	6.62[b]	7.15[a]	7.22[a]	7.13[a]	6.66[b]	0.52	0.010
大肠杆菌							
第 0 天	3.72	3.74	3.77	3.75	3.78	0.14	0.891
第 7 天	3.87	3.68	3.65	3.69	3.55	0.28	0.162
第 14 天	3.95	3.56	3.53	3.58	3.38	0.46	0.082
第 21 天	3.87[a]	3.57[ab]	3.53[b]	3.62[ab]	3.38[b]	0.36	0.035
腹泻率/%	13.8[a]	6.7[b]	6.2[b]	9.0[b]	5.7[b]		<0.05

注:同一行的肩标不同为差异显著($P<0.05$)。

8.3.5.3 增强机体免疫力

壳寡糖可促进畜禽免疫系统的发育，提高机体抗氧化能力，增加畜禽抗病力。鹌鹑日粮中添加 0.05%壳寡糖可以提高胸腺、脾脏和腔上囊的相对重量，增强机体的免疫功能(陈虹，2006;王秀武等，2003)。壳寡糖也能够提高机体的免疫和抗氧化能力，使机体处于健康的生理状态，营养物质的利用率提高，从而使生长速度加快。

8.3.5.4 调节脂类代谢

壳寡糖可减少畜禽对脂肪的吸收，从而减少相关畜禽产品的脂类含量。在饲料中添加壳寡糖能减少脂肪的吸收而降低腹脂率，但不影响肉鸡的生长，也不降低饲料利用率(Kobayashi等，2002)。王述柏等(1998)在肉鸡基础日粮中添加壳寡糖的结果表明，试验组血清胆固醇含量均显著低于对照组，而且鸡的腿肌和胸肌胆固醇含量分别比对照组降低 5.08%和 4.96%。张丽英等(1998)通过在产蛋鸡日粮中添加壳寡糖，结果发现壳寡糖能显著降低蛋黄中胆固醇含量。

8.3.5.5 壳寡糖促进畜禽生长的可能机理

壳寡糖能够促进畜禽生长，达到与抗生素相当的效果。主要有以下几种推断：①壳寡糖降低了肠道致病菌的数量(如大肠杆菌、沙门氏菌等)，同时增加了有益菌(如双歧杆菌、乳酸杆菌等)的含量，从而降低了腹泻的发生，提高动物的免疫机能。②壳寡糖可改善小肠组织结构，促进微绒毛生长发育，降低隐窝深度及隐窝内细胞的密度，导致肠组织逐渐变厚增生、体积增大、肠壁黏膜变薄，从而扩大小肠吸收面积，同时刺激胃、胰腺、肠道黏膜消化酶类的分泌，利于营养物质的消化吸收。特别是壳寡糖分子中含有游离—NH_2，且—NH_2 邻位是—OH，可借氢键也可借盐键形成具有类似网状结构的笼形分子，对金属离子有着稳定的吸附能力，可促进 Ca、Fe、Zn、Mn 等矿物质元素的吸收(邵良平等 2000)。③壳寡糖可通过调节神经内分泌激素，如甲状腺激素、生长激素、类胰岛素生长因子等，促进动物生长。调节途径一方面通过矿物质吸收影响激素分泌，另一方面通过免疫细胞产生的细胞因子产生神经内分泌的调节作用。陈虹(2006)研究表明壳寡糖影响了 T_4 的生成和特异性脱碘作用转化为 T_3，从而参与雏鹑的生长调控。壳寡糖还可以提高血清中的类胰岛素生长因子-Ⅰ(insulin-like growth factor-Ⅰ，IGF-Ⅰ)和生长激素(growth hormone, GH)的水平(Tang 等，2005;Liu 等，2008)。④壳寡糖可缓解免疫应激反应而发挥促生长作用。史彬林等(2005)研究发现，壳聚糖可抑制促炎症细胞因子的形成，同时会促进抗炎症因子的产生，由此说明壳寡糖可能会缓解免疫应激反应的不良影响。

8.4 展望

综上所述，国内外对壳寡糖的来源结构、制备方法、功能及应用进行了不同程度的研究，但壳寡糖在饲料生产中的应用方兴未艾。对家畜的促生长作用机理只是停留在表面，还有待进一步研究。壳寡糖的研究面临着重重困难与挑战，但因其发展前景广阔，吸引了越来越多的科研工作者的参与，并且随着各种检测技术的不断进步，其他领域（如纳米科学、超分子科学等）的发展，也必将为壳寡糖的发展带来更多的契机。

参考文献

曹秀明，徐海娇，尚明，等. 2006. 壳寡糖抗肿瘤和免疫调节作用的实验研究. 哈尔滨商业大学学报，22(4)：8-10.

陈海燕，张彬，何勇松. 2007. 壳寡糖的研究进展和应用前景. 广东畜牧兽医科技，32(2)：17-29.

陈红梅. 2004. 甲壳素及其衍生物概述. 内蒙古大学学报，19(4)：398-400.

陈虹，侯伟革，臧素敏. 2006. 壳寡糖对鹌鹑生产性能和免疫功能的影响. 经济动物学报，10(1)：18-21.

陈文学，史俊华. 2000. 双歧杆菌的研究进展. 中国微生态学杂志，12(5)：298-300.

陈筱春，文质君，屈菊兰. 2005. 甲壳寡糖对运动小鼠红细胞畸变及脂质过氧化的保护. 中国体育科技，41(2)：115-116.

戴大章，夏黎明，方祥年. 2005. 壳聚糖的酶法降解. 功能高分子学报，18(4)：687-691.

丁盈红，李若琦，伍锟贤. 2002. 微波辐射快速制备水溶性壳聚糖. 中国生化药物杂志，23(3)：132-133.

窦江丽，谭成玉，白雪芳，等. 2005. 壳寡糖对小鼠免疫系统的调节作用. 中国海洋药物杂志，24(5)：33-35.

杜昱光，张铭俊，张虎，等. 2001. 海洋寡糖工程药物—壳寡糖制备分离新工艺及其抗癌活性研究. 中国微生态学杂志，13(1)：5-7.

高浩其，徐良峰，杨建平，等. 2004. 壳聚糖在近临界水中降解及其工艺研究. 西北大学学报(自然科学版)，34(4)：436-438.

高晚霞. 2009. 壳寡糖及其衍生物抗氧化作用的研究进展. 咸宁学院学报，29(3)：127-129.

何亚男，佘锐萍，吴襟，等. 2006. 半乳甘露寡糖和壳寡糖对大鼠肠黏膜结构、碱性磷酸酶活性影响的动态观察. 科学技术与工程，6(2)：131-135.

侯丽娜，赵鲁杭. 2006. 壳寡糖结合并激活巨噬细胞机制的研究. 中国医科大学学报，35(2)：124-127.

胡继飞. 1994. 甲壳质及其衍生物的开发利用. 生物技术，45-47.

胡志鹏. 2003. 壳寡糖的研究进展. 中国生化药物杂志，24(4)：210-212.

蒋烜，薛培华，陈士明，等. 2002. 壳聚糖对超氧阴离子自由基和亚油酸脂类自由基的抑制作用. 科学通报，47(3)：182-184.

黎新明，姚钧健. 2004. 壳聚糖的动物生理效应及其在饲料添加剂中的应用. 广州化工，32(4)：9-12.

李邦良，高仕瑛，乔新惠，等. 1999. 甲壳低聚糖的制备和分析. 中国生化药物杂志，20(6)：292-294.

李鹏程，邢荣娥，刘松. 2004. 微波降解的甲壳低聚糖化合物及其制备方法. 中国，发明专利,CN1473857,2004.02.11.

李晓晶.2007.壳寡糖对肉仔鸡的促生长、免疫调节和抗氧化作用的研究(硕士学位论文).北京:中国农业大学.

李治,刘晓非,徐怀玉.2001.壳聚糖的γ射线辐射降解研究.应用化学,18(2):104-107.

刘碧源,高仕瑛,李邦良,等.2003.壳寡糖抗菌活性的实验研究.中国生化药物杂志,24(2):73-75.

刘冰,刘万顺,韩宝芹,等.2006.壳寡糖及其衍生物对实验性糖尿病大鼠调节血脂和抗氧化作用.山东大学学报,41(4):158-163.

刘琳,张杰,李鹏,等.2010.分光光度法测定壳寡糖平均聚合度的研究.食品科技,35(9):318-321.

刘派.2008.日粮中添加壳寡糖对断奶仔猪生长性能、肠道形态和肠道微生物的影响(硕士学位论文).北京:中国农业大学.

娄予强,叶燕萍,申章佑,等.2009.壳寡糖及低聚壳聚糖在农业上应用研究综述.科技创新导报,22:1-2.

卢凤琦,曹宗顺,王春香.1997.低分子质量壳聚糖的研制.中国生化药物杂志,18(4):178-180.

聂新志,印玉龙,贺建华.2004.壳聚糖对肉鸡免疫机能和血清胆固醇含量的影响.饲料博览,10:1-4.

乔莹,白雪芳,杜昱光.2008.壳寡糖医药保健功能的研究进展.中国生化药物杂志,29(3):210-213.

邵良平,周伦江,李国平.2000.口服甘露寡糖对哺乳仔猪免疫功能和血液GSH-Px、SOD的影响.中国兽医学报,20(3):257-259.

申瑞玲,王俊东.2000.中草药添加剂对蛋雏鸡抗氧化作用及生产性能的影响.中国兽医科技,30(5):27-29.

史彬林,李德发,朴香淑.2005.壳聚糖对肉仔鸡生长性能及免疫功能的影响.中国畜牧杂志,41(1):9-11.

谭会泽,胡铁鹏.2002.种母鸡的硒营养.营养研究,11:20-21.

王德源,楚杰,马耀宏,等.2003.壳寡糖的酶法制备及应用研究进展.山东食品发酵,3:19-20.

王海生,范廷英,任青华,等.2005.壳寡糖对小鼠微循环及移植性肿瘤的影响.中国生化药物杂志,26(5):301-302.

王礼,邓卫利,林文业.2011.壳寡糖分新检测的研究进展.大众科技,5:109-110.

王述柏,王宝维,张丽英,等.1998.壳聚糖对肉鸡生产性能及血液生化指标的影响.中国饲料,12:19-20.

王秀武,杜昱光,白雪芳,等.2003.壳寡糖对肉仔鸡肠道主要菌群、小肠微绒毛密度、免疫功能及生产性能的影响.动物营养学报,15(4):32-35.

王秀武,林欣,张丽,等.2005a.壳寡糖对肉仔鸡生产性能、小肠组织结构和肌组织矿物质元素含量的影响.中国粮油学报,20(2):83-87.

王秀武,张丽,杜昱光,等.2005b.海洋寡聚寡聚糖对仔猪结肠内容物营养成分、肠道形态和肠道微生态的影响. 中国动物保健,1:31-32.

王中和,陆顺娟,胡海生,等. 1997. 低分子壳多糖对癌症放疗患者免疫功能的影响. 首都医科大学学报,18 (1):80-82.

邬建敏. 2001. 光度法测定甲壳低聚糖的平均相对分子质量. 化学世界,(6): 293-295.

吴海明,华晓阳,何登全. 2005. 壳寡糖抗肿瘤作用及免疫调节机理的研究. 中华医学研究杂志,5(8):729-733.

吴宏军,陈筱春. 2004. 壳寡糖对运动小鼠自由基代谢的影响. 湛江师范学院学报,25(6):44-46.

夏文水,张帆,何新益. 1998. 甲壳低聚糖抗菌作用及其在食品保藏中的应用. 无锡轻工大学学报,17(4):10-14.

香红星,董仲华,刘亚力. 2001. 功能性寡糖的研究应用进展. 饲料研究,7:9-11.

肖航. 1999. 甲壳质、壳聚糖及其衍生物的免疫与抗癌活性. 海洋科学,3:30-32.

许青松,宫德正,谭成玉,等. 2006. 壳寡糖对四氯化碳致急性肝损伤小鼠的保护作用. 中国海洋药物杂志,25(5):31-33.

杨曙明. 1999. 寡糖在动物营养研究中的进展. 动物营养学报,11(1):1-9.

杨文鸽,娄永江,王扬. 2001. 酶法制备几丁寡糖和壳寡糖研究现状与进展. 东海海洋,19(4):41-45.

杨新超,赵祥颖,刘建军. 2005. 壳聚糖的性质、生产及应用. 食品与药品,7(8):59-62.

占今舜,张彬. 2011. 壳寡糖作为饲料添加剂的应用前景. 广东畜牧兽医科技,36(5):13-15.

张虎,杜昱光,虞星炬. 1999. 几丁聚糖和壳寡糖的制备和功能. 中国生化药物杂志,20(2):99-101.

张丽英,王宝维,闫桂玲,等. 1998. 壳聚糖对产蛋鸡血清和蛋黄胆固醇含量的影响. 饲料研究,10:31-32.

Anversa P, Kajstura J. 1998. Ventrieular myoeytes are not terminally differentiated in the adult mammalian heart. Cire Res, 83:1-14.

Barker S A, Foster A B, Stacey M *et al*. 1958. Amino sugars and related compounds. Ⅳ. Isolarion and properties of oligosaccharides obtained by controlled fragmen—tation of chitin. J Chem Soc, 451: 2218-2227.

Chae B J, Han K N, Choi S C, *et al*. 2003. Effects of feeding chitooligosaccharide on growth performance, immunity and microbial changes in growing pigs[EB/OL]. www. kunpoong. co. kr/PDF/eng/Effect_of_change_in_growing_pigs. PDF.

Choi B K, Kim K Y, Yoo Y J, *et al*. 2001. In vitro antimicrobial activity of a chitooligosaccharide mixture against *Actinobacillus actinomycetemcomitans* and *Streptococcus mutans*. Int J Antimicrob Agents, 18:553-557.

Feng J, Zhao L H, Yu Q Q. 2004. Receptor-mediated stimulatory effect of oligochitosan in macrophages. Biochem Biophys Res Commun, 317:414-420.

Feng T, Du Y Li J, 2007. Antioxidant activity of half N- acetylated water- soluble chitosan in vitro. Eur Food Res Technol, 225: 133-138.

Huang R L, Yin Y L , Wu G Y, *et al*. 2005. Effect of dietary oligochitosan supplementation on ileal digestibility of nutrients and performance in broilers. Poult Sci, 84:1383-1388.

Johnson R W 1997. Inhibition of growth by pro-inflammatory cytokines: an integrated view. J Anim Sci, 75: 1244-1255.

Kanauchi O, Deuchi K, Imasato Y, *et al*. 1995. Mechanism for the inhibition of fat digestion by chitosan and for the synergistic effect of ascorbate. Biosci Biotech Biochem, 59: 786-790.

Kim K W, Thomas R L 2007. Antioxidative activity of chitosans with varying molecular weights. Food Chem, 101: 308-313.

Kim S K Rajapakse N, 2005. Enzymatic production and biological activities of chitosan oligosaccharides (COS): A review. Carbohydr Polym, 62:357-368.

Klasing K C, Laurin D E, Peng R K, *et al*. 1987. Immunologically mediated growth depression in chicks: Influnce of feed intake, corticosterone and interleukin-1. J Nutr, 117: 1629-1637.

Kobayashi S, Terashima Y, Itoh H. 2002. Effects of dietary chitosan on fat deposition and lipase activity in digesta in broiler chickens. Brit Poult Sci, 43:270-273.

Kubota N, Tatsumoto N, Sano T, *et al*. 2000. A simple preparation of half N-acetylated chitosan highly soluble in water and aqueous organic solvents. Carbohydr Res, 324: 268-274.

Liu P, Piao X S, Thacker P A, *et al*. 2010. *Chito-oligosaccharide* reduces diarrhea incidence and attenuates the immune response of weaning pigs challenged with E. coli K88. J Anim Sci, 88:3871-3879.

Liu P, Piao X S, Kim S W , *et al*. 2008. Effects of chito-oligosaccharide supplementation on the growth performance, nutrient digestibility, intestinal morphology, and fecal shedding of Escherichia coli and Lactobacillus in weaning pigs1. J Anim Sci, 86:1-10.

Majeti N V, Kumar R. 2000. A review of chitin and chitosan applications. React Funct Polym, 46:1-27.

Muzzarelli R A A 1997. Human enzymatic activities related to the therapeutic administration of chitin derivatives. Cell Mol Life Sci, 53:131-140.

Tang Z R, Yin Y L, Nyachoti C M, *et al*. 2005. Effect of dietary supplementation of chitosan and galacto-mannan-oligosaccharide on serum parameters and the insulin-like growth factor-I mRNA expression in early-weaned piglets. Domest Anim Endocrinol, 28:430-441.

Vishu Kumar A B, Varadaraj M C, Gowda L R, *et al*. 2005. Characterization of chitooligosaccharides prepared by chitosanolysis with the aid of papain and pronase, and their bactericidal action against *Bacillus cereus and Escherichia coli*. Biochem J, 391:167-175.

Yamada A, Shibuya N, Kodama O, *et al*. 1993. Induction of phytoalexin formation in suspension-cultured rice cells by *N*-acetyl-chitooligosaccharides. Biosci Biotech Biochem, 57: 405-409.

Yang Y M, Shu R G, Shao J, *et al*. 2006a. Radical scavenging activity of chitooligosaccharide with different molecular weights. Eur Food Res Technol,222:36-40.

Yang Y,Liu W S , Han B Q ,*et al*. 2006b. Protective effects of chitosan oligosaccharide and its derivatives against carbon tetrachloride-induced liver damage in mice. Hepatology Res,35:178-184.

Yu Z J, Zhao L H, Ke H P. 2004. Potential role of nuclear factor-kappaB in the induction of nitric oxide and tumor necrosis factor-alpha by oligochitosan in macrophages. Int Immunol,4:193-200.

Zhang H, Du Y G, Yu X J, *et al*. 1999. Preparation of chitooligosaccharides from chitosan by a complex enzyme. Carbohydr Res,320:257-260.

（本章由北京伟嘉人生物技术有限公司王丁主笔，正大集团刘派博士参编）

第9章

天然药物有效成分及分离技术研究

天然药物是自然界赐予人类战胜疾病的瑰宝，这些瑰宝同样可以应用于动物生产。目前，天然药物应用于动物生产的种类和数量还比较有限，本章以人类医学视角对天然药物的概况、有效成分、功能及其分离技术进行概述，希望能对天然药物在动物生产中的进一步应用有所帮助。

9.1 天然药物简况

9.1.1 天然药物

天然药物是从植物、动物和微生物等天然资源中开发出来的药物，是药物的一个重要组成部分，包括中药、草药、民族药物及民间药、地方习惯用药等，主要是指来源于动植物及其他生物、具有明确治疗作用的单一组成或多组分药物，如来源于植物、微生物、海洋生物、内源性生物活性的物质。我国的天然药物资源丰富，需求广泛，有着很好的发展基础，趋势良好。据全国大规模中药资源普查表明，我国中药资源已达 12 772 种，其中药用植物占 11 118 种，药用动物占 1 547 种。

9.1.2 天然药物的优势

几十年来，我国对天然药物进行了大量研究。许多天然来源的化合物已被发现具有独特的生理活性，在此基础上一大批具有特殊治疗作用的药物被开发出来。天然活性物质往往具有结构新颖、活性高、副作用少等优势，是制药工业中新药研发的重要资源，也是我国研制具有自主知识产权药物的主要源泉。

在国内外新药研究的历史上，天然创新药物的研究往往成为药物研究领域新的突破口。例如，紫杉醇的研究导致作用于微管的抗癌新靶点的发现；辣椒碱的研究导致镇痛新靶点辣椒碱受体的发现。新中国成立以来，我国在创新药物研究方面取得的有影响的重要成果主要来自于天然药物的研究，如我国首创的抗疟天然药物青蒿素及其衍生物在国际上产生了巨大的影响；新型抗早老性痴呆药物石杉碱甲，成为该研究领域国际关注和追踪研究的一个热点。

鉴于天然药物多重的优势特点，加强天然药物研究，对我国社会和经济的发展、尤其是人口与健康事业和医药产业的发展，具有重要和紧迫的意义。同样，天然药物对于畜牧业中日益凸显的抗生素滥用、耐药性等问题的解决，提供了一条极具潜力的途径。

9.1.3 我国天然药物的现状

我国的天然药物资源可以划分为东北区、华北区、华东区、西南区、华南区、内蒙古区、西北区、青藏区以及海洋区九个中药区。每个药区都有着丰富的天然药物资源。九大药区以西南区蕴藏的天然药物资源最多，为我国中药材的主要产地，全区天然药物资源约 5 000 种，其中植物类约 4 500 种，动物类 300 多种，矿物类约 80 种，如川芎、川附子、川牛膝、黄柏、川黄连、川贝母、川大黄、独活、三七、云当归、天麻、杜仲、半夏、吴茱萸等。其次是华南区和华东区，华南区拥有近 4 000 种的天然药物资源，其中植物类 3 500 种，动物类 200 多种，矿物药 30 种左右，如著名的广藿香、巴戟天、钩藤、槟榔、肉桂、降香、胡椒等；华东区拥有约 3 000 种，其中植物类 2 500 余种，动物类 300 余种，矿物类约 50 种，有著名的道地药材浙八味、浙贝母、麦冬、玄参、白术、白芍、杭菊花、延胡索等。另外，东北区还有天然药物资源 2 000 余种，如人参、熊胆、鹿茸、五味子、黄柏、刺五加等。华北区有 1 800 余种，植物类如酸枣仁、北苍术、远志、北柴胡、黄芥知母、连翘、葛根、柏子仁；矿物类如龙骨、赫石、磁石、炉甘石及阳起石等。此外，在青藏区还蕴藏着量占全国 60%～80%的天然药物资源如冬虫夏草、甘松、大黄等。在海洋区也有近 700 种天然药物资源。

天然药物一直以来都是人们生活中不可缺少的一部分。随着近年来我国天然药物有效成分提取、分离、纯化及结构研究技术的不断发展和应用，天然药物作为来自自然界的“绿色药品”，已受到越来越多消费者的青睐，使天然药物开发利用走向国际化。一些天然药物优势企业加速形成，并朝着跨行业、跨地区的大集团方向发展，对我国中成药工业产业结构优化调整将起到促进作用。

9.2 天然药物有效成分的研究

9.2.1 天然药物有效成分研究概况

天然药物尤其是中药和民族药物，是我国人民数千年来与疾病斗争的结晶，是中华民族文化遗产的重要组成部分。我国地域辽阔，地理和气候带类型丰富多样，药用植物资源十分丰富，对保障人民身体健康和推动世界药学的发展都做出巨大贡献。天然药物应用于动物生产的历史也源远流长，并在当今养殖业愈发严峻的形势下焕发着青春。

随着天然药物日趋国际化，天然药物的活性成分研究越来越受到人们的重视，已经成为当今药物研发的热点。特别是在新药及其新药先导化合物发现中起着不可替代的作用。下面根据天然药物有效成分的主要药理活性来简要介绍天然药物有效成分研究概况。

9.2.1.1 抗肿瘤药用植物有效成分研究概况

1. 生物碱类

生物碱类成分在已分离出的具有抗癌作用的活性成分中占较大比重，研究较多的为吲哚类生物碱和喹啉类生物碱。生物碱类抗肿瘤成分主要对卵巢癌、淋巴癌和消化道系统癌如肝癌、结肠癌等有较显著的疗效。目前研究的生物碱类抗肿瘤机制一般可分为2类，一类是直接杀伤肿瘤细胞；另一类是干扰细胞周期的有丝分裂阶段，抑制肿瘤细胞的分裂和增殖。此外，生物碱类抗肿瘤成分在诱导肿瘤细胞分化、促进肿瘤细胞凋亡以及提高机体免疫力方面亦表现出一定的作用。

Dallavalle 等通过构效关系研究发现 A、B、C 和 D 环的共平面结构是喜树碱类化合物抗肿瘤活性必需结构，C-7、9，C-9、10，C-10、11 间增加一个环活性增加，C-7、9 位引入基团可增加活性；在 C- 5、12、14 位取代则活性降低或丧失，D 环吡啶酮为必需的抗肿瘤药效基团，C20 的 S 构型被认为是活性所必需的，20(S)异构体较 20(R)异构体活性强。

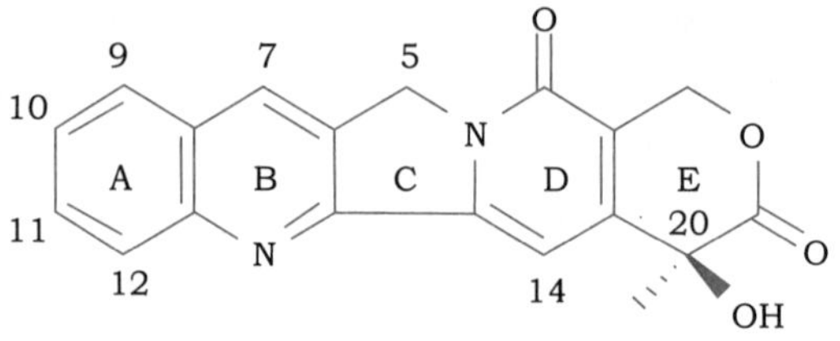

2. 芪类化合物

芪类化合物的结构特点是由 2 个联苄母核构成，包括菲类、联苄类及其他的 9,10-二氧菲衍生物。主要结构是多羟基芪类化合物(PHS)又称芪多酚，是具有均二苯乙烯母核的酚羟基衍生物或其聚合物的类物质的总称，在植物的木质部的薄壁细胞中含量最多，是植物受到病虫害等不利刺激时产生的应激产物。多羟基芪类化合物抗肿瘤机制主要有以下几个方面：①干扰真核细胞微管的功能，导致细胞功能障碍，达到抗肿瘤的效果；②抑制酪氨酸蛋白激酶或蛋白激酶 C 活性，通过对细胞膜转位的阻断或改变肿瘤细胞中的信息传递，抑制肿瘤细胞的生长；③抑制环氧合酶(COX-1)活性，从而阻止环氧合酶刺激肿瘤细胞生长、抑制免疫系统和活化损害基因的致癌物质；④抗氧化作用，能够抑制自由基的生成从而发挥预防肿瘤的作用。此类抗癌物质的代表物为秘鲁产豆科植物五角决明根的甲醇提取物中分离得到的活性成分白藜芦醇(Res)，主要存在于虎杖、葡萄、花生、毛穗藜芦、毛脉酸模等植物中，对肿瘤细胞的起始、促进和发展 3 个阶段均有抑制作用，能有效地抑制自由基产生的氧化损伤；预防细胞恶变，通过激活 P_{53}，蛋白诱导肿瘤细胞凋亡，干预细胞周期并抑制增殖。

3. 黄酮类

黄酮类化合物具有显著抗癌、抗氧化作用受到广泛关注，其抗肿瘤作用主要表现在抗细胞增殖、诱导细胞凋亡和增强抑癌基因活性及抑制癌基因表达等方面。根据构效关系研究，黄酮类化合物分子中心的 α，β 不饱和吡喃酮是其具有各种生物活性的关键，C_7 位羟基糖苷化和

C_2，C_3 位双键氢化则会引起黄酮类化合物的生物活性降低，而 A，B，C 三环的各种取代基则决定了其特定的药理活性。黄酮类化合物抗肿瘤作用可能受两种结构因素影响，一方面与其苯环上的取代基有关，A 环上糖的类型起重要作用，如葡萄糖连接在 A 环上就有活性，但如果鼠李糖或芦丁糖连在该位置上就无活性；另一方面羟基的位置也会对其抗肿瘤活性产生影响，B 环上 3'，4'和 5'连有羟基的黄酮类化合物抗肿瘤活性比其他类型连接活性强。

9.2.1.2 抗 HIV 海洋天然活性成分研究概况

自 1983 年首次分离得到 HIV，迄今为止仍无一种疗效理想的化学药物问世。现仅有 11 种药物得到批准用于治疗，虽然这些药物不乏比较好的抗艾滋病病毒的效果，能增加治疗艾滋病的机会。但是，与其他病毒性疾病相似，在艾滋病的药物治疗过程中，也存在着一个病毒的变异和耐药性问题，同时西药开发的成本极为昂贵，毒性又常常太大。由于中药具有复方、低毒、有效、可长期服用等特点，近年国内外许多研究者转向了中药和天然植物，并对其有效成分和作用机制进行了大量的研究。

1. 蓝藻门

日本学者 Hayashi K 等从螺旋藻属植物钝顶螺旋藻中分离出一种硫酸化多糖，命名为 Ca-sp。系由鼠李糖、核糖、甘露糖、果糖、半乳糖、木糖、葡萄糖、葡萄糖醛酸、半乳糖醛酸、硫酸和钙组成，它能选择性地抑制包膜病毒穿入宿主细胞，具有抑制 HIV 和单纯疱疹病毒的作用，与葡聚糖硫酸酯(DS) 相比，Ca-sp 具有更强的抑制 HIV 病毒的活性。研究表明，钝顶螺旋藻具有一定的富集和有机化硒的功能，从而可增强免疫功能，阻止 HIV 病毒感染，并可延缓 HIV 感染发展为 AIDS 的进程 。

2. 绿藻门

另一位日本学者 Lee 和 Hayashi K 从藻类的宽礁膜属植物中得到一种天然的硫酸化多糖鼠李糖硫酸酯(RS)。体外实验表明，具有较强的抑制 HIV 病毒的活性。根据时间增加实验结果表明，RS 抗病毒作用于病毒的复制阶段而不是吸附期。同时 RS 与叠氮胸苷合用于抗 HIV 病毒时有增效作用。Amornrut 等从紫斑文蛤中分离出一种新的多糖，由半乳糖的硫酸酯组成。该多糖具有抑制 HIV 诱导的合胞体形成的作用。

3. 其他

此外，具有抗 HIV 的活性成分还有从日本五针松中分离获得的松塔多糖、紫花地丁多糖、盾叶鬼臼中的盾叶鬼臼醇、异株荨麻中的荨麻凝血素、杜仲中的绿原酸、天仙果中的天仙果多糖、虎杖的水提物、大黄的乙醇提取液、美洲商陆中的美洲商陆抗病毒蛋白、大豆中的大豆皂苷、黄花龙芽中的种子提取物环状三萜、华东水杨梅中的三菇类成分、喜树中的喜树碱、大叶木鳖子中的大叶木鳖子根蛋白、丝瓜中的丝瓜子蛋白、油瓜中的油瓜根蛋白、山地香茶菜中的山地香茶菜提取物 H-1，H-9、夏枯草中的夏枯草多糖、穿心莲中的脱氢穿心莲内酯丁二酸酯、菊花中的金合欢素-7-O-β-*D*-吡喃半乳糖苷、大蒜中的大蒜 GO889、芦荟中的芦荟胶、水仙属植物中的凝血素、魔芋中的葡甘露低聚糖、姜黄中的姜黄素等。

9.2.1.3 中药护肝降酶有效成分的研究概况

慢性病毒性乙型肝炎是严重危害中国人民身体健康的一种常见病、多发病，特别是垂直感染或围产期感染者更是迁延难愈，大约 25％患者最终发展为肝硬化和肝癌。抗肝损伤、抗病毒、调整免疫力是治疗乙型肝炎三大措施，在乙型肝炎的治疗中发挥重要作用；因此，在中药新药的筛选研究和开发中，大多围绕这 3 方面进行。

1. 木脂素类

木脂素是一类由两分子苯丙素衍生物(即 C6-C3 单体)聚合而成的天然化合物，多数呈游离状态，少数与糖结合成苷而存在于植物的木质部和树脂中。其分布较广，目前已有 200 多种化合物，具有多种生物活性。

五味子化学成分比较复杂，含有五味子酚、五味子总多糖和 18 种以上氨基酸、16 种以上微量元素及挥发油、木脂素等。张明华等研究了五味子甲素和五味子醇甲对四氯化碳所致肝脏损伤的作用，结果表明，该两种木脂素增强了小鼠肝细胞抵抗 CCl_4 毒性的能力，有保肝降酶作用。水飞蓟素(silymarin)是天然的黄酮木脂素类化合物，难溶于水，口服吸收差。为了提高水飞蓟素的生物利用度，肖东征等利用磷脂酰胆碱与水飞蓟素络合生成水飞蓟素磷脂复合物；并探讨该复合物对小鼠急性肝损伤的保护作用。结果表明，每千克体重以水飞蓟素磷脂复合物 0.09，0.28，0.84 g 连续灌胃昆明种小鼠 30 d，以 CCl_4 造成急性化学性肝损伤后，能降低血清丙氨酸氨基转移酶(ALT)和天门冬酸氨基转移酶(AST)活性，减轻肝脏病理损伤($P<0.05$)。说明水飞蓟素磷脂复合物对 CCl_4 造成的急性肝损伤有明显的保护作用。

2. 皂苷类

皂苷是存在于植物界的一类比较复杂的苷类化合物，其水溶液易引起肥皂样泡沫，且多数具有溶血等特性；其结构有甾体皂苷、三萜皂苷两种，在中草药中广泛存在。

绞股蓝含有达玛烷型绞股蓝皂苷(gypenoside，GPS)。杜琰琰等研究了绞股蓝总皂苷、有机锗对 CCl_4 所致肝损害的拮抗作用，结果显示 GPS 和有机锗均可以明显减轻 CCl_4 所致脂肪样变和肝坏死，GPS 拮抗作用优于有机锗。三七有效成分是三七总皂苷。陈廷玉等报道：三七对 CCl_4 致小鼠肝损伤具有保护作用，可显著降低血清中 ALT 和 AST，增加血清中白蛋白(alb)，并能明显改善肝脏组织病理变化和超微结构变化。

3. 多糖类

多糖通常是由 *D*-葡萄糖、*D*-半乳糖、*L*-阿拉伯糖、*L*-鼠李糖、*D*-半乳糖醛酸和葡萄糖醛酸等聚合而成的高分子物质。中药中常见的多糖为菊糖、淀粉、树胶和黏液质等；近年来，多糖已引起国内外医学界的重视，发现其具有很多治疗作用。

从胡芦巴中能提取出胡芦巴多糖。黄玉萍等采用四氯化碳(CCl_4)、硫代乙酰胺(TAA)、扑热息痛(AAP)致小鼠急性肝损伤模型，测定小鼠 SGPT 活性。结果表明：胡芦巴多糖溶液对 CCl_4，AAP 所致小鼠实验性肝损伤有明显保护作用，但其对 TAA 所致小鼠实验性肝损伤无明显的保护作用。说明胡芦巴多糖可明显降低 CCl_4，AAP 致小鼠急性肝损伤模型 SGPT 活性，而对 TAA 致小鼠急性肝损伤模型 SGPT 活性无明显作用。鞠洋等报道从甘肃红毛五加根与茎中提取的多糖成分对 CCl_4 和 *D*-氨基半乳糖、硫代乙酰胺等引起的小鼠、大鼠急性肝损伤有明显保护作用；并提出其机制可能与降低过高的 NO 含量有关。金针菇有效成分主要是多糖。吴希哲等研究金针菇提取物(FVE)对小鼠急性肝损伤转氨酶活性的影响及其抗肿瘤能力，采用 CCl_4C 和 *D*-氨基半乳糖分别建立小鼠急性肝损伤模型，以 FVE 和阳性对照药云芝多糖灌胃治疗，结果 FVE 0.8 g/kg 对 CCl_4 和 *D*-氨基半乳糖造成的小鼠急性肝损伤 SGPT 和 SGOT 活性升高有显著的降低作用，与模型对照组相比，$P<0.01$。说明 FVE 对肝脏损伤有保护作用，并对 Heps 肿瘤有抑制作用。

9.3 天然药物有效成分提取分离技术的进展

天然药物的化学成分十分复杂,提取其有效成分是天然药物研究领域的一项重要内容。中药是天然药物的重要组成部分,下面以中药为代表介绍天然药物有效成分提取分离技术的研究进展。

中药的有效成分一般是指具有明确的化学结构式和物性常数的化学物质,如果有效成分的浓度不高,就会加大服用剂量,同时由于无效或效用低的部分的存在会使中药容易吸潮变质,难以保存,因此有必要对中药的有效成分进行提取分离。

9.3.1 中药传统提取分离方法

在中药制剂生产中,传统的提取分离方法主要是采用有机溶剂萃取,主要有浸渍法、渗漉法、煎煮法、回流法、酸碱法、沉降、过滤、离心、盐析法、离子交换法和结晶法等。

由于中药配方各异,所含成分十分复杂,常用的提取方法在提取有效成分方面,存在影响药效、步骤复杂、能耗高、纯度低、技术要求苛刻、有机溶剂消耗量大等问题,难以满足市场供求双方的要求,将来退出技术竞争也是必然。下面简要介绍部分中药传统提取分离方法。

浸渍法适用于有效成分遇热易挥发和易破坏的中草药的提取。按溶剂的温度分为热浸、温浸和冷浸等数种。浸渍法的操作是先将中草药粉或碎片装入适当的容器中,然后加入适宜的溶剂(如乙醇、烯醇或水等),浸渍药材以溶出其中有效成分的方法。本法比较简单易行,但提出率较低,并且如果提取溶剂为水的话,其提取液易于发霉变质,须注意加入适当的防腐剂。此外,最好采用二次或三次浸渍,以减少由于药渣吸附导致的损失,提高提取率。

渗漉法具体操作是将中草药粉末先装在渗漉器中使药材浸渍 24～48 h 膨胀,然后不断添加新溶剂,使其自上而下渗透过药材,从渗漉器下部流出、收集浸出液的一种浸出方法。当溶剂渗透进药材细胞内溶出成分后,由于其比重加大而向下移动时,上层新加入的溶液使置换其位置,造成良好的浓度差,使扩散能较好地进行,提取的过程是一种动态过程,故浸出的效果优于浸渍法。但流速应该加以控制(宜成滴不宜成线),在渗漉过程中应该随时从药面上补充加入新的溶剂,使药材中有效成分充分浸出为止。当渗漉流出液的颜色极浅或渗漉液的体积相当于原药材重的 10 倍时,便可认为基本上已提取完全。

煎煮法是我国最早使用的传统的浸出方法。此法简便易行,能煎出大部分有效成分,但煎出液中杂质较多,且容易发生霉变,一些不耐热挥发性成分易损失。一般药材宜煎 2 次。所用容器一般为陶瓷、砂罐或铜制、搪瓷器皿,不宜用铁锅,以免药液变色。加热时最好时常搅拌,以免局部药材受热太高,容易焦煳。

回流提取法,应用有机溶剂加热提取时,必须采用回流加热装置,以免溶剂挥发损失并减少有毒溶剂对实验操作者的毒害。小量操作时,可在圆底烧瓶上连接回流冷凝器,加热前先开冷凝水。装药材量为圆底烧瓶容量的 1/3～1/2 为宜,溶剂浸过药材表面 1～2 cm,实验室多采用水浴加热,比较安全。第一次提取以保持沸腾回流约 1 h 为宜,放冷后过滤,再在药渣中添加新的溶剂,做第二次、第三次加热回流提取,分别约 0.5 h,或通过薄层检测有效成分基本提尽为止。此法提取效率较冷浸法高,但由于操作的局限性,大量生产中也少被应用,而是多采用连续提取法。

连续提取法是实验室做中药有效成分分析时,用有机溶剂提取中常用的方法,通常用脂肪提取器或称索氏提取器来完成。这种提取法,需用溶剂量较少,提取成分也少,但一般需数小时(6～8 h) 才能完成,所以遇热不稳定易变化的中药成分不宜采用此法。尽管如此,在挥发性有机溶剂提取中草药有效成分时,不论小型实验或大型生产,均以连续提取法为好。

9.3.2 中药现代提取分离方法

近年来,在中药提取分离方面出现了许多新工艺,这些新工艺的应用,使得中草药提取既符合传统的中医理论,又能达到降低成本、提高有效成分的收率和纯度的目的,推动了中药的现代化进程,为我国的中药走向国际市场奠定了基础。现将提取分离新技术介绍如下。

9.3.2.1 超临界流体萃取

超临界流体萃取(supercritical fluid extraction,SCFE)是一种以超临界流体(SCF)代替常规有机溶剂对目标组分进行萃取和分离的新型技术,其原理是利用流体(溶剂)在临界点附近某区域(超临界区)内与待分离混合物中的溶质具有异常相平衡行为和传递性能、且对溶质的溶解能力随压力和温度的改变而在相当宽的范围内变动来实现分离的。利用 SCF 作溶剂,可以从多种液态或固态混合物中萃取出待分离组分。由于 CO_2 具有无毒、不易燃易爆、价廉、临界压力和温度较低、易于安全地从混合物中分离出来等优点,所以,CO_2 是中药有效成分提取与分离过程中最常用的一种 SCF。与传统的提取分离法相比,SCFE 最大的优点是可在近常温条件下提取分离不同极性、不同沸点的化合物,几乎保留产品中全部有效成分,无有机溶剂残留,因此,其产品纯度高,而且收率高、操作简单、节能。通过改变萃取压力、温度或添加适当的夹带剂,还可改变萃取剂的溶解性和选择性。利用 SCFE 提取和分离中草药有效成分,已引起国内外学者的广泛关注,并进行了许多相关研究,提出了多种中草药的 SCFE 工艺条件,正逐步推广应用到生产实际中。葛发欢等研究了超临界流体萃取法从黄花蒿中提取青蒿素(artemisinin)的新工艺。青蒿素是来自黄花蒿(*Artemisia annua*)的一种倍半萜内酯类成分,是我国唯一得到国际承认的抗疟新药,传统的汽油提取法存在着收益低、成本高和易燃易爆等缺陷,而采用 SCFE 工艺,从小试到中试放大,一直到 200 L 设备的工业化生产证明,SFE-CO_2 工艺可用于青蒿素的生产,青蒿素产品符合中国药品标准。该工艺比传统法优越,产品收率提高 1.9 倍,生产周期缩短约 100 h,每千克成本降低 400 多元,可节省大量的有机溶剂汽油,避免易燃易爆的危险,减少三废污染,大大简化生产工艺。

9.3.2.2 超声波提取技术

超声提取技术(UE) 是利用超声波的空化作用加速植物有效成分的溶出,另外超声波的次级效应,如机械振动、乳化、扩散、击碎、化学效应等也能加速欲提取成分的扩散释放并充分与溶剂混合利于提取。该技术具有提取时间短、产率高、无需加热、低温提取有利于有效成分的保护等优点。Li 等在从杜仲中提取绿原酸的研究表明超声处理效率高于传统提取方法。金莹等在苹果多酚超声波提取条件研究中,研究了苹果多酚的超声波法,并与普通的溶剂提取法进行了比较，发现超声波法提取效率较高，可达 94.2%。

9.3.2.3 微波萃取

微波萃取(MA)是 Ganzler 于 1986 年首先提出的。微波萃取是指使用适合的溶剂在微波反应器中，从天然药用植物、矿物、动物组织中提取各种化学成分的技术和方法。由于微波较强的穿透力，可使反应物内、外部分同时均匀、快速地加热，可缩短生产时间，降低能耗，减少溶剂用量以及废物的产生，同时可提高收率和提取物的纯度。有报道用微波辅助水提取法提取干罗汉果中的罗汉果皂苷，结果显示此法提取率为 70.15% ，比常规水提取法高 45% ，还缩短了 50%的时间。

9.3.2.4 高速逆流色谱分离技术

高速逆流色谱技术(high-speed countercurrent chromatography，HSC-CC)是一种不用任何固态载体或支撑体的液液分配色谱技术，是美国国家医院 Yiochiro Ito 博士于 20 世纪 60 年代末首创的新型分离技术。HSCCC 技术分离效率高、产品纯度高、不存在载体对样品的吸附和沾染，具有制备量大和溶剂消耗少等优点。至 20 世纪 70 年代末期，美国食品及药物管理局(FDA)和世界卫生组织(WHO)开始利用此项技术分离抗生素，并进行成分鉴定。20 世纪 80 年代后期，各国学者迅速认识到该项技术的应用和开发价值，并广泛用于天然药物有效成分的分离制备和分析中。目前，已成功地开发出分析型、生产型两大类高速逆流色谱仪，可分别用于中药有效成分的分离制备和定量分析。进样量可从毫克级到克级，进样体积可从几毫升到几百毫升，不仅适用于非极性化合物的分离，也适用于极性化合物的分离；既可用于中药粗提取物中各组分的分离，也可用于进一步精制。1994 年，HSCCC 技术创始人 Ito 博士又发明了 pH-局部精炼逆流色谱，使 HSCCC 的进样量大大增加，能方便快速地分离克数量级样品，更有利于中药有效成分的分离制备。该技术有望成为中药有效成分质量标准研究、分析的一种新方法，也会成为中药制剂生产的一种新型分离技术。此外，高速逆流色谱技术还可与其他新型分离技术相耦合分离中药有效成分。比如，巢志茂等将高速逆流色谱与双水相萃取技术相结合，以双水相系统作为高速逆流色谱的固定相和流动相，对牛膝多糖成分进行了分离纯化，成功地分离出多糖部分和蛋白多糖部分。

9.3.2.5 酶法

酶工程技术是近几年来用于中药工业的一项生物技术。中草药成分复杂，有有效成分，也有如蛋白质、果胶、淀粉、植物纤维等非有效成分。这些非有效成分一方面影响植物细胞中活性成分的浸出，另一方面也影响中药液体制剂的澄清度。传统的提取方法(如煎煮、有机溶剂浸出和酶处理方法)提取温度高，提取率低，成本高，不安全，而用适当的酶，可通过酶反应较温和地将植物组织分解，加速有效成分的释放提取。选用适当的酶可将影响液体制剂的杂质如淀粉、蛋白质、果胶等分解除去，也可促进某些极性低的脂溶性成分转移到水溶性溶剂中而有利于提取。这是一项很有前途的新技术，完全适于工业化大生产。

9.3.2.6 大孔吸附树脂技术

大孔吸附树脂是 20 世纪 60 年代开发出的一类新型高分子分离材料。其分离纯化的原理是利用特殊的吸附剂——大孔吸附树脂的吸附性和分子筛相结合的原理，从中药煎液中有选择性地吸附住其中的有效成分，去除杂质。特别是非极性吸附树脂在吸附药液中的有效成分时，主要是物理结构（如比表面积、孔径等）在起吸附作用。具体的操作方法就是将中药、煎煮液通过大孔树脂，吸附住其中的有效成分，然后经过洗脱，回收溶剂，除掉杂质，得目标成分。

其操作的基本程序大多是：中药提取液→通过大孔树脂吸附有效成分→乙醇溶液梯度洗脱→回收溶剂→得到药液浸膏→干燥→半成品。

该技术目前已比较广泛地应用于中药新药的开发和中成药的生产中，主要用于分离和纯化苷类、生物碱、黄酮类成分及大规模生产。

9.3.2.7 双水相萃取技术

双水相萃取技术（aqueous two phase extraction，ATPE）是利用被提取物质在不同的两相系统间分配行为的差异进行分离。与传统的水煎醇沉相比，ATPE所形成的两相大部分为水，两相界面张力很小，为有效成分的溶解和萃取提供了适宜的环境，相间质量传递快，操作方便，时间短，条件温和，易于工程放大和连续操作。卢俊彩等利用ATPE技术从菠菜中提取蜕皮激素和20-羟基蜕皮激素，方法简便、快捷、经济。双水相萃取技术具有较高的选择性和专一性，为中草药有效成分的提取提供了新的方法。

9.3.2.8 半仿生提取法

半仿生提取法（semi-bionic extraction，SBE）是从生物药剂学的角度，模拟口服给药及药物经胃肠道转运情况，来设计提取工艺的方法。赵瑞芝等采用半仿生法筛选益母草提取工艺，为其生产工艺提供了理论根据。该提取法可以提取和保留更多的有效成分，能缩短生产周期，降低成本，但是关于此技术的报道还较少。

9.3.2.9 分子印迹技术

分子印迹技术是近年来兴起的一种极为方便而有效的制备对不同物质分子具有预定选择性的聚合物的一种技术。近年，Hu等以秦皮乙素为模板制备的分子印迹聚合物作为固相萃取材料，从中药灰树皮中提取出秦皮乙素。有关分子印迹技术在药学领域的文献半数以上涉及手性药物的分离和分析，而其在中药活性成分的分离纯化中的应用虽然还不是很多，但都收到了较好的效果。

9.3.2.10 分子蒸馏法

分子蒸馏又称短程蒸馏，是一种较新的液-液分离技术，尤其适用高沸点、热敏性及氧化物系的分离。其具有蒸馏温度低于物料的沸点、蒸馏压强低、受热时间短、分离程度高等特点，可大大降低高沸点物料的分离成本，极好地保护热敏感物料。利用分子蒸馏对干红葡萄酒进行脱醇，使成品酒的乙醇含量由11.5%降至0.5%以下，同时最大限度地保持了原酒的风味、口感和色泽。

9.3.2.11 膜提取分离技术

膜提取分离技术是以压力为推动力实现溶质与溶剂的分离，在常温下操作，无相变、能耗低。使用膜技术(包括微滤、超滤、纳滤和反渗透等)可以在原生物体系环境下实现物质分离,可以高效浓缩富积产物,有效去除杂质。

其中,超滤膜分离技术是20世纪60年代发展起来的一种以多孔性半透膜作为分离介质的膜分离技术,具有分离不同分子质量分子的功能。其特点是,有效膜面积大、滤速快、不易形成表面浓差极化现象、无相态变化、低温操作破坏有效成分的可能性小、能耗低等。近几年,国内外学者将超滤膜分离技术应用于中药提取液的分离纯化,效果良好,可与其他分离方法(如高速离心法、醇处理法等)结合用于中药液体制剂的分离、提取和浓缩,而且还可用于除菌、除热原。例如,应用超滤膜技术制备脑神宁胶囊,与传统的醇沉法相比,具有中药用量小、有效成分损失小、工艺流程缩短等优点。目前该技术用于中药生产刚刚起步,试验研究较多。若用于大规模生产,在设备使用效率、工艺技术条件等方面,还有待于进一步完善和提高。

9.3.2.12 色谱分离

色谱法是分离纯化和定性定量鉴定中药成分的重要方法之一。色谱技术的应用与发展,对于中草药各类成分的分离鉴定起到了巨大的推动作用。色谱分离的基本原理是利用混合样品的各组分在互不相溶的两相溶剂之间的分配系数之差异(分配色谱)、组分对吸附剂吸附能力不同(吸附色谱)、分子的大小的差异(排阻色谱)或其他亲和作用的差异,来反复地吸附或分配,从而使混合物中的各组分得以分离。目前,随着色谱理论和电子学、光学、计算机等技术的应用,新的色谱技术不断发展,色谱技术也日趋完善,这将对中药活性成分的研究起到巨大的推动作用。

参考文献

巢志茂,等. 1999.水性二相系统与逆流色谱对牛膝多糖的纯化研究. 中国药学杂志,34(7):444.

陈栋,周永传. 2007.酶法在中药提取中的应用和进展. 中药材,32(2):99-103.

陈廷玉,卢春风,王培军,等.2003. 三七对四氯化碳肝损伤小鼠的保护作用及形态学研究. 黑龙江医药科学,26(5):30-31.

陈友鸿,等. 1997.超滤法在脑神宁胶囊研制中的应用. 中药材,20(6):311.

陈志强,吴祖泽. 2003.天然多羟基芪类化合物抗病毒及抗肿瘤活性的研究进展.中草药,(6):108-110.

程磊,周秀佳.2004. 植物生物碱抗肿瘤机理. 中草药,35(2):216.

初明,魏兰兰,胡志强. 2005,白藜芦醇的化学防癌作用及其分子机理的研究进展.中国新药与临床杂志,24(3):235.

丁栋兴. 2003. 抗艾滋病病毒植物源药物研究概况. 安徽卫生职业技术学院学报,6(2):51.

杜琰琰,莫自耀.1996. 绞股蓝总皂苷、有机锗对四氯化碳所致肝损害拮抗作用研究. 职业医学杂志,23(3):8-10.

葛发欢.2000. 超临界 CO_2 从柴胡中萃取挥发油及其皂苷的研究. 中国中药杂志,25(3):149.

葛发欢．等．2000.黄花蒿中青蒿素的超临界 CO_2 流体提取工艺研究．中国医药工业杂志，31(6)：251.

黄华艺，查锡良．2002.黄酮类化合物抗肿瘤作用研究进展．中国新药与临床杂志，21(7)：428.

黄玉萍，张黎明，江丽霞，等．2005.胡芦巴多糖对小鼠实验性肝损伤的保护作用.赣南医学院学报，25(6)：757-758.

季大洪，等.2000．高新工程技术在中药提取分离的应用．时珍国医国药，11(4)：3.

金莹，孙爱冬，崔莉，等．2005.苹果多酚超声波提取条件研究．食品工业科技，26(12)：99-100.

鞠洋，骆勤，党月兰．2005.红毛五加多糖对四氯化碳肝损伤大鼠的保护作用．中药药理与临床，21(3)：25-26.

黎海彬，李琳，胡松青，等．2003.微波辅助提取罗汉果皂苷的研究．食品科学，24(2)：92-95.

李焕．2007.中药提取分离技术的进展．中国药房，18(18)：1429-1431.

林哲，罗艳.2007．分子印迹技术在中药活性成分分离纯化中的应用．中草药，38(3)：457-460.

卢俊彩，崔岩岩，陈火林，等．2007.丙酮-硫酸铵双水相体系分离纯化红花红色素．化学研究与应用，19(6)：679-682.

卢艳花．2005.中药有效成分提取分离技术．北京：化学工业出版社.

陆强.2000．提取与分离天然产物中有效成分的新方法—双水相萃取技术．中成药，22(9)：653.

吕茂平，乔庆彬，等．2002．大孔树脂对栀子苷分离效果的研究．中草药，33(9)：794-799.

潘五九，肖小河，袁海龙，等．2005.中药生产关键共性新技术研究进展．中草药，35(4)：361-367.

谭桂莲，秦邦才.2006.中药苦参提取方法的比较和工艺条件优化．时珍国医国药，(1)：49-52.

王艳，张铁军.2005.微波萃取技术在中药有效成分提取中的应用．中草药，36(3)：470.

吴希哲，高向东．2002.金针菇提取物的保肝及抗肿瘤作用．中国生化药物杂志，23(4)：176-178.

伍治，高山松，北京伟．2003.浸提技术在中兽药生产开发中的应用．北方牧业，(2)：23.

夏开元．1997.二氧化碳超临界流体萃取研究进展．中成药，19(5)：43.

向大雄，李焕德，朱叶超，等．2003.大孔吸附树脂分离纯化葛根总黄酮的研究．中国药学杂志，38(1)：35-39.

肖东征，高芃，马宁.2005．水飞蓟素磷脂复合物对化学性肝损伤的保护作用．中国自然医学杂志，7(3)：205-207.

杨桦，等.2000．大孔吸附树脂用于川草乌中总生物碱的分离提取．中成药，22(8)：53-55.

杨张渭，等.1994，人参精采用超滤工艺的中试研究．中成药，16(1)：4.

袁黎明，等. 1998. 高速逆流色谱在植物有效成分提取中的应用. 药物分析杂志，8(1)：60.

张健. 2007. 分子蒸馏生产无醇干红葡萄酒的研究. 食品科技，2：193-196.

张明华，陈虹，李灵芝. 2002. 五味子甲素和五味子醇甲对四氯化碳所致肝脏损伤的保护作用. 武警医学，13(7)：395-396.

赵瑞芝，袁小红，林爱华，等. 2006. 均匀设计法筛选益母草提取工艺. 中药材，29(11)：1244-1245.

Amornrit C, Toida T. 1999. A new sulfated betagalactan from clam with anti-HIV activity. Carbohydrres,321(1-2)：122.

Dallavalle S, Ferrari A, Biadotti B, *et al*. 2001. Novel 7-oxyim inomethyl derivatives of cam ptothecin with potent invitro and invivo anti-tum or activity. J Med Chem, 44：2364-3274.

Deng C H , *et al*. 2007. Recent developments in sample preparation techniques for chromatography analysis of traditional Chinese medicines. J Chromatorgram A,90-96.

Hauthal. W. H. 2001. Advances with supercritical fluids. Chemo-sphere, 43(1)：123.

Hayashi K, hayashi T. 1996. A nature sulfated polysaccharide, calcum spirulan, isolated from Spirulina Platensis, invivo and exvivo evalution of anti-herpes simplex virus and antihuman immunodeficiency virus activities. Aids Res Hum Retroviruse,12(15)：1463.

Hu S G, Li L, He X W. 2005. Solid - phase extraction of esculetin from the ash bark of Chinese traditional medicine by using molecularly imprinted polymers. Journal of Chromatography A,1062(1)：1237.

Jeandet P, Bessis R, Manme B F, *et al*. 1995. Effect of ecological practices on the resveractrol isomer content of wine. J Agric Food Chem, 43(2)：316.

Johnston K P, *et al*. 1996. Water in Carbon Dioxide Microemulsions: An Environment for Hydrophiles Including Proteins. Science, 271：624.

Lee J B, Hayashi K, Hayashi T, *et al*. 1999. Antiviral activity of rhamnan sulfate from Monostroma latissimum. Planta Med, 65(5)：439.

Li H, Chen B, Yao S Z. 2005. Application of ultrasonic technique for extracting chlorogenic acid from Eucommia ulmodies Oliv. (Eulmodies) Ultrasonics Sonochemistry, 12(4)：295-300.

Mundkinajeddu Deepak, *et al*. 2000. Quantitative determination of the major constituents of verbena officinalis using hhgh performance thin layer chromatography and high pressure liquid chromatography. Phytochemical Analysis:351-355.

Ocelyn P. Microwave extraction of volatile oils and apparatus therefore. European Patent Application, EP485668.

Smith R M 1999. Supereritical fluids in separation science—the dream, the reality and the future. J Chormatogr A, 856(1):83.

Wang X J, *et al*. 2008. Quality evaluation of Yin Chen Hao Tang extract based on fingerprint chromatogram and simultaneous determination of five bioactive constituents. J Separation Science，31(1)：9-15.

Zhao L，*et al*. 2008. Characterization of constituents in *Stellera chamaejasme* L. by rapid-resolution liquid chromatography-diode array detection and electrospray ion-ization time-of-flight mass spectrometry. Biomedic Chromatography，22(1)：64-72.

（本文由中央民族大学朴香兰副教授主笔，中国农业大学董冰博士参编）

第10章

药品注册

药品注册是控制药品市场准入的前置性管理，是对药品上市的事前管理。是国家食品药品监督管理局根据药品注册申请人的申请，依照法定程序，对拟上市药品的安全性、有效性、质量可控性等进行审查，并决定是否同意其申请的审查过程。通过注册的发给药品注册证书，保证药品质量，保障人体用药安全。

药品注册，是指国家食品药品监督管理局根据药品注册申请人的申请，依照法定程序，对拟上市销售药品的安全性、有效性、质量可控性等进行审查，并决定是否同意其申请的审批过程。药品注册申请包括新药申请、仿制药申请、进口药品申请及其补充申请和再注册申请。新药申请，是指未曾在中国境内上市销售的药品的注册申请。对已上市药品改变剂型、改变给药途径、增加新适应症的药品注册按照新药申请的程序申报。仿制药申请，是指生产国家食品药品监督管理局已批准上市的已有国家标准的药品的注册申请；但是生物制品按照新药申请的程序申报。进口药品申请，是指境外生产的药品在中国境内上市销售的注册申请。补充申请，是指新药申请、仿制药申请或者进口药品申请经批准后，改变、增加或者取消原批准事项或者内容的注册申请。再注册申请，是指药品批准证明文件有效期满后申请人拟继续生产或者进口该药品的注册申请。

《药品注册管理办法》(局令第 28 号)于 2007 年 6 月 18 日经国家食品药品监督管理局局务会审议通过，自 2007 年 10 月 1 日起施行。《药品注册管理办法》由原来的 16 章 211 条变为现在的 15 章 177 条，第一章是总则，第二章为基本要求，第三章是药物的临床试验，第四章是新药申请的申报与审批，第五章是仿制药的申报与审批，第六章是进口药品的申报与审批，第七章是非处方药的申报，第八章补充申请的申报与审批，第九章药品再注册，第十章药品注册检验，第十一章药品注册标准和说明书，第十二章时限，第十三章复审，第十四章法律责任，第十五章附则。

28 号令，修订的重点内容主要有强化药品的安全性要求，严把药品上市关；整合监管资源，明确职责，强化权力制约机制；提高审评审批标准，鼓励创新、限制低水平重复。

附录 1　药品注册管理办法

《药品注册管理办法》于 2007 年 6 月 18 日经国家食品药品监督管理局局务会审议通过，自 2007 年 10 月 1 日起施行。《药品注册管理办法》共有十五章，第一章是总则，第二章为基本要求，第三章是药物的临床试验，第四章是新药申请的申报与审批，第五章是仿制药的申报与审批，第六章是进口药品的申报与审批，第七章是非处方药的申报，第八章补充申请的申报与审批，第九章药品再注册，第十章药品注册检验，第十一章药品注册标准和说明书，第十二章时限，第十三章复审，第十四章法律责任，第十五章附则。

一、修订背景

2005 年 5 月 1 日起施行的《药品注册管理办法》(以下简称《办法》)的实施对于规范药品的审评审批起到了积极作用，但是，在实施过程中也暴露出该办法存在的突出问题和薄弱环节，主要有以下几个方面：一是药品注册与监督管理脱节。办法主要在受理、审评、审批等方面进行规定，但对原始资料的审查、生产现场的检查、产品质量的检验等方面的要求不够，监督措施也不到位。一些申报单位的研究资料不规范，其中甚至出现了弄虚作假的严重问题，药品的安全性难以保证。二是审评审批标准偏低，导致了企业创制新药的积极性不强。由于没有从法规上设定必要的条件，没有发挥政策导向作用，鼓励创新不够，造成简单改剂型品种和仿制品种申报数量急剧增多，低水平重复现象严重。三是监督制约不到位。审评审批权力配置不合理，程序不够严密，过程不够透明等。因此，有必要对现行的《办法》进行修订。

二、修订过程

国家食品药品监督管理局高度重视《办法》修订工作，成立了专门的起草小组，先后召开研讨会 30 余次，分别听取了药品生产经营企业、研发机构、行业协会、药监系统等的意见，并就草案和有关问题专门征求了人大代表、政协委员、两院院士及法律专家的意见，还书面征求相关部委的意见，两次当面听取国务院法制办有关司室同志的意见和建议。2007 年 3 月，《办法》草案在上网公开征求意见长达两个月之久，得到了社会各界的广泛关注和积极回应。起草小组还分赴各地实地调研，当面征求相对人意见。共收集到意见和建议万余条，经逐条梳理反复研究论证后，整理出有代表性的意见近 2 000 条，对其中的合理建议和意见在条款中予以落实。考虑到社会公众尤其是业界对《办法》的修订高度关注，国家食品药品监督管理局在今年 5 月将修订草案和经过修订的全部附件上网再次征求意见，体现了“开门立法”和“阳光行政”。

可以说，此次《办法》的修订过程是更新理念、统一思想、充分表达、达成共识的过程，它凝聚了医药企业、研发机构和监管部门以及社会各界的心血与智慧。

三、修改的重点内容

本次修订坚持以科学监管理念统领药品注册工作的指导思想，通过整合药品注册管理资源，深化药品注册审评机制改革，严格药品注册审批程序，建立高效运转、科学合理的药品注册管理体制。

28号令对章节的框架作了部分调整，对临床前研究、临床试验等在其他规章中已有规定的内容，本次修订予以简化；对药品标准、新药技术转让等将制定其他具体办法进行规定的，28号令不再重复规定。

28号令由原来的16章211条变为现在的15章177条，修订的重点内容主要有以下3个方面：

（一）强化药品的安全性要求，严把药品上市关

本次修订着重加强了真实性核查，从制度上保证申报资料和样品的真实性、科学性和规范性，严厉打击药品研制和申报注册中的造假行为，从源头上确保药品的安全性。

一是强化了对资料真实性核查及生产现场检查的要求，防止资料造假。二是抽取的样品从“静态”变为“动态”，确保样品的真实性和代表性。三是调整了新药生产申请中技术审评和复核检验的程序设置，确保上市药品与所审评药品的一致性。

（二）整合监管资源，明确职责，强化权力制约机制

一是合理配置监管资源，将部分国家食品药品监督管理局职能明确委托给省食品药品监督管理局行使。28号令进一步明确了补充申请的事权划分，在保留了国家食品药品监督管理局对一部分重大事项的审批权外，将大部分补充申请委托省食品药品监督管理局进行审批，并且针对一些简单事项的变更，明确了报省食品药品监督管理局备案的程序。今后还将根据审评审批工作的实际情况有条件有监控地对审批事项进行委托。

二是明确分工，各司其职，形成多部门参与，各部门之间相互协调，相互制约的工作格局。

三是明确信息公开、责任追究等制度，健全药品注册责任体系。28号令明确规定，药品注册应当遵循公开、公平、公正原则，并实行主审集体责任制、相关人员公示制和回避制、责任过错追究制，受理、检验、审评、审批、送达等环节接受社会监督。

通过上述措施，将药品注册工作置于社会监督之下，杜绝暗箱操作，确保阳光透明。

（三）提高审评审批标准，鼓励创新、限制低水平重复

为保护技术创新，遏制低水平重复，28号令采取了几项措施：一是对创新药物改“快速审批”为“特殊审批”，根据创新程度设置不同的通道，进一步提高审批效率。二是厘清新药证书的发放范围，进一步体现创新药物的含金量。三是提高了对简单改剂型申请的技术要求，更加关注其技术合理性和研制必要性，进一步引导企业有序申报。四是提高了仿制药品的技术要求，强调仿制药应与被仿药在安全性、有效性及质量上保持一致，进一步引导仿制药的研发与申报。

第一章　总则

第一条　为保证药品的安全、有效和质量可控，规范药品注册行为，根据《中华人民共和国药品管理法》（以下简称《药品管理法》）、《中华人民共和国行政许可法》（以下简称《行政许可法》）、《中华人民共和国药品管理法实施条例》（以下简称《药品管理法实施条例》），制定本办法。

第二条　在中华人民共和国境内申请药物临床试验、药品生产和药品进口，以及进行药品审批、注册检验和监督管理，适用本办法。

第三条　药品注册，是指国家食品药品监督管理局根据药品注册申请人的申请，依照法定程序，对拟上市销售药品的安全性、有效性、质量可控性等进行审查，并决定是否同意其申请的审批过程。

第四条　国家鼓励研究创制新药，对创制的新药、治疗疑难危重疾病的新药实行特殊审批。

第五条　国家食品药品监督管理局主管全国药品注册工作，负责对药物临床试验、药品生产和进口进行审批。

第六条　药品注册工作应当遵循公开、公平、公正的原则。

国家食品药品监督管理局对药品注册实行主审集体负责制、相关人员公示制和回避制、责任追究制，受理、检验、审评、审批、送达等环节接受社会监督。

第七条　在药品注册过程中，药品监督管理部门认为涉及公共利益的重大许可事项，应当向社会公告，并举行听证。

行政许可直接涉及申请人与他人之间重大利益关系的，药品监督管理部门在作出行政许可决定前，应当告知申请人、利害关系人享有要求听证、陈述和申辩的权利。

第八条　药品监督管理部门应当向申请人提供可查询的药品注册受理、检查、检验、审评、审批的进度和结论等信息。

药品监督管理部门应当在行政机关网站或者注册申请受理场所公开下列信息：

（一）药品注册申请事项、程序、收费标准和依据、时限，需要提交的全部材料目录和申请书示范文本；

（二）药品注册受理、检查、检验、审评、审批各环节人员名单和相关信息；

（三）已批准的药品目录等综合信息。

第九条　药品监督管理部门、相关单位以及参与药品注册工作的人员，对申请人提交的技术秘密和实验数据负有保密的义务。

第二章　基本要求

第十条　药品注册申请人（以下简称申请人），是指提出药品注册申请并承担相应法律责任的机构。

境内申请人应当是在中国境内合法登记并能独立承担民事责任的机构，境外申请人应当是境外合法制药厂商。境外申请人办理进口药品注册，应当由其驻中国境内的办事机构或者由其委托的中国境内代理机构办理。

办理药品注册申请事务的人员应当具有相应的专业知识，熟悉药品注册的法律、法规及技术要求。

第十一条 药品注册申请包括新药申请、仿制药申请、进口药品申请及其补充申请和再注册申请。

境内申请人申请药品注册按照新药申请、仿制药申请的程序和要求办理，境外申请人申请进口药品注册按照进口药品申请的程序和要求办理。

第十二条 新药申请，是指未曾在中国境内上市销售的药品的注册申请。

对已上市药品改变剂型、改变给药途径、增加新适应症的药品注册按照新药申请的程序申报。

仿制药申请，是指生产国家食品药品监督管理局已批准上市的已有国家标准的药品的注册申请；但是生物制品按照新药申请的程序申报。

进口药品申请，是指境外生产的药品在中国境内上市销售的注册申请。

补充申请，是指新药申请、仿制药申请或者进口药品申请经批准后，改变、增加或者取消原批准事项或者内容的注册申请。

再注册申请，是指药品批准证明文件有效期满后申请人拟继续生产或者进口该药品的注册申请。

第十三条 申请人应当提供充分可靠的研究数据，证明药品的安全性、有效性和质量可控性，并对全部资料的真实性负责。

第十四条 药品注册所报送的资料引用文献应当注明著作名称、刊物名称及卷、期、页等；未公开发表的文献资料应当提供资料所有者许可使用的证明文件。外文资料应当按照要求提供中文译本。

第十五条 国家食品药品监督管理局应当执行国家制定的药品行业发展规划和产业政策，可以组织对药品的上市价值进行评估。

第十六条 药品注册过程中，药品监督管理部门应当对非临床研究、临床试验进行现场核查、有因核查，以及批准上市前的生产现场检查，以确认申报资料的真实性、准确性和完整性。

第十七条 两个以上单位共同作为申请人的，应当向其中药品生产企业所在地省、自治区、直辖市药品监督管理部门提出申请；申请人均为药品生产企业的，应当向申请生产制剂的药品生产企业所在地省、自治区、直辖市药品监督管理部门提出申请；申请人均不是药品生产企业的，应当向样品试制现场所在地省、自治区、直辖市药品监督管理部门提出申请。

第十八条 申请人应当对其申请注册的药物或者使用的处方、工艺、用途等，提供申请人或者他人在中国的专利及其权属状态的说明；他人在中国存在专利的，申请人应当提交对他人的专利不构成侵权的声明。对申请人提交的说明或者声明，药品监督管理部门应当在行政机关网站予以公示。

药品注册过程中发生专利权纠纷的，按照有关专利的法律法规解决。

第十九条 对他人已获得中国专利权的药品，申请人可以在该药品专利期届满前 2 年内提出注册申请。国家食品药品监督管理局按照本办法予以审查，符合规定的，在专利期满后核发药品批准文号、《进口药品注册证》或者《医药产品注册证》。

第二十条 按照《药品管理法实施条例》第三十五条的规定，对获得生产或者销售含有新型化学成分药品许可的生产者或者销售者提交的自行取得且未披露的试验数据和其他数据，国家食品药品监督管理局自批准该许可之日起6年内，对未经已获得许可的申请人同意，使用其未披露数据的申请不予批准；但是申请人提交自行取得数据的除外。

第二十一条 为申请药品注册而进行的药物临床前研究，包括药物的合成工艺、提取方法、理化性质及纯度、剂型选择、处方筛选、制备工艺、检验方法、质量指标、稳定性、药理、毒理、动物药代动力学研究等。中药制剂还包括原药材的来源、加工及炮制等的研究；生物制品还包括菌毒种、细胞株、生物组织等起始原材料的来源、质量标准、保存条件、生物学特征、遗传稳定性及免疫学的研究等。

第二十二条 药物临床前研究应当执行有关管理规定，其中安全性评价研究必须执行《药物非临床研究质量管理规范》。

第二十三条 药物研究机构应当具有与试验研究项目相适应的人员、场地、设备、仪器和管理制度，并保证所有试验数据和资料的真实性；所用实验动物、试剂和原材料应当符合国家有关规定和要求。

第二十四条 申请人委托其他机构进行药物研究或者进行单项试验、检测、样品的试制等的，应当与被委托方签订合同，并在申请注册时予以说明。申请人对申报资料中的药物研究数据的真实性负责。

第二十五条 单独申请注册药物制剂的，研究用原料药必须具有药品批准文号、《进口药品注册证》或者《医药产品注册证》，且必须通过合法的途径获得。研究用原料药不具有药品批准文号、《进口药品注册证》或者《医药产品注册证》的，必须经国家食品药品监督管理局批准。

第二十六条 药品注册申报资料中有境外药物研究机构提供的药物试验研究资料的，必须附有境外药物研究机构出具的其所提供资料的项目、页码的情况说明和证明该机构已在境外合法登记的经公证的证明文件。国家食品药品监督管理局根据审查需要组织进行现场核查。

第二十七条 药品监督管理部门可以要求申请人或者承担试验的药物研究机构按照其申报资料的项目、方法和数据进行重复试验，也可以委托药品检验所或者其他药物研究机构进行重复试验或方法学验证。

第二十八条 药物研究参照国家食品药品监督管理局发布的有关技术指导原则进行，申请人采用其他评价方法和技术的，应当提交证明其科学性的资料。

第二十九条 申请人获得药品批准文号后，应当按照国家食品药品监督管理局批准的生产工艺生产。

药品监督管理部门根据批准的生产工艺和质量标准对申请人的生产情况进行监督检查。

第三章 药物的临床试验

第三十条 药物的临床试验(包括生物等效性试验)，必须经过国家食品药品监督管理局批准，且必须执行《药物临床试验质量管理规范》。

药品监督管理部门应当对批准的临床试验进行监督检查。

第三十一条 申请新药注册，应当进行临床试验。仿制药申请和补充申请，根据本办法附件规定进行临床试验。

临床试验分为Ⅰ、Ⅱ、Ⅲ、Ⅳ期。

Ⅰ期临床试验：初步的临床药理学及人体安全性评价试验。观察人体对于新药的耐受程度和药代动力学，为制定给药方案提供依据。

Ⅱ期临床试验：治疗作用初步评价阶段。其目的是初步评价药物对目标适应症患者的治疗作用和安全性，也包括为Ⅲ期临床试验研究设计和给药剂量方案的确定提供依据。此阶段的研究设计可以根据具体的研究目的，采用多种形式，包括随机盲法对照临床试验。

Ⅲ期临床试验：治疗作用确证阶段。其目的是进一步验证药物对目标适应症患者的治疗作用和安全性，评价利益与风险关系，最终为药物注册申请的审查提供充分的依据。试验一般应为具有足够样本量的随机盲法对照试验。

Ⅳ期临床试验：新药上市后应用研究阶段。其目的是考察在广泛使用条件下的药物的疗效和不良反应，评价在普通或者特殊人群中使用的利益与风险关系以及改进给药剂量等。

生物等效性试验，是指用生物利用度研究的方法，以药代动力学参数为指标，比较同一种药物的相同或者不同剂型的制剂，在相同的试验条件下，其活性成分吸收程度和速度有无统计学差异的人体试验。

第三十二条 药物临床试验的受试例数应当符合临床试验的目的和相关统计学的要求，并且不得少于本办法附件规定的最低临床试验病例数。罕见病、特殊病种等情况，要求减少临床试验病例数或者免做临床试验的，应当在申请临床试验时提出，并经国家食品药品监督管理局审查批准。

第三十三条 在菌毒种选种阶段制备的疫苗或者其他特殊药物，确无合适的动物模型且实验室无法评价其疗效的，在保证受试者安全的前提下，可以向国家食品药品监督管理局申请进行临床试验。

第三十四条 药物临床试验批准后，申请人应当从具有药物临床试验资格的机构中选择承担药物临床试验的机构。

第三十五条 临床试验用药物应当在符合《药品生产质量管理规范》的车间制备。制备过程应当严格执行《药品生产质量管理规范》的要求。

申请人对临床试验用药物的质量负责。

第三十六条 申请人可以按照其拟定的临床试验用样品标准自行检验临床试验用药物，也可以委托本办法确定的药品检验所进行检验；疫苗类制品、血液制品、国家食品药品监督管理局规定的其他生物制品，应当由国家食品药品监督管理局指定的药品检验所进行检验。

临床试验用药物检验合格后方可用于临床试验。

药品监督管理部门可以对临床试验用药物抽查检验。

第三十七条 申请人在药物临床试验实施前，应当将已确定的临床试验方案和临床试验负责单位的主要研究者姓名、参加研究单位及其研究者名单、伦理委员会审核同意书、知情同意书样本等报送国家食品药品监督管理局备案，并抄送临床试验单位所在地和受理该申请的省、自治区、直辖市药品监督管理部门。

第三十八条 申请人发现药物临床试验机构违反有关规定或者未按照临床试验方案执行

的，应当督促其改正；情节严重的，可以要求暂停或者终止临床试验，并将情况报告国家食品药品监督管理局和有关省、自治区、直辖市药品监督管理部门。

第三十九条 申请人完成临床试验后，应当向国家食品药品监督管理局提交临床试验总结报告、统计分析报告以及数据库。

第四十条 药物临床试验应当在批准后3年内实施。逾期未实施的，原批准证明文件自行废止；仍需进行临床试验的，应当重新申请。

第四十一条 临床试验过程中发生严重不良事件的，研究者应当在24小时内报告有关省、自治区、直辖市药品监督管理部门和国家食品药品监督管理局，通知申请人，并及时向伦理委员会报告。

第四十二条 临床试验有下列情形之一的，国家食品药品监督管理局可以责令申请人修改试验方案、暂停或者终止临床试验：

（一）伦理委员会未履行职责的；

（二）不能有效保证受试者安全的；

（三）未按照规定时限报告严重不良事件的；

（四）有证据证明临床试验用药物无效的；

（五）临床试验用药物出现质量问题的；

（六）临床试验中弄虚作假的；

（七）其他违反《药物临床试验质量管理规范》的情形。

第四十三条 临床试验中出现大范围、非预期的不良反应或者严重不良事件，或者有证据证明临床试验用药物存在严重质量问题时，国家食品药品监督管理局或者省、自治区、直辖市药品监督管理部门可以采取紧急控制措施，责令暂停或者终止临床试验，申请人和临床试验单位必须立即停止临床试验。

第四十四条 境外申请人在中国进行国际多中心药物临床试验的，应当按照本办法向国家食品药品监督管理局提出申请，并按下列要求办理：

（一）临床试验用药物应当是已在境外注册的药品或者已进入Ⅱ期或者Ⅲ期临床试验的药物；国家食品药品监督管理局不受理境外申请人提出的尚未在境外注册的预防用疫苗类药物的国际多中心药物临床试验申请。

（二）国家食品药品监督管理局在批准进行国际多中心药物临床试验的同时，可以要求申请人在中国首先进行Ⅰ期临床试验。

（三）在中国进行国际多中心药物临床试验时，在任何国家发现与该药物有关的严重不良反应和非预期不良反应，申请人应当按照有关规定及时报告国家食品药品监督管理局。

（四）临床试验结束后，申请人应当将完整的临床试验报告报送国家食品药品监督管理局。

（五）国际多中心药物临床试验取得的数据用于在中国进行药品注册申请的，应当符合本办法有关临床试验的规定并提交国际多中心临床试验的全部研究资料。

第四章　新药申请的申报与审批

第四十五条 国家食品药品监督管理局对下列申请可以实行特殊审批：

(一)未在国内上市销售的从植物、动物、矿物等物质中提取的有效成分及其制剂,新发现的药材及其制剂;

(二)未在国内外获准上市的化学原料药及其制剂、生物制品;

(三)治疗艾滋病、恶性肿瘤、罕见病等疾病且具有明显临床治疗优势的新药;

(四)治疗尚无有效治疗手段的疾病的新药。

符合前款规定的药品,申请人在药品注册过程中可以提出特殊审批的申请,由国家食品药品监督管理局药品审评中心组织专家会议讨论确定是否实行特殊审批。

特殊审批的具体办法另行制定。

第四十六条 多个单位联合研制的新药,应当由其中的一个单位申请注册,其他单位不得重复申请;需要联合申请的,应当共同署名作为该新药的申请人。新药申请获得批准后每个品种,包括同一品种的不同规格,只能由一个单位生产。

第四十七条 对已上市药品改变剂型但不改变给药途径的注册申请,应当采用新技术以提高药品的质量和安全性,且与原剂型比较有明显的临床应用优势。

改变剂型但不改变给药途径,以及增加新适应症的注册申请,应当由具备生产条件的企业提出;靶向制剂、缓释、控释制剂等特殊剂型除外。

第四十八条 在新药审批期间,新药的注册分类和技术要求不因相同活性成分的制剂在国外获准上市而发生变化。

在新药审批期间,其注册分类和技术要求不因国内药品生产企业申报的相同活性成分的制剂在我国获准上市而发生变化。

第四十九条 药品注册申报资料应当一次性提交,药品注册申请受理后不得自行补充新的技术资料;进入特殊审批程序的注册申请或者涉及药品安全性的新发现,以及按要求补充资料的除外。申请人认为必须补充新的技术资料的,应当撤回其药品注册申请。申请人重新申报的,应当符合本办法有关规定且尚无同品种进入新药监测期。

第一节 新药临床试验

第五十条 申请人完成临床前研究后,应当填写《药品注册申请表》,向所在地省、自治区、直辖市药品监督管理部门如实报送有关资料。

第五十一条 省、自治区、直辖市药品监督管理部门应当对申报资料进行形式审查,符合要求的,出具药品注册申请受理通知书;不符合要求的,出具药品注册申请不予受理通知书,并说明理由。

第五十二条 省、自治区、直辖市药品监督管理部门应当自受理申请之日起 5 日内组织对药物研制情况及原始资料进行现场核查,对申报资料进行初步审查,提出审查意见。申请注册的药品属于生物制品的,还需抽取 3 个生产批号的检验用样品,并向药品检验所发出注册检验通知。

第五十三条 省、自治区、直辖市药品监督管理部门应当在规定的时限内将审查意见、核查报告以及申报资料送交国家食品药品监督管理局药品审评中心,并通知申请人。

第五十四条 接到注册检验通知的药品检验所应当按申请人申报的药品标准对样品进行检验,对申报的药品标准进行复核,并在规定的时间内将药品注册检验报告送交国家食品药品监督管理局药品审评中心，并抄送申请人。

第五十五条 国家食品药品监督管理局药品审评中心收到申报资料后，应在规定的时间内组织药学、医学及其他技术人员对申报资料进行技术审评，必要时可以要求申请人补充资料，并说明理由。完成技术审评后，提出技术审评意见，连同有关资料报送国家食品药品监督管理局。

国家食品药品监督管理局依据技术审评意见作出审批决定。符合规定的，发给《药物临床试验批件》；不符合规定的，发给《审批意见通知件》，并说明理由。

第二节 新药生产

第五十六条 申请人完成药物临床试验后，应当填写《药品注册申请表》，向所在地省、自治区、直辖市药品监督管理部门报送申请生产的申报资料，并同时向中国药品生物制品检定所报送制备标准品的原材料及有关标准物质的研究资料。

第五十七条 省、自治区、直辖市药品监督管理部门应当对申报资料进行形式审查，符合要求的，出具药品注册申请受理通知书；不符合要求的，出具药品注册申请不予受理通知书，并说明理由。

第五十八条 省、自治区、直辖市药品监督管理部门应当自受理申请之日起 5 日内组织对临床试验情况及有关原始资料进行现场核查，对申报资料进行初步审查，提出审查意见。除生物制品外的其他药品，还需抽取 3 批样品，向药品检验所发出标准复核的通知。

省、自治区、直辖市药品监督管理部门应当在规定的时限内将审查意见、核查报告及申报资料送交国家食品药品监督管理局药品审评中心，并通知申请人。

第五十九条 药品检验所应对申报的药品标准进行复核，并在规定的时间内将复核意见送交国家食品药品监督管理局药品审评中心，同时抄送通知其复核的省、自治区、直辖市药品监督管理部门和申请人。

第六十条 国家食品药品监督管理局药品审评中心收到申报资料后，应当在规定的时间内组织药学、医学及其他技术人员对申报资料进行审评，必要时可以要求申请人补充资料，并说明理由。

经审评符合规定的，国家食品药品监督管理局药品审评中心通知申请人申请生产现场检查，并告知国家食品药品监督管理局药品认证管理中心；经审评不符合规定的，国家食品药品监督管理局药品审评中心将审评意见和有关资料报送国家食品药品监督管理局，国家食品药品监督管理局依据技术审评意见，作出不予批准的决定，发给《审批意见通知件》，并说明理由。

第六十一条 申请人应当自收到生产现场检查通知之日起 6 个月内向国家食品药品监督管理局药品认证管理中心提出现场检查的申请。

第六十二条 国家食品药品监督管理局药品认证管理中心在收到生产现场检查的申请后，应当在 30 日内组织对样品批量生产过程等进行现场检查，确认核定的生产工艺的可行性，同时抽取 1 批样品(生物制品抽取 3 批样品)，送进行该药品标准复核的药品检验所检验，并在完成现场检查后 10 日内将生产现场检查报告送交国家食品药品监督管理局药品审评中心。

第六十三条 样品应当在取得《药品生产质量管理规范》认证证书的车间生产；新开办药品生产企业、药品生产企业新建药品生产车间或者新增生产剂型的，其样品生产过程应当符合

《药品生产质量管理规范》的要求。

第六十四条 药品检验所应当依据核定的药品标准对抽取的样品进行检验，并在规定的时间内将药品注册检验报告送交国家食品药品监督管理局药品审评中心，同时抄送相关省、自治区、直辖市药品监督管理部门和申请人。

第六十五条 国家食品药品监督管理局药品审评中心依据技术审评意见、样品生产现场检查报告和样品检验结果，形成综合意见，连同有关资料报送国家食品药品监督管理局。国家食品药品监督管理局依据综合意见，作出审批决定。符合规定的，发给新药证书，申请人已持有《药品生产许可证》并具备生产条件的，同时发给药品批准文号；不符合规定的，发给《审批意见通知件》，并说明理由。

改变剂型但不改变给药途径，以及增加新适应症的注册申请获得批准后不发给新药证书；靶向制剂、缓释、控释制剂等特殊剂型除外。

第三节 新药监测期

第六十六条 国家食品药品监督管理局根据保护公众健康的要求，可以对批准生产的新药品种设立监测期。监测期自新药批准生产之日起计算，最长不得超过5年。

监测期内的新药，国家食品药品监督管理局不批准其他企业生产、改变剂型和进口。

第六十七条 药品生产企业应当考察处于监测期内的新药的生产工艺、质量、稳定性、疗效及不良反应等情况，并每年向所在地省、自治区、直辖市药品监督管理部门报告。药品生产企业未履行监测期责任的，省、自治区、直辖市药品监督管理部门应当责令其改正。

第六十八条 药品生产、经营、使用及检验、监督单位发现新药存在严重质量问题、严重或者非预期的不良反应时，应当及时向省、自治区、直辖市药品监督管理部门报告。省、自治区、直辖市药品监督管理部门收到报告后应当立即组织调查，并报告国家食品药品监督管理局。

第六十九条 药品生产企业对设立监测期的新药从获准生产之日起2年内未组织生产的，国家食品药品监督管理局可以批准其他药品生产企业提出的生产该新药的申请，并重新对该新药进行监测。

第七十条 新药进入监测期之日起，国家食品药品监督管理局已经批准其他申请人进行药物临床试验的，可以按照药品注册申报与审批程序继续办理该申请，符合规定的，国家食品药品监督管理局批准该新药的生产或者进口，并对境内药品生产企业生产的该新药一并进行监测。

第七十一条 新药进入监测期之日起，不再受理其他申请人的同品种注册申请。已经受理但尚未批准进行药物临床试验的其他申请人同品种申请予以退回；新药监测期满后，申请人可以提出仿制药申请或者进口药品申请。

第七十二条 进口药品注册申请首先获得批准后，已经批准境内申请人进行临床试验的，可以按照药品注册申报与审批程序继续办理其申请，符合规定的，国家食品药品监督管理局批准其进行生产；申请人也可以撤回该项申请，重新提出仿制药申请。对已经受理但尚未批准进行药物临床试验的其他同品种申请予以退回，申请人可以提出仿制药申请。

第五章 仿制药的申报与审批

第七十三条 仿制药申请人应当是药品生产企业，其申请的药品应当与《药品生产许可证》载明的生产范围一致。

第七十四条 仿制药应当与被仿制药具有同样的活性成分、给药途径、剂型、规格和相同的治疗作用。已有多家企业生产的品种，应当参照有关技术指导原则选择被仿制药进行对照研究。

第七十五条 申请仿制药注册，应当填写《药品注册申请表》，向所在地省、自治区、直辖市药品监督管理部门报送有关资料和生产现场检查申请。

第七十六条 省、自治区、直辖市药品监督管理部门对申报资料进行形式审查，符合要求的，出具药品注册申请受理通知书；不符合要求的，出具药品注册申请不予受理通知书，并说明理由。

已申请中药品种保护的，自中药品种保护申请受理之日起至作出行政决定期间，暂停受理同品种的仿制药申请。

第七十七条 省、自治区、直辖市药品监督管理部门应当自受理申请之日起5日内组织对研制情况和原始资料进行现场核查，并应当根据申请人提供的生产工艺和质量标准组织进行生产现场检查，现场抽取连续生产的3批样品，送药品检验所检验。

样品的生产应当符合本办法第六十三条的规定。

第七十八条 省、自治区、直辖市药品监督管理部门应当在规定的时限内对申报资料进行审查，提出审查意见。符合规定的，将审查意见、核查报告、生产现场检查报告及申报资料送交国家食品药品监督管理局药品审评中心，同时通知申请人；不符合规定的，发给《审批意见通知件》，并说明理由，同时通知药品检验所停止该药品的注册检验。

第七十九条 药品检验所应当对抽取的样品进行检验，并在规定的时间内将药品注册检验报告送交国家食品药品监督管理局药品审评中心，同时抄送通知其检验的省、自治区、直辖市药品监督管理部门和申请人。

第八十条 国家食品药品监督管理局药品审评中心应当在规定的时间内组织药学、医学及其他技术人员对审查意见和申报资料进行审核，必要时可以要求申请人补充资料，并说明理由。

第八十一条 国家食品药品监督管理局药品审评中心依据技术审评意见、样品生产现场检查报告和样品检验结果，形成综合意见，连同相关资料报送国家食品药品监督管理局，国家食品药品监督管理局依据综合意见，做出审批决定。符合规定的，发给药品批准文号或者《药物临床试验批件》；不符合规定的，发给《审批意见通知件》，并说明理由。

第八十二条 申请人完成临床试验后，应当向国家食品药品监督管理局药品审评中心报送临床试验资料。国家食品药品监督管理局依据技术意见，发给药品批准文号或者《审批意见通知件》。

第八十三条 已确认存在安全性问题的上市药品，国家食品药品监督管理局可以决定暂停受理和审批其仿制药申请。

第六章　进口药品的申报与审批

第一节　进口药品的注册

第八十四条　申请进口的药品，应当获得境外制药厂商所在生产国家或者地区的上市许可；未在生产国家或者地区获得上市许可，但经国家食品药品监督管理局确认该药品安全、有效而且临床需要的，可以批准进口。

申请进口的药品，其生产应当符合所在国家或者地区药品生产质量管理规范及中国《药品生产质量管理规范》的要求。

第八十五条　申请进口药品注册，应当填写《药品注册申请表》，报送有关资料和样品，提供相关证明文件，向国家食品药品监督管理局提出申请。

第八十六条　国家食品药品监督管理局对申报资料进行形式审查，符合要求的，出具药品注册申请受理通知书，并通知中国药品生物制品检定所组织对 3 个生产批号的样品进行注册检验；不符合要求的，出具药品注册申请不予受理通知书，并说明理由。

国家食品药品监督管理局可以组织对其研制和生产情况进行现场检查，并抽取样品。

第八十七条　中国药品生物制品检定所收到资料和样品后，应当在 5 日内组织进行注册检验。

第八十八条　承担进口药品注册检验的药品检验所在收到资料、样品和有关标准物质后，应当在 60 日内完成注册检验并将药品注册检验报告报送中国药品生物制品检定所。

特殊药品和疫苗类制品的样品检验和药品标准复核应当在 90 日内完成。

第八十九条　中国药品生物制品检定所接到药品注册检验报告和已经复核的进口药品标准后，应当在 20 日内组织专家进行技术审查，必要时可以根据审查意见进行再复核。

第九十条　中国药品生物制品检定所完成进口药品注册检验后，应当将复核的药品标准、药品注册检验报告和复核意见送交国家食品药品监督管理局药品审评中心，并抄送申请人。

第九十一条　国家食品药品监督管理局药品审评中心应当在规定的时间内组织药学、医学及其他技术人员对申报资料进行审评，必要时可以要求申请人补充资料，并说明理由。

第九十二条　国家食品药品监督管理局药品审评中心依据技术审评意见和样品检验结果等，形成综合意见，连同相关资料报送国家食品药品监督管理局，国家食品药品监督管理局依据综合意见，做出审批决定。符合规定的，发给《药物临床试验批件》；不符合规定的，发给《审批意见通知件》，并说明理由。

第九十三条　临床试验获得批准后，申请人应当按照本办法第三章及有关要求进行试验。

临床试验结束后，申请人应当填写《药品注册申请表》，按照规定报送临床试验资料及其他变更和补充的资料，并详细说明依据和理由，提供相关证明文件。

第九十四条　国家食品药品监督管理局药品审评中心应当在规定的时间内组织药学、医学及其他技术人员对报送的临床试验等资料进行全面审评，必要时可以要求申请人补充资料，并说明理由。

国家食品药品监督管理局依据综合意见，做出审批决定。符合规定的，发给《进口药品注册证》。中国香港、澳门和台湾地区的制药厂商申请注册的药品，参照进口药品注册申请的程序办理，符合要求的，发给《医药产品注册证》；不符合要求的，发给《审批意见通知件》，并说明理由。

第九十五条 申请进口药品制剂，必须提供直接接触药品的包装材料和容器合法来源的证明文件、用于生产该制剂的原料药和辅料合法来源的证明文件。原料药和辅料尚未取得国家食品药品监督管理局批准的，应当报送有关生产工艺、质量指标和检验方法等规范的研究资料。

第二节 进口药品分包装的注册

第九十六条 进口药品分包装，是指药品已在境外完成最终制剂生产过程，在境内由大包装规格改为小包装规格，或者对已完成内包装的药品进行外包装、放置说明书、粘贴标签等。

第九十七条 申请进口药品分包装，应当符合下列要求：

(一)该药品已经取得《进口药品注册证》或者《医药产品注册证》。

(二)该药品应当是中国境内尚未生产的品种，或者虽有生产但是不能满足临床需要的品种。

(三)同一制药厂商的同一品种应当由一个药品生产企业分包装，分包装的期限不得超过《进口药品注册证》或者《医药产品注册证》的有效期。

(四)除片剂、胶囊外，分包装的其他剂型应当已在境外完成内包装。

(五)接受分包装的药品生产企业，应当持有《药品生产许可证》。进口裸片、胶囊申请在国内分包装的，接受分包装的药品生产企业还应当持有与分包装的剂型相一致的《药品生产质量管理规范》认证证书。

(六)申请进口药品分包装，应当在该药品《进口药品注册证》或者《医药产品注册证》的有效期届满1年前提出。

第九十八条 境外制药厂商应当与境内药品生产企业签订进口药品分包装合同，并填写《药品补充申请表》。

第九十九条 申请进口药品分包装的，应当由接受分包装的药品生产企业向所在地省、自治区、直辖市药品监督管理部门提出申请，提交由委托方填写的《药品补充申请表》，报送有关资料和样品。省、自治区、直辖市药品监督管理部门对申报资料进行形式审查后，符合要求的，出具药品注册申请受理通知书；不符合要求的，出具药品注册申请不予受理通知书，并说明理由。

省、自治区、直辖市药品监督管理部门提出审核意见后，将申报资料和审核意见报送国家食品药品监督管理局审批，同时通知申请人。

第一百条 国家食品药品监督管理局对报送的资料进行审查，符合规定的，发给《药品补充申请批件》和药品批准文号；不符合规定的，发给《审批意见通知件》，并说明理由。

第一百零一条 进口分包装的药品应当执行进口药品注册标准。

第一百零二条 进口分包装药品的说明书和标签必须与进口药品的说明书和标签一致，并且应当标注分包装药品的批准文号和分包装药品生产企业的名称。

第一百零三条 境外大包装制剂的进口检验按照国家食品药品监督管理局的有关规定执行。包装后产品的检验与进口检验执行同一药品标准。

第一百零四条 提供药品的境外制药厂商应当对分包装后药品的质量负责。分包装后的药品出现质量问题的，国家食品药品监督管理局可以撤销分包装药品的批准文号，必要时可以依照《药品管理法》第四十二条的规定，撤销该药品的《进口药品注册证》或者《医药产品注册证》。

第七章 非处方药的申报

第一百零五条 申请仿制的药品属于按非处方药管理的，申请人应当在《药品注册申请表》的"附加申请事项"中标注非处方药项。

第一百零六条 申请仿制的药品属于同时按处方药和非处方药管理的，申请人可以选择按照处方药或者非处方药的要求提出申请。

第一百零七条 属于以下情况的，申请人可以在《药品注册申请表》的"附加申请事项"中标注非处方药项，符合非处方药有关规定的，按照非处方药审批和管理；不符合非处方药有关规定的，按照处方药审批和管理。

（一）经国家食品药品监督管理局确定的非处方药改变剂型，但不改变适应症或者功能主治、给药剂量以及给药途径的药品；

（二）使用国家食品药品监督管理局确定的非处方药活性成分组成的新的复方制剂。

第一百零八条 非处方药的注册申请，其药品说明书和包装标签应当符合非处方药的有关规定。

第一百零九条 进口的药品属于非处方药的，适用进口药品的申报和审批程序，其技术要求与境内生产的非处方药相同。

第八章 补充申请的申报与审批

第一百一十条 变更研制新药、生产药品和进口药品已获批准证明文件及其附件中载明事项的，应当提出补充申请。

申请人应当参照相关技术指导原则，评估其变更对药品安全性、有效性和质量可控性的影响，并进行相应的技术研究工作。

第一百一十一条 申请人应当填写《药品补充申请表》，向所在地省、自治区、直辖市药品监督管理部门报送有关资料和说明。省、自治区、直辖市药品监督管理部门对申报资料进行形式审查，符合要求的，出具药品注册申请受理通知书；不符合要求的，出具药品注册申请不予受理通知书，并说明理由。

第一百一十二条 进口药品的补充申请，申请人应当向国家食品药品监督管理局报送有关资料和说明，提交生产国家或者地区药品管理机构批准变更的文件。国家食品药品监督管理局对申报资料进行形式审查，符合要求的，出具药品注册申请受理通知书；不符合要求的，出具药品注册申请不予受理通知书，并说明理由。

第一百一十三条 修改药品注册标准、变更药品处方中已有药用要求的辅料、改变影响药品质量的生产工艺等的补充申请，由省、自治区、直辖市药品监督管理部门提出审核意见后，报送国家食品药品监督管理局审批，同时通知申请人。

修改药品注册标准的补充申请，必要时由药品检验所进行标准复核。

第一百一十四条 改变国内药品生产企业名称、改变国内生产药品的有效期、国内药品生产企业内部改变药品生产场地等的补充申请，由省、自治区、直辖市药品监督管理部门受理并审批，符合规定的，发给《药品补充申请批件》，并报送国家食品药品监督管理局备案；不符合规定的，发给《审批意见通知件》，并说明理由。

第一百一十五条 按规定变更药品包装标签、根据国家食品药品监督管理局的要求修改说明书等的补充申请，报省、自治区、直辖市药品监督管理部门备案。

第一百一十六条 进口药品的补充申请，由国家食品药品监督管理局审批。其中改变进口药品制剂所用原料药的产地、变更进口药品外观但不改变药品标准、根据国家药品标准或国家食品药品监督管理局的要求修改进口药说明书、补充完善进口药说明书的安全性内容、按规定变更进口药品包装标签、改变注册代理机构的补充申请，由国家食品药品监督管理局备案。

第一百一十七条 对药品生产技术转让、变更处方和生产工艺可能影响产品质量等的补充申请，省、自治区、直辖市药品监督管理部门应当根据其《药品注册批件》附件或者核定的生产工艺，组织进行生产现场检查，药品检验所应当对抽取的3批样品进行检验。

第一百一十八条 国家食品药品监督管理局对药品补充申请进行审查，必要时可以要求申请人补充资料，并说明理由。符合规定的，发给《药品补充申请批件》；不符合规定的，发给《审批意见通知件》，并说明理由。

第一百一十九条 补充申请获得批准后，换发药品批准证明文件的，原药品批准证明文件由国家食品药品监督管理局予以注销；增发药品批准证明文件的，原批准证明文件继续有效。

第九章　药品再注册

第一百二十条 国家食品药品监督管理局核发的药品批准文号、《进口药品注册证》或者《医药产品注册证》的有效期为5年。有效期届满，需要继续生产或者进口的，申请人应当在有效期届满前6个月申请再注册。

第一百二十一条 在药品批准文号、《进口药品注册证》或者《医药产品注册证》有效期内，申请人应当对药品的安全性、有效性和质量控制情况，如监测期内的相关研究结果、不良反应的监测、生产控制和产品质量的均一性等进行系统评价。

第一百二十二条 药品再注册申请由药品批准文号的持有者向省、自治区、直辖市药品监督管理部门提出，按照规定填写《药品再注册申请表》，并提供有关申报资料。

进口药品的再注册申请由申请人向国家食品药品监督管理局提出。

第一百二十三条 省、自治区、直辖市药品监督管理部门对申报资料进行审查，符合要求的，出具药品再注册申请受理通知书；不符合要求的，出具药品再注册申请不予受理通知书，并说明理由。

第一百二十四条 省、自治区、直辖市药品监督管理部门应当自受理申请之日起6个月内对药品再注册申请进行审查，符合规定的，予以再注册；不符合规定的，报国家食品药品监督管理局。

第一百二十五条 进口药品的再注册申请由国家食品药品监督管理局受理，并在6个月内完成审查，符合规定的，予以再注册；不符合规定的，发出不予再注册的通知，并说明理由。

第一百二十六条 有下列情形之一的药品不予再注册：

(一)有效期届满前未提出再注册申请的；

(二)未达到国家食品药品监督管理局批准上市时提出的有关要求的；

(三)未按照要求完成Ⅳ期临床试验的；

(四)未按照规定进行药品不良反应监测的；

(五)经国家食品药品监督管理局再评价属于疗效不确、不良反应大或者其他原因危害人体健康的；

(六)按照《药品管理法》的规定应当撤销药品批准证明文件的；

(七)不具备《药品管理法》规定的生产条件的；

(八)未按规定履行监测期责任的；

(九)其他不符合有关规定的情形。

第一百二十七条 国家食品药品监督管理局收到省、自治区、直辖市药品监督管理部门意见后，经审查不符合药品再注册规定的，发出不予再注册的通知，并说明理由。

对不予再注册的品种，除因法定事由被撤销药品批准证明文件的外，在有效期届满时，注销其药品批准文号、《进口药品注册证》或者《医药产品注册证》。

第十章 药品注册检验

第一百二十八条 药品注册检验，包括样品检验和药品标准复核。

样品检验，是指药品检验所按照申请人申报或者国家食品药品监督管理局核定的药品标准对样品进行的检验。

药品标准复核，是指药品检验所对申报的药品标准中检验方法的可行性、科学性、设定的项目和指标能否控制药品质量等进行的实验室检验和审核工作。

第一百二十九条 药品注册检验由中国药品生物制品检定所或者省、自治区、直辖市药品检验所承担。进口药品的注册检验由中国药品生物制品检定所组织实施。

第一百三十条 下列药品的注册检验由中国药品生物制品检定所或者国家食品药品监督管理局指定的药品检验所承担：

(一)本办法第四十五条(一)、(二)规定的药品；

(二)生物制品、放射性药品；

(三)国家食品药品监督管理局规定的其他药品。

第一百三十一条 获准进入特殊审批程序的药品，药品检验所应当优先安排样品检验和药品标准复核。

第一百三十二条 从事药品注册检验的药品检验所，应当按照药品检验所实验室质量管理规范和国家计量认证的要求，配备与药品注册检验任务相适应的人员和设备，符合药品注册检验的质量保证体系和技术要求。

第一百三十三条 申请人应当提供药品注册检验所需要的有关资料、报送样品或者配合抽取检验用样品、提供检验用标准物质。报送或者抽取的样品量应当为检验用量的 3 倍；生物制品的注册检验还应当提供相应批次的制造检定记录。

第一百三十四条 药品检验所进行新药标准复核时，除进行样品检验外，还应当根据药物的研究数据、国内外同类产品的药品标准和国家有关要求，对药物的药品标准、检验项目等提出复核意见。

第一百三十五条 要求申请人重新制订药品标准的，申请人不得委托提出原复核意见的药品检验所进行该项药品标准的研究工作；该药品检验所不得接受此项委托。

第十一章 药品注册标准和说明书

第一节 药品注册标准

第一百三十六条 国家药品标准，是指国家食品药品监督管理局颁布的《中华人民共和国药典》、药品注册标准和其他药品标准，其内容包括质量指标、检验方法以及生产工艺等技术要求。

药品注册标准，是指国家食品药品监督管理局批准给申请人特定药品的标准，生产该药品的药品生产企业必须执行该注册标准。

药品注册标准不得低于中国药典的规定。

第一百三十七条 药品注册标准的项目及其检验方法的设定，应当符合中国药典的基本要求、国家食品药品监督管理局发布的技术指导原则及国家药品标准编写原则。

第一百三十八条 申请人应当选取有代表性的样品进行标准的研究工作。

第二节 药品标准物质

第一百三十九条 药品标准物质，是指供药品标准中物理和化学测试及生物方法试验用，具有确定特性量值，用于校准设备、评价测量方法或者给供试药品赋值的物质，包括标准品、对照品、对照药材、参考品。

第一百四十条 中国药品生物制品检定所负责标定国家药品标准物质。

中国药品生物制品检定所可以组织有关的省、自治区、直辖市药品检验所、药品研究机构或者药品生产企业协作标定国家药品标准物质。

第一百四十一条 中国药品生物制品检定所负责对标定的标准物质从原材料选择、制备方法、标定方法、标定结果、定值准确性、量值溯源、稳定性及分装与包装条件等资料进行全面技术审核，并作出可否作为国家药品标准物质的结论。

第三节 药品名称、说明书和标签

第一百四十二条 申请注册药品的名称、说明书和标签应当符合国家食品药品监督管理局的规定。

第一百四十三条 药品说明书和标签由申请人提出，国家食品药品监督管理局药品审评中心根据申报资料对其中除企业信息外的内容进行审核，在批准药品生产时由国家食品药品监督管理局予以核准。

申请人应当对药品说明书和标签的科学性、规范性与准确性负责。

第一百四十四条 申请人应当跟踪药品上市后的安全性和有效性情况，及时提出修改药品说明书的补充申请。

第一百四十五条 申请人应当按照国家食品药品监督管理局规定的格式和要求、根据核准的内容印制说明书和标签。

第十二章 时 限

第一百四十六条 药品监督管理部门应当遵守《药品管理法》、《行政许可法》及《药品管理法实施条例》规定的药品注册时限要求。本办法所称药品注册时限，是药品注册的受理、审查、审批等工作的最长时间，根据法律法规的规定中止审批或者申请人补充资料等所用时间不计算在内。

药品注册检验、审评工作时间应当按照本办法的规定执行。有特殊原因需要延长时间的，应当说明理由，报国家食品药品监督管理局批准并告知申请人。

第一百四十七条 药品监督管理部门收到申请后进行形式审查，并根据下列情况分别作出处理：

(一)申请事项依法不需要取得行政许可的，应当即时告知申请人不受理；

(二)申请事项依法不属于本部门职权范围的，应当即时作出不予受理的决定，并告知申请人向有关行政机关申请；

(三)申报资料存在可以当场更正的错误的，应当允许申请人当场更正；

(四)申报资料不齐全或者不符合法定形式的，应当当场或者在 5 日内一次告知申请人需要补正的全部内容，逾期不告知的，自收到申报资料之日起即为受理；

(五)申请事项属于本部门职权范围，申报资料齐全、符合法定形式，或者申请人按照要求提交全部补正资料的，应当受理药品注册申请。

药品监督管理部门受理或者不予受理药品注册申请，应当出具加盖药品注册专用印章和注明日期的书面凭证。

第一百四十八条 省、自治区、直辖市药品监督管理部门应当在受理申请后 30 日内完成对研制情况及原始资料的核查、对申报资料的审查、抽取样品、通知药品检验所进行注册检验、将审查意见和核查报告连同申请人的申报资料一并报送国家食品药品监督管理局等工作，同时将审查意见通知申请人。

第一百四十九条 药品注册检验的时间按照以下规定执行：

(一)样品检验:30 日;同时进行样品检验和标准复核:60 日;

(二)特殊药品和疫苗类制品的样品检验:60 日;同时进行样品检验和标准复核:90 日。

按照本办法第三十六条的规定由药品检验所进行临床试验用样品检验的,应当按照前款样品检验的时间完成。

第一百五十条 技术审评工作时间按照下列规定执行：

(一)新药临床试验:90 日;获准进入特殊审批程序的品种:80 日;

(二)新药生产:150 日;获准进入特殊审批程序的品种:120 日;

(三)对已上市药品改变剂型和仿制药的申请:160 日;

(四)需要进行技术审评的补充申请:40 日。

进口药品注册申请的技术审评时间参照前款执行。

第一百五十一条 在技术审评过程中需要申请人补充资料的,应当一次性发出补充资料通知,申请人对补充资料通知内容提出异议的,可以当面听取申请人的陈述意见。申请人应当在 4 个月内按照通知要求一次性完成补充资料,进入特殊审批程序的,按照特殊审批程序的要求办理。

收到补充资料后,技术审评时间应当不超过原规定时间的 1/3;进入特殊审批程序的,不得超过原规定时间的 1/4。

药品注册过程中申请人自行提出撤回申请的,其审批程序自行终止。

第一百五十二条 国家食品药品监督管理局应当在 20 日内作出审批决定;20 日内不能作出决定的,经主管局领导批准,可以延长 10 日,并应当将延长时限的理由告知申请人。

第一百五十三条 国家食品药品监督管理局应当自作出药品注册审批决定之日起 10 日内颁发、送达有关行政许可证件。

第十三章 复 审

第一百五十四条 有下列情形之一的,国家食品药品监督管理局不予批准：

(一)不同申请人提交的研究资料、数据相同或者雷同,且无正当理由的;

(二)在注册过程中发现申报资料不真实,申请人不能证明其申报资料真实的;

(三)研究项目设计和实施不能支持对其申请药品的安全性、有效性、质量可控性进行评价的;

(四)申报资料显示其申请药品安全性、有效性、质量可控性等存在较大缺陷的;

(五)未能在规定的时限内补充资料的;

(六)原料药来源不符合规定的;

(七)生产现场检查或者样品检验结果不符合规定的;

(八)法律法规规定的不应当批准的其他情形。

第一百五十五条 药品监督管理部门依法作出不予受理或者不予批准的书面决定,应当说明理由,并告知申请人享有依法提请行政复议或者提起行政诉讼的权利。

第一百五十六条 申请人对国家食品药品监督管理局作出的不予批准决定有异议的,可以在收到不予批准的通知之日起 60 日内填写《药品注册复审申请表》，向国家食品药品监督管理局提出复审申请并说明复审理由。

复审的内容仅限于原申请事项及原申报资料。

第一百五十七条 国家食品药品监督管理局接到复审申请后，应当在 50 日内作出复审决定，并通知申请人。维持原决定的，国家食品药品监督管理局不再受理再次的复审申请。

第一百五十八条 复审需要进行技术审查的，国家食品药品监督管理局应当组织有关专业技术人员按照原申请时限进行。

第十四章 法律责任

第一百五十九条 有《行政许可法》第六十九条规定情形的，国家食品药品监督管理局根据利害关系人的请求或者依据职权，可以撤销有关的药品批准证明文件。

第一百六十条 药品监督管理部门及其工作人员违反本法的规定，有下列情形之一的，由其上级行政机关或者监察机关责令改正；情节严重的，对直接负责的主管人员和其他直接责任人员依法给予行政处分：

（一）对符合法定条件的药品注册申请不予受理的；

（二）不在受理场所公示依法应当公示的材料的；

（三）在受理、审评、审批过程中，未向申请人、利害关系人履行法定告知义务的；

（四）申请人提交的申报资料不齐全、不符合法定形式，不一次告知申请人必须补正的全部内容的；

（五）未依法说明不受理或者不批准药品注册申请理由的；

（六）依法应当举行听证而不举行听证的。

第一百六十一条 药品监督管理部门及其工作人员在药品注册过程中索取或者收受他人财物或者谋取其他利益，构成犯罪的，依法追究刑事责任；尚不构成犯罪的，依法给予行政处分。

第一百六十二条 药品监督管理部门在药品注册过程中有下列情形之一的，由其上级行政机关或者监察机关责令改正，对直接负责的主管人员和其他直接责任人员依法给予行政处分；构成犯罪的，依法追究刑事责任：

（一）对不符合法定条件的申请作出准予注册决定或者超越法定职权作出准予注册决定的；

（二）对符合法定条件的申请作出不予注册决定或者不在法定期限内作出准予注册决定的；

（三）违反本办法第九条的规定未履行保密义务的。

第一百六十三条 药品检验所在承担药品审批所需要的检验工作时，出具虚假检验报告的，依照《药品管理法》第八十七条的规定处罚。

第一百六十四条 药品监督管理部门擅自收费或者不按照法定项目和标准收费的，由其上级行政机关或者监察机关责令退还非法收取的费用；对直接负责的主管人员和其他直接责任人员依法给予行政处分。

第一百六十五条 在药品注册中未按照规定实施《药物非临床研究质量管理规范》或者《药物临床试验质量管理规范》的，依照《药品管理法》第七十九条的规定处罚。

第一百六十六条 申请人在申报临床试验时，报送虚假药品注册申报资料和样品的，药品监督管理部门不予受理或者对该申报药品的临床试验不予批准，对申请人给予警告，1 年内不受理该申请人提出的该药物临床试验申请；已批准进行临床试验的，撤销批准该药物临床试验的批件，并处 1 万元以上 3 万元以下罚款，3 年内不受理该申请人提出的该药物临床试验申请。

药品监督管理部门对报送虚假资料和样品的申请人建立不良行为记录，并予以公布。

第一百六十七条 申请药品生产或者进口时，申请人报送虚假药品注册申报资料和样品的，国家食品药品监督管理局对该申请不予受理或者不予批准，对申请人给予警告，1 年内不受理其申请；已批准生产或者进口的，撤销药品批准证明文件，5 年内不受理其申请，并处 1 万元以上 3 万元以下罚款。

第一百六十八条 根据本办法第二十七条的规定，需要进行药物重复试验，申请人拒绝的，国家食品药品监督管理局对其予以警告并责令改正，申请人拒不改正的，不予批准其申请。

第一百六十九条 具有下列情形之一的，由国家食品药品监督管理局注销药品批准文号，并予以公布：

（一）批准证明文件的有效期未满，申请人自行提出注销药品批准文号的；

（二）按照本办法第一百二十六条的规定不予再注册的；

（三）《药品生产许可证》被依法吊销或者缴销的；

（四）按照《药品管理法》第四十二条和《药品管理法实施条例》第四十一条的规定，对不良反应大或者其他原因危害人体健康的药品，撤销批准证明文件的；

（五）依法作出撤销药品批准证明文件的行政处罚决定的；

（六）其他依法应当撤销或者撤回药品批准证明文件的情形。

第十五章　附　则

第一百七十条 中药和天然药物、化学药品、生物制品、补充申请、再注册的申报资料和要求分别见本办法附件 1、附件 2、附件 3、附件 4、附件 5，监测期的规定见附件 6。

第一百七十一条 药品批准文号的格式为：国药准字 H(Z、S、J)＋4 位年号＋4 位顺序号，其中 H 代表化学药品，Z 代表中药，S 代表生物制品，J 代表进口药品分包装。

《进口药品注册证》证号的格式为：H(Z、S)＋4 位年号＋4 位顺序号；《医药产品注册证》证号的格式为：H(Z、S)C＋4 位年号＋4 位顺序号，其中 H 代表化学药品，Z 代表中药，S 代表生物制品。对于境内分包装用大包装规格的注册证，其证号在原注册证号前加字母 B。

新药证书号的格式为：国药证字 H(Z、S)＋4 位年号＋4 位顺序号，其中 H 代表化学药品，Z 代表中药，S 代表生物制品。

第一百七十二条 本办法规定由省、自治区、直辖市药品监督管理部门承担的受理、补充申请的审批、再注册的审批，均属国家食品药品监督管理局委托事项。国家食品药品监督管理局还可以委托省、自治区、直辖市药品监督管理部门承担药品注册事项的其他技术审评或者审批工作。

第一百七十三条 国家食品药品监督管理局对批准上市的药品实行编码管理。药品编码管理的规定另行制定。

第一百七十四条 麻醉药品、精神药品、医疗用毒性药品、放射性药品的注册申请，除按照本办法的规定办理外，还应当符合国家的其他有关规定。

第一百七十五条 实施批准文号管理的中药材、中药饮片以及进口中药材的注册管理规定，由国家食品药品监督管理局另行制定。

第一百七十六条 药品技术转让和委托生产的办法另行制定。

第一百七十七条 本办法自2007年10月1日起施行。国家食品药品监督管理局于2005年2月28日公布的《药品注册管理办法》(国家食品药品监督管理局令第17号)同时废止。

附录2　中药、天然药物注册分类及申报资料要求

本附件中的中药是指在我国传统医药理论指导下使用的药用物质及其制剂。

本附件中的天然药物是指在现代医药理论指导下使用的天然药用物质及其制剂。

一、注册分类及说明

(一)注册分类

1. 未在国内上市销售的从植物、动物、矿物等物质中提取的有效成分及其制剂。
2. 新发现的药材及其制剂。
3. 新的中药材代用品。
4. 药材新的药用部位及其制剂。
5. 未在国内上市销售的从植物、动物、矿物等物质中提取的有效部位及其制剂。
6. 未在国内上市销售的中药、天然药物复方制剂。
7. 改变国内已上市销售中药、天然药物给药途径的制剂。
8. 改变国内已上市销售中药、天然药物剂型的制剂。
9. 仿制药。

(二)说明

注册分类1～6的品种为新药,注册分类7、8按新药申请程序申报。

1."未在国内上市销售的从植物、动物、矿物等物质中提取的有效成分及其制剂"是指国家药品标准中未收载的从植物、动物、矿物等物质中提取得到的天然的单一成分及其制剂,其单一成分的含量应当占总提取物的90%以上。

2."新发现的药材及其制剂"是指未被国家药品标准或省、自治区、直辖市地方药材规范(统称"法定标准")收载的药材及其制剂。

3."新的中药材代用品"是指替代国家药品标准中药成方制剂处方中的毒性药材或处于濒危状态药材的未被法定标准收载的药用物质。

4."药材新的药用部位及其制剂"是指具有法定标准药材的原动、植物新的药用部位及其制剂。

5."未在国内上市销售的从植物、动物、矿物等物质中提取的有效部位及其制剂"是指国家药品标准中未收载的从单一植物、动物、矿物等物质中提取的一类或数类成分组成的有效部位及其制剂,其有效部位含量应占提取物的50%以上。

6."未在国内上市销售的中药、天然药物复方制剂"包括:

①中药复方制剂;

②天然药物复方制剂;

③中药、天然药物和化学药品组成的复方制剂。

中药复方制剂应在传统医药理论指导下组方。主要包括:来源于古代经典名方的中药复

方制剂、主治为证候的中药复方制剂、主治为病证结合的中药复方制剂等。

天然药物复方制剂应在现代医药理论指导下组方，其适应症用现代医学术语表述。

中药、天然药物和化学药品组成的复方制剂包括中药和化学药品，天然药物和化学药品，以及中药、天然药物和化学药品三者组成的复方制剂。

7."改变国内已上市销售中药、天然药物给药途径的制剂"是指不同给药途径或吸收部位之间相互改变的制剂。

8."改变国内已上市销售中药、天然药物剂型的制剂"是指在给药途径不变的情况下改变剂型的制剂。

9."仿制药"是指注册申请我国已批准上市销售的中药或天然药物。

二、申报资料项目及说明

(一)申报资料项目

综述资料：

1.药品名称。

2.证明性文件。

3.立题目的与依据。

4.对主要研究结果的总结及评价。

5.药品说明书样稿、起草说明及最新参考文献。

6.包装、标签设计样稿。

药学研究资料：

7.药学研究资料综述。

8.药材来源及鉴定依据。

9.药材生态环境、生长特征、形态描述、栽培或培植(培育)技术、产地加工和炮制方法等。

10.药材标准草案及起草说明，并提供药品标准物质及有关资料。

11.提供植物、矿物标本，植物标本应当包括花、果实、种子等。

12.生产工艺的研究资料、工艺验证资料及文献资料，辅料来源及质量标准。

13.化学成分研究的试验资料及文献资料。

14.质量研究工作的试验资料及文献资料。

15.药品标准草案及起草说明，并提供药品标准物质及有关资料。

16.样品检验报告书。

17.药物稳定性研究的试验资料及文献资料。

18.直接接触药品的包装材料和容器的选择依据及质量标准。

药理毒理研究资料：

19.药理毒理研究资料综述。

20.主要药效学试验资料及文献资料。

21.一般药理研究的试验资料及文献资料。

22.急性毒性试验资料及文献资料。

23.长期毒性试验资料及文献资料。

24.过敏性(局部、全身和光敏毒性)、溶血性和局部(血管、皮肤、粘膜、肌肉等)刺激性、依赖性等主要与局部、全身给药相关的特殊安全性试验资料和文献资料。

25.遗传毒性试验资料及文献资料。

26.生殖毒性试验资料及文献资料。

27.致癌试验资料及文献资料。

28.动物药代动力学试验资料及文献资料。

临床试验资料：

29.临床试验资料综述。

30.临床试验计划与方案。

31.临床研究者手册。

32.知情同意书样稿、伦理委员会批准件。

33.临床试验报告。

(二)说明

1.申报资料项目说明

综述资料：

(1)资料项目1药品名称包括：

①中文名；

②汉语拼音名；

③命名依据。

(2)资料项目2证明性文件包括：

①申请人合法登记证明文件、《药品生产许可证》、《药品生产质量管理规范》认证证书复印件，申请新药生产时应当提供样品制备车间的《药品生产质量管理规范》认证证书复印件；

②申请的药物或者使用的处方、工艺、用途等在中国的专利及其权属状态的说明，以及对他人的专利不构成侵权的声明；

③麻醉药品、精神药品、医用毒性药品研制立项批复文件复印件；

④申请新药生产时应当提供《药物临床试验批件》复印件；

⑤直接接触药品的包装材料(或容器)的《药品包装材料和容器注册证》或《进口包装材料和容器注册证》复印件；

⑥其他证明文件。

如为进口申请，还应提供：

①生产国家或者地区药品管理机构出具的允许药品上市销售及该药品生产企业符合药品生产质量管理规范的证明文件、公证文书；出口国物种主管当局同意出口的证明；

②由境外制药厂商常驻中国代表机构办理注册事务的，应当提供《外国企业常驻中国代表机构登记证》复印件；

境外制药厂商委托中国代理机构代理申报的，应当提供委托文书、公证文书以及中国代理机构的《营业执照》复印件；

③安全性试验资料应当提供相应的药物非临床研究质量管理规范证明文件；临床试验用样品应当提供相应的药品生产质量管理规范证明文件。

(3)资料项目3立题目的与依据：中药材、天然药物应当提供有关古、现代文献资料综述。

中药、天然药物制剂应当提供处方来源和选题依据，国内外研究现状或生产、使用情况的综述，以及对该品种创新性、可行性、剂型的合理性和临床使用的必要性等的分析，包括和已有国家标准的同类品种的比较。中药还应提供有关传统医药的理论依据及古籍文献资料综述等。

(4)资料项目4对研究结果的总结及评价：包括申请人对主要研究结果进行的总结，以及从安全性、有效性、质量可控性等方面对所申报品种进行的综合评价。

(5)资料项目5药品说明书样稿、起草说明及最新参考文献：包括按有关规定起草的药品说明书样稿、说明书各项内容的起草说明、有关安全性和有效性等方面的最新文献。

药学研究资料：

(6)资料项目16样品检验报告书：是指对申报样品的自检报告。临床试验前报送资料时提供至少1批样品的自检报告，完成临床试验后报送资料时提供连续3批样品的自检报告。

药理毒理研究资料：

(7)资料项目24过敏性(局部、全身和光敏毒性)、溶血性和局部(血管、皮肤、黏膜、肌肉等)刺激性、依赖性等主要与局部、全身给药相关的特殊安全性试验资料和文献资料：根据药物给药途径及制剂特点提供相应的制剂安全性试验资料。具有依赖性倾向的新药，应提供药物依赖性试验资料。

(8)资料项目25遗传毒性试验资料及文献资料：如果处方中含有无法定标准的药材，或来源于无法定标准药材的有效部位，以及用于育龄人群并可能对生殖系统产生影响的新药(如避孕药、性激素、治疗性功能障碍药、促精子生成药、保胎药或有细胞毒作用等的新药)，应报送遗传毒性试验资料。

(9)资料项目26生殖毒性试验资料及文献资料：用于育龄人群并可能对生殖系统产生影响的新药(如避孕药、性激素、治疗性功能障碍药、促精子生成药、保胎药以及遗传毒性试验阳性或有细胞毒作用等的新药)，应根据具体情况提供相应的生殖毒性研究资料。

(10)资料项目27致癌试验资料及文献资料：新药在长期毒性试验中发现有细胞毒作用或者对某些脏器组织生长有异常促进作用的以及致突变试验结果为阳性的，必须提供致癌试验资料及文献资料。

2.申报资料的具体要求

(1)申请新药临床试验，一般应报送资料项目1～4、7～31。

(2)完成临床试验后申请新药生产，一般应报送资料项目1～33以及其他变更和补充的资料，并详细说明变更的理由和依据。

(3)申请仿制药(中药、天然药物注射剂等需进行临床试验的除外)，一般应报送资料项目2～8、12、15～18。

(4)进口申请提供的生产国家或者地区政府证明文件及全部技术资料应当是中文本并附原文；其中质量标准的中文本必须按中国国家药品标准规定的格式整理报送。

(5)由于中药、天然药物的多样性和复杂性，在申报时，应当结合具体品种的特点进行必要的相应研究。如果减免试验，应当充分说明理由。

(6)中药、天然药物注射剂的技术要求另行制定。

(7)对于“注册分类1”的未在国内上市销售的从植物、动物、矿物等中提取的有效成分及其制剂，当有效成分或其代谢产物与已知致癌物质有关或相似，或预期连续用药6个月以上，或治疗慢性反复发作性疾病而需经常间歇使用时，必须提供致癌性试验资料。

申请"未在国内上市销售的从植物、动物、矿物等中提取的有效成分及其制剂"，如有由同类成分组成的已在国内上市销售的从单一植物、动物、矿物等物质中提取的有效部位及其制剂，则应当与该有效部位进行药效学及其他方面的比较，以证明其优势和特点。

(8)对于"注册分类3"的新的中药材代用品，除按"注册分类2"的要求提供临床前的相应申报资料外，还应当提供与被替代药材进行药效学对比的试验资料，并应提供进行人体耐受性试验以及通过相关制剂进行临床等效性研究的试验资料，如果代用品为单一成分，尚应当提供药代动力学试验资料及文献资料。

新的中药材代用品获得批准后，申请使用该代用品的制剂应当按补充申请办理，但应严格限定在被批准的可替代的功能范围内。

(9)对于"注册分类5"未在国内上市销售的从单一植物、动物、矿物等中提取的有效部位及其制剂，除按要求提供申报资料外，尚需提供以下资料：

①申报资料项目第12项中需提供有效部位筛选的研究资料或文献资料；申报资料项目第13项中需提供有效部位主要化学成分研究资料及文献资料；

②由数类成分组成的有效部位，应当测定每类成分的含量，并对每类成分中的代表成分进行含量测定且规定下限(对有毒性的成分还应该增加上限控制)；

③申请由同类成分组成的未在国内上市销售的从单一植物、动物、矿物等物质中提取的有效部位及其制剂，如其中含有已上市销售的从植物、动物、矿物等中提取的有效成分，则应当与该有效成分进行药效学及其他方面的比较，以证明其优势和特点。

(10)对于"注册分类6"未在国内上市销售的中药、天然药物复方制剂按照不同类别的要求应提供资料为：

①中药复方制剂，根据处方来源和组成、功能主治、制备工艺等可减免部分试验资料，具体要求另行规定；

②天然药物复方制剂应当提供多组分药效、毒理相互影响的试验资料及文献资料；

③处方中如果含有无法定标准的药用物质，还应当参照相应注册分类中的要求提供相关的申报资料；

④中药、天然药物和化学药品组成的复方制剂中的药用物质必须具有法定标准，申报临床时应当提供中药、天然药物和化学药品间药效、毒理相互影响(增效、减毒或互补作用)的比较性研究试验资料及文献资料，以及中药、天然药物对化学药品生物利用度影响的试验资料；申报生产时应当通过临床试验证明其组方的必要性，并提供中药、天然药物对化学药品人体生物利用度影响的试验资料。处方中含有的化学药品(单方或复方)必须被国家药品标准收载。

(11)对于"注册分类8"改变国内已上市销售中药、天然药物剂型的制剂，应当说明新制剂的优势和特点。新制剂的功能主治或适应症原则上应与原制剂相同，其中无法通过药效或临床试验证实的，应当提供相应的资料。

(12)对于"注册分类9"仿制药应与被仿制品种一致，必要时还应当提高质量标准。

(13)关于临床试验。

①临床试验的病例数应当符合统计学要求和最低病例数要求；

②临床试验的最低病例数(试验组)要求：Ⅰ期为20～30例，Ⅱ期为100例，Ⅲ期为300例，Ⅳ期为2 000例；

③属注册分类1、2、4、5、6的新药，以及7类和工艺路线、溶媒等有明显改变的改剂型品

种，应当进行Ⅳ期临床试验；

④生物利用度试验一般为18～24例；

⑤避孕药Ⅰ期临床试验应当按照本办法的规定进行，Ⅱ期临床试验应当完成至少100对6个月经周期的随机对照试验，Ⅲ期临床试验应当完成至少1 000例12个月经周期的开放试验，Ⅳ期临床试验应当充分考虑该类药品的可变因素，完成足够样本量的研究工作；

⑥新的中药材代用品的功能替代，应当从国家药品标准中选取能够充分反映被代用药材功效特征的中药制剂作为对照药进行比较研究，每个功能或主治病证需经过2种以上中药制剂进行验证，每种制剂临床验证的病例数不少于100对；

⑦改剂型品种应根据工艺变化的情况和药品的特点，免除或进行不少于100对的临床试验；

⑧仿制药视情况需要，进行不少于100对的临床试验；

⑨进口中药、天然药物制剂按注册分类中的相应要求提供申报资料，并应提供在国内进行的人体药代动力学研究资料和临床试验资料，病例数不少于100对；多个主治病证或适应症的，每个主要适应症的病例数不少于60对。

三、申报资料项目表及说明

(一)中药、天然药物申报资料项目表

资料分类	资料项目	注册分类及资料项目要求										
		1	2	3	4	5	6			7	8	9
							6.1	6.2	6.3			
综述资料	1	+	+	+	+	+	+	+	+	+	+	−
	2	+	+	+	+	+	+	+	+	+	+	+
	3	+	+	+	+	+	+	+	+	+	+	+
	4	+	+	+	+	+	+	+	+	+	+	+
	5	+	+	+	+	+	+	+	+	+	+	+
	6	+	+	+	+	+	+	+	+	+	+	+
药学资料	7	+	+	+	+	+	+	+	+	+	+	+
	8	+	+	+	+	+	+	+	+	+	+	+
	9	−	+	+	−	▲	▲	▲	▲	−	−	−
	10	−	+	+	+	▲	▲	▲	▲	−	−	−
	11	−	+	+	−	▲	▲	▲	▲	−	−	−
	12	+	+	+	+	+	+	+	+	+	+	+
	13	+	+	±	+	+	+	+	+	+	+	−

续表

资料分类	资料项目	注册分类及资料项目要求										
		1	2	3	4	5	6			7	8	9
							6.1	6.2	6.3			
药学资料	14	+	+	±	+	+	+	±	±	±	±	−
	15	+	+	+	+	+	+	+	+	+	+	+
	16	+	+	+	+	+	+	+	+	+	+	+
	17	+	+	+	+	+	+	+	+	+	+	+
	18	+	+	+	+	+	+	+	+	+	+	+
药理毒理资料	19	+	+	*	+	+	+	+	+	+	±	−
	20	+	+	*	+	+	±	+	+	+	±	−
	21	+	+	*	+	+	±	+	+	−	−	−
	22	+	+	*	+	+	+	±	+	+	±	−
	23	+	+	±	+	+	+	+	+	+	±	−
	24	*	*	*	*	*	*	*	*	*	*	*
	25	+	+	▲	+	*	*	*	*	*	−	−
	26	+	+	*	*	*	*	*	*	*	−	−
	27	*	*	*	*	*	*	*	*	*	−	−
	28	+	−	*	−	−	−	−	−	−	−	−
临床资料	29	+	+	+	+	+	+	+	+	+	+	−
	30	+	+	+	+	+	+	+	+	+	*	−
	31	+	+	+	+	+	+	+	+	+	*	−
	32	+	+	+	+	+	+	+	+	+	*	−
	33	+	+	+	+	+	+	+	+	+	*	−

（二）说明

1.“＋”指必须报送的资料；

2.“－”指可以免报的资料；

3.“±”指可以用文献综述代替试验研究或按规定可减免试验研究的资料；

4.“▲”具有法定标准的中药材、天然药物可以不提供，否则必须提供资料；

5.“ * ”按照申报资料项目说明和申报资料具体要求。